U0172400

土木工程专业发展史记

Development History of Civil Engineering Education

土木工程专业发展史记编写组 编

中国建筑工业出版社

图书在版编目（CIP）数据

土木工程专业发展史记＝Development History of Civil Engineering Education／土木工程专业发展史记编写组编. —北京：中国建筑工业出版社，2022.2

ISBN 978-7-112-27029-3

Ⅰ.①土… Ⅱ.①土… Ⅲ.①土木工程—师资培养—史料—高等学校 Ⅳ.①TU

中国版本图书馆CIP数据核字（2021）第270091号

责任编辑：赵　莉　高延伟　王　跃　吉万旺
书籍设计：锋尚设计
责任校对：张　颖

土木工程专业发展史记
Development History of Civil Engineering Education
土木工程专业发展史记编写组　编
＊
中国建筑工业出版社出版、发行（北京海淀三里河路9号）
各地新华书店、建筑书店经销
北京锋尚制版有限公司制版
北京中科印刷有限公司印刷
＊
开本：787毫米×1092毫米　1/16　印张：26¼　字数：672千字
2022年4月第一版　　2022年4月第一次印刷
定价：**118.00**元
ISBN 978-7-112-27029-3
（38828）

土木工程专业发展史记编写组

组织编写单位：

    教育部高等学校土木工程专业教学指导分委员会

    住房和城乡建设部高等教育土木工程专业评估（认证）委员会

    中国土木工程学会教育工作委员会

主　任：李国强

副主任：何若全　陈以一　朱宏亮　邱洪兴

委　员（按姓氏笔画排序）：白国良　朱炳寅　孙利民　孙国华

                              邹超英　沈蒲生　沙爱民　张伟平

                              易思蓉　姜忻良　高延伟

执行主编：何若全　邱洪兴

序

　　土木工程自古与人类生存发展息息相关，人的"衣食住行"中土木工程占其二。18世纪以来，科技进步促进的工业革命极大提高了人类文明水平，使得工程教育成为世界高等教育的重要组成部分，其中土木工程是工程教育最早的专业之一。

　　我国土木工程专业教育起源于清朝末年的洋务学堂，那个时期中国在工业技术方面远远落后于西方国家，实业教育被认为是兴国的要务。从19世纪60年代到19世纪90年代，清政府在国内先后创办了30多所实业洋务学堂。1895年10月2日，由光绪皇帝御批，成立了由盛宣怀出任学堂首任督办的"天津北洋西学学堂"，开设了工程科，1896年更名为北洋大学堂。1903年北洋大学堂开设土木工程门（本科专业），至今已百余年。

　　民国时期为发展经济振兴实业，我国出现了第一次"大学热潮"，大学数量和在校大学生都急剧增加，政府鼓励工科等实业教育，使得包括土木工程专业在内的工科高等教育获得了较好的发展机遇，其中就包括交通大学、同济大学、中央大学（现东南大学）、清华大学、浙江大学、哈尔滨工业大学、武汉大学、湖南大学、重庆大学等开办的土木工程专业。

　　中华人民共和国成立后至改革开放前，我国高等教育经历了较大的调整，对包括土木工程专业的高等教育有较大影响。一是对学校办学的调整，当时学习苏联高校办学专门化，调整、合并、撤销了一大批高校的办学专业，例如：南京大学工学院划分出来成立独立的南京工学院；北方交通大学撤销，原下设的唐山工学院和北京铁道管理学院分别改称唐山铁道学院、北京铁道学院；交通大学、复旦大学、圣约翰大学等11所高校的土木系调整到同济大学；重庆大学改为多科性工业大学，新设重庆土木建筑工程学院；中南区的湖南大学土木系与中山大学、广西大学、武汉大学、南昌大学、四川大学的土木系及云南大学铁路系合并成立中南土木建筑学院。二是对专业的调整，也是学习苏联计划经济高校专业的细化模式，将土木工程专业分解成了许多较窄的专业，包括：工业与民用建筑、建筑结构、公路与城市道路、铁道工程、桥梁工程、矿井建设等专业。

　　1978年我国恢复高考，结束了"文化大革命"十年对高等教育的浩劫，又迎来了高等教育发展的春天。为适应改革开放后经济建设高速发展的需求，我国土木建筑工程等工程教育得到迅猛发展，期间工科院校增加数量仅次于师范院校，1976年全国工科高校在校生198079人，到1981年增加到461265人，为1976年的2.33倍，其中土木建筑工程专业学生占工科学生总数的比例从1976年的9.2%增加到1981年的11.2%。

在扩大办学规模的同时，我国高校工科专业设置数量也迅速增加。1954年设有137种，1963年调整修订为285种。至1982年，据不完全统计，工科本科专业增加到了664种，其中不少专业划分过细，口径过窄，而且名称杂乱。为规范专业教育，教育部从1982年开始修订专业目录，1988年颁布的修订专业目录为651种专业，其中土建类下与"土木工程"相关专业包括工业与民用建筑工程、地下工程与隧道工程、铁道工程、桥梁工程、公路与城市道路工程等5个专业，另外还有土建结构工程、岩土工程、城镇建设3个试办专业。1993年颁布的修订专业目录为504种专业，其中土建类下与"土木工程"相关专业缩减为建筑工程、城镇建设和交通土建工程等3个专业。1999年颁布的修订专业目录为249种专业，土建类下与"土木工程"相关专业合并为土木工程1个专业。

1980年代末，随着我国经济建设的迅猛发展，作为支柱产业的土建行业发展日新月异，对土木工程相关专业人才的需求持续旺盛。为规范专业办学，受教育部委托，1989年5月建设部组建了全国高等学校建设工程类学科专业指导委员会，其主要职责为：组织开展土建学科专业教育教学改革、发展等重大问题的研究，制定专业规范等重要教学文件并指导实施，指导高等学校开展土建学科专业教学改革。在"建设工程类"委员会下设立了若干专门学科专业指导委员会，其中包括建筑工程学科专业指导委员会，1998年第三届委员会成立时，恰逢教育部专业目录修订调整，原建筑工程学科专业指导委员会更名为土木工程学科专业指导委员会。

同济大学沈祖炎教授（2005年当选中国工程院院士），自1989年至2005年担任第一至第三届全国高等学校土木工程学科专业指导委员会主任，与我国一批老一辈土木工程专业教育专家江见鲸教授（清华大学）、蒋永生教授（东南大学）等一起，为我国土木工程专业的建设与发展做出了重要贡献。特别在1998年教育部将原来窄口径的建筑工程、交通土建工程等专业拓宽为土木工程专业，为改变几十年来各高校形成的窄口径专业教学模式，土木工程学科专业指导委员会及时开展调查研究，形成了"土木工程专业按宽口径要求培养人才，是社会发展、建设事业发展和科技进步的需要，是使培养对象能够适应社会经济转型和中国加速融入世界市场的需要，也是用人单位长远发展的需要"的共识，提出了"拓宽专业基础、注重专业特色"的培养模式，于2002年制订出版了《高等学校土木工程专业本科教育培养目标和培养方案及课程教学大纲》，对指导全国高校的土木工程专业人才培养发挥了重要作用。

1980年代末，随着我国工程建设由计划经济体制向市场经济体制的转变，以及开拓国际市场的需要，在借鉴发达国家专业人员管理通行做法的基础上，建设部、人事部建立了工程建设领域执业资格制度即注册工程师制度，这一制度包括专业教育背景评价、职业实践考核、执业资格考试、注册执业、继续教育等环节，其中专业教育背景评价或专业评估是该制度的一个重要基础。为适应我国注册结构工程师和注册土木工程师制度的需要，1993年建设部成立了全国高等学校建筑工程专业教育评估委员会，1995年首次对清华大学、天津大学、哈尔滨建筑大学、同济大学、东南大学、浙江大学、湖南大学、华南理工大学、重庆建筑大学、西安建筑科技大学等10所高校的建筑工程专业进行了专业评估。专业评估是对专业培养目标、教学条件、培养过程和教学结果的全面评估认证，本质是行业（或第三方）对高校专业教育质量的评价。土木工程专业（原建筑工程专业）评估是我国最早开展的工程教育评估认证制度，极大地促进了我国土木工程专业的建设与发展，也为我国建立工程教育认证制度和加入"华盛顿协议"（工程教育认证结果互认的国际协议）提供了经验和基础，也因此土木工程专业评估制度取得的成效获得2014年国家级教学成果一等奖。

进入21世纪我国高等工程教育规模已位居世界第一，为实现走中国特色新型工业化道路、建设创新型国家的目标，2010年教育部提出了卓越工程师教育培养计划，土木工程专业学科教学指导委员会及时制订了土木工程专业卓越工程师教育培养计划本科和硕士层次的指导方案，提出了加强课程和毕业实习、加强工程课题和企业联合导师的要求。2017年，为应对新一轮科技革命与产业变革、适应新时代我国经济社会发展的人才培养需求，教育部积极推进新工科的建设，我国一大批各类型和层次高校的土木工程专业均积极参与，树立以学生为中心的教育理念，适应时代对人才培养的要求，迎接新一轮高等工程教育的改革。

我自2006年开始担任住房和城乡建设部全国高校土木工程学科专业指导委员会主任（2018年改任教育部土木类专业教学指导委员会主任）至今，2003年至2015年担任住房和城乡建设部高等学校土木工程专业评估委员会主任十多年，亲身经历了我国土木工程专业教育最近20年的改革与巨大发展。2018年，苏州科技大学原校长何若全与我商量倡议编写我国土木工程专业发展史记，我表示此事意义重大，应该积极支持。

何若全校长担任过全国高校土木工程学科专业指导委员会副主任和住房

和城乡建设部高等学校土木工程专业评估委员会副主任，对我国土木工程专业的改革和建设充满了热情，倾注了大量心血。在何校长的积极倡议下，在住房和城乡建设部高等学校土木工程学科专业指导委员会、全国高校土木工程专业评估（认证）委员会、中国土木工程学会教育工作委员会大力支持下，得到了住房和城乡建设部人事教育司领导原副司长李竹成、原副巡视员赵琦和二级巡视员何志方及中国建筑工业出版社教育教材分社社长高延伟的积极支持，组建了《土木工程专业发展史记》编写组，由何校长任组长。何校长的组织能力和动员能力非常强，2018年3月、6月和10月就组织召开了三次编写组工作会议，遗憾的是何校长因病没能出席在湖南大学召开的第三次编写组工作会议。会议结束后我去医院看望他，他还惦记着史记编写的进展情况，并安排东南大学的邱洪兴教授担任编写组共同组长。然而不幸何校长不久就与世长辞。

由于土木工程专业办学历史长，时间跨度大，期间专业调整和变化多，因此史记编写组人员的资料收集和整理难度极大，其工作艰辛可想而知。编写组在邱洪兴教授的继续带领下，克服重重困难，终于完成《土木工程专业发展史记》的编写，为我国土木工程专业教育留下了一部宝贵的史料，其功绩值得称颂，也是对何若全校长为此做出重要贡献的铭记。

李国强

同济大学教授

教育部高等学校土木类教学指导委员会主任

2021年11月

前　言

　　我国的土木工程专业自清末1895年10月天津北洋西学学堂开设工程科、1903年北洋大学堂开设土木工程门，至今已超过百年，培养了一批又一批工程建设人才，为国民经济发展、成就"中国建造"的国际地位作出了不可磨灭的贡献。截至2018年，我国内地土木工程本科专业的招生院校达到542所，每年招生人数超过7万；台港澳地区还有26所高校设有土木工程本科专业。

　　土木工程专业的发展历程凝聚了一代代土木人的心血与汗水，见证了自强不息、坚忍不拔的民族精神，有必要把它记录下来。梳理历史、总结专业发展经验、展望专业未来愿景，激励后人、铭记责任，为中华民族的伟大复兴、教育强国梦再立新功。

　　随着中华人民共和国成立后专业发展的亲历者、民国时期专业发展的知情者逐渐离世，历史资料的整理越加迫切。

　　2018年，在苏州科技大学原校长何若全教授的积极倡议下，住房和城乡建设部高等学校土木工程学科专业指导委员会、全国高校土木工程专业评估（认证）委员会、中国土木工程学会教育工作委员会正式启动了《土木工程专业发展史记》（简称《史记》）的组织编写工作。

　　2018年3月17日中国建筑工业出版社在北京承办了编写组第一次全体会议（附图A）。会议议题包括征求《史记》内容，商议人员分工，讨论编写原则，制定进度计划。

附图A

2018年6月22日在同济大学召开了编写组第二次会议，推进编写工作。明确了资料收集"谁撰写谁提需求"的原则，指定了"专项收集负责人"，提醒网络资料需要甄别。

2018年10月13日在湖南大学召开了编写组第三次会议（附图B），确定了编写原则，对章节划分进行了调整、优化，减少章节间的交叉重复。

2019年12月28日在东南大学召开了编写组第四次会议（附图C），交流了审稿意见和交叉评阅意见，讨论了书稿修改方案。

附图B

附图C

史料的选取和编写依据以下4条原则：

①主要针对"土木工程"本科专业教育。不包含专科教育、高等职业教育和继续教育；原则上不涉及科技活动和科研成果、工程项目、研究生教育等重大事项；依据1998年教育部公布的本科专业目录，向前追溯"土木工程"专业涵盖的范围；均衡覆盖"土木工程"专业的主要方向。

②站在全国的角度，以本科专业的关键事件为主题，按时间顺序、记录全国性事件。选择全国层面的事件，不单独涉及省级事件；以事带校，不专门介绍某个院校；以事带人，不单独记载个人的贡献与成就。

③记录客观事实，介绍事件发生背景，不作主观评价。以史料为准，注明史料出处；对不同文献记载有矛盾的内容，详加考察、仔细甄别，尽量保证内容的真实性和权威性，经得起时间的检验；编写者感想、体会和观点不进入正文。

④通过再版不断添补，逐步完善。存在争议的内容暂不放入，待达成共识后再添加；因史料掌握不全、代表性不足的内容暂不放入，待成熟后再版时增补。

《史记》编写内容分工如下：第1章专业发展沿革由何若全、孙国华教授负责，何若全、孙国华、朱宏亮教授编写；第2章专业建设由邱洪兴教授负责，邱洪兴、沈蒲生、何若全教授编写；第3章专业教学指导由邹超英教授负责，高延伟、邹超英、朱宏亮、张伟平教授编写；第4章专业评估由易思蓉教授负责，易思蓉、朱炳寅、邹超英教授编写；第5章教学改革与成果由白国良教授负责，白国良、姜忻良教授编写；第6章支撑专业发展的学科状况由张伟平教授负责，张伟平、白国良、易思蓉教授编写。

李国强、陈以一和朱宏亮三位教授担任主审。

住房和城乡建设部人事司何志方、田歌等同志提供了相关史料，中国建筑工业出版社高延伟、王跃、吉万旺、赵莉做了大量史料收集和整理工作。

我国高校历史上经历过全面抗战时期的内迁调整、1952年的院系调整以及2000年的并校调整，专业多次合并、分离，导致文献资料丢失、专业记载不连贯，给资料收集带来极大的困难。尽管编写组尽了很大努力，仍有不少遗漏甚至错误，恳请读者提供史料匡正、补充。非常感谢所有提供史料的个人和单位。

土木工程专业发展史记编写组

2021年11月

目　录

第3章 专业教学指导

第4章 | 专业评估

第5章 | 教学改革与成果

第6章　支撑专业发展的学科状况

第1章　专业发展沿革

1.1 中华人民共和国成立前土木工程专业的基本情况

我国土木工程专业的起源可追溯到清朝末年的洋务学堂，那个时期的实业教育被认为是兴国的要务。由于土木工程与社会的基础设施建设与维护密切相关，所以最受官府和民众的关注，在各工科就读人数中往往首屈一指。民国初期至抗日战争爆发，土木工程专业经历了鼎盛的发展时期，其规模、种类和影响，都是最辉煌的阶段。抗日战争开始直至中华人民共和国成立，土木工程专业在战乱和动荡中跌宕起伏，被动地调整着自身，承担着微弱的教育功能，直至中华人民共和国成立。

1.1.1 清末民初

（1）清末民初土木工程专业的起步

从19世纪60年代起到中日甲午战争，清朝的洋务派在国内先后创办了30余所实业洋务学堂，这些学堂可划分为七类：外国语学堂、船务学堂和军事技术学堂、水师学堂、武备学堂、电报学堂、海陆军医学堂、矿务工程学堂[①]。其中，天津武备学堂开办铁道工程科，招收约20名学生，聘请德国人讲授铁路工程和行李运输[②]，1890年毕业的工程科学生中有3位杰出的铁路工程师[①]；1892年该学堂毕业12名学生，全部分配至关东铁路参加工程修建。1890年湖北省矿务局在武昌开办分析煤炭和矿石的实验室，1892年扩充为"学堂"，目的是培养矿山建设方面的人才。1895年津榆铁路公司设立山海关铁路学堂，开设铁路工程、桥梁等专业，学制3年，创办之初招生60人。有些学堂尽管不培养基础设施建设的人才，但课程设置往往与土木工程有关。1880年李鸿章创办的天津电报学堂就开设了陆上电线与水下电线建筑、电报线路测量、制图、材料学等课程[③]。从19世纪80年代开始，这些洋务学堂就已呈现了早期土木工程专业教育的雏形。

中日甲午战争失败后，清政府和广大民众收回洋人路矿辖管权的呼声与日俱增，一些有识之士大声疾呼"以兴学为急务"，意指举办铁路和矿务专门学堂、培养自己的技术和管理人才是救国的根本大略。1895年，由光绪皇帝御批成立了天津北洋西学学堂，1896年正式更名为北洋大学堂。天津北洋西学学堂初创时就设置了律例、工程、矿冶和机械四个学科。1896年清政府创办了北京铁路管理传习所，这所培养铁路人才的专门学校，后改组为北京铁路管理学校和北京邮电学校，是今天北京交通大学的前身。1896年，清末官员、

---

① 毕乃德. 洋务学堂 [M] 曾钜生译. 杭州：杭州大学出版社，1993，第24页.
② 吴玉伦. 清末实业教育制度变迁 [M] 北京：教育科学出版社，2009，第187页.
③ 王孙禺，刘继青. 中国工程教育：国家现代化进程中的发展史 [M] 北京：社会科学文献出版社，2013，第34页.

洋务运动代表人物盛宣怀在上海创办了南洋公学，也是为了培养铁路专门人才。这所学校在1910年改为南洋大学、上海工业专门学堂，1921年和唐山工业专门学校合并后诞生了中国人自己的"交通大学"。1896年津榆铁路总局（北洋铁路总局）创办了山海关北洋铁路官学堂，该校后来几经搬迁，落脚唐山，校名改为唐山路矿学堂，这所学校是今天西南交通大学的前身。与此同时，一些地方政府也开展了反对列强控制中国铁路和矿山的兴学举措。四川省开办了四川铁道学堂，浙江省和湖南省也分别举办了自己的铁道专门学校。除了新办铁路专门学堂外，一些学校还扩大了"专业"门类。例如，1906年商部高等实业学堂和唐山路矿学堂均增设了铁道工程科，培养铁道工程专门人才，并渐成规模[①]。

20世纪初，随着清政府各项教育新政的实施，在"庚子赔款"中被迫停办的北洋大学堂（图1-1a）和京师大学堂（图1-1b）先后复校，山西大学堂也开始筹建。1903年北洋大学堂在天津西沽武库复校，设有土木工程和采矿冶金学门；山西大学堂（图1-1c）是第二

（a）　　　　　　　　　　　　　　（b）

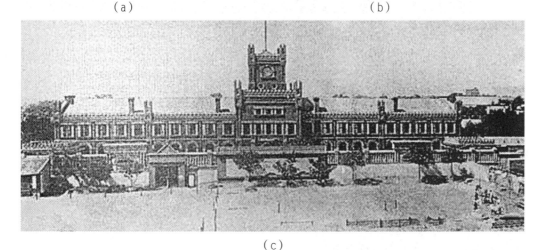

（c）

图1-1　清末三所开设土木工程专业的官办大学
（a）北洋大学堂；（b）京师大学堂；（c）山西大学堂

---

① 王孙禺，刘继青. 中国工程教育：国家现代化进程中的发展史［M］. 北京：社会科学文献出版社，2013，第63页.

个举办工科的高等教育机构，1907年先办矿学和法律，次年添增土木工程。京师大学堂为全国最高学府，设置的学科最齐全，其中工科里设置土木工程、采矿冶金。课程设置和教学管理逐渐步入正轨[①]。

1903年岳麓书院与湖南省城大学堂合并成立湖南高等学堂，1905年第一批土木工程专业学生入学。1911年清政府用美国"退还"的一部分"庚子赔款"兴办了留美预备学校清华学堂，在1912～1928年间有90余名留美学生选学土木工程，约占清华学堂同期留美学生总人数的9%。1907年德国人在上海创办德文医学堂，后改称同济德文医工学堂，并在1914年创立土木系科。1903年创办的三江师范学堂，在茅以升倡导下于1923年添增土木工程及电机工程两系。创立于1897年的求是书院在1927年建立工学院，下设土木工程科。1920年沙俄参与创办哈尔滨中俄工业学校，建校伊始只开设了铁路建筑系和机电工程系，铁路建筑系在1928年改称为建筑工程系。1909年英国福公司在河南创办焦作路矿学堂，1931年设立土木工程科。

（2）大学制度变革中的土木工程专业

清朝末期所创办的30余所洋务学堂显现出整体无规划、各自为政的现象。为规范办学，从清末到民国期间先后制定了"壬寅学制"（1902年）、"癸卯学制"（1904年）、"癸丑学制"（1912年）、"壬戌学制"（1922年）。"壬寅学制"虽经正式颁布，但未及实施便由张之洞等人另行改订。

1）癸卯学制

南洋公学实行小学、中学、高等专科学校三级教育体系，既互相衔接又依次递增，优势十分明显。清政府在《南洋公学章程》的基础上制定了《奏定学堂章程》，也称癸卯学制，并于1904年1月13日颁布，这是我国近代第一个由政府制定并颁布实施的学制系统。癸卯学制系统规定了直系（普通）教育系列，初等教育、中等教育和高等教育制度，实业教育系列和师范教育系列制度。

直系教育系列中的高等教育分高等学堂或大学预科、分科大学堂和通儒院。其中，高等学堂或大学预科，学制3年。分科大学堂，学制3～4年，分为经学科、政法科、文学科、医科、格致科（理科）、农科、工科、商科等八科。其中工科分为九门：①土木工学门；②机器工学门；③造船学门；④造兵器学门；⑤电气工学门；⑥建筑学门；⑦应用化学门；⑧火药学门；⑨采矿及冶金学门[②]。通儒院，学制5年。这是能够查证到的第一个我国关于土木工程专业名称的官方表述。

在实业教育系列中，工业教育分初、中、高三个层次，相应地设置艺徒学堂（培养

① 史贵全. 中国近代高等工程教育研究［M］. 上海：上海交通大学出版社，2004，第44–47页.
② 舒新成. 中国近代教育史资料（上册）［M］. 北京：人民教育出版社，1961，第572–609页.

熟练工人）、中等实业学堂（培养初级技术员）和高等实业学堂（培养应用型高级技术人才）。按照癸卯学制的规定，高等实业学堂分为应用化学科、染色科、机织科、建筑科、窑业科、机器科、电器科、电气化学科、土木科、矿业科、造船科、漆工科、图稿绘制科等13科，实业学堂比较注重加强实习环节。

按照现代高等教育的层次划分，清末的高等学堂和高等实业学堂相当于现在的专科学校，大学堂相当于现在的本科学校，通儒院相当于现在的研究生院。按照现代学科分类，清末的"门"相当于现在的专业。可见，清末设有土木工学门的大学堂相当于土木工程本科学校，设有土木工学门的高等学堂和设有土木科的高等实业学堂相当于现在的土木工程专科学校。

《奏定学堂章程》在"各分科大学科目章第二"中还首次界定了各学门的既定"科目"，即课程。其中，土木工学门设置了"算学""应用力学""热机关"等主课25门，第三年末（毕业时）呈出毕业课艺及自著论说、图稿。此外，土木工学门以计画制图实习为最要，计画制图实习"钟点"也最多。土木工学门具有明显的宽口径、厚基础、重实践、"钟点"多特点。癸卯学制的实施为我国土木工程专业的发展提供了制度性保障。

2）癸丑学制

1911年辛亥革命的爆发，宣告了清朝封建统治的结束。1912年中华民国成立，国民政府在发展资本主义经济、振兴实业、发展现代工商业方面制定了新的目标。1912年9月3日，国民政府推出了新学制"壬子学制"，随后颁布了各种大学令——《大学令》（1912年10月24日）、《专门学校令》（1912年10月）、《工业专门学校规程》（1912年11月2日）、《大学规程》（1913年1月12日），这些法规构成一个完整系统，史称"壬子–癸丑学制"。癸丑学制将整个学程分为三段四级，教育期限为18年。高等教育分为本科和预科，预科3年，本科3～4年。与工程教育有关的制度主要是大学、专门学校和实业学校三种。大学分为文科、理科、法科、商科、医科、农科、工科等7科，其中工科分为土木工学、机械工学、船用机关学、造船学、造兵学、电气工学、建筑学、应用化学、火药学、采矿学、冶金学11门，科目设282个。较之清末癸卯学制，增设了船用机关学，采矿和冶金分开设置，但土木工学门仍旧排位第一。在专科层次方面，专门学校由清末的高等学堂改造而来，工科专门学校可设土木、机械、造船、电子机械、建筑、机织、应用化学、采矿冶金、电气化学、染色、窑业、酿造、图案13科。甲种实业学校分为金工科、土木科、土木工科、电气科、染织科、应用化学科、窑业科、矿业科、漆工科、图案绘画科等。壬子–癸丑学制表现出以借鉴日本学制为主，兼采欧美的特点。

3）壬戌学制

1922年国民政府推出了壬戌学制的大学制度改革方案，放宽了对大学设置的相关规定。按照原来的教育方案，设置大学必须要文理科兼具，或文科兼法、商二科或理科兼医、农、工三科之二或一科者，方得名为大学，否则为独立学院。改革方案对这个规定进行了修正，为单科类工科大学的发展松绑。改革方案还规定，有条件的甲种实业学校可升格为专门学校，可创造有利条件促使工科专门学校在内的实业专门学校升格为大学①。这一时期，工科专门学校在内的实业专门学校纷纷升格为大学，土木工程领域里的一些著名大学组建于此时。例如1920年，上海工业专门学校、唐山工业专门学校、北京铁路管理学校和北京邮电学校合并组建交通大学。随后，上海工业专门学校改名为交通大学上海学校，并于1922年改名为南洋大学。1927年南洋大学、唐山大学和京校分别改名为第一、第二、第三交通大学。1921年福中矿务专门学校升格为福中矿务大学（1931年更名为私立焦作工学院）。1923年北京工业专门学校升格为大学，后又几经变迁。1924年同济医工专门学校改为同济大学。1924年河海工程专门学校与东南大学工科合并成立河海工科大学等。

与此同时，诸多综合性大学增设、扩充土木类系科，或土木类专门学校合并改组成为综合性大学。1921年批准的国立东南大学设置工科3系，包括机械工程系、土木工程系和电机工程系。1921年厦门大学成立，设置工学部，开设的6个系科中就有建筑工科和土木工科。1922年东北大学成立，设置理工科，包含数学系、物理系、化学系、土木工学系和机械系。1926年清华学校设置了包括工程学系在内的17个学系。1924年中山大学成立，设置了理工科，1931年创办土木工程学系。1926年湖南省改组湖南工、商、法三所专门学校成立省立湖南大学，土木系正式得名。1927年由国立东南大学、河海工程大学、江苏法政大学、江苏医科大学、上海商科大学、南京工业专门学校、苏州工业专门学校、上海商业专门学校、南京农业学校9所公立学校组建第四中山大学（1928年更名为国立中央大学），共设置包含工学院在内的九个学院，工学院设置土木工程科、电机工程科、机械工程科、建筑工程科、化学工程科。同年在杭州建立国立第三中山大学，将浙江公立工业专门学校改组为第三中山大学工学院。1928年国立第三中山大学改名为浙江大学，后又改为国立浙江大学，下设工学院，并创建土木工程学系。

1.1.2　20世纪20年代末至1937年

20世纪20年代末至抗日战争爆发前，是中华人民共和国成立前高等教育发展的鼎盛时期，也是土木工程专业教育发展的辉煌时期和重要历史阶段。1929年国民党第三次全国代表大会通过的《训政时期经济建设纲要方针案》提出了国家物质建设的主要顺序：一是铁道、国道及其他交通事业；二是煤炭及基本工业；三是治河、开港、水利等事项，突出了国家对工程建设人才的迫切需求。

伴随着"大学热"的出现，大学和在校大学生数量都急剧增加，但办学经费不到位、区域布局不合理、忽视理工科偏重文法科、大学之间无合理分工等问题不但没有解决，甚

① 王孙禺，刘继青. 中国工程教育：国家现代化进程中的发展史［M］. 北京：社会科学文献出版社，2013，第70–72页.

至愈趋严重。为此，从1932年开始，教育部采取一系列措施，包括撤、并、停控制文科院系发展，限制招收文法新生，鼓励工科等实业教育，注重改变大学布局状况等措施，为包括土木工程在内的工科高等教育发展提供了机遇。教育部在大力兴办工科教育的同时，也十分注重质量提升，包括定期派专员对大学设施设备和经费使用情况给予检查、通报。如对中央大学就有"工学院土木系之水力试验，机械系之气机试验等设备，尚需添置"的训令。1934年训令北洋工学院，"土木机械两系设备，及基本物理实验设备，均不敷应用""电机工程及建筑工程两系，前据呈准添设，兹查电机系大部分设备尚未购置，建筑系且无何种筹备"，要求限期办理。这些训令对促进提升专业办学质量和规模起到一定作用。

1927年同济大学被命名为国立同济大学后，一些新的系科应运而生，如土木工程系、高等测量系、造船飞机机械系等，还成立了独立设置的理学院、医学院等。同时，学校改国立后学费减半，工科学生数量不断增加。1935届（1930年入学）土木系本、专科毕业生5人，1940年工学院迁到昆明，1945届（1940年入学）土木系毕业生已达到52人[①]。

1928年清华学校更名为国立清华大学，下设文、理、法三个学院，15个系。1929年，工程系改称土木工程学系（简称土木系）。1929年清华大学第一届大学生毕业，其中土木系毕业生仅8人。1932年成立工学院，土木系隶属工学院，同年投资16万元建设土木工程馆、水利实验馆。教师人数已增至15人左右，土木系在校学生已达120人左右，规模不断扩大。图1-2为1934年清华大学土木系全体教师。

图1-2 1934年清华大学土木系全体教师

① 《同济大学土木工程学院建筑工程系简志（1914-2006）》编写组. 同济大学土木工程学院建筑工程系简志（1914-2006）[M]. 上海：同济大学出版社，2007，第17-19页.

交通大学在1928年以后的发展也非常可观。学校将原来工科系科扩充为学院，土木工程学院就是其中之一。10年中学校新增设施齐全的实验室25个，学校的办学经费增加了近一倍，学校也逐渐成为以工为主、理为基础、兼重管理的综合性大学。1931～1936年，教师增加40%，教授人数翻了一番。1927～1937年期间学校共培养了1407名毕业生，相当于前30年毕业总人数的两倍。1936年土木工程专业的毕业生为24人。

北洋大学在1917～1927年期间，每年经费定额22.6万元，1932年经费为18.9万元，1933年增加到27.6万元，次年增加到29.6万元。学校率先在全国改门为学系，增设了一些工科研究所，扩大了专业面。1934年土木工程系四年级分为两个组：普通土木工程组和水利卫生工程组[1]，学生毕业后的适应性进一步增强。

1931年，国立浙江大学工学院的土木工程学系也迎来了首届毕业生，图1-3为国立浙江大学土木工程学系第一届学生的毕业证书。

1932年，全国土木工程专业招生人数在所有工科专业中人数最多。当年各大学工学院招生总人数3267人，土木工程专业1246人，各大学理学院中另有土木工程专业学生313人[2]。

1934年全国办有土木工程专业的学校和专业基本情况（仅含国立、省立、私立大学）见表1-1[2]。其中，京津及东部沿海地区16所，占2/3以上，中部和东北地区3所，西部地区3所。

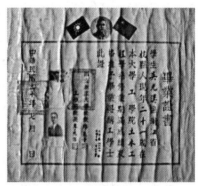

图1-3 国立浙江大学1931年土字第一号（土木工程学系第一届第一名）毕业证书

1934年办有土木工程专业的教育部在册大学的基本情况 表1-1

序号	学校名称	地点	学校和土木工程专业的基本情况	备注
1	山东大学	青岛	官立山东大学堂建于1901年，1932年国立山东大学创办土木工程学系	
2	中央大学	南京	1903年三江师范学堂成立，在1928～1949年期间校名为国立中央大学。1921年学校明确土木工程系是下设的3个工科系之一	1949年更名为国立南京大学，1950年正式定名南京大学

---

① 北洋大学-天津大学校史编辑室. 北洋大学-天津大学校史（第一卷）[M]. 天津：天津大学出版社，1990，第141-151页.
② 中华民国教育部. 第一次中国教育年鉴（丁编）[M]. 1934.

续表

序号	学校名称	地点	学校和土木工程专业的基本情况	备注
3	交通大学	上海	上海工业专门学校（前身是1896年成立的南洋公学）、唐山工业专门学校（前身是1896年成立的山海关北洋铁路官学堂）、北京铁路管理学校和北京邮电学校（前身是1909年成立的邮传部铁路管理传习所）四所学校于1921年合并，定名为"交通大学"	1959年交通大学上海部分定名为上海交通大学
4	同济大学	上海	1907年德文医学堂创建。1912年改名为同济德文医工学堂。1914年创立土木系科。1927年定名国立同济大学	
5	武汉大学	武汉	1893年自强学堂创办，1926年组建国立武昌中山大学。1928年改组为国立武汉大学，下设工学院含有土木系	
6	浙江大学	杭州	1897年求是书院创立，1927年创建第三中山大学，1928年定名国立浙江大学。1927年创办土木工程科，1930年改为土木工程系	
7	清华大学	北平	1911年清华学堂成立，1926年大学部设立了工程学系，下设土木工程科。1928年更名为国立清华大学	
8	中法国立工学院	上海	1921年由中法两国政府合办创建中法国立工学院。初期设工、商两科，工科下设土木工程科（学制5年）	1940年中法国立工学院停办
9	北洋大学	天津	1895年天津北洋西学学堂成立，设律例、矿冶、工程（土木）和机械四学门。1896年更名为北洋大学堂，1912年改为北洋大学校，1913年定名国立北洋大学。1920年进入专办工科时代，1928年更名为国立北平大学第二工学院，1929年更名为国立北洋工学院	1946年复名北洋大学，1951年与河北工学院合并，定名天津大学
10	山西大学	太原	1902年山西大学堂创立，设中学专斋和西学专斋，1908年开设工程科，1912年学校更名为山西大学校，1918年更名为国立第三大学，1931年改名国立山西大学	1953年院系调整，原山西大学被撤销，工学院改建太原工学院（今太原理工大学）
11	东北大学	沈阳	1923年东北大学始建，设理工科，1924年改为工科。1926年设立采冶学系，1932年停办	
12	河南大学	开封	1931年设立土木系	1952年并入武汉大学，1988年复办土木工程专业
13	湖南大学	长沙	1903年岳麓书院改名湖南高等学堂。1926年工专、商专、法专三个专门学校合并成立湖南大学，土木系即是湖南大学最早建立的系。土木系学生入学为1905年	

序号	学校名称	地点	学校和土木工程专业的基本情况	备注
14	云南东陆大学	昆明	1922年创办私立东陆大学，1930年工学院下设土木系和矿冶系	1951年土木建筑并入中南土木建筑学院、重庆土木建筑学院
15	广西大学	桂林	1932年省立广西大学成立，同年设立土木工程系	1952年院系调整时土木系调整到武汉大学、中南土木建筑学院。1997年与广西农业大学合并后，组建土木建筑工程学院
16	震旦大学	上海	1903年震旦学院成立，1932年国民政府批准校名为私立震旦大学，理学院下设土木工程系	1952年土木工程并入同济大学
17	大夏大学	上海	1924年厦门大学部分学生因学潮成立大夏大学，建校初期理工学院下设土木工程系	1941年起停办，土木工程系裁撤。1951年大夏大学调整撤销
18	复旦大学	上海	1905年创建复旦公学，1923年在理科设立土木工程系	1952年复旦大学土木工程并入同济大学
19	广东国民大学	广州	1925年私立广东国民大学创建，1930年增设工学院，同年开设土木工程学系	1951年，与私立广州大学、文化大学、广州法学院合并成华南联合大学
20	岭南大学	广州	1888年创建格致书院，1903年改名岭南学堂，1912年改为岭南学校，1919年正式更名为岭南大学，1930年成立工学院	1952年组建华南工学院，土木工程系前身主要来自岭南大学、中山大学、华南联合大学的土木系
21	之江文理学院	杭州	之江大学前身为1845年创建于宁波的崇信义塾，1867年改名为育英义塾，1897年正式称为育英书院，1914年改名之江大学，1930年设立土木系，1931年更名为之江文理学院	1948年复名之江大学，1951年撤销。1952年建筑工程系并入上海同济大学
22	焦作工学院	安阳	1909年创办焦作路矿学堂，1931年更名私立焦作工学院，设立土木工程科，1933年改为土木工程系	1938年焦作工学院与北平大学工学院、北洋工学院、东北大学工学院合组成立国立西北工学院（今河南理工大学和中国矿业大学的前身）

注：哈尔滨工业大学校（哈尔滨工业大学1934年的校名）及广东省立勤勤大学（1938年8月停办，工学院并入中山大学工学院）不在教育部名单中。

1.1.3 抗日战争至中华人民共和国成立前

1937年抗日战争爆发后，土木工程专业的发展呈现出两个不同的局面：一方面由于长达8年的战争破坏了学校正常的生活和教学秩序，师生常年躲避战火、教学场所的搬迁成为常态，学校及专业的发展很难预测、原有规划的实施更无从谈起；但另一方面，这种非常规的运转为打破旧的教育体制和教育格局提供了一定的契机，通过变革和创新在动乱中寻找出路。

在不断升级的战火中，"沦陷区"的学校不得不向内地迁徙。当时北平、天津、上海各地之机关学校，均以变起仓卒，不及准备，其能将图书仪器设备择要运内地者，仅属少数，其余大部分都随校舍毁于炮火，损失之重，实难数计①。同济大学先后历经六次搬迁，从上海市区、金华、赣州、桂东贺县、昆明，最后落脚宜宾和南溪。这种磨难和艰辛是难以想象的，损失也是巨大的。据《大公报》统计，"七七事变"后的3个月内，受日寇轰炸破坏的高校总计损失达2100余万元。1937年7月7日至8月底，受到日寇破坏的高等教育机关91所，占总数的84%，其中有10所全部损毁。教授教员从战前的7650人减至5657人，职员由4290人减至2966人，学生从战前的41922人减至31188人，减少了1/4以上。上述各项数字中，均含有一定比例的土木专业机构和人员，具体数字已无法考证。

抗日战争爆发后，全国有100多所高校迁往重庆、成都、昆明、四川和贵州②。大批学校的搬迁加快了改善西部地区高等教育薄弱状况的步伐。在内迁过程中为了集中各种资源办好教育、快出人才，国民政府教育部还对一些高校和院系进行了合并组合。1937年11月国立北京大学、国立清华大学、私立南开大学三校内迁长沙，后西迁昆明，成立国立西南联合大学；1938年7月西北联合大学工学院与东北大学工学院、私立焦作工学院三院合并迁址咸阳，组建了土木专业较强的国立西北工学院；1942年1月交通大学唐山工程学院与北平铁道管理学院合并，成立国立交通大学贵州分校；1938年广东省立勷勤大学工学院（含土木系）并入中山大学工学院，增设建筑工程学系；山西省立工业专科学校停办两年后于1939年底并入山西大学工学院等。同时，交通大学按照教育部的要求，将土木、机械、电机三个工程学院改称系，合组工学院。上述措施不但部分缓解了经费短缺的问题，也缓解了西部地区包含土木工程专业在内办学资源短缺的状况。各校还按照教育部对战时特种教育的要求，对六个方面的人员加强培训，其中第三方面是"土木工程：修筑桥梁、道路、堡垒、挖掘壕沟、水井、地窖及其他土木工程事项"。

随着1938年教育部《农工商学院共同必修课目标》和《文理法农工商各学院分系必修及选修科目表》的公布施行，土木工程专业教学计划和必修课程也首次得到了规范③。

---

① 《大公报》，1937年10月21日.
② 余子侠. 民族危机下的教育应对［M］. 武汉：华中师范大学出版社，2001，第187页.
③ 王孙禺，刘继青. 中国工程教育：国家现代化进程中的发展史［M］. 北京：社会科学文献出版社，2013，第152页.

1939年成立的大学用书编辑委员会首次开始对教学用书进行规划，标志性的成果之一是1947年度大学工学院的12种自编教材①。其中，涉及土木工程的教材有赵访熊的《高等微积分》（商务印书馆发行，1949年11月初版），吴柳生的《工程材料试验》（国立编译馆出版，1945年6月印行），王德荣译的《材料力学》（人民教育出版社，1951年5月），陆志鸿的《工程力学》（上、下册）（商务印书馆发行，1937年6月初版），温畅、沈宏康的《有机化学》（商务印书馆发行），顾宜孙、杨耀乾的《木材结构学》（商务印书馆发行，1952年11月初版），高良润的《木工》（国立编译馆出版，1948年11月初版）等。

1943年，国民政府开始实行公费制，对师范、医、药、工程各院科系学生全部实行甲种公费生待遇，即免除学费、膳食费，并补助其他费用，这些措施有效地保证了土木专业的稳定发展和人才培养质量的提升。1938~1940年连续三年实行全国统一招生考试，按照战时要求向国家急需的机电工程、土木工程和化学工程等专业倾斜，保证名额、适当降低录取分数。

抗日战争胜利以后，大多数高校迁回原址复员上课。开设土木工程专业的大学，如西南联大1946年5月迁回北京、天津复校，同济大学1946年4月由四川宜宾迁回上海，浙江大学1946年9月由遵义迁回杭州，重庆交大总校师生1945年10月分批复员上海，等等。在抗战胜利的大好形势下，各校纷纷制定面向新形势的发展计划，截至1947年，清华大学、浙江大学、交通大学的工学院在校生都超过了总在校生的50%以上，土木工程专业教育的发展亦是如此②，在工学院中占有较大比重。

1946年内战全面开始，全国再次陷入动荡之中，教育事业受到国民党政府高压政策的影响，校园学潮不断，土木工程教育的发展也处于停滞不前的状态，直到1949年中华人民共和国成立。

1.2　1949~1977年土木工程专业的基本情况

1.2.1　高校体制整顿和专业调整

（1）1952年高校体制的第一阶段调整

中华人民共和国的成立标志着旧的政权和社会体系彻底终结，人民政府采取一切措施与国民党时期的教育观念、教育制度决裂，建立起一套全新的高等工程教育机构、学校和

---

① 教育部教育年鉴编纂委员会. 第二次中国教育年鉴［M］. 北京：商务印书馆，1948，第17页.
② 中国教育年鉴编辑部. 中国教育年鉴（1949–1981）［M］. 北京：中国大百科全书出版社，1984，第967页.

队伍。为此，私立高校全部改为公立，各院校的性质和任务均较前明确，工科院校得到了发展，综合大学得到了整顿，使高等学校在院系设置上基本符合国家建设的需要。

根据《第二次中国教育年鉴》（第五编 高等教育）的统计，1948年我国有国立大学31所，国立独立学院23所，省立独立学院21所，私立大学24所。私立大学通过部分或整体并入其他学校的方式取消了建制。1951年私立圣约翰大学土木系和建筑工程系、私立光华大学土木系，1952年私立震旦大学土木系以及1953年私立大同大学土木系相继并入同济大学后均取消了建制；1952年私立岭南大学、私立广州大学工学院参与组建华南工学院后分别取消建制；1952年私立之江文理学院土木系并入浙江大学后学校建制取消；1951年私立焦作工学院参与组建中国矿业学院后学校建制取消；1952年私立津沽大学工学院并入天津大学后取消建制。

1948年我国共有13所基督教教会大学，与土木工程专业有关的6所分别是燕京大学（Yenching University）、圣约翰大学（St. John's University）、之江大学（Hangchow Christian College）、华中大学（Huachung University）、金陵大学（University of Nanking）、岭南大学（Lingnan University）。这些学校虽然数量不多，但起点较高。在当时的历史条件下，特别是在20世纪20年代以后，教会大学在中国教育发展过程中起着某种程度的示范与导向作用。因为在体制、机构、计划、课程、方法乃至规章制度等诸多方面，更为直接地引进西方近代教育模式，从而在教育界和社会上产生深刻影响。中华人民共和国成立后不久，这些学校的力量全部充实到其他公立学校中。

1950年6月教育部召开了全国第一次教育工作会议，随后出台的重要文件和领导讲话表明，我国高等教育要求是"培养干部必须力求与国家建设的需要相适应；首先要保证重工业、国防工业及与此密切相关的地质、建筑等方面的技术干部的供应，这就要以办好高等工业院校及大学理科为重点"[①]。除此之外，为加快培养专门人才，1950~1955年期间教育部在工科院校中设置了包括土木工程专业在内的二年制专修科，采用的措施通常是削弱和压缩本科课程，增加实用课程及训练课程。1952年教育部还发出指令，要求1953届、1954届包括土木工程专业在内的工科学生提前一年毕业，尽快投入到东北、西南地区的工业建设中。这些应急措施从一定程度上缓解了国家一线建设人才短缺的状况。

中华人民共和国成立初期，我国急需大量建设方面的专门人才，当时高校人才培养的数量远远满足不了社会需要。高校的区域分布和国家"一五"时期重点项目的布局错位很大（"一五"时期70%的重点工程分布在陕西、辽宁、黑龙江、吉林、山西、河南等6省，但这些省份只有12%的高校和13%的在校大学生）[②]。同时，国家进入了全面学习苏联、摈

① 马叙伦报告，转引自胡建华《现代中国大学制度的原点：50年代初期的大学改革》（南京师范大学出版社，2001，第70页）。
② 中国教育年鉴编辑部. 中国教育年鉴（1949–1981）[M]. 北京：中国大百科全书出版社，1984，第965页.

弃美英办学理念的重要转折期。为此，教育部在全国范围内进行了跨越6年的高等学校院系调整，调整过程基本分为两个阶段。

（2）1951年高校体制第一阶段调整

第一阶段是在各行政区内部进行调整。调整工作的序幕在1951年拉开，复旦大学土木系并入交通大学；北洋大学与河北工学院合并，定名为天津大学。1952年提出的调整方案是，北京大学工学院、燕京大学工学院合并到清华大学；之江大学土木系合并到浙江大学；南京大学工学院划分出来，成立独立的工学院。1952年5月出台的《调整计划》明确了"以培养工业建设人才和师资为重点，发展专门学院，整顿和加强综合性大学"的院系调整方针，全国范围内的高等学校院系开始大面积调整。华北区的清华大学和天津大学改为多科性工业大学，清华大学、天津大学和唐山铁道学院采矿科系并入位于天津的中国矿业学院，该校随后于1953年迁至北京，改名为北京矿业学院；1952年北方交通大学撤销，原下设的唐山工学院和北京铁道管理学院分别改称唐山铁道学院、北京铁道学院。华东区的浙江大学和南京工学院定为多科性工业大学，新成立的具有土木工程专业的高校有华东工学院、华东水利学院；交通大学土木系调整到同济大学；浙江大学部分系科转入兄弟高校和中国科学院，留在杭州的主体部分被分为多所单科性院校，后期分别发展为浙江大学、杭州大学、浙江农业大学和浙江医科大学。西南区的重庆大学改为多科性大学，新设重庆土木建筑学院，图1-4为1953年重庆土木建筑学院副院长任命通知书。云南大学和贵州大学的土木工程系合并到重庆土木建筑学院并更名为重庆建筑工程学院。中南区的湖南大学土木系与中山大学、广西大学、武汉大学、南昌大学、四川大学的土木系及云南大学铁路系合并成立中南土木建筑学院；武汉大学工学院分流到新成立的华中工学院，其后又和武汉水利学院的水利学院一起回归到武汉大学的土木建筑工程学院。1953年原山西大学被撤销，工学院改为太原工学院。河南大学土木系、东陆大学土木系调整到武汉大学，广

图1-4　1953年重庆土木建筑学院副院长任命通知书

西大学土木系调整到武汉大学、中南土木建筑学院后，改名为广西农学院。

1953年，第一阶段调整基本完成，高等学校分为综合性大学、多科或单科专门学院、专科学校三类。全国38所工业院校中有25所设置了土木工程专业：清华大学、北京工业学院、北京矿业学院、北京铁道学院、天津大学、太原工学院、唐山铁道学院、哈尔滨工业大学、东北工学院、大连工学院、同济大学、华东工学院、南京工学院、华东水利学院、浙江大学、青岛工学院、山东工学院、华中工学院、华南工学院、中南土木建筑学院、重庆大学、重庆土木建筑学院、西北工学院等。

（3）1955年高校体制的第二阶段调整

1955～1957年期间，国家对内地和西部地区高校布局进行了再次调整，院系调整进入第二个阶段。1956年原东北工学院、西北工学院、青岛工学院和苏南工业专科学校的土木、建筑、市政系（科）整建制合并而成西安建筑工程学院，是中华人民共和国成立后西北地区第一所本科学制的建筑类高校；1957年交通大学改为西安和上海两个部分，1959年分别成为独立的西安交通大学和上海交通大学。

院系调整为中华人民共和国成立后的高等工程教育和土木工程专业发展带来了前所未有的影响。首先，把分散在一些学校的师资、财力和设备集中起来，显然能够使专业的教育水平大幅度提高。其次，一批单科工科专门院校脱颖而出，专业设置与产业密切结合，培养工程师的目标非常明确。第三，西部、欠发达地区高校结构性空位的矛盾得到缓解，工程教育发展趋于均衡。清华大学、南京工学院（1988年更名为东南大学）、同济大学、天津大学、华南工学院（1988年更名为华南理工大学）、重庆建筑工程学院（1994年更名为重庆建筑大学，2000年并入重庆大学）、哈尔滨建筑工程学院（1994年更名为哈尔滨建筑大学，2000年并入哈尔滨工业大学）和西安冶金建筑学院（1994年更名为西安建筑科技大学）等八所高校后来被业内誉为土木、建筑"老八校"，就是从那时崛起。然而，中国高等教育的主流在一百年内先模仿日本，后追随英美，在尚未批判吸收的情况下又全面照搬苏联，随后就出现了一些难以控制的问题。如清华大学、浙江大学、交通大学等改为多科性工业大学以后，它们的理学院被调整出去，学校的综合实力有很大程度的下降[①]。

我国工科专业的快速发展和培养规模的增大也是院系调整的成果之一。1947年，207所全国高等学校中的高等工业学校仅有18所，设有工学院或工程系科的综合性大学42所，在校工科大学生2.7万余人，占全国大学生总数的17.8%。院系调整后的1957年，229所全国高等学校中有44所为工业院校，全国高等院校在校大学生约44.1万人，工科专业在校生占全国大学生总数比例约为37%。院系调整结束后，1958年招收土木工程本科专业的高校31所，详见表2-4。

---

① 中国高等教育学会，清华大学. 蒋南翔文集（下卷）[M]. 北京：清华大学出版社，1998，第651页.

（4）本科专业目录的首次修订

1949年前，我国高校按学科招生，按学科培养人才，不设置专业。从1952年开始，仿效苏联的教育体制，按地质、矿业、动力、冶金、机械、电机和电气仪器、无线电技术、化工、粮食食品、轻工、测绘水文、土木建筑工程、运输、通信、军工15大类别，全国设置了215种专业，开始有计划、按比例地培养我国社会主义工业建设所需要的各种高级工程技术人才。

1961年，教育部着手修订教学计划，整治新设专业过多、种类和名称混乱的现象以及长期以来专业范围过窄的状况。1963年9月，国家计划委员会、教育部根据"宽窄并存，以宽为主"的原则，调整专业业务范围，归并过窄专业，统一专业名称。这是我国第一次统一制定高等学校专业目录。此次修订的《高等学校通用专业目录》，共列专业432种（含试办专业59种），修订后的工科设有通用专业164种，试办专业43种。"土木建筑工程"设有工业与民用建筑、建筑工程经济与组织、城市建设工程、铁道工程、公路与城市道路、桥梁与隧道、混凝土及建筑制品，以及建筑学、城市规划、给水排水、供热供煤气及通风、河川枢纽及水电站建筑、水道及港口的水工建筑、农田水利工程等，共有14个专业。另有地基基础、地下建筑2个试办专业。1965年，全国高等学校实设专业种类为601种，其中工科315种。

1.2.2 1957～1965年

20世纪50年代后期，国家提出了"独立自主、自力更生，建设独立的、比较完整的工业体系和国民经济体系"的发展目标。直接涉及高等教育的是要在三个五年计划中造就100万～150万高级知识分子[1]；"我们要建设矿山、工厂、铁路和水利工程，就得有一批工程师和一大批技术员来勘测、设计、建筑和安装"[2]。在当时"鼓足干劲、力争上游，多快好省地建设社会主义"的总路线和"追英赶美"的口号下，教育事业也出现了"大跃进"。1955年高等学校数量仅有194所；1956年达到了227所，增加17%；到1960年达到了1289所，五年增加了5.6倍。高等教育的招生规模也迅速扩大，1956年高等学校本专科录取184632人，比1955年的97797人增加了近一倍；其中理工科比上一年扩招31532人，占全部扩招人数的36%。尽管大学招生规模剧增，但当时的高等教育仍处于精英教育阶段。

教育大发展、大革命，强调"一是党委领导；二是群众路线；三是把教育和生产劳动结合起来"[3]。土木工程专业的学校教育和生产劳动结合，体现在师生到校外去参加工农业劳动，以及学校自己建工厂。主要形式有：学生参加义务劳动和社会公益劳动，到工地参

---

① 毛泽东在中共八大预备会议上的讲话。
② 1956年1月14日周恩来代表中央作《关于知识分子问题的报告》。
③ 来自《毛泽东同志论教育工作》（人民出版社，1958，第67页）。

与放样、搬砖、挖土或生产实习，参与大型工程如北京人民大会堂、密云水库等的设计、施工，自制本校需要的教学科研设备和仪器，接受房屋和公路铁路的测量任务，接受建筑和公路等工程材料生产任务，师生自己盖楼房、盖工厂等。教育大发展、大革命强调教学、科研、生产三结合，强调发展与新技术相关的专业。教育大发展、大革命的表现形式是，生产劳动列入教学计划、教学形式可以"单科独进"、重视实践环节和现场教学、聘请"土专家"担任教师等；教学、科研、生产三结合的"真刀真枪"毕业设计新模式[①]。

1961年9月，中央察觉到了高等教育中出现的问题，在"调整、巩固、充实、提高"的八字总方针下制定了《教育部直属高等学校暂行工作条例（草案）》（简称《高教六十条》）。《高教六十条》明确规定了高等学校必须以教学为主，努力提高教学质量，对参加社会活动和生产劳动做适当的安排，不宜过多。教学工作必须发挥教师的主导作用，科研工作必须坚持"双百"方针等。1962年5～6月，教育部召开了20多天的全国性会议，作为示范讨论并通过了工业与民用建筑等6个专业的修订教学计划以及21门基础课和专业基础课的教学大纲[②]。会议规定，5年制本科的总学时应从通常的3500学时压缩到不多于3200学时。会议还出台了《教育部直属重点工业学校本科（5年制）修订教学计划的规定（草案）》以及《教育部直属高等工业学校本科（5年制）基础课程及各类专业共同的基础技术课程教学时数分配参考表（草案）》。

从1962年开始，教育部着手撤并"大跃进"时期新上马的专科学校，大幅度降低高等学校的数量。1963年，高等学校从1960年的1289所减少到407所。1960～1965年期间，土木工程专业种类和名称基本没有受到"大跃进"的影响，专业的业务范围变化不大。但在此期间师生校内外劳动和参加社会活动过多的情况普遍存在，许多学校的专业基础课程被削弱。到调整工作基本结束的1963年，"土木建筑工程"专业类中与现今土木工程专业的业务领域一致或接近的有工业与民用建筑、城市建设工程、铁道工程、公路与城市道路、桥梁与隧道等专业。在通用专业之外还有少量尚不成熟、只允许在个别学校中设置的试办专业，如地基基础、地下建筑专业。调整后的土木工程专业的业务范围比过去有所拓宽。

高等教育在这个阶段十分注重实践，落实教育与生产劳动相结合；贯彻了党的教育方针，加强了党的领导；有讲课、实验、实习、自习、考察、考试、学年论文、毕业设计等一系列教学环节；结合生产任务开展实习；毕业设计真题真做；认识实习、生产实习、毕业实习三段式一直延续至今；建立了一批新专业，开展了一定的科学研究，取得了不少科研成果。图1-5为国内高校当时所开展的科学试验及科学研究报告会。"教育大跃进"虽重视实践，但基础课程被削弱。

---

① 王孙禺，刘继青. 中国工程教育：国家现代化进程中的发展史［M］. 北京：社会科学文献出版社，2013，第265页.

② 1962年5月24～6月13日召开的全国高等工业学校教学工作会议。

（a）

（b）

图1-5 国内高校所开展的试验及科学研究报告会
（a）中国矿业大学建设系与基建科合作的木屋架荷载试验；
（b）同济大学1959年路桥系科学研究报告会

1.2.3 1966～1977年

从1966年的"停课闹革命"，到1967年的"复课闹革命"、1968年的"教育改革"，再到1970年的工农兵上大学、1974年取消大学入学考试制度，直至1977年恢复高考制度，中国经历了整整十年的"文化大革命"。"文化大革命"期间，土木工程专业的发展也几乎处于停滞状态。由于"文化大革命"期间的许多资料已经很难统计完整，仅以两所典型学校的具体情况回顾当时的情景。

（1）清华大学

清华大学在"文化大革命"期间的教学工作受到很大影响，老师和学生的思想都受到了很大冲击。1966～1969年期间，清华大学并未招生。1968年7月27日"军宣队"和"工宣队"进校，开始全面领导学校工作。1969年5月～1970年7月，土建系教工部分去南昌鲤鱼洲农场劳动，部分在北京清水涧北京第二轴承厂工地劳动。1970年6月27日中共中央批准《北京大学、清华大学关于招生（试点）的请示报告》，1970年上半年清华大学招收了2100名政治思想好、身体健康、具有3年以上实践经验，年龄在20岁左右，有相当于初中以上文化程度的工人、贫下中农、解放军战士和青年干部。1970～1976年期间，清华大学建筑工程系共招收工农兵学员1113人（其中，本科生1060人，专科生53人）[1]，每届一般在8个班级左右，先后开设了房屋建筑、地下建筑、暖气通风、给排水、建筑学、抗震工程专业。各专业的教师、学员都走出校门，到工厂、工地结合实际工程任务进行教学，并谓之为"开门办学"。由于工农兵学员入学时未经考试，仅为推荐上学，所以文化程度参差

---

[1] 陈旭，贺美英，张再兴. 清华大学志（1911-2010）（第三卷）［M］. 北京：清华大学出版社，2009，第34页.

不齐，总体水平偏低，给教学带来很大难度，这一问题在建筑工程系尤为突出。教师们在教学过程中十分注意教学方法，合理安排内容和进度，并加强辅导，甚至一对一进行辅导，努力向学生传授知识。"文化大革命"十年，清华大学土木工程专业的许多科研仪器遭到了破坏[1]。1976年"文化大革命"结束，教学秩序逐渐恢复。

（2）同济大学

同济大学于1967年10月成立"五七公社"，1969年9月"五七公社"与上海市建二公司合并，实行一元化领导，11月开始招收工农兵学员。接着，学校取消了建筑工程系和建筑系的建制，废止教研室，两系在校部分教师编入"五七公社"赴安徽基地进行教学改革实践。1971年10月，"五七公社"迁回上海。1970年工农兵学员按军事编制并成立房屋建筑专业连队，建立由工人、师生代表和设计人员组成的三结合教员队伍，每个班级配备一组教员，负责该班级在校期间全部课程的教学任务。1973年，改为按年级设立的"综合性教学组"，分别负责各年级的教学工作。1974～1980届工业与民用建筑专业毕业生共877人[2]。

1.3　1978～1998年土木工程专业的基本情况

1.3.1　1978～1985年

1976年10月"四人帮"的粉碎，终结了延续十年的"文化大革命"，中国的高等教育逐渐回暖复苏。1978年胜利召开的全国科学大会、全国教育工作会议、十一届三中全会明确现代化建设成为党和国家的中心任务，并决定对国民经济实施"调整、改革、整顿、提高"的战略方针。1980年教育部召开的"教育工作座谈会"，以及1982年国务院做出了制定全国专门人才规划的决定、1985年5月中共中央发布了《关于教育体制改革的决定》，都为我国高等工程教育的健康快速发展指明了方向。

（1）随着高等教育的快速发展，土建类专业教育的规模迅速扩大

1976年全国工科高校在校生198079人。到1981年，工科在校学生数达到461265人，增加了1.33倍，土木建筑工程专业学生从1976年的20534人（占工科学生总数的9.2%）增加到

① 清华大学建筑技术科学系. 清华大学土木工程馆的风云变迁［M］. 北京：清华大学出版社，2009，第85-87页。
② 资料来自《同济大学土木工程学院建筑工程系简志（1914-2006）》（同济大学出版社，2007，第39、216-219页）。

51596人（占工科学生总数的11.2%），增加了1.51倍[①]。表1-2给出了1952～1981年期间，机械、化工、土木建筑工程三个专业在校大学生的情况统计。《中国教育年鉴（1949-1981）》给出的资料显示，以"土木建筑工程"为口径的学生人数在整个工科学生中经历了占比很大、逐年减少、趋于稳定的不同发展阶段。

1952～1981年我国机械、化工、土木建筑工程专业在校大学生数量统计　　表1-2

年份	机械专业（人）	化工专业（人）	土木建筑工程专业（人）	工科（人）	土木建筑工程/工科（%）
1952	11673	4163	17273	66583	25.9
1953	15518	3759	19933	79975	24.9
1954	20778	4695	22200	94991	23.3
1955	26133	5359	22397	109598	20.4
1956	37405	7459	25294	149360	16.9
1957	41000	8379	27688	163026	17.0
1958	65733	22138	40349	257277	15.7
1959	82609	30252	49325	325556	15.2
1960	92255	38838	53611	388769	13.8
1961	87809	38328	47427	371560	12.8
1962	87733	35914	39224	345247	11.4
1963	88213	32977	32608	319524	10.2
1964	86833	29280	28321	296831	9.5
1965	88593	26016	26771	295273	9.1
1966	72569	20288	21807	233750	9.3
1967	58709	15815	18214	187679	9.7
1968	39931	10511	12965	127845	10.1
1969	18777	5134	6816	61480	11.1
1970	2665	799	602	11623	5.2
1971	5575	2093	2112	23700	8.9
1972	16748	6496	6394	69918	9.1

[①] 中国教育年鉴编辑部. 中国教育年鉴（1949-1981）[M]. 北京：中国大百科全书出版社，1984，第968页.

续表

年份	机械专业 （人）	化工专业 （人）	土木建筑工程专业 （人）	工科 （人）	土木建筑工程/工科 （%）
1973	30305	10965	12001	118396	10.1
1974	45987	13881	16309	168348	9.7
1975	48879	17233	19140	186298	10.3
1976	53099	16693	20534	198079	10.4
1977	63249	18022	19235	209004	9.2
1978	87115	21369	28621	287648	10.0
1979	98278	27531	35160	345430	10.2
1980	110847	28357	41491	383520	10.8
1981	128265	34286	51596	461265	11.2

注：1. "土木建筑工程"相当于1983年专业目录中"土建类"下的建筑学、城市规划、风景园林、工业与民用建筑工程、地下工程与隧道工程、铁道工程、桥梁工程、公路与城市道路工程、供热通风与空调工程、城市燃气工程、给水排水工程、建筑材料与制品等15个专业。

2. "工科"所涉及专业有地质、矿业、动力、冶金、机械、电机和电气仪器、无线电技术与电子学、化工、粮食食品、轻工业、测绘和水文、土木建筑工程、运输、通信、其他未分类，共15个专业类[①]。

　　1981年我国正式开始实行学位制度，设立学士、硕士、博士三级学位。1983年10月邓小平提出"教育要面向现代化，面向世界，面向未来"，并于1985年5月发布了《中共中央关于教育体制改革的决定》，明确提出教育体制改革的根本目的是提高民族素质，多出人才，出好人才。1984年9月国务院批准了14所大学为国家重点建设项目，涉及土木类专业的有清华大学、西安交通大学、上海交通大学、哈尔滨工业大学、北京工业学院。自1977年恢复招生以来，工科在读研究生人数也显著增长，1978年仅为4011人，到1983年已增至37166人，土建类专业教育的规模也随之迅速扩大。

（2）土建类专业顺应形势，实时调整了专业培养目标

　　我国对外开放、大规模基础建设、经济管理模式改变、劳动合同关系实行等形势的转变对土木工程专业人才需求也产生了巨大变化。1978年教育部将理工科本科学制调整为一般4年，培养目标由"培养工程师"转变为获得"工程师基本训练"，进一步突出了"夯实基础"、专业内容"少而精"的思想。1984年4月教育部《印发试行〈关于高等工程教育层

---

① 中国教育年鉴编辑部. 中国教育年鉴（1949–1981）[M]. 北京：中国大百科全书出版社，1984，第968页.

次、规格和学习年限调整改革问题的几点意见〉的通知》，明确将工科本科生的培养目标定位为"德智体全面发展、具有社会主义觉悟的高级工程科学技术人才、高级技术科学人才和高级管理工程人才"，其具体要求改为"掌握本专业所必需的比较系统的基础理论知识，有一定的专业知识和技术经济、管理知识，掌握本专业所必需的制图、运算、试验和计算机应用等基本技能以及一定的工艺操作技能，有一定的自学能力。受到必要的工程训练和初步的科学研究方法训练，具有分析和解决本专业工程实际问题的初步能力；初步掌握一门外国语，能够阅读本专业外文书刊。具有健全的体魄，能够承担建设祖国和保卫祖国的光荣任务"。

（3）土建类专业的课程改革和教学改革风生水起

1977年9月教育部召开高等学校工科基础课程教材座谈会，专题研究理工科恢复教学秩序的具体事项。1978年9月教育部印发《关于高等学校理工科教学工作若干问题的意见》，重新组织各学科教材编审委员会，恢复了教材编审体制和出版发行办法。相关重点高校也积极开展教学改革，取得一定成效。浙江大学、清华大学、上海交通大学、北京航空学院等高校率先探索试行学分制改革。清华大学[①]、上海交通大学[②]、华中工学院[③]积极在办学方针、人才培养模式、学科建设、教学方法、教学管理、教学思想、师资队伍建设等方面进行深度改革。1980年教育部先后下达了《关于部属高等学校生产实习问题的通知》《直属高等工业学校本科（5年制）修订教学计划的规定（草案）》，明确规定了4年制工科大学本科实习和专业劳动10~14周，同时对实习费用也有相应规定。由于过去行业部门办学和管理体制形成的高等教育条块分割已严重制约我国高等教育事业的发展，因此，自1979年以来逐步探索联合培养、委托培养、项目合作等新方式打通条块分割。此外，国家对教育经费和科研经费投入逐年增加，高校科研逐步恢复，理工科高校的教学保障工作逐渐完善。

（4）土木工程学科的科学技术成果不断涌现

1978年全国科研成果展览会上展出的1949年以来600余项重大科研成果中，高等学校有144项。1982年的全国科学技术奖励大会上有57个自然科学奖项目的主要作者来自高等学校，其中土木工程学科的获奖项目有4项：桁架桥空间挠曲扭转理论（同济大学李国豪，三等奖），潜水耐压的锥柱结合壳的强度和稳定性（大连工学院钱令希等，三等奖），钢筋混凝土和预应力混凝土受弯构件刚度和裂缝的计算及试验研究（南京工学院丁大均等，四等奖），关于结构力学中的群论与广义对称性（大连工学院钟万勰等，四等奖）。随后的历

① 吕森. 提高人才素质 加强教学改革——清华大学教学改革的概况［J］高等工程教育研究，1984，2.
② 盛振邦. 上海交通大学教学改革情况介绍［J］高等工程教育研究，1984，2.
③ 华中工学院召开教学工作会议 加快教学改革步伐落实改革措施［J］高等工程教育研究，1983，1.

次全国科学技术奖励中都有土木工程学科的项目获奖。

1.3.2 1985～1998年

20世纪80年代中期～21世纪初，党和国家做出了一系列教育改革的决定，这些划时代的重要决策为我国高等工程专业的发展提出了更高要求。1984年10月《中共中央关于经济体制改革的决定》发布，1985年3月中共中央做出《关于科学技术体制改革的决定》，1985年5月中共中央《关于教育体制改革的决定》颁布，1992年邓小平"南行讲话"发表和中共十四大召开，1992年11月第四次高等教育工作会议召开，1993年2月中共中央、国务院颁布《中国教育改革和发展纲要》等，这一系列重大事件指明了全党全国必须建立社会主义市场经济，并把教育摆在优先发展的战略位置，高等教育必须不断深化改革，由观念转变到制度创新，高等工程教育的人才培养类型及规格、课程与教学改革等必须满足时代的要求，并在深化改革中实现大发展。

（1）教育体制的改革和发展推动了土建类专业教育的变革

从1985年5月发布《关于教育体制改革的决定》到1993年2月发布《中国教育改革和发展纲要》，全国逐渐摆脱计划经济的运行模式，高校积极扩大办学自主权，探索跨地区、跨部门联合办学，委托培养等新模式，全面改革现有教育体制的弊端，精简和更新教学内容，增加实践环节，减少必修课，增加选修课，实行学分制和双学位制。20世纪80年代初，工科专业中需求量巨大的当属计算机专业、土木工程专业。因此，材料力学、钢结构等课程在电视大学获得了很高声誉，土建类专业的函授大学、夜大学等成人教育招生规模也很庞大，各种考前培训班、单项培训班如雨后春笋般在全国涌现。随后，开设土木工程专业的一些高校开始创办建筑设计院、建设工程质检站等，教师也逐渐走向工程、走向社会。高校教师到成人教育学院兼职授课，或者到设计院、监理公司做社会兼职。伴随着我国高等教育规模的扩大，20世纪80年代初期，土木工程专业的民办高等教育开始起步。1989年部分高校开始收取学费，我国高等教育开始逐渐实现从公费津贴制向收费制转变。1989年5月，建设部全国高等学校建设工程类学科专业指导委员会第一次会议在北京召开，第一届全国高等学校建筑工程学科专业指导委员会正式成立，积极开展教学改革，制定专业培养目标、培养方案和基本规格等工作。1993年2月《中国教育改革和发展纲要》推出"211工程"，谋求创建世界一流的大学。同时，教育部对我国高等教育也进行了重大的体制改革和结构调整，历经8年时间，到2000年有556所高校合并调整为232所，中央转地方管理的高校有360所，省（市）厅局划转省（市）教委管理的高校有18所。

中国土木工程学会教育工作委员会率先在全国创办土木工程系主任会议制度，1987年5月在武汉成功召开了第一届全国土木系主任会议，第一届会议讨论了工业与民用建筑专业的人才需求、如何做好系主任工作等一系列问题，收集了经验总结、教学计划及教材等教学资料。会议形式新颖、效果很好，各学校积极主动承办会议。早期会议每3年举行1次，自2002年改为每两年举行1次，截至2018年已成功举办14届。1987年第一届全国土木系系主任会议参会高校94所，共104人参会，到2018年，第十四届全国高校土木工程学院（系）院长（主任）会议的参会学校已达260多所，800余人参会，会议规模不断扩大。在建设部全国高等学校建筑工程学科专业指导委员会成立后，也联合承担了会议的主办工作，积极引导高校深入研讨关于专业拓宽、办学自主权、教学改革、人才培养、专业建设等系列高等教育问题。

（2）土木工程专业的教育教学改革和课程改革

在建筑工程学科专业指导委员会的组织和倡导下，依据1986年8月国家教育委员会发布的《工科本科教育培养目标和基本规格（征求意见稿）》，结合历次土木工程系主任会议，对新时期土木工程专业的人才培养的目标、培养规格和课程设置等问题进行了讨论，目的在于聚焦新时期的人才观和质量观。土木工程专业的培养规格表述为："培养适应社会主义建设需要的德智体美全面发展的、获得工程师基本训练的高级工程技术人才。学生毕业后去工业生产第一线，从事设计、制造、运行、研究和管理等工作"，提出了专业知识、专业技能和文化素质方面的规格要求。设置土建类专业的高校也进行了主辅修制、双学位制、三学期制、导师制等方面的探索。国家教育委员会试行培养方案修订权下放到学校，以清华大学、天津大学、同济大学、南京工学院、浙江大学、哈尔滨建筑工程学院、重庆建筑工程学院等院校的土建类专业为主干力量，研究配合各学校的培养方案和教学安排。与此同时，建筑工程、交通土建工程等专业的专业指导委员会落实实践教学改革问题。面对学生实习场所不足、教师指导不到位、实习费用难以承担等问题，各校积极探索解决途径，如天津大学利用校友关系建立校外实习基地的做法、哈尔滨建筑工程学院实行"实习经费以领代报"等。

高等教育改革的又一重要成果是先进的商业化教学仪器设备、教学软件的使用。例如计算机技术、绘图软件、PPT、工程设计软件的有偿使用，教师自主研制的水力学与工程流体力学教学仪器、工程地质岩石模型、建筑结构模型等，都是在这个时期开始走向市场的。这些对工程性很强的土木工程专业教育所起的作用是非常显著的。

1996年国家教育委员会批准了《面向21世纪高等工程教育教学内容和课程体系改革计划》，该计划共设置41个项目，包括236个子项目，共有100余所高校参与研究。

（3）专业评估制度促进土木工程专业不断规范办学

我国实施土木工程专业评估制度旨在规范专业办学、提升办学质量，并致力于使我国工程学位获得国际教育界和工程界的认可。在构建初期，就明确了高水准的定位和面向世界的构思，实现国际接轨。我国土木工程专业（当时为建筑工程专业）评估正式开始于1993年，经由建设部批准成立了第一届全国高等学校建筑工程专业教育评估委员会，委员由工程教育界的资深学者、工程界的高级执业工程师、建设部和教育部有关负责人担任[①]。评估委员会编制了建筑工程专业评估标准、评估程序与方法、视察小组工作指南和评估委员会章程，1993年12月由建设部印发执行[②]。专业评估标准虽历经数次修订，但核心内容仍聚焦专业目标、师资队伍、教学资源、课程体系、教学管理、质量评价、学生发展等7方面[③]。1995年清华大学、天津大学、东南大学、同济大学等10所高校的土木工程专业通过首届专业评估，1997年有8所高校的土木工程专业通过第二届评估，合格有效期均为五年，并实行"评估—督察—复评"持续制度。通过专业评估，对进一步规范土木工程专业办学、提高教育质量、改革专业教育、提升教学管理水平、完善师资队伍、增加教育投入等诸多方面起到积极作用，促进了专业的健康发展。此外，专业评估制度的建立与实施也为我国实行专业注册师制度奠定了基础。1998年5月，建设部人事教育劳动司与英国土木工程师学会正式签订了土木工程学士学位专业评估互认协议书，表明我国评估通过学校的毕业生与英国评估通过学校毕业生的教育质量等效。2016年6月我国正式成为《华盛顿协议》的成员，这标志着由中国工程教育专业认证协会认证的我国工程专业本科学位将得到《华盛顿协议》其他成员国家和地区的承认。

（4）注册工程师制度对土木工程专业教育的影响

1997年9月，建设部、人事部颁布了《注册结构工程师执业资格制度暂行规定》，标志着我国正式实行注册结构工程师执业资格制度。建设部和人事部联合成立全国注册工程师管理委员会，负责注册工程师的考试和注册等工作。注册工程师制度要求土木工程专业要注重基础理论和基本方法的掌握，同时加强本科学生工程实践能力的培养，为土木工程专业的发展指明了方向，明确了专业人才培养目标。1997年，我国注册结构工程师管理委员会与英国结构工程师学会签订了互认协议，持有通过专业评估学校学位的毕业生在提出申请成为我国注册结构工程师或申请成为英国结构工程师学会正式会员时，享有对等地位。这对我国工程技术人员正式以专业资格走向世界起到了推动作用。

1.3.3 本科专业目录修订

改革开放以来，经济建设的快速发展导致对各类高级工程技术人才的需求尤为迫切，也对高校的人才培养提出了更高要求。自改革开放到20世纪末，教育部共开展了3次本科专业目录的修订工作，不断优化专业设置，拓宽专业领域。

---

① 毕家驹. 中国工程专业评估的过去、现状和使命——以土木工程专业为例［J］. 高教发展与评估，2005，1.
② 第一届全国高等学校建筑工程专业教育评估委员会工作总结［J］. 高等建筑教育，1997，4.
③ 何若全，邱洪兴. 土木工程专业评估与专业教育的持续发展［J］. 中国建设教育，2013，1.

（1）1988年《普通高等学校本科专业目录》

1976～1980年期间工科院校增加数量仅次于师范院校，我国理工科学生比例超过其他任何国家。1980年全国高等学校所设专业达1039种，出现了专业划分过细，口径过窄，名称杂乱的现象。工科本科专业已增加到664种，比1963年本科专业目录增加了1.3倍。教育部从1982年开始修订专业目录，拓宽专业面（大体按一、二级学科划分，亦有一些属三级学科），减少专业种数，并增设文科、经济、政法类专业，加强新兴、边缘学科的专业。1988年所公布的修订专业目录中共列专业651种（其中试办专业93种）[1]。

在1988版的本科专业目录中，土建类的专业划分得到了进一步优化。其中，土建类下设工业与民用建筑工程（1104）、地下工程与隧道工程（1105）、铁道工程（1106）、桥梁工程（1107）、公路与城市道路工程（1108），以及建筑学（1101）、城市规划（1102）、风景园林（1103）、供热通风与空调工程（1109）、城市燃气工程（1110）、给水与排水工程（1111）和建筑材料与制品（1112）等12个专业，另外还有土建结构工程（试15）、岩土工程（试16）、城镇建设（试17）3个试办专业[2]。

（2）1993年《普通高等学校本科专业目录》

随着国家经济形势的快速变化和高等学校的蓬勃发展，国家教育委员会自1989年再次启动了新一轮专业目录修订工作。截至1992年，共列10个门类504种专业，但实际执行的有832种。土建类的专家经过反复调研、组织有关高校论证，结合国家经济建设发展情况，在1993年印发修订的本科专业目录中的土建类下设建筑学（080801）、城市规划（080802）、建筑工程（080803）、城镇建设（080804）、交通土建工程（080805）、供热通风与空调工程（080806）、城市燃气工程（080807）、给水排水工程（080808）、工业设备安装工程（080809※）等9个专业，其中工业设备安装工程属于需要适当控制设点专业。

（3）1998年《普通高等学校本科专业目录》

1993年的本科专业目录呈现专业口径过窄、适应性不强的弊端，为减少专业种类，拓宽专业基础、柔性设置专业方向，立足我国国情、兼顾当前和长远需要，合理增设新型与交叉学科专业，专业调整应与教学体系改革有机结合。1997年4月，教育部启动了新一轮的本科专业目录修订工作。1998年，教育部正式下发《普通高等学校本科专业目录》（1998年）、《普通高等学校本科专业设置规定》（1998年）等文件，高校的专业由504种压缩至249种，工科门类下设二级类21个，70种专业，将1993年颁布的《普通高等学校本科专业

① 顾明远. 教育大辞典［M］上海：上海教育出版社，1998.
② 国家教育委员会高等教育二司. 普通高等学校本科专业目录及简介［M］北京：科学出版社，1988.

目录》中的建筑工程和城镇建设等专业，调整归并为土木工程（专业代码：080703）。修订后的专业目录基本做到了拓宽专业、结构合理、命名科学、统一规范。土建类下设5个专业，分别为建筑学（080701）、城市规划（080702）、土木工程（080703）、建筑环境与设备工程（080704）和给水排水工程（080705），另有引导性专业"土木工程（080703Y）"，两个目录外特设城市地下空间工程（080706W）和道路桥梁与渡河工程（080724W）。

这次修订后，土木工程专业得到进一步拓宽。土木工程专业的培养目标也明确为"培养掌握工程力学、流体力学、岩土力学和市政工程学科的基本理论和基本知识，具备从事土木工程的项目规划、设计、研究开发、施工及管理的能力，能在房屋建筑、地下建筑、隧道、道路、桥梁、矿井等的设计、研究、施工、教育、管理、投资、开发部门从事技术或管理工作的高级工程技术人才"。为提高拓宽后专业的适应性，教学指导委员会强调增设流体力学、工程地质、经济管理类等课程作为土木工程专业的必修课程，并写进了专业评估标准，得到有效贯彻实施。

1.4　1999～2017年土木工程专业的基本情况

1.4.1　土木工程专业的规模

我国从1999年开始连续8年扩招，高校规模再次呈跨越式发展。中国的高等教育也由精英教育阶段过渡到大众教育阶段。1999年工学本专科招生数为607597人，到2006年已增至1992426人。为满足社会的快速发展需要，土木工程专业招生规模也随之快速扩大。特别是2014年9月国务院正式公布了《关于深化考试招生制度改革的实施意见》，同时启动考试招生制度改革，这给专业建设带来了较大影响。截至2015年底，全国工学本科在校生数已达5247875人，土木工程专业在校生数为388127人，占全部工科在校生的7.4%。2015年我国土木工程专业及两个土木类特设专业学生统计数据如表1-3所示。2018年全国开设土木工程专业的高等学校已有542所，规模不断扩大。

2015年我国土木工程专业及两个特设专业学生统计数据　　　　　　　表1-3

专业类别	专业点数	招生数	在校生数	毕业生数
土木工程	527	77177	388127	102191
道路桥梁与渡河工程*	53	3625	13353	2307
城市地下空间工程*	43	2333	7265	1034

注：*为特设专业。

从各校的招生规模来看，高峰时段有的高校土木工程专业一年招收十多个班，招生数达400多人，也有的高校只招收不到30人。从精英教育向大众教育转变过程中，许多学校都在不断调整专业结构和专业方向设置，使招生和培养适应本校总体发展规划。与此同时，土木工程专业学生的来源也在发生改变。1981年全国工科大学生中农村学生占比约23%，到2015年这个比例增加到34%。江苏省土木工程专业同一阶段农村学生的比例从27%增加到39%。

在土木工程专业不断发展的过程中，学生和教师的性别结构也发生了一些变化。根据1981年的统计数据分析，全国工科学生中的女生比例为8.2%，到2015年，这个比例达到18.3%，增加了一倍多。根据哈尔滨工业大学校资料室提供的数据，1956年工民建专业女生占比9.5%，一个30人的班级一般只有2～3名女生，到2017年这个比例已增至23%，一个班平均有7名左右女生。

1.4.2　专业设置调整与拓宽

进入21世纪以来，我国经济社会发展迅猛，科技进步日新月异，国家大规模基础建设和房地产的蓬勃发展对土木工程专业人才产生了巨大需求。现行专业设置已不能很好地适应经济发展和社会需求的变化，不能很好地满足高校多类型、人才培养多规格的需求，存在与研究生的学科专业划分不一致、新兴学科和交叉学科专业设置困难等一系列问题。2010年12月6日，教育部发布了《关于进行普通高等学校本科专业目录修订工作的通知》，明确要求根据国家需求及时调整本科专业目录。

2012年教育部颁布了新修订的《普通高等学校本科专业目录》（2012年）和《普通高等学校本科专业设置管理规定》。新修订的专业目录中，专业类由修订前的73个增加到92个，专业由修订前的635种减至506种（包含352种基本专业和154种特设专业），调整了部分专业的所属学科，整合、拆分、撤销、新增、更名了一批专业，使其尽可能与研究生专业目录一致。新修订的专业目录进一步将《普通高等学校本科专业目录》（1998年）中的土木工程和建筑工程教育等专业合并调整为土木工程。土木类下设专业为土木工程（081001）、建筑环境与能源应用工程（081002）、给排水科学与工程（081003）、建筑电气与智能化（081004），另外还设置了城市地下空间工程（081005T）、道路桥梁与渡河工程（081006T）等2个特设专业。2014年，经教育部批准，铁道工程（081007T）被增设为特设专业。专业设置的进一步调整充分体现了教育部逐渐引导高校拓宽专业口径、加强专业建设，充分适应社会经济发展和高等教育改革发展的需要。

1.4.3　卓越工程师教育培养计划

卓越工程师教育培养计划（简称卓越计划）是我国21世纪全面提升工程教育人才培养质量、建设现代高等工程教育体系的重要举措，也是贯彻落实《国家中长期教育改革和发展规划纲要（2010-2020年）》和《国家中长期人才发展规划纲要（2010-2020年）》的重大改革项目。卓越计划旨在培养造就一大批创新能力强、适应经济社会发展需要的高质量各类型工程技术人才，为国家走新型工业化发展道路、建设创新型国家和人才强国战略服务。卓越计划强调行业企业深度参与工程人才培养，要求学校按通用标准和行业标准培养工程人才，构建高校与行业企业联合人才培养机制，改革工程教育人才培养模式，强化培养学生的工程能力、创新能力和国际竞争力，注重学生综合素质和社会责任感的培养。

　　2010年6月23日教育部在天津大学正式启动卓越计划，并联合有关部门和行业协（学）会共同实施。同年，成立教育部、住房和城乡建设部"卓越工程师教育培养计划"土木工程专业专家组，组织制订相关标准和实施办法。2012年1月住房和城乡建设部、教育部制订《关于加强建设类专业学生企业实习工作的指导意见》，推进学生到企业实习，增强学生实践能力。同时，住房和城乡建设部选择已通过土木工程专业评估的部分高校参与卓越计划，并鼓励建筑企业、勘察设计单位及工程技术人员积极参与。2013年12月教育部和中国工程院正式印发《卓越工程师教育培养计划通用标准》，指导卓越计划开展。教育部分三批遴选高校实施卓越计划，2010年6月包括清华大学、同济大学、天津大学、大连理工大学等61所高校为第一批卓越工程师教育培养计划实施高校。按照《教育部关于实施卓越工程师教育培养计划的若干意见》（教高〔2011〕1号），随后，教育部对第二、三批申请高校的专业培养方案进行论证，先后有13所（第二批）、7所（第三批）高校的土木工程专业加入卓越计划。

1.4.4　本科指导性专业规范

　　为适应我国高等教育的快速发展，进一步加强相关专业的规范化办学，明确办学方向，提升办学质量，2007年，全国高等学校土木工程学科专业指导委员会按照教育部高教司及建设部人事司的有关要求，启动了《高等学校土木工程本科指导性专业规范》（以下称《专业规范》）的研制工作。历时两年，于2010年10月形成《专业规范征求意见稿》。2011年6月，《专业规范》通过住房和城乡建设部人事司、高等学校土建学科教学指导委员会的专家审查，并于10月正式出版。《专业规范》为纲领性文件，明确规定了土木工程专业的学科基础、培养目标、培养规格、教学内容、课程体系及基本教学条件。针对社会与行业需求，对专业培养规格在思想品德、知识结构、能力结构、身心素质四方面提出了具体要求。土木工程专业的教学内容包括专业知识体系、专业实践体系、大学生创新训练三部分。《专业规范》在工具、人文、自然科学知识体系中推荐核心课程21门（1110学时）；专业知识体系中推荐核心课程21门（712学时）；安排实践环节9个，其中基础实验推荐54学时，专业基础实验44学时，专业实践8学时；实习10周，设计22周。此外，关于土木工程专业办学的基本教学条件，对教师队伍、教材、图书资料、实验室、实习基地、教学经费都提出了明确规定。《专业规范》是国家对本科教学质量的最低要求，是具有指导性的专业质量标准，各高校可根据本校的办学定位和办学特色制定专业培养方案。《专业规范》既是许多高校多年专业办学经验的归纳，也是长期教学改革成果的总结。

参考文献

[1] 北洋大学–天津大学校史编辑室. 北洋大学–天津大学校史（第一卷）[M]. 天津：天津大学出版社，1990.

[2] 毕乃德. 洋务学堂[M]. 杭州：杭州大学出版社，1993.

[3] 国家教育委员会高等教育二司. 普通高等学校本科专业目录及简介[M]. 北京：科学出版社，1988.

[4] 顾明远. 教育大辞典[M]. 上海：上海教育出版社，1998.

[5] 教育部教育年鉴编纂委员会. 第二次中国教育年鉴[M]. 北京：商务印书馆，1948.

[6] 中国高等教育学会，清华大学. 蒋南翔文集（下卷）[M]. 北京：清华大学出版社，1998.

[7] 廖茂忠. 中国高校本科专业设置与发展研究（1952–2015）[M]. 北京：中国社会科学出版社，2017.

[8] 毛泽东. 毛泽东同志论教育工作[M]. 北京：人民教育出版社，1958.

[9] 胡建华. 现代中国大学制度的原点：50年代初期的大学改革[M]. 南京：南京师范大学出版社，2001.

[10] 清华大学建筑技术科学系. 清华大学土木工程馆的风云变迁[M]. 北京：清华大学出版社，2009.

[11] 史贵全. 中国近代高等工程教育研究[M]. 上海：上海交通大学出版社，2004.

[12] 舒新成. 中国近代教育史资料（上册）[M]. 北京：人民教育出版社，1961.

[13] 《同济大学土木工程学院建筑工程系简志（1914–2006）》编写组. 同济大学土木工程学院建筑工程系简志（1914–2006）[M]. 上海：同济大学出版社，2007.

[14] 王孙禺，刘继青. 中国工程教育：国家现代化进程中的发展史[M]. 北京：社会科学文献出版社，2013.

[15] 吴玉伦. 清末实业教育制度变迁[M]. 北京：教育科学出版社，2009.

[16] 余子侠. 民族危机下的教育应对[M]. 武汉：华中师范大学出版社，2001.

[17] 中国教育年鉴编辑部. 中国教育年鉴（1949–1981）[M]. 北京：中国大百科全书出版社，1984.

[18] 中华民国教育部. 第一次中国教育年鉴[M]. 1934.

[19] 毕家驹. 中国工程专业评估的过去、现状和使命——以土木工程专业为例[J]. 高教发展与评估，2005，1.

[20] 何若全，邱洪兴. 土木工程专业评估与专业教育的持续发展[J]. 中国建设教育，2013，1.

［21］吕森. 提高人才素质　加强教学改革——清华大学教学改革的概况［J］. 高等工程教育研究，1984，2.

［22］盛振邦. 上海交通大学教学改革情况介绍［J］. 高等工程教育研究，1984，2.

［23］第一届全国高等学校建筑工程专业教育评估委员会工作总结［J］. 高等建筑教育，1997，4.

［24］关于高等工程教育层次、规格和学习年限调整改革问题的几点意见［J］. 高教战线，1984，6.

［25］华中工学院召开教学工作会议加快教学改革步伐落实改革措施［J］. 高等工程教育研究，1983，1.

第2章　专业建设

2.1　专业点建设

2.1.1　专业点设置

2.1.1.1　清末

按照现代高等教育的层次划分，清末的高等学堂和高等实业学堂相当于现在的专科学校，大学堂相当于现在的本科学校，通儒院相当于现在的研究生院。可见，清末设有土木工学门的大学堂相当于土木工程本科学校；设有土木门的高等学堂和设有土木科的高等实业学堂相当于现在的土木工程专科学校。

根据上述界定，清末（1912年前），土木工程本科专业点有4个：设在天津的北洋大学堂（原天津中西学堂，亦称北洋西学学堂）、唐山的唐山路矿学堂、北京的京师大学堂和太原的山西大学堂[1]，如图2-1所示。

天津中西学堂于1895年10月2日正式开学，设二等学堂和头等学堂，修业年限均为4年，头等学堂设工程、机器、矿务、律例等四门（属专科），首届学生于1899年毕业，其中工程、机器、矿务门毕业生18人。1900年因八国联军入侵津京地区停办，1903年复校，

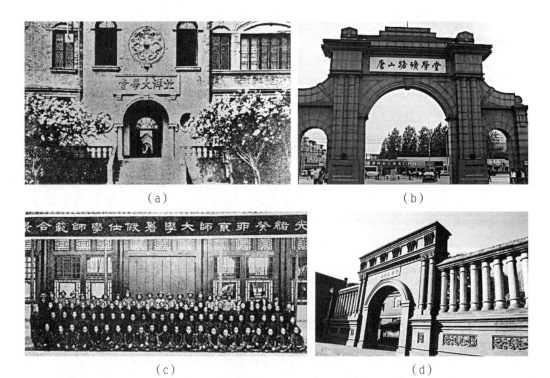

图2-1　清末设有土木工程本科的大学
（a）北洋大学堂；（b）唐山路矿学堂；（c）京师大学堂；（d）山西大学堂

改名北洋大学堂，按癸卯学制，将二等学堂和头等学堂改为预科和本科，预科毕业成绩合格者可升本科，学制均为3年，设土木工程和采矿冶金两学门，首届于1910年毕业，两学门毕业生共15人。

1896年11月20日津榆铁路总局创办山海关铁路官学堂，1900年因八国联军入侵、山海关沦陷，学校中辍；1906年3月27日在唐山复办，改称唐山路矿学堂，1907年3月4日铁路科开学上课，学制4年。

创办于1898年7月3日的京师大学堂本为全国最高学府，但高等工程教育及其他科类的本科教育开办得较晚。尽管在1904年就开设了预备科，并开始筹建大学本科，但由于受到守旧势力的多方掣肘，分科大学直到1910年3月30日才开学，共设7科13门，其中工科设土木工程学门和采矿冶金学门，首届学生14人，修业年限4年，1913年底毕业。

山西大学堂创立于1902年，设中学专斋和西学专斋。西学专斋于1902年6月开学，分预备科和专门科两个阶段，修学年限分别为3年和4年；专门科1907年开学，设律例、矿学和格致（理科）三科，1908年开办工科的土木工学门。1912年2月根据壬子-癸丑学制，山西大学堂改名为山西大学校，设立预科和本科，预科分一、二两部，一部为文法科，二部为理工科，均修业3年，本科分文、法、工三科。

设有土木工程专科的学校有上海高等实业学堂（创立于1896年，初名南洋公学，1905年改名上海高等实业学堂，1906年设铁路专科，更名上海工业专门学校）、湖南高等实业学堂（1903年创办，1909年设铁路、矿业专科，1913年更名湖南工业专门学校）、四川铁道学堂（1906年由川汉铁路公司创办，1909年设铁路专科）等3个。

2.1.1.2　民国

受中国传统教育思想"重文轻实"的影响，民国初期文科类高校居多，而工程类高校偏少。据统计，1912年在110所公、私立专门学校中，法政专门学校有64所，而工程类专门学校只有10所。民国成立后的近10年，包括高等工程教育的整个高等教育处于停滞不前的状态，到1920年之前设有土木工程本科的高校没有增加。进入1920年后，受民族工业迅猛发展（经济史学家称中国民族资本主义经济发展的"黄金时代"）的推动，设有土木工程本科的高校迅速增加，到1928年已达到14所，覆盖全国11个省（市）[①]，如表2-1和图2-2所示。

1928年设有土木工程本科的院校　　　　　　表2-1

序号	校、院名	所在地	备注
1	国立北洋工学院	天津	1912年1月北洋大学堂改名北洋大学校；1917年北洋大学与北京大学系科调整，法科移并北京大学、北京大学工科移并北洋大学；1928年更名国立北洋工学院

① 按现在的行政区划，下同。

序号	校、院名	所在地	备注
2	山西大学校	太原	1931年7月更名山西大学
3	交通大学唐山工程学院	唐山	1913年唐山路矿学堂更名唐山工业专门学校；1921年与上海工业专门学校、北京铁路管理学校和北京邮电学校合并改组为交通大学，设交通大学上海学校、唐山学校和北京学校，1928年11月更名交通大学唐山工程学院
4	交通大学上海本部	上海	1921年上海工业专门学校与唐山工业专门学校、北京铁路管理学校和北京邮电学校合并改组为交通大学，设交通大学上海学校、唐山学校和北京学校，1928年11月更名交通大学上海本部
5	哈尔滨工业大学	哈尔滨	1920年建哈尔滨中俄工业学校；1922年更名哈尔滨中俄工业大学校，设铁路建筑系和机电工程系；1928年10月定名哈尔滨工业大学，设建筑工程系
6	私立圣约翰大学	上海	1879年建圣约翰书院，1905年升格大学改名私立圣约翰大学；1923年设土木工程系
7	国立中央大学	南京	1902年建三江师范学堂，1915年建南京高等师范学校；1921年6月成立国立东南大学，1923年设土木工程系；1928年5月更名国立中央大学
8	私立复旦大学	上海	1905年初建称复旦公学，1917年办本科，改名私立复旦大学；1923年设土木工程系
9	国立同济大学	上海	1907年10月建德文医学堂，1912年增设工科更名同济医工学堂，1917年12月更名私立同济医工专门学校，1924年5月20日升格大学，更名同济大学，1927年8月国民政府接管改名国立同济大学
10	东北大学	沈阳	1923年4月成立即设土木工程学系
11	国立清华大学	北平	1912年10月清华学堂更名清华学校，1925年成立大学部更名清华大学，设土木工程学系；1928年改为土木工程学系，学校也更名为国立清华大学
12	省立湖南大学	长沙	1926年2月1日湖南工业、商业和法政三个专门学校合并，更名省立湖南大学
13	国立浙江大学	杭州	1897年建求是书院，1902年改浙江大学堂，1912年更名浙江高等学校，1927年设理、工、农三个学院，1928年改名国立浙江大学
14	国立武汉大学	武昌	1893年建自强学堂，1913年建武昌高等师范学校，1923年9月升格为武昌师范大学，1924年更名为武昌大学，1926年与国立武昌商科大学、湖北省立医科大学、法科大学、文科大学、私立武昌中华大学等合并组建国立武昌中山大学，1928年改建国立武汉大学，设文、法、理、工4个学院

图2-2 民国时期（1928年）设有土木工程系的部分院校

从北伐战争胜利、国民政府定都南京到全面抗战的10年，被史学家认为是中国近代高等教育发展的黄金时期，高等工程教育不仅在规模上有很大扩展，而且在办学层次和质量上有很大提升。1929年4月26日颁布的《中华民国教育宗旨及其实施方针》提出："大学及专门教育，必须注重实用科学，充实学科内容，养成专门知识技能，并切实陶融为国家社会服务之健全品格"。改变了民国前期对实科停留在倡导而无具体措施的状态，明确规定不仅"备三院始得称为大学",而且必须"包含理学院或农、工、医各学院之一者"。教育部对文法科严行视察,对办理不善者,或令停止招生,或命分年结束;1933年开始严格限制文、法类院系的招生人数,同时积极增设实科学校和院系。大学纷纷增设工学院,截至1936年,全国设有工科的高等院校如表2-2[1]所示,设有土木工程本科的高校增加到26所,分布的省(市)增加到16个。

1936年设有工科的本科院校 表2-2

序号	学校性质	校、院名	所设系	所在地
1	国立	中央大学工学院	土木、电机、机械、建筑、化工	南京
2	国立	北平大学工学院	机械、电机、纺织、应用化学	北平
3	国立	清华大学工学院	土木、机械、电机	北平
4	国立	武汉大学工学院	土木、机械	武昌
5	国立	中山大学工学院	土木、化工、电机、机械	广州
6	国立	山东大学工学院	土木、机械	青岛
7	国立	同济大学工学院	土木、机械、测量	上海
8	国立	浙江大学工学院	土木、机械、电机、化工	杭州
9	国立	交通大学	土木、机械、电机	上海
10	国立	交通大学唐山工程学院	土木、矿冶	唐山
11	国立	中法国立工学院	土木、铁道、机械、电机	上海
12	国立	北洋工学院	土木、矿冶、机械、电机	天津
13	省立	山西大学工学院	土木、机械、采冶	太原
14	省立	湖南大学工学院	土木、机械、采矿、电机	长沙
15	省立	广西大学工学院	土木、机械、采矿	梧州
16	省立	勷勤大学工学院	机械、建筑、化工	广州
17	省立	东北大学工学院	土木、电工专修科	北平
18	省立	重庆大学工学院	土木、采冶、电机	重庆
19	省立	云南大学理工学院	土木、采冶	昆明
20	省立	河北工业学院	电机、水利、市政工程、化学制造	天津
21	私立	金陵大学理学院	工业化学、电机	南京

续表

序号	学校性质	校、院名	所设系	所在地
22	私立	复旦大学理学院	土木	上海
23	私立	大夏大学理学院	土木	上海
24	私立	南开大学理学院	电工、化工	天津
25	私立	震旦大学理工学院	化学工业、电力机械、土木	上海
26	私立	岭南大学工学院	土木、工程	广州
27	私立	广东国民大学工学院	土木	广州
28	私立	天津工商学院	机械、路桥	天津
29	私立	之江文理学院	土木	杭州
30	私立	焦作工学院	土木、采冶	焦作
31	私立	南通工学院	纺织	南通

注：哈尔滨工业大学当时地处"伪满洲国"，所以《中国教育年鉴》未统计在内。

　　从1937年7月日本全面侵华到1945年8月日本无条件投降，中国的高等教育进入艰难办学的悲壮时期，不但维系和发展了高等教育（特别是西北和西南地区的高等教育），并且达到相当水准，堪称奇迹[1]。这要归功于当时富有远见的办学方针。

　　全面抗战爆发后，特别是1937年12月南京失守后，不少人认为学校应服务于抗战，提议"高中以上学校与战事无关者，应予改组或停办，使员生应征服役，捍卫祖国"[2]；也有人主张废弃原来的正规教育而专办应付各种战事需要的短期训练。然后这种主张受到教育界、政界甚至军界的不少人反对，围绕战时如何办高等教育展开了激烈讨论。教育部对各派观点进行详加考察后指出："抗战既属长期，各方面人才直接间接均为战时所需要，我国大学本不甚发达，为自力更生抗战建国计，原有教育必得维持，否则后果将更不堪。故决定以'战时须作平时看'为办理方针"。

　　华北、华东及沿海、沿江地区相继失守后，沦陷区的高校面临三种选择：一是关闭学校、遣散师生，像"二战"时欧洲的一些国家那样中止招生和办学；二是接受日伪管辖，忍辱苟且偷生；三是迁往后方，继续办学。除了少数学校停办、个别在租界原地办学外，绝大多数院校的师生义无反顾地踏上了内迁征程。据统计[2-3]，在八年抗战中全国累计有100余所高校加入迁移行动，有的多次搬迁，搬迁校次逾200次之多。表2-3是抗战期间设有工科的内迁本科院校概况。与表2-2对比可以发现，当时设有土木工程本科的院校几乎全部在内迁之列。

抗战期间设有工科的内迁本科院校　　　　　　　　　　　表2-3

校、院名称	地址	所设工科系、科、所	迁移历程	备注
国立西南联合大学工学院	长沙、昆明	土木、机械、电机、化学、航空工程系；电讯专修科；工科研究所	1937年11月由国立北京大学、清华大学、私立南开大学在长沙组建成国立长沙临时大学；1938年2月中旬分三路西迁昆明；1938年4月改称国立西南联合大学工学院	土木、机械为清华原系，化工为南开原系，电机由两校系合并组成；1938年秋增设航空工程系；1939年初增设电讯专修科
国立中央大学工学院	重庆沙坪坝、成都华西坝	土木、机械、电机、化学、建筑、水利、航空工程系；工科研究所；机械特别研究班及航空工程训练班	1937年10月由南京整体迁来，医学院及农学院的畜牧兽医系迁至成都华西坝，其余迁至重庆沙坪坝	1940年4月汪伪政府在金陵大学校址"恢复"中央大学设理工学院（土木系、化工系、数理系、机械电工系）、文学院、法商学院、教育学院、农学院、医学院
国立中山大学工学院	广东罗定、云南澄江等	土木、机械、电机、化学、建筑工程系	先迁广东罗定，次迁云南澄江，1940年夏迁返广东坪石，1944年秋至1945年8月在广东境内又迁校4次	1924年初建名广东大学，1926年改名中山大学，1933年设土木工程系；1937年国立广东法科学院并入法学院、广东省立勷勤大学工学院并入工学院
国立交通大学	重庆	土木、机械、电机、造船、航空工程系；电信研究所	上海徐家汇校区日占后先迁法租界，1940年秋在重庆设分校，1942年8月在重庆九龙坡建交大本部	
国立交通大学贵州分校	贵州平越、四川璧山等地	土木工程系、矿冶工程系	1937年7月沦陷，1938年3月首迁湖南湘潭，后迁湖南湘乡、贵州平越、四川璧山	由国立交通大学唐山工程学院与北平铁道管理学院合成
国立同济大学工学院	云南昆明、四川宜宾李庄	土木、电机、机械工程系；测量学系	首由吴淞迁往市区，二迁浙江金华，三迁江西赣州，四迁广西贺县，五迁云南昆明，六迁四川宜宾李庄	
国立武汉大学工学院	四川乐山	土木、机械、电机、矿冶工程系；机械专修科；工科研究所	1938年入川	

续表

校、院名称	地址	所设工科系、科、所	迁移历程	备注
国立浙江大学工学院	广西宜山、贵州遵义等地	土木、机械、电机、化学工程系；工科研究所	初迁浙江建德，继迁江西吉安、泰和，再迁广西宜山，1940年2月终迁贵州遵义、湄潭、永兴	
国立湖南大学工学院	湖南辰溪	土木、机械、电机、水利、矿冶工程系；工科研究所	1938年10月由长沙迁来	
国立厦门理工学院	福建长汀	土木、电机工程系	先迁鼓浪屿，金门失守后再迁长汀	
国立云南大学工学院	云南会泽	土木工程系、矿冶工程系	1940年由昆明迁来	
国立中正大学工学院	江西泰和、宁都	土木、机械、化学工程系	1940年9月设于江西泰和，1945年1月迁江西宁都	1949年9月，更名国立南昌大学
国立广西大学理工学院	广西桂林、贵州榕江等地	土木、机械、电机、矿冶、化工工程系	1944年夏提前放假疏散，9月迁至柳州融县，11月柳州进入战时状态迁贵州榕江	1928年6月成立于广西梧州，1932年设土木工程系
国立复旦大学理学院	重庆	土木工程系	1937年12月迁重庆，1938年2月复课	
国立贵州大学工学院	贵州安顺	电机、土木、矿冶工程系	1943年8月工学院由贵州贵筑迁安顺	1928年3月成立省立贵州大学，设经济、医学、土木、矿业专科；1931年停办，1940年1月设贵州农学院，1942年5月并入成立国立贵州大学，设土木工程系
国立重庆大学工学院	重庆沙坪坝	土木、电机、机械、化学、矿冶、建筑工程系		1929年10月建重庆大学，1935年更名省立重庆大学，1936年设土木工程系，1943年1月更名国立重庆大学工学院
国立山西大学工学院	山西临汾、陕西宜川等地	土木、机电工程系	1937年迁往山西临汾，后停办近两年，1939年12月在陕西三原复学，1941年11月迁陕西宜川，1943年2月返山西吉县，同年7月再迁宜川	

续表

校、院名称	地址	所设工科系、科、所	迁移历程	备注
国立西北工学院	陕西西安、城固	土木、机械、电机、化学、纺织、矿冶、水利、航空工程系，工业管理系；工科研究所	1937年9月西安临时大学在陕西组建；国立西北联合大学南迁汉中；组建的国立西北工学院校址在城固县古路坝	1937年9月北平大学、北平师范大学、北洋工学院组成西安临时大学，半年后更名西北联合大学；为发展西北高等教育，1938年7月其工学院与东北大学工学院、私立焦作工学院合并组建国立西北工学院
国立北洋工学院	浙江泰顺	土木、机电工程系；应用化学系	1942年5月英士大学内迁云和、泰顺；鉴于北洋大学校友强烈要求复校（1937年北洋工学院已组建西北联合大学），1942年12月将东南联合大学归并英士大学，改为国立，工学院独立成立国立北洋工学院（英士大学工学院1945年6月又恢复）	1939年2月在浙东建省立战时大学，设工、农、医三院，工学院设土木工程、机电工程、应用化学3系；为纪念英烈陈其美（字英士）1939年5月定名浙江省立英士大学
私立大同大学工学院	上海法租界	电机、化学、土木工程系	1937年"八一三战役"后迁入法租界	1912年3月在上海南车站路建私立大同学院，1922年9月被政府立案改称私立大同大学；1937年夏批准设工学院
私立金陵大学理学院	成都	电机工程系	1937年由南京迁至成都华西坝	
私立大夏大学理学院	贵州贵阳、赤水	土木工程系	1937年"八一三战役"后始迁江西庐山，日军进犯江西后迁入贵阳，1944年冬日军进犯黔南再迁赤水	
私立岭南大学理工学院	广东曲江	土木、电机工程系	1938年10月广州沦陷后迁香港，1941年香港沦陷后迁曲江	
私立广东国民大学工学院	广东开平、曲江	土木工程系	1938年10月由广州迁开平，后迁曲江，1944年10月迁茂名、和平	

续表

校、院名称	地址	所设工科系、科、所	迁移历程	备注
私立广州大学理工学院	广东开平、台山等地	土木工程系	1938年10月由广州迁开平，1940年后迁台山、曲江连县、罗定、连平、兴宁	创建于1927年3月，1930年设文学、法学两院，1931年增设理学院；1940年理学院扩充为理工学院，增设土木工程系
私立震旦大学理工学院	上海	土木、电机、化学工程系	留守上海	1903年创办震旦学院，1932年12月批准立案，改名私立震旦大学，设法学、理工、医学三院，理工学院设化学、生物学、数学、土木、电机、化学工程学系
私立天津工商学院	天津	土木、建筑、机械工程系	留守天津	1925年建工商学院，设工、商两科；1937年工科设土木、建筑工程两系，1946年工科增设机械工程系
私立南通学院	上海	纺织科	1937年8月南通遭日本战机轰炸，被迫停课；1938年9月迁至上海江西路复课	1928年由私立南通医科大学（1912）、南通纺织大学（1927）、南通农科大学（1919）组建私立南通大学，因不符合《大学组织法》设大学要求，1930年11月以私立南通学院立案
私立铭贤学院	山西运城、河南陕县、四川金堂县等地	机械、化学、纺织工程系	1937年10月由山西太谷县南迁至运城，11月迁至河南陕县；1938年迁至陕西西安，11月迁到陕西沔县；1939年3月迁至四川金堂县	1907年建铭贤学堂，1928年立案铭贤学校，1931年增设工科；1937年改名农工专门学校，1943年秋改名私立铭贤学院，设农、工两科

　　抗日战争胜利后，内迁高校先后回原址复员。截至1948年7月（详见附表2-1），设有土木工程本科的高校已增至38所，分布在全国23个省（市）。设有土木工程系的国立大学有24所，占全部国立大学31所的77%；设有土木工程系的院校占全部本科院校的68%。

　　从图2-3可以看出，1920年后，土木工程专业点呈现持续发展态势，即使在全面抗战时期，也没有停止这一趋势。1931年土木工程专业的在校生达到1246人，占工学院在校生

3267人的38%[2]。实际上，工科院校的在校生仅在1937年出现短暂下降，到1938年就超过战前1936年的6162人，达到6573人[4]。

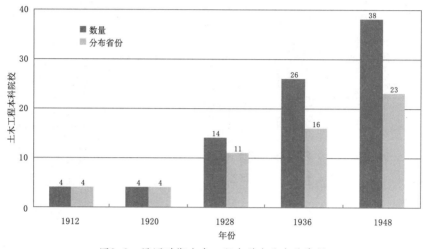

图2-3 民国时期土木工程本科专业点的发展

2.1.1.3 中华人民共和国成立至改革开放前

1949年中华人民共和国成立到1952年全国院系调整前，土木工程本科专业点的数量没有大的变化①，除两所高校更名外②，其他学校校名基本维持民国末期的校名（1950年10月一律去掉"国立"字样）。

1952年（从1951年个别试点到1956年基本结束）我国全面学习苏联经验，对原有高等学校、系科的设置和布局进行大规模调整，拆分综合性大学，组建工学院、农学院、医学院、师范学校等专门学校，归并同类专业。1952年前全国（不含台湾地区）共有本、专科高校206所。1952年调整后，综合大学从51所下降到31所、工科院校从31所增加到44所[5]；到1957年，229所高校中，综合大学仅剩17所。由于私立大学的撤销，院系调整后的1958年，设有土木工程本科的院校下降为31所，如表2-4所示。

1958年设有土木工程本科的院校 表2-4

序号	校名	所设土木类专业	地点	备注
1	天津大学	建筑结构工程	天津	
2	唐山铁道学院	铁道工程、建筑结构工程	唐山	
3	哈尔滨工业大学	工民建等	哈尔滨	

① 1949年新建大连大学和中国人民大学，后者没有工科专业。
② 1949年8月8日国立中央大学改称南京中央大学；1949年9月国立中正大学改称国立南昌大学。

续表

序号	校名	所设土木类专业	地点	备注
4	南京工学院	工民建、公路与城市道路	南京	
5	同济大学	建筑结构工程、公路与城市道路、桥梁工程	上海	
6	清华大学	工民建	北京	
7	浙江大学	工民建	杭州	
8	湖南工学院	工民建、公路与城市道路、桥梁与隧道工程、铁道建筑、铁道经营	长沙	
9	昆明工学院	工民建	昆明	
10	重庆建筑工程学院	工民建	重庆	
11	河北工学院	工民建	天津	
12	大连工学院	工民建	大连	
13	北方交通大学	工民建	北京	
14	华南工学院	工民建	广东	
15	太原工学院	工民建	太原	
16	中南矿冶学院	工民建、矿井建设	长沙	
17	中国矿业学院	工民建、矿井建设	徐州	
18	西安建筑工程学院	工民建	西安	
19	广西大学	工民建	南宁	
20	合肥工业大学	工民建	合肥	1955年升格合肥矿业学院，1958年更名为合肥工业大学
21	淮南煤矿学院	矿井建设	淮南	1958年淮南煤矿学校升格，定名淮南煤矿学院
22	包头工学院	工民建	包头	1958年9月组建
23	福州大学	工民建	福州	1958年组建
24	北京建筑工程学院	工民建	北京	1958年北京土木建筑工程学校升格，定名北京建筑工程学院
25	内蒙古工学院	工民建	呼和浩特	1958年8月组建
26	甘肃工业大学	工民建	兰州	1958年10月组建
27	兰州铁道学院	铁道建筑、铁道桥梁与隧道	兰州	1958年5月组建

续表

序号	校名	所设土木类专业	地点	备注
28	江西工学院	工民建	南昌	1958年6月成立
29	上海铁道学院	铁道工程、工民建	上海	1958年6月建立
30	西安公路学院	工民建、公路与城市道路	西安	1958年组建
31	西安矿业学院	矿井建设	西安	1958年9月组建

1958年4月4日，中共中央发布了《关于高等学校和中等技术学校下放问题的意见》，原中央主管的229所高校中，有187所先后下放归地方主管[6]。经济"大跃进"引发高校"大跃进"，到1958年6月，短短两个月各地就新办130多所高校；到1960年上半年，全国高校更是猛增到1289所，如图2-4（a）所示。1958年的本专科招生人数从1957年的10.6万人猛增到26.5万人，如图2-4（b）所示。1957年、1958年和1959年三年的招生量均超过当年的高中毕业生人数。伴随着国民经济计划的调整，高等学校进行了大幅度裁并，到1963年调整为407所。

1966年5月"文化大革命"开始，高校停止招生，高等教育处于停滞状态。1978年恢复高考后才重新走上正轨[1]。1978年招收土木工程本科的院校名单如表2-5所示，共计47所。

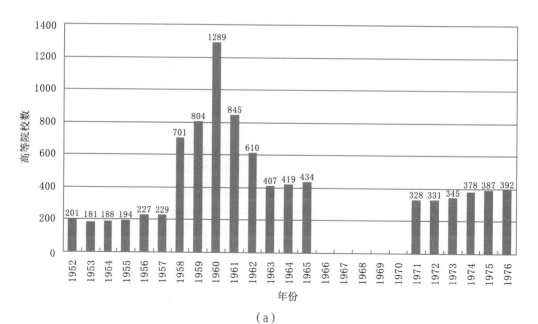

（a）

图2-4 改革开放前高等院校数和招生人数（一）

（a）高等院校数

---

① 1972～1976年招收推荐上大学的三年制"工农兵学员"。

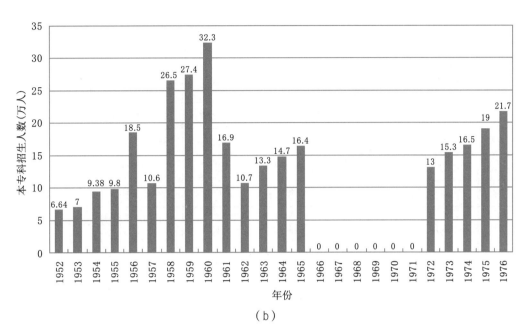

（b）

图2-4 改革开放前高等院校数和招生人数（二）
（b）本专科招生数

序号	校名	所设专业	地点	备注
	1978年招收土木工程本科的院校			表2-5
1	天津大学	建筑结构工程	天津	
2	西南交通大学	铁道工程、建筑结构工程、桥梁工程、隧道与地下工程	峨眉山	
3	哈尔滨建筑工程学院	工民建	哈尔滨	1959年，在哈尔滨工业大学土木系的基础上，扩大组建哈尔滨建筑工程学院；1994年升格哈尔滨建筑大学；2000年与哈尔滨工业大学合并
4	南京工学院	工民建、公路与城市道路	南京	1988年6月更名东南大学
5	同济大学	建筑结构工程、公路与城市道路、桥梁工程	上海	
6	清华大学	工民建	北京	
7	浙江大学	工民建	杭州	
8	湖南大学	工民建、公路与桥梁	长沙	
9	昆明工学院	工民建	昆明	1994年升格云南工业大学；1999年更名昆明理工大学

续表

序号	校名	所设专业	地点	备注
10	重庆建筑工程学院	工民建	重庆	1994年升格重庆建筑大学；2000年与重庆大学合并
11	河北工学院	工民建	天津	1995年更名河北工业大学
12	大连工学院	工民建	大连	1988年3月更名大连理工大学
13	北方交通大学	工民建、铁道建筑	北京	2003年更名北京交通大学
14	华南工学院	工民建	广州	1988年升格为华南理工大学
15	太原工学院	工民建	太原	1984年升格为太原工业大学；1997年更名太原理工大学
16	中国矿业学院	矿井建设	徐州	1988年4月升格中国矿业大学
17	西安冶金建筑学院	工民建	西安	1994年3月升格西安建筑科技大学
18	广西大学	工民建	南宁	
19	合肥工业大学	工民建	合肥	
20	淮南煤矿学院	矿井建设	淮南	1981年更名淮南矿业学院；1997年更名淮南工业学院；2002年升格安徽理工大学
21	包头工学院	工民建	包头	1959年更名包头钢铁学院；2003年升格内蒙古科技大学
22	福州大学	工民建	福州	
23	内蒙古工学院	工民建	呼和浩特	1993年12月升格内蒙古工业大学
24	甘肃工业大学	工民建	兰州	2003年4月升格兰州理工大学
25	兰州铁道学院	铁道建筑、桥梁与隧道、工民建	兰州	2003年5月升格兰州交通大学
26	江西工学院	工民建	南昌	1985年升格江西工业大学；1993年组建南昌大学
27	上海铁道学院	铁道工程、工民建	上海	1995年升格上海铁道大学；2000年与同济大学合并
28	西安公路学院	工民建、公路与城市道路	西安	1995年升格西安公路交通大学；2000年组建长安大学
29	西安矿业学院	矿井建设	西安	2003年4月升格西安科技大学
30	郑州工学院	工民建	郑州	1963年组建郑州工学院；2000年7月组建郑州大学

续表

序号	校名	所设专业	地点	备注
31	铁道兵工程学院	铁道工程	石家庄	创建于1950年9月铁道兵干部学校；1978年更名铁道兵工程学院；1984年1月更名石家庄铁道学院；2010年3月升格石家庄铁道大学
32	东北林学院	林区道路工程	哈尔滨	1952年10月建校；1985年升格东北林业大学
33	华侨大学	工民建	厦门	1960年11月创建
34	北京工业大学	工民建	北京	1960年创建
35	武汉建筑材料工业学院	工民建	武汉	由1971年组建的湖北建筑工业学院更名为武汉建筑材料工业学院
36	华东交通大学	工民建	南昌	1971年9月建校
37	北京建筑工程学院	工民建	北京	1977年由北京建筑工程学校升格为北京建筑工程学院；2013年4月更名北京建筑大学
38	安徽建筑工业学院	工民建	合肥	1960年9月组建；2013年升格安徽建筑大学
39	辽宁建工学院	工民建	沈阳	1977年7月组建；1984年7月更名沈阳建筑工程学院；2004年升格沈阳建筑大学
40	新疆工学院	工民建	乌鲁木齐	1966年5月组建；2000年10月与新疆大学合并
41	华北水利水电学院	电厂厂房建筑	邯郸	1972年11月河北水利水电学院在邯郸建校；1978年9月改名华北水利水电学院；2013年4月升格华北水利水电大学
42	山东建筑工程学院	工民建	济南	1978年4月更名山东建筑工程学院；2006年升格山东建筑大学
43	山东冶金工业学院	工民建	青岛	1952年12月建青岛建筑工程学校；1960年升格山东冶金学院；1978年更名山东冶金工业学院；1985年9月更名青岛建筑工程学院；2004年升格青岛理工大学
44	天津大学建筑分校	工民建	天津	建于1978年7月；1987年12月更名天津城建学院；2013年5月更名天津城建大学

续表

序号	校名	所设专业	地点	备注
45	河北建筑工程学院	工民建	张家口	1978年12月由张家口建筑工程学校升格
46	长沙铁道学院	工民建	长沙	1960年组建，2000年4月组建中南大学
47	郑州粮食学院	粮油仓厂建筑	郑州	1960年6月建校；2000年6月更名郑州工程学院；2004年5月组建河南工业大学

2.1.1.4 改革开放后

改革开放后，伴随着经济的高速增长，高等教育迎来大发展。普通高等学校数量（含专科院校）从1978年的589所，增加到1985年的1016所，7年增加72.5%。进入21世纪后又经历了两次大发展：第一次是从2000年1041所增加到2007年1908所的跨越式发展，7年增加83.3%；第二次是从2008年2263所增加到2017年2631所的平稳式发展，9年增加16.3%。期间本科院校数量基本稳定，增量主要来自民办学院，详见图2-5（a）。2008年本科院校有一个突增，主要是民办学院的升格，从2007年的30所增加到2008年的369所。

本、专科招生数从1977年的27万人增加到1997年的100万人，20年增加2.7倍。为提高高等教育的毛入学率，从1999年开始进行大扩招，2010年专科招生数是1998年的9.35倍，本科招生数是1998年的5.38倍，详见图2-5（b）。

由于基本建设行业的基础性，土木工程专业的发展速度快于全国高等教育的发展速度。1993年招收土木类专业（含建筑工程、交通土建工程、城镇建设、工业设备安装工

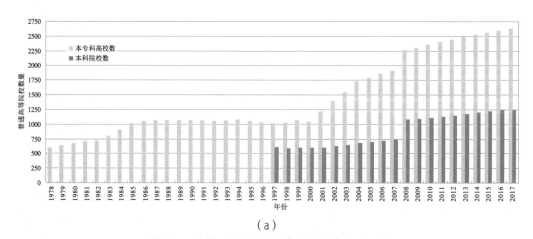

（a）

图2-5 改革开放后普通高等教育的发展（一）

（a）高校数

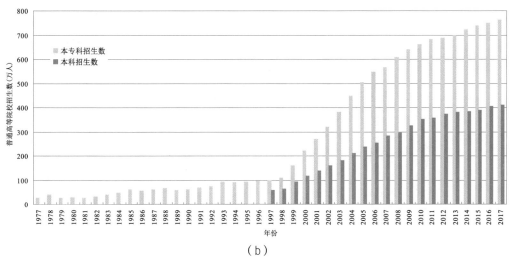

（b）

图2-5 改革开放后普通高等教育的发展（二）

（b）招生数

注：1977年的考生1978年2月入学，1978年考生当年10月份入学；1978年原计划招收28.3万人，
为解决"文化大革命"十年积累的高中生，后扩招10.9万人。

程、饭店工程、涉外建筑工程专业）的高校数达到124所，是1978年的2.6倍；2008年土木
工程本科专业点已达到395个，覆盖全国31个省（自治区、直辖市），全国36.6%的本科院
校设有土木工程专业；到2018年，土木工程本科专业点进一步增加到542个，全国43.6%
的本科院校设有土木工程专业。2018年的本科院校数是1978年的2.53倍，同期土木工程本
科专业点是1978年的8.02倍，图2-6是土木工程本科专业点在全国的分布情况。

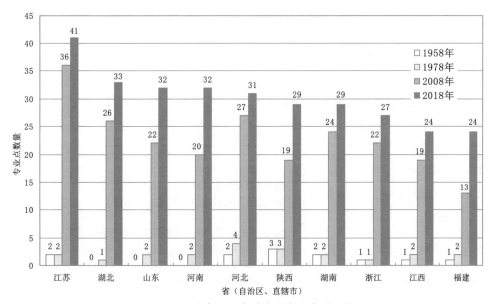

图2-6 土木工程本科专业点分布（一）

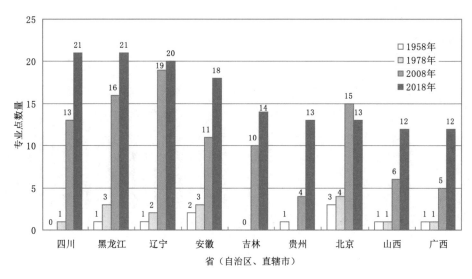

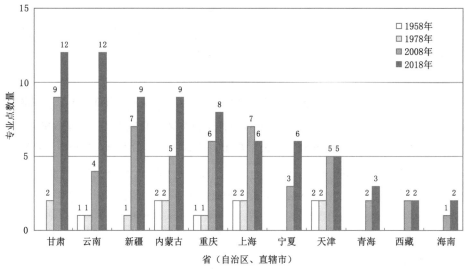

图2-6 土木工程本科专业点分布（二）

此外，我国台港澳地区有26所高校设有土木工程本科专业，如表2-6所示。

我国台港澳地区设有土木工程本科专业的高校 表2-6

序号	校名	地址	备注
1	台湾大学	台北市	前身为1928年成立的"台北帝国大学"，1945年改制更名为台湾大学；1943年5月28日成立工学部，设土木工程学系
2	台湾中央大学	桃园市	1962年成立台湾中央大学地球物理研究所，1968年建大学部用名台湾中央大学理学院，1979年更名台湾中央大学；1969年成立工学院，1971年工学院设土木工程学系

序号	校名	地址	备注
3	台湾交通大学	新竹市	1958年成立台湾交通大学电子研究所，1967年改制为工学院，1979年更校名为台湾交通大学；1978年成立交通工程系，1979年更名为土木工程学系
4	台湾成功大学	台南市	前身为1931年成立的台南高等工业学校，1944年改称台南工业专门学校，1944年10月改制为台湾工学院，1946年8月改制，1960年8月改名台湾成功大学；土木系为最初创立的工学院的六系之一
5	淡江大学	新北市	前身是1950年成立的淡江英语专科学校，1958年改制文理学院，1980年升格大学，改名淡江大学；1966年成立工学院，1967年设土木工程学系
6	高雄大学	高雄市	2000年2月1日建校，2003年5月成立工学院，设土木与环境工程学系
7	暨南国际大学	南投县	1995年建校，1997年设土木工程学系
8	台湾嘉义大学	嘉义市	2000年2月1日由原台湾嘉义师范学院和原台湾嘉义技术学院整合而成，理工学院设土木与水资源工程学系
9	宜兰大学	宜兰市	前身是1926年成立的台北宜兰农林学校，1946年更名为台湾宜兰农业职业学校，1998年升格为公立宜兰技术学院，2003年改制用现名，设工学院土木工程学系
10	台湾联合大学	苗栗市	1969年成立联合专科学校，2003年8月改制为台湾联合大学；理工学院设土木工程学系，2004年更名土木与防灾工程学系
11	义守大学	高雄市	1990年成立高雄工学院，设土木与生态工程学系，1997年升格义守大学
12	逢甲大学	台中市	前身为1960年11月成立的逢甲工商学院，设土木工程、水利工程、会计及工商管理等4个学系，1980年8月1日改制逢甲大学
13	中原大学	桃园市	1955年建校时即设土木工程学系
14	台湾中华大学	新竹市	1990年成立台湾中华工学院，1997年8月1日改名台湾中华大学
15	台湾科技大学	台北市	1974年成立台湾工业技术学院，1997年更名台湾科技大学；1975年设营建工程系
16	中兴大学	台中市	前身是1919年成立的台湾民政机构农林专门学校，1946年升格台湾农学院，1971年7月改制中兴大学；1961年8月设土木工程学系
17	云林科技大学	云林县	1991年建校，1994年设营建系
18	台北科技大学	台北市	前身是1911年成立的台湾民政机构附属工业讲习所，1945年改名台北工业职业学校，1997年改制为台北科技大学

续表

序号	校名	地址	备注
19	朝阳科技大学	台中市	1994年建校之初即设营建系
20	台湾"建国"科技大学	彰化市	1965年成立私立台湾"建国"商业专科学校，2004年8月改制台湾"建国"科技大学；土木工程系成立于1974年
21	高雄科技大学	高雄市	2018年2月1日由高雄应用科技大学、高雄第一科技大学和高雄海洋科技大学组建而成；工学院设土木工程学系
22	香港大学	香港	1911年建校初即设土木工程学系
23	香港科技大学	香港	1991年10月建校，设土木与环境工程学系
24	香港理工大学	香港	前身是1937年成立的香港高级工业学院，1994年更名香港理工大学；建校之初即设立土木与环境工程学系
25	香港城市大学	香港	1984年建校，设建筑与土木工程学系
26	澳门大学	澳门	1981年3月成立澳门东亚大学，1991年更名澳门大学；科技学院设土木与环境工程学系

2.1.2 特色专业建设

高等教育经过量的大发展后，重点转入质的提高。为适应国家经济、科技、社会发展对高素质人才的需求，引导不同类型高校根据自己的办学定位和发展目标，发挥自身优势，办出专业特色，教育部和财政部2007年启动了特色专业建设项目，在"十一五"期间分批择优重点建设3000个左右特色专业建设点。特色专业建设点分"第一类特色专业建设点"和"第二类特色专业建设点"，两种类型分别遴选。土木工程专业属于第二类特色专业，从第2批开始。第2批707个（教高函〔2007〕31号）、第3批691个（教高函〔2008〕21号）、第4批671个（教高函〔2009〕16号）、第5批83个（教高函〔2009〕26号）、第6批804个（教高函〔2010〕15号）。土木工程专业入选国家特色专业建设点的名单如表2-7所示，先后有66个专业点入选。

土木工程国家特色专业建设点　　表2-7

序号	学校名称	入选批次	序号	学校名称	入选批次
1	安徽建筑工业学院	第2批	6	河海大学	第2批
2	安徽理工大学	第2批	7	湖南大学	第2批
3	大连理工大学	第2批	8	华东交通大学	第2批
4	东南大学	第2批	9	兰州交通大学	第2批
5	广州大学	第2批	10	青岛理工大学	第2批

续表

序号	学校名称	入选批次	序号	学校名称	入选批次
11	石家庄铁道学院	第2批	39	河北工程大学	第4批
12	同济大学	第2批	40	河北农业大学	第4批
13	长沙理工大学	第2批	41	河南理工大学	第4批
14	中南大学	第2批	42	兰州理工大学	第4批
15	重庆交通大学	第2批	43	南京工业大学	第4批
16	北京交通大学	第3批	44	山东建筑大学	第4批
17	成都理工大学	第3批	45	西安科技大学	第4批
18	福建工程学院	第3批	46	新疆大学	第4批
19	广西工学院	第3批	47	汕头大学	第5批
20	河北建筑工程学院	第3批	48	大连交通大学	第6批
21	河南工业大学	第3批	49	大连民族学院	第6批
22	华侨大学	第3批	50	佛山科学技术学院	第6批
23	山东科技大学	第3批	51	福州大学	第6批
24	上海交通大学	第3批	52	合肥工业大学	第6批
25	沈阳建筑大学	第3批	53	河北理工大学	第6批
26	苏州科技学院	第3批	54	辽宁工程技术大学	第6批
27	天津城市建设学院	第3批	55	宁波工程学院	第6批
28	天津大学	第3批	56	清华大学	第6批
29	西安建筑科技大学	第3批	57	山东大学	第6批
30	西南交通大学	第3批	58	山东交通学院	第6批
31	长安大学	第3批	59	四川大学	第6批
32	浙江科技学院	第3批	60	五邑大学	第6批
33	中国矿业大学	第3批	61	武汉大学	第6批
34	重庆大学	第3批	62	武汉理工大学	第6批
35	北京建筑工程学院	第4批	63	西安交通大学	第6批
36	常州工学院	第4批	64	盐城工学院	第6批
37	广东工业大学	第4批	65	浙江大学	第6批
38	哈尔滨工业大学	第4批	66	中国矿业大学（北京）	第6批

2.1.3　专业综合改革试点

为引导高校主动适应国家战略和地方经济社会发展需求，优化专业结构，加强专业内涵建设，创新人才培养模式，大力提升人才培养水平，教育部在"十二五"期间启动了"专业综合改革试点"项目，计划遴选支持高校1500个专业点（其中中央部门直属高校400个、地方高校1100个）开展专业建设综合改革试点（教高司函〔2011〕226号）。

2012年1月20日批准了中央部门所属高校的180个专业点（教高函〔2012〕2号）；2013年3月22日批准了中央部门所属高校的90个专业点（教高函〔2013〕2号）；2013年6月3日批准了地方高校550个专业点。土木工程有25个专业点入选，详见表2-8。

土木工程专业综合改革试点　　　　　　　　　　　　表2-8

序号	学校名称	项目名称	入选年份
1	天津大学	专业综合改革试点-茅以升班（土建类专业）	2012
2	大连理工大学	专业综合改革试点-土木工程专业	2012
3	东北林业大学	专业综合改革试点-土木工程专业	2012
4	同济大学	专业综合改革试点-土木工程专业	2012
5	东南大学	专业综合改革试点-土木工程专业	2012
6	浙江大学	专业综合改革试点-土木工程专业	2012
7	合肥工业大学	专业综合改革试点-土木工程专业	2012
8	武汉大学	专业综合改革试点-土木工程专业	2012
9	中南大学	专业综合改革试点-土木工程专业	2012
10	湖南大学	专业综合改革试点-土木工程专业	2012
11	华南理工大学	专业综合改革试点-土木工程专业	2012
12	西南交通大学	专业综合改革试点-土木工程专业	2012
13	哈尔滨工业大学	专业综合改革试点-土木工程专业	2012
14	天津城建大学	专业综合改革试点-土木工程专业	2013
15	河北工业大学	专业综合改革试点-土木工程专业	2013
16	石家庄铁道大学	专业综合改革试点-土木工程专业	2013
17	福州大学	专业综合改革试点-土木工程专业	2013
18	福建工程学院	专业综合改革试点-土木工程专业	2013

续表

序号	学校名称	项目名称	入选年份
19	华东交通大学	专业综合改革试点-土木工程专业	2013
20	山东建筑大学	专业综合改革试点-土木工程专业	2013
21	河南工业大学	专业综合改革试点-土木工程专业	2013
22	五邑大学	专业综合改革试点-土木工程专业	2013
23	成都学院	专业综合改革试点-土木工程专业	2013
24	西安建筑科技大学	专业综合改革试点-土木工程专业	2013
25	兰州交通大学	专业综合改革试点-土木工程专业	2013

2.2 教学计划

2.2.1 民国时期

1912年民国政府颁布的《大学令》规定，"大学以教授高深学术、养成硕学闳才、应国家需要为宗旨"；《专门学校令》提出，"专门学校以教授高等学术、养成专门人才为宗旨"。"学"是学理，文理等偏重研究学理的称为"大学"；术是应用，工农医等偏重应用的称为"高等专门学校"。民国时期初期对两类高等教育的培养目标进行了分别表述。

当时没有明确的专业概念和专业教学计划，学制四年，按通才培养，实行学分制和选课制，学生的选课自主权大。综合性大学下设科（如工科、文科），科下设系，系设若干门，以国立东南大学为例[7]，学生选课学规有三项：

（甲）必修科：国文6学分、英文12学分；另从下列5组中每组选4~8学分，（1）组国文、英文、西洋文学，（2）组历史、政治、经济，（3）组哲学、数学、心理学，（4）组生物学、地学，（5）组化学、物理。

（乙）自选主科辅科：由学生在学院内自选一系为主修科，主修科学程至少应修40学分、最多修60学分；由主修科教师提供数个科供学生任选其一为辅修科，辅修科学程至少选15学分，最多选30学分。

（丙）自行选科（跨学院科）：除甲、乙项规定学程外，经指导员同意，学生还可以自修他科之学程。

一、二年级修基础课和技术基础课，三年级"学本系之专门学术"，四年级"以学生志趣，分门专攻，以养终生事业"。以国立东南大学工科土木系1923年的学程计划为例，分设了土木建筑门、营造门、道路门和市政门供高年级选读。各门必修课有经济学、工程管理、会计学、工程制图、测量（平面测量、地形测量、大地测量）、力学（应用力学、材料力学、水力学）、工程材料、地质学、钢骨混凝土工程、道路工程、给水工程、下水道工程等课程；分门选修课，如土木建筑门设有土石基础、桥梁计划、混凝土拱桥、高等结构理论等课程，详见表2-9，表中"计划课"相当于现在的课程设计。

1923年土木工程学系学程计划 表2-9

课程名	每周授课时数	每周试验或实习时数	教学年限	学分数	备注
工程概论	3		半	1	三系[①]必修；三系轮流讲授
平面测量		3	半	1	三系必修
地形测量		6	1	4	土木必修
应用力学	4	3	半	3	三系必修
工程材料	3		半	2	三系必修
材料力学	4		半	4	三系必修
材料试验		3	半	2	三系必修
地质学	3		半		土木必修
工程制图		3	1	2	土木必修
铁路工程	3		1	4	土木必修
建筑工程	2	3	1	6	土木必修
房屋营造	3		半	3	土木必修
钢骨混凝土工程	3		半	3	土木必修
水力学	3		半	3	三系必修
卫生工程	3		半	3	土木必修
地图学		3	1	4	土木必修
经济学	3		半	2	三系必修
工程管理	3		半	2	土木必修

① 指机械系、土木系和电机系，下同。

续表

课程名	每周授课时数	每周试验或实习时数	教学年限	学分数	备注
会计学	3		半	2	三系必修
建筑计划	1	3	1	4	土木必修
大地测量	3		半	2	土木必修
给水工程	3	3	半	2	土木必修
下水道工程	3		半	2	土木必修
道路工程	3		半	3	土木必修
工程律例	2		半	1	土木必修
土石基础	3		半	3	土木系建筑门必修
桥梁计划		6	半	4	土木系建筑门必修
混凝土拱桥		3	半	2	土木系建筑门必修
高等结构理论	3		半	3	土木系建筑门必修
营造计划	2	6	1	7	土木系营造门必修
营造学历史	3		半	3	土木系营造门必修
房屋设备	3		半	2	土木系营造门必修
道路材料	2	3	半	3	土木系道路门必修
道路计划		6	半	4	土木系道路门必修
道路修治工程	3		半	3	土木系道路门必修
市政工程	3		半	3	土木系市政门必修
高等给水工程	3		半	3	土木系市政门必修
高等卫生工程	3		半	3	土木系市政门必修
市政	2		半	2	土木系市政门必修
城市计划	3		半	2	土木系道路门、市政门必修

　　表2-10是1938～1945年西南联大时期清华大学土木工程学系的必修课程，前三年全系课程相同，第四年分结构工程组、水力工程组、铁路道路工程组、市政及卫生工程组。

清华大学土木工程学系必修课程（括号内数字为学分数） 表2-10

一年级	国文（6），英文（6），微积分（8），普通物理（8），经济学简要（4），工程画（2），投影几何（2），工厂实习（3）。合计39学分	
二年级	普通化学（8），静动力学（4），材料力学（4），热机学（3），机件学（3），工程地质学（2），测量学（10），工程制图（3），铁路曲线及土方（3），金工实习（1.5）；暑期中：大地及地形测量（2），水文测量（0.5），铁路及道路曲线测量实习（1）。合计45学分	
三年级	工程材料学（3），微分方程（3），实用天文学（3），结构学（6），结构设计（4），钢筋混凝土结构（3），铁路工程（3），道路工程（3），电机学（3），电机实验（1.5），水力学（3），水力实验（1.5）。合计37学分	
四年级	结构工程组	给水工程（3），工程估价及契约（1），高等结构学（6），结构设计（二）（3），高等结构设计（2），铁路设计（2）。合计17学分
	水力工程组	给水工程（3），工程估价及契约（1），水文学（2），河港工程（3），灌溉工程（2），水力发电工程（4），水工设计（2）。合计17学分
	铁路道路工程组	给水工程（3），工程估价及契约（1），圬工地基及房屋（3），钢筋混凝土设计（3），道路工程（二）（1.5），道路设计（2），铁路工程（二）（3），铁路设计（二）（2），道路材料试验（1.5）。合计20学分
	市政及卫生工程组	给水工程（3），工程估价及契约（1），水文学（2），下水工程（3），市政及卫生工程（3），卫生工程设计（2），卫生工程实验（1.5），道路设计（2），铁路设计（2）。合计19.5学分

　　唐山铁道学院的土木工程学系设铁路工程门、构造工程门、市政卫生工程门、建筑工程门、水利工程门、市政卫生门等6门，前三学年课程完全相同，第四学年有31个学分相同，其余是分门课程[8]。表2-11是1933年的学程计划。

1933年唐山铁道学院土木工程学系学程计划[8] 表2-11

课程名	上课时数	自学时数	学分数	开设学期	备注
国文	2/2	1/1	2/2	一、二	
英文	4/5	6/7.5	4/5	一、二	
军事训练	313			一、二	
微积分	5/4	7.5/6	5/4	一、二	
高等物理	4/4	6/6	4/4	一、二	
物理实验	2/3	1.5/1.5	1/1	一、二	
化学分析	2/1	3/1.5	2/1	一、二	
化学分析实习	3/3	1/1.5	1.5/1.5	一、二	
画法几何	4		2	二	

续表

课程名	上课时数	自学时数	学分数	开设学期	备注
机械图画	3		1.5	一	
党义	1			一	
微分方程	3	4.5	3	三	
球面三角	1	1.5	1	四	
最小二乘法	2	4	2	四	
经济学	3	3	3	三	
工程图画	3		1.5	三	
材料力学	5	10	5	四	
建筑材料学	2/2	2/2	2/2	三、四	
水力学	3	6	3	四	
测量学	2/2	2/2	2/2	三、四	
测量实习	4/4	0.5/0.5	2/2	三、四	
工程地质学	2/2	2/2	2/2	三、四	
绘制地图	3		1.5	三	
应用力学	6	12	6	三	
军训	3/3			三、四	
材料试验	2/2	1/0.5	1/0.5	五、六	
测地天文学	2	3	2	五	
机械工程	2/2	3/3	2/2	五、六	
机械实验	1	0.5	0.6	六	
电机工程	2/2	3.5/3.5	2/2	五、六	
电机实验	1/1	0.5/0.5	0.5/0.5	五、六	
测地学	2	3.5	2	六	
铁路测量曲线及土工	3/3	4.5/4.5	3/3	五、六	
铁路测量实习	3/3		1.5/1.5	五、六	
构造理论及桥梁工程	4/2	8/4	4/2	五、六	
构造计划	3/3	1.5/1.5	1.5/1.5	五、六	
钢筋混凝土原理	3	5	3	六	

续表

课程名	上课时数	自学时数	学分数	开设学期	备注
房屋营造学	3/2	4/-	3/2	五、六	
道路工程学	3	4	3	六	
水力学实验	2	1	1	五	
石工及基础学	3	4.5	3	七	
铁路设计及建筑	3	5	3	七	
铁路养护学	2	3	2	八	
铁路计算及制图	3/2	-/3	1.5/2	七、八	
桥梁工程	2	3	2	七	
桥梁计划	3/3	1.5/1.5	1.5/1.5	七、八	
钢筋混凝土房屋计划	3		1.5	七	
河海工学	3	4.5	3	八	
给水工程及清水法	4	6	4	七	
污清工程及秽物处理	4	6	4	八	
施工记录及管理	2	2	2	七	
工程律例	2	3	2	八	
铁路计划及制图	3/3		1.5/1.5	七、八	铁路工程门必修
铁路山洞工程 铁路信号学	3	5	3	七	
铁路站场及终点	2	3	2	八	
铁路运行及管理	2	3	2	八	
营造计划	3		1.5	七	
铁路研究及自著论文		9	3	八	
高等力学	2	3.5	2	七	构造工程门必修
高等构造理论	2/2	3.5/3.5	2/2	七、八	
铁路房屋计划	3	1.5	1.5	八	
钢筋混凝土拱桥计划	3	1.5	1.5	八	
营造计划	3		1.5	七	
构造研究及自著论文		9	3	八	

续表

课程名	上课时数	自学时数	学分数	开设学期	备注
都市设计学	3	4	3	七	市政卫生工程门必修
都市管理学	1/2	2/3	1/2	七、八	
高等铁路工程及道路材料实验	3	2	2	八	
生活统计学	1	1		七	
微生物学	1/2	1.5/2	1/2	七、八	
微生物实验	3	0.5	1.5	七	
卫生工程计划	3	1.5	1.5	八	
水力研究及自著论文		9	3	八	
都市设计学	3	4	3	七	建筑工程门必修
铁路站场及终点	2	3	2	八	
钢铁房屋计划	3	1.5	1.5	八	
高等营造学	3	5	3	七	
建筑史（西洋及中国）	2	3	2	八	
卫生暖气及通风设备	2	2	2	八	
电充及数线学	1	1.5	1	七	
建筑图景	9/9		5/5	七、八	
建筑工程研究及自著论文		9	3	八	
水文学及河道测量	2	3	2	七	水利工程门必修
水力机械学	1	1.5	1	七	
灌溉及排水工学	2	3	2	七	
水力工学	2	3	2	八	
防护工学	2	3	2	八	
水力工程计划	3	1.5	1.5	八	
水力研究及自著论文		9	3	八	
微生物学	1	1.5	1	七	市政卫生门必修
微生物实验	3	0.5	1.5	八	
灌溉及排水工学	3	5	3	七	
水力工学	2	3	2	八	
卫生工程计划	3	1.5	1.5	七	
水力工程计划	3	1.5	1.5	八	
水力卫生研究及自著论文		9	3	八	

与民国的其他地区不同，哈尔滨工业大学采用苏联教育模式，学制五年，最后一年毕业设计，前四年的学程计划如表2-12所示。

1930年哈尔滨工业大学土木系学程计划　　　　　　　　表2-12

序号	课程名称	周学时安排：讲课/练习（课程设计）/实验							
		一学期	二学期	三学期	四学期	五学期	六学期	七学期	八学期
1	微分	3/2	3/2						
2	解析几何	2/2	2/2						
3	化学	2/0/2	1						
4	建筑艺术一般原理	2/2	2/2						
5	大地测量	5/0/1	5/0/1						
6	建筑材料工艺	2	2						
7	理论力学	2/2	2/2	2/2	2/2				
8	物理	1/0/2	2/0/2	2/0/2	2/0/2				
9	基础制图和建筑制图	0/2	0/2						
10	绘图	0/2	0/2	0/2	0/2				
11	中文	3	3						
12	画法几何		2/2						
13	工业制图		0/2						
14	积分			3/2	3/2				
15	材料力学			2/1/1	2/2/1	2/1/1	2/1/1		
16	结构静力学			2/1	2/1	2/1	2/1		
17	机械零件			2/1					
18	建筑学			3/2	2/2	1/2	1/2	0/2	0/2
19	地质学			2/2	1/1				
20	地基与基础			2/2					
21	铁路与设备维护			4					
22	铁路与道路连接				4	0/3	0/3		
23	金属结构				2/1				
24	水力发电站与水力发动机				2/1	2/1			
25	热力学与热工学				2	2			

续表

序号	课程名称	周学时安排：讲课/练习（课程设计）/实验							
		一学期	二学期	三学期	四学期	五学期	六学期	七学期	八学期
26	火车站公用设施					4		0/3	0/3
27	牵引计算					3/2	0/1		
28	木桥					2/2			
29	钢筋混凝土					4	0/3		
30	采暖与通风					2/1	2/1	0/3	
31	电工学					2/1	2/1		
32	编制预算与会计手续					0/1	0/1		
33	铁路运输一般原理						4	2	
34	铁路设计与勘察						5	0/3	0/3
35	小跨度钢桥						2/1		
36	大跨度桥						2	2/3	0/3
37	静不定及复杂结构钢筋混凝土静力学						3	3/2	2/2
38	机车车辆和牵引设备							3	
39	道路的分类							2	
40	石桥							2	
41	金属的涂覆							1	
42	水利工程基本原理							3	3
43	给水排水							3	1/2
44	土路与公路							2	2
45	科学的劳动组织							2	2
46	簿记与会计组织							2	0/2
47	铁路运输安全保障								4
48	铁路建筑								3
49	隧道建筑								2
50	桁架理论								2
51	架桥								2
52	专用仓库								2

2.2.2 中华人民共和国成立初期

中华人民共和国成立后，1950年6月1～9日召开的第一次全国高等教育会议上，明确提出了"新中国高等教育的方针和任务是：以理论与实际一致的方法，培养具有高等文化水平、掌握现代科学和技术的成就，全心全意为人民服务的高级建设人才"[9-12]。这是中华人民共和国成立后第一个有关高等教育培养目标的表述。

中央教育部为了检查全国各高校对1950年7月28日中央人民政府政务院批准公布《教育部关于实施高等学校课程改革的决定》的执行情况，于1951年1月23～26日在北京召开了全国高等学校1950年度教学计划审查会，重点审查11个问题：①教学计划的完整程度；②公共必修课程的开设；③政治课是否照部规定开设；④实习有无适当的布置；⑤学时或学分是否超出规定；⑥学习时间的分配是否合理，学分的计算是否按照规定；⑦课程开设是否合乎精简原则；⑧课程计划是否能达到在系统理论的基础上实行适当的专门化；⑨选修课程开设的系统性；⑩教学内容与实际联系的程度；⑪整个系教学的计划性[10]。全国206所高校中有135所在审查会前将教学计划报送了中央教育部，经过详细审查的土木系教学计划有26所高校，另有水利系6所高校[11]。当时的教学计划仍然没有按专业编制，是以系为单位的课程设置计划。与民国时期的计划相比，最大的变化是取消国民党党义课程和宗教课程，增设中国革命史、哲学、政治经济学等政治教育课。

2.2.3 1952年到改革开放前

从1952年全面学习苏联，到1978年改革开放、恢复高考前，这一时期是中国高等教育变动最为急剧的时期，教学计划处于不停地调整之中，往往一届计划还没有执行完就进行下一轮调整。其中1953年、1956年、1962年、1966年和1972年是几个重要时间节点。

2.2.3.1 1953年

1953年的高等工业学校会议，对高等工科专业培养目标的提法是"德才兼备，体魄健全，既有高度政治觉悟，又能掌握现代科学技术的工业建设专门人才"。

为了适应我国自1952年开始执行国民经济第一个五年计划对专门人才的大量需求，开始学习苏联，进行高等学校的院系调整，设置专业，成立以主干课程为单位的教研组，引进、翻译、拟定各专业教学计划和课程教学大纲，并规定"从一年级开始采用苏联的教学计划和教学大纲"[13]。在拟定专业教学计划时，首先遇到学制问题：苏联工科专业学制五年，我国是四年。通过广泛讨论、分析苏联教学计划中各类课程构成，确定了我国四年制工科专业各类课程比例的一般规定：政治教育课10%（约400学时）；外国语（俄文）必修三年；毕业论文设计10～12周；实习16～28周；普通科学课（数学、物理、化学等）25%；普通技术课（理论力学、材料力学、投影几何、工程制图等）34%；专业技术课28%[14]。1953年10月，高等教育部公布了《关于制定高等学校工科本科各专业教学计划的规定（草案）》。到1953年底，四年制本科专业教学计划基本制定完毕，实行学年制，绝大多数是必修课，开课学期固定，只有少量的选修课。

表2-13是这一时期四年制铁道建筑专业的教学计划。

唐山铁道学院1954年铁道建筑教学计划[8]

表2-13

序号	课程名称	学时数					按学期分配							
		合计	讲课	实验	讨论	作业	一	二	三	四	五	六	七	八
1	中国革命史	102	68		34		3	3						
2	马克思列宁主义基础	132	102		30				4	4				
3	政治经济学	142	102		40						4	5		
4	俄文	235			235		4	4	3	3				
5	体育	134			134		2	2	2	2				
6	高等数学	326	172		154		8	8	3					
7	物理	170	102	34	34			5	5					
8	普通化学	90	60	30			5							
9	画法几何	90	45		45		5							
10	建筑工程制图及绘画	116			116		2	5						
11	测量学	138	78	48	12		5	3						
12	铁道概论	68	48		20		2	2						
13	理论力学	172	94		78				4	6				
14	材料力学	162	85	20	45	12			4	6				
15	结构力学	165	99		33	33					5	6		
16	建筑材料	90	50	40					5					
17	热工学	54	36	12	6				3					
18	地质学系水文地质	75	45	30						5				
19	机械原理及机械零件	75	52	13	10					5				
20	建筑机械及建筑施工	153	107	16		30				3	6			
21	电工学及电机	45	30	15						3				
22	水力学	90	54	16	20						5			

序号	课程名称	学时数					按学期分配							
		合计	讲课	实验	讨论	作业	一	二	三	四	五	六	七	八
23	土壤力学、地基及基础	110	86	12		12					3	4		
24	建筑结构	132	98		10	24					5	3		
25	运输经济及工程经济	64	56		8								4	
26	保安及防火技术	64	48	16									4	

Ⅰ 铁道选线设计及建筑专门化课程

序号	课程名称	学时数					按学期分配							
		合计	讲课	实验	讨论	作业	一	二	三	四	五	六	七	八
27	铁道线路及设计	180	144		12	24						6	6	
28	铁道建筑	112	88		12	12							7	
29	铁道线路构造及业务	90	56	12	10	12						3	3	
30	铁道给水及排水	56	44		12							4		
31	铁道房屋	54	44		10						3			
32	桥梁	118	84		6	28						5	3	
33	隧道	48	40		8								3	

Ⅱ 铁道线路及线路业务专门化课程

序号	课程名称	学时数					按学期分配							
		合计	讲课	实验	讨论	作业	一	二	三	四	五	六	七	八
27	铁道线路构造	164	128		12	24						6	5	
28	铁道线路业务及机械	76	48	18		10						2	3	
29	铁道选线及设计	80	56		8	16							5	
30	铁道建筑	64	50		14								4	
31	铁道给水及排水	56	44		12							4		
32	铁道房屋	54	44		10						3			
33	桥梁	118	84		10	24						5	3	

续表

<table>
<tr><td colspan="13" align="center">Ⅲ铁道房屋专门化课程</td></tr>
<tr>
<td rowspan="2">序号</td>
<td rowspan="2">课程名称</td>
<td colspan="5" align="center">学时数</td>
<td colspan="8" align="center">按学期分配</td>
</tr>
<tr>
<td>合计</td><td>讲课</td><td>实验</td><td>讨论</td><td>作业</td>
<td>一</td><td>二</td><td>三</td><td>四</td><td>五</td><td>六</td><td>七</td><td>八</td>
</tr>
<tr><td>27</td><td>铁道房屋</td><td>192</td><td>150</td><td></td><td>12</td><td>30</td><td></td><td></td><td></td><td></td><td>4</td><td>4</td><td>4</td><td></td></tr>
<tr><td>28</td><td>卫生设备</td><td>64</td><td>51</td><td></td><td></td><td>13</td><td></td><td></td><td></td><td></td><td></td><td></td><td>4</td><td></td></tr>
<tr><td>29</td><td>铁道房屋结构（钢及钢筋混凝土）</td><td>64</td><td>50</td><td></td><td></td><td>14</td><td></td><td></td><td></td><td></td><td></td><td></td><td>4</td><td></td></tr>
<tr><td>30</td><td>房屋建筑组织及计划</td><td>64</td><td>48</td><td></td><td>6</td><td>10</td><td></td><td></td><td></td><td></td><td></td><td></td><td>4</td><td></td></tr>
<tr><td>31</td><td>铁道给水及排水</td><td>56</td><td>44</td><td></td><td>12</td><td></td><td></td><td></td><td></td><td></td><td></td><td>4</td><td></td><td></td></tr>
<tr><td>32</td><td>铁道选线设计及建筑</td><td>104</td><td>74</td><td></td><td>14</td><td>16</td><td></td><td></td><td></td><td></td><td></td><td>4</td><td>3</td><td></td></tr>
<tr><td>33</td><td>铁道线路构造及业务</td><td>42</td><td>30</td><td>6</td><td>6</td><td></td><td></td><td></td><td></td><td></td><td></td><td>3</td><td></td><td></td></tr>
<tr><td>34</td><td>隧道桥梁概要</td><td>76</td><td>66</td><td></td><td>10</td><td></td><td></td><td></td><td></td><td></td><td></td><td>2</td><td>3</td><td></td></tr>
<tr><td colspan="13" align="center">Ⅳ铁道给水及排水专门化课程</td></tr>
<tr>
<td rowspan="2">序号</td>
<td rowspan="2">课程名称</td>
<td colspan="5" align="center">学时数</td>
<td colspan="8" align="center">按学期分配</td>
</tr>
<tr>
<td>合计</td><td>讲课</td><td>实验</td><td>讨论</td><td>作业</td>
<td>一</td><td>二</td><td>三</td><td>四</td><td>五</td><td>六</td><td>七</td><td>八</td>
</tr>
<tr><td>27</td><td>给水工程</td><td>180</td><td>142</td><td></td><td></td><td>38</td><td></td><td></td><td></td><td></td><td></td><td>6</td><td>6</td><td></td></tr>
<tr><td>28</td><td>排水工程</td><td>80</td><td>60</td><td></td><td></td><td>20</td><td></td><td></td><td></td><td></td><td></td><td></td><td>5</td><td></td></tr>
<tr><td>29</td><td>水工结构</td><td>56</td><td>42</td><td></td><td></td><td>14</td><td></td><td></td><td></td><td></td><td></td><td>4</td><td></td><td></td></tr>
<tr><td>30</td><td>给水与排水建筑组织与计划</td><td>64</td><td>48</td><td></td><td>6</td><td>10</td><td></td><td></td><td></td><td></td><td></td><td></td><td>4</td><td></td></tr>
<tr><td>31</td><td>铁道房屋</td><td>54</td><td>44</td><td></td><td>10</td><td></td><td></td><td></td><td></td><td></td><td>3</td><td></td><td></td><td></td></tr>
<tr><td>32</td><td>铁道选线设计及建筑</td><td>104</td><td>74</td><td></td><td>14</td><td>16</td><td></td><td></td><td></td><td></td><td></td><td>4</td><td>3</td><td></td></tr>
<tr><td>33</td><td>铁道线路构造及业务</td><td>42</td><td>30</td><td>6</td><td>6</td><td></td><td></td><td></td><td></td><td></td><td></td><td>3</td><td></td><td></td></tr>
<tr><td>34</td><td>隧道桥梁概要</td><td>76</td><td>66</td><td></td><td>10</td><td></td><td></td><td></td><td></td><td></td><td></td><td>2</td><td>3</td><td></td></tr>
</table>

　　哈尔滨工业大学仍沿用五年学制，最后一学期做毕业设计，表2-14是工业与民用建筑教学计划。

1954年哈尔滨工业大学工业与民用建筑教学计划　　　　　表2-14

序号	课程名称	课内学时安排：授课/课程设计/实验								
		一学期	二学期	三学期	四学期	五学期	六学期	七学期	八学期	九学期
1	马列主义基础	72	64							
2	俄语	54	80	72	64					
3	高等数学	144	80	90	96					
4	普通化学	38/0/34	22/0/26							
5	物理	88/0/20	49/0/15	37/0/17						
6	画法几何	72	32							
7	制图	36	48							
8	测量学	54	32							
9	体育	36	32	36	32					
10	理论力学		64	54	64					
11	测量实习		3周							
12	政治经济学			72	64					
13	绘图			36						
14	材料力学			101/0/7	75/0/5					
15	建筑材料及混凝土			47/0/7	36/0/28					
16	工厂实习			36						
17	机械零件				64					
18	结构力学					90	84	30		
19	金属工学					34/0/20	16/0/12			
20	建筑机械					81/0/9				
21	电工学及电工传动					55/0/35				

续表

序号	课程名称	课内学时安排：授课/课程设计/实验								
		一学期	二学期	三学期	四学期	五学期	六学期	七学期	八学期	九学期
22	热工					63/0/9				
23	水力学					62/0/10				
24	施工技术					42/12	34/8			
25	建筑及卫生工程					37/10/7	39/10/7	39/21	12	
26	工程地质						56/0/14			
27	地基及基础						13/6/7	44/8/8		
28	钢结构及焊接学							47/13	35/13	59/13
29	生产实习						8周		9周	5周
30	钢筋混凝土结构							75	60/12	60/12
31	木结构及木材学							50/0/10	48/12	36/12
32	砖石结构							50/10		
33	结构试验							33/0/15		
34	施工组织及计划								60/12	48
35	结构架设									72
36	保安及防火技术									36

　　1953年颁发的教学计划为统一教学计划，带有强制性，全部仿照苏联的办法，由主管副部长逐份在上面盖章下发，规定必须积极创造条件遵照执行，不得自行更改变动。在1953年暑期讨论教育计划的会议上，曾有教师建议，每个专业是否可制订2～3份计划，让学校参考执行，由于苏联专家反对，未获通过。

2.2.3.2　1956年

仿照苏联制定的四年制本科专业教学计划在执行过程中很快发现问题，总学时高（课内总学时3800～3900学时）、周学时高（课内最高周学时达36学时）、课程门数多（每学期考试、考查多达12～13门次），学生学习负担重、自学时间不足、无法完全消化，部分教学内容和教学安排不切合中国实际，教学质量难以保证。

1954年5月19日～6月10日举行的全国文化教育工作会议，确定了"以提高质量为重点"的文化教育工作新方针，并决定从1955年开始分批改四年制为五年制[15, 16]。

高等教育部1956年9月发文委托清华大学、交通大学、南京工学院等12个院校，组织修订工业与民用建筑等几个典型专业的教学计划。1957年1月11～21日召开了高等工业学校修订教学计划座谈会。同年10月25日，又邀请了建筑工程部、铁道部、第一机械工业部、电力工业部等18个业务部门教育司的负责人举行座谈，讨论如何组织力量配合修订的问题，提出3个原则问题希望业务部门研究：专业划分与业务范围问题，基础课、技术基础课和专业课的比重问题和教学方式的安排问题[18]。高校教师在讨论中，对这些问题有不同的意见。关于专业划分与业务范围，一种观点认为专业、专门化划分不宜过细，业务范围不宜过窄；相反的观点认为，划分细一些，专业知识可以学得深些，适应建设的急需，并且可以减轻学生的学业负担，工业与民用建筑可以分为建筑结构和建筑施工两个专业；第三种观点认为较宽专业和较窄专业可以同时设置。关于不同类型课程的比重问题，部分教师认为在总学时还需削减的情况下，专业知识课不能减，基础课或基础技术课可以减一些，理由是如仅重视基础训练，不符合培养专门技术人才的要求[18]；多数教师则主张学生在校期间主要是打好基础，专业知识可以少学些，理由是科学技术发展很快，在学校里不可能预先都学好，基础打好了，专业知识在生产实践中很容易掌握[19, 20]。时任建筑工程部建筑科学研究院副院长蔡方荫学部委员也是持这种观点[21]。

与制定1953年教学计划时全盘接受苏联教育体系、一概排斥欧美教育体系不同，1956年制订五年制本科教学计划时，提出"尊重与学习外国一切有益的知识和经验"[22]。如清华大学在确定基础课比重时，分析了苏联、瑞士楚利奇工科大学、美国加州理工大学和美国麻省理工学院的教学计划[20]。

1956年教学计划的培养目标是：能为社会主义建设服务的、体魄健全、热爱祖国和具有一定马克思列宁主义思想水平、掌握先进科学技术的高等工业建设人才，应具有比较宽广和巩固的理论基础（包括自然科学理论、技术基础理论及专业理论三部分的基础）和一定的生产技术知识及必要的技能和技巧的基本训练，使之具备工程师所必要的基本理论和专业技术的基础。

与1953年的计划相比，总学时下降为3500学时左右，最高周学时由36学时下降为28学时，专业课比重由25%下降到20%。

1957年4月，高等教育部再次召开工业学校专业修订教学计划座谈会[23]。来自全国47所高校的120余位教师本着百家争鸣的方针对高等工业教育中的一些基本问题进行了热烈讨论。在肯定几年来教学改革成绩的同时，对存在的问题提出了尖锐的批评，对专业范围、培养目标、不同类型课程比例、教学内容、毕业设计安排、教学方法等方面提出了许多有益的意见；对"学得少一些、学得好一些"取得共识。由于随后的一系列运动，1956年制定的教学计划并没有得到很好执行，存在的问题也没有得到纠正。

2.2.3.3　1962年

1957年7月开始的"反右派运动"涉及一大批教师和学生参与到运动之中，严重影响正常教学[7]。1958年5月"大跃进"运动席卷全国，高校也不例外，掀起"教育革命"高潮。"工程师"这一培养目标被批判为"成名成家"；理论教学受到削弱、政治活动和劳动时间大大增加、课程体系被随意打乱、师生停课大炼钢铁，教学计划受到猛烈冲击。

"大跃进"造成一场空前的经济灾难。1960年8月，周恩来、李富春主持研究1961年国民经济计划控制数字时提出"调整、巩固、充实、提高"的八字方针，在1961年1月党的八届九中全会正式通过。在这个方针指引下，1961年9月，《中华人民共和国教育部直属高等学校暂行工作条例（草案）》（简称《高教六十条》）颁布；1962年为贯彻执行《高教六十条》，教育部组织制订了《教育部关于直属高等工业学校本科（五年制）修订教学计划的规定（草案）》。这个文件对我国高等工程教育的历史经验进行了总结，提出了修订教学计划的八项原则。培养目标虽笼统规定为"社会主义建设人才"，但在业务要求中明确提出"必须完成工程师的基本训练"，并采取了3项重要措施：（1）削减总学时和周学时数，总学时为3000～3200学时，课内最高周学时不超过24学时；（2）明确各门课的基本要求；（3）适当增加习题、实验、绘图、运算、作业等基本技能训练的时间[24]。在这个文件指导下，教育部委托各专业教材编审会重新修订了各专业的教学计划。

表2-15是1961年南京工学院制订的建筑结构与施工专业的教学计划；表2-16是1963年哈尔滨工业大学的工业与民用建筑专业教学计划。此后，教学计划走上正轨，保持相对稳定。

表2-15

1961年建筑结构与施工专业教学计划

课程类别	序号	课程名称	教学时数					各学期每周课内外学时数										考试学期	考查学期
			总学时	按教学方式分配				一学年		二学年		三学年		四学年		五学年			
				讲课		实验	课堂练习讨论	1学期	2学期	3学期	4学期	5学期	6学期	7学期	8学期	9学期	10学期		
				课内讲授	现场教学			18周	18周	17周	13周	17周	12周	17周	15周	10周	20周		
必修课	1	马列主义基础理论	347	347				3/2	3/2	3/2	3/2	3/2	3/2					2、4、6	1、3、5
	2	思想政治教育报告	132				132	2/0	2/0	2/0	2/0								1~4
	3	体育	234				234							1/0	1/0	1/0	1/0		1~4
	4	外文	248	158		10	80	4/6	4/6	3/5	3/5							1、2、3	
	5	高等数学	226	138		60	28	6/8	4/6	4/6								2、3、4	
	6	物理	90	60		30			4/6	6/8	4/6							1	
	7	化学	162	42			120	5/5										1	
	8	画法几何及制图	64	30	10	24		5/6	4/5									2	
	9	测量学	150	100			50		3/3										2
	10	理论力学	146	86		30	30			5/8	5/8							3、4	
	11	材料力学	162	122			40				6/8	4/6						4、5	
	12	结构力学	85	51		34						6/8	5/8					5、6	
	13	建筑材料	102	72		30						5/5						5	
	14	电工学及工业电子学	16		16							6/7						5	
	15	金属工艺学	128	108		20					(16)		5/6	4/4				6、7	
	16	机械零件及建筑机械																	

续表

序号	课程类别	课程名称	总学时	课内讲授	现场教学	实验	课堂练习讨论	1学期(18周)	2学期(18周)	3学期(17周)	4学期(13周)	5学期(17周)	6学期(12周)	7学期(17周)	8学期(15周)	9学期(10周)	10学期(20周)	考试学期	考查学期
17		水力学	24	18		6													
18		房屋建筑学	157	107			50						6/5	5/5				6	6、7
19		木结构	48	48									4/4					6	
20		工程数学	68	54			14							4/6				7	
21		弹塑性力学	60	50		6	10								4/6			8	
22	必修课	钢筋混凝土及砖石结构	160	154										5/7	3/4	3/4		7	8、9
23		钢结构	90	90											4/5	3/4		8	9
24		建筑施工技术	90	70	20									5/6				7	
25		建筑经济组织计划	90	75	15										5/5				8
26		给水排水及暖气通风	50	50												5/5		9	
27		工程地质及地基基础	120	102		18								4/5	4/5	6/7		9	8
28		结构检验	20	12		8										2/2			9
29		第二外国语			3										3	3			
30		结构专题			3											3			
31		特殊施工			2											2			

（第29～31行为周学时）

续表

序号	实践环节类别	名称	时数（周数）	学期	所属课程（主要内容及场所）
1	课程设计及课程作业	一般多层混合结构房屋建筑设计	80	9	房屋建筑学（分散在学期中进行）
2		木屋架设计	50	6	木结构（集中一周）
3		钢筋混凝土板梁设计	50	7	钢筋混凝土结构（集中一周）
4		一般民用建筑施工设计	30	7	建筑施工技术（课程最后三周中进行）
5		钢筋混凝土单层厂房设计	100	8	钢筋混凝土结构（集中两周进行）
6		装配式结构施工技术与组织综合设计	80	9	建筑经济组织设计（生产实习中布置任务，回校后集中一周进行）
7		钢结构厂房设计	80	9	钢结构
8		地基基础计算作业	20	9	地基基础（集中两周内进行）
1	生产劳动及实习	测量实习	(4)	2	测量基本训练、地形测量
2		第一次生产劳动	(4)	4	建筑工地：一种工种操作
3		第二次生产劳动	(4)	4	机械修配厂：金工、钳工、焊工
4		第三次生产劳动	(8)	6	建筑工地：1～2工种操作
5		第三次生产劳动	(5)	8	建筑工地：工种劳动，参加小组管理工作
6		第四次生产劳动	(2)	9	建筑工地：熟悉工地，为实习打好基础
7		生产实习	(5)	9	建筑工地：工长实习
8		毕业实习	(3)	10	设计院：收集毕业设计资料
		毕业设计	(19)	10	工业或民用建筑结构及施工设计（包括科学研究的内容和要求）

1963年工业与民用建筑教学计划[37]　　　　表2-16

序号	课程名称	课内学时安排：授课/课程设计/实验								
		一学期	二学期	三学期	四学期	五学期	六学期	七学期	八学期	九学期
1	思想政治教育	18	17	18	17	17	14	15	14	15
2	外语	72	68	54	51					
3	体育	36	34	36	34					
4	高等数学	126	102	54						
5	普通化学	69/0/21	43/0/25	60/0/30						
6	画法几何	90	51							
7	测量学		74							
8	马列主义基础理论			36	34	34	28	30	28	
9	画法几何及建筑工程制图			36						
10	理论力学				90	60				
11	材料力学				71/0/10	72				
12	金属工艺学				34					
13	结构力学					80	70			
14	弹性理论基础						49			
15	热工学						42			
16	机械零件及建筑机械						51/0/4	48/0/4		
17	房屋建筑设计						61/5	43/5		
18	专业生产劳动						7周			

续表

序号	课程名称	课内学时安排：授课/课程设计/实验								
		一学期	二学期	三学期	四学期	五学期	六学期	七学期	八学期	九学期
19	建筑施工技术							36/2/4	37/1/4	
20	钢结构							40/4/1	39/2/1	
21	钢筋混凝土及砖石结构							60/4/3	49/4/4	30
22	工程地质及地基基础								49/0/7	52/0/8
23	生产实习								6周	4周
24	专业生产劳动								3周	
25	给排水暖气通风									52
26	木结构									46/0/2
27	建筑施工组织与计划									68

在《高教六十条》中详细规定了高等学校学生的培养目标："具有爱国主义和国际主义精神，具有共产主义道德品质，拥护共产党的领导，拥护社会主义，愿为社会主义事业服务、为人民服务；通过马克思列宁主义、毛泽东著作的学习和一定的生产劳动、实际工作的锻炼，逐步树立无产阶级的阶级观点、劳动观点、群众观点、辩证唯物主义观点；掌握本专业所需要的基础理论、专业知识和实际技能，尽可能了解本专业范围内科学的新发展；具有健全的体魄"。

2.2.3.4　1966年

1965年学生停课下乡参加"四清"①，教学计划再次受到冲击。1966年5月"文化大革

---

① "四清"最初是在农村"清工分，清账目，清仓库和清财物"，后在城乡中"清思想，清政治，清组织和清经济"。

命"开始后，高校受到猛烈冲击，成为重灾区，《高教六十条》被当作修正主义教育路线而被废弃。

1966年取消高考、停止招生，在校生和教师以"斗、批、改"①作为主要任务；1968年7月"工宣队""军管队"入驻高校，全面参加、领导学校的"斗、批、改"运动，学校的教学、科研工作处于瘫痪状态，各种教学文档、教学文件损失严重。

2.2.3.5 1972年

1970年秋季，北京大学和清华大学首先恢复招生，大多数学校1972年恢复招生。招生办法实行群众推荐、领导批准和学校复审相结合：政治思想好、身体健康，年龄在20岁左右，有相当于初中以上文化程度的工人、贫下中农、解放军战士和青年干部，以及单位表现特别突出的人，一经当地"革命委员会"推荐，政治审查合格后，即可成为"工农兵大学生"。

根据"学制要缩短、教育要革命"的重要指示，学制定为三年。根据"现场教学""典型产品带教学""要什么学什么""缺什么补什么"的原则制定教学计划。一些学校顶住压力保留了相当部分的基础课，并尽可能按照循序渐进的原则安排课程计划。但总体而言，教学计划缺乏完整性和系统性。

"文化大革命"期间高等工科专业没有提出专门的培养目标。

2.2.4 改革开放至20世纪末

1977年8月，中国共产党第十一次全国代表大会正式宣布"文化大革命"结束；1977年10月21号，国务院正式公布恢复高考招生制度；1978年12月18~22日召开的十一届三中全会宣布中国实行改革开放，我国的高等教育迎来了春天。从此，高等教育进入了与经济体制改革同步进行的全面教育改革和快速发展时期，其中1978年、1993年和1998年是重要的时间节点。

2.2.4.1 1978年

恢复高考后，各高校随即着手制定新的教学计划，学制改为四年（清华大学维持五年）。在1962年教学计划的基础上，加强了基础理论教学，增加了适应科技发展需要的计算机语言课程。培养目标采用了《高教六十条》中的表述。表2-17是1977级四年制工业与民用建筑专业教学计划。

---

① "斗垮走资本主义道路的当权派；批判资产阶级的反动学术权威、批判资产阶级和一切剥削阶级的意识形态；改革教育，改革文艺，改革一切不适应社会主义经济基础的上层建筑"的简称。

1978年工业与民用建筑专业四年制本科代表性教学计划   表2-17

序号	课程名称	总学时	各学期每周课内外学时数							
			第一学年		第二学年		第三学年		第四学年	
			1学期	2学期	3学期	4学期	5学期	6学期	7学期	8学期
			20周	15.5周	20周	19周	20周	18周	16周	8.5周
1	政治	60	3/3							
2	体育	187	2/0	2/0	2/0	2/0	1/0	1/0		
3	外语	244	4/4	3/3	3/3	3/3				
4	数学	293	6/12	6/12	4/8					
5	化学	60	3/3							
6	建筑制图	102	2/3	4/6						
7	政治经济学	31		2/2						
8	测量	78		5/3						
9	物理	142		4/7	4/8					
10	测量实习	2周		2周						
11	党史	118			2/2	2/2	2/2			
12	理论力学	117			3/6	3/6				
13	建筑材料	57			3/3					
14	材料力学	117			3/6	3				
15	房屋建筑学	76			4/8					
16	数理方程（选）	57				3				
17	机械原理及零件	60				3				
18	电工A	60				3				
19	结构力学	152					4	4		
20	电算语言及应用	60					3			
21	建筑施工	68						2	2	
22	混凝土及砖石结构	136						4	4	
23	钢木结构	102						3	4	
24	哲学	36						2		

续表

序号	课程名称	总学时	各学期每周课内外学时数							
			第一学年		第二学年		第三学年		第四学年	
			1学期	2学期	3学期	4学期	5学期	6学期	7学期	8学期
			20周	15.5周	20周	19周	20周	18周	16周	8.5周
25	土力学及基础工程	86						3	2	
26	混凝土课程设计	1周						1周		
27	弹性力学	48							3	
28	结构动力学	32							2	
29	塔桅钢结构（选）	32							2	
30	混凝土、钢结构课程设计	3周							3周	
31	结构检验	34								4
32	水池结构（选）	17								2
33	高层房屋结构（选）	17								2
34	升板结构（选）	26								3
35	空间网架结构（选）	12								2
36	结构安全度（选）	12								2
37	毕业设计	11.5周								11.5周

2.2.4.2 1993年

1993年国家教育委员会颁布的建筑工程专业涵盖了原来的工业与民用建筑专业、土建结构工程专业和地下工程与隧道工程专业。表2-18是代表性教学计划。培养目标及业务范围为：从事建筑工程结构设计、施工、管理、房地产建设和国际工程承包方面的高级技术人才。毕业后可在建筑设计院、施工部门、房地产开发公司、金融银行、工程咨询公司、大型企业和政府的建设部门工作。

编制这一版教学计划的指导思想是提高学生的能力，包括业务能力和社会活动能力。

业务能力有应用基本理论分析问题的能力、使用现代工具的能力和工程实践能力三个方面。首次提出要处理好知识与能力的关系，计划应具有一定的柔性，注重学生的个性发展，由学生根据自己的兴趣、爱好、理想和特长选择合适的成才模式。具体体现在：①在知识构成中，加强了基础理论，尤其是数学、力学以及经济管理方面的基础理论；开设必要的工程化学、水力学课程，从而与国际注册工程师制度配套；扩大了技术基础的覆盖面，为扩大专业方向提供了坚实基础。②加强了计算机教学，形成计算机文化、软件基础、专业应用三个层次，计算机课程、计算机强化、计算机在非计算机课程中的应用以及毕业设计等组成计算机教学系列。③充实了实践性环节：实验强调科研性、课程设计强调综合性、实习和毕业设计强调工程性。④压缩了专业必修课、增加了专业限选课和任选课，提高了学生的选课自由。

1993年建筑工程专业类四年制本科代表性教学计划　　　表2-18

课程类别	课程名称及学分、学时数
公共课基础课	中国革命史4（64）、马克思主义原理4（64）、中国社会主义建设4（64）、现代军事理论1（32）、成才导论1（32）、法律基础1（32）、国际关系1（16）、就业导论1（16）；大学英语16（256）；程序设计与算法语言3（40）；体育4（128）；高等数学A 10（192）、工程数学3（48）、大学物理8（128）、物理实验2（0+60）、工程化学B 3（42+12）文献检索1（16）、画法几何与工程制图6（96）
技术基础课	理论力学B 4（64）、材料力学B 5（70+10）、结构力学A 6（96）、软件技术基础2.5（32+16）、科技英语2（32）、土木工程概论1（16）、普通测量3（48）、建筑材料3（43+10）、房屋建筑学4（64）、建筑技术经济学3（48）、钢筋混凝土基本原理A 4（61+6）、地基与基础5（79+6）、结构检验2（24+16）
专业必修课	专业外语2（32）、钢筋混凝土结构设计4（60+8）、砌体结构1（16）、钢结构3（48）、建筑施工技术4（64）、建筑企业经营管理3（48）
专业限选课	建筑结构CAD 3（32+32）、结构程序设计3（32+32）、管理信息系统3（40+16）三选一； 工民建方向：水力学2（28+8）、工程地质2（32）、弹性力学2.5（40）、结构矩阵分析2.5（32+16）、结构抗震设计2（32）； 建筑管理方向：计算方法B 2（32）、运筹与优化2（32）、工程定额与预算2（32）、会计原理与建筑会计2（32）、建筑经济合同法2（32）、施工组织设计3（48）、统计原理与建筑统计2（32）
专业任选课	15个学分
集中实践环节	军训3、电工实习2、微机操作2、认识实习2、英语强化2、测量实习2、房屋建筑学课程设计2、程序设计1、楼盖设计1、生产实习4.5、毕业设计19、公益劳动1、社会实践1；混合厂房设计（混凝土排架+钢屋架）2.5、管理课程设计2.5选一

总学分211学分，其中必修133.5学分、限选14.5学分、任选19学分，集中实践环节44学分；总学时2821学时

2.2.4.3 1998年

1998年颁布的"土木工程"专业涵盖了原来的"建筑工程""交通土建工程"等8个专业，培养目标及业务范围为：培养德、智、体、美全面发展，知识、能力、素质协调发展，获得注册工程师基本训练的高素质专业人才。毕业生应具有能从事土木工程设计、营造与管理工作，具有初步的应用研究和开发能力，以及继续深造、终身学习和专业发展的基础。学生毕业后能在房屋建筑、公路与城市道路、隧道与地下建筑、铁道工程、桥梁等的设计、施工、管理、咨询、监理、研究、教育、投资和开发部门从事技术或管理工作。

代表性教学计划如表2-19所示。

1998年土木工程专业四年制本科代表性教学计划　　　　表2-19

课程类别	课程名称及学分、学时数
政治与德育课	毛泽东思想概论2（32）、邓小平理论概论2（32/32）、马克思主义哲学3（48）、政治经济学2（32）、成才导论2（32）、法律基础2（32）、形势与政策1
公共基础课	体育4（128）、大学英语15（240）、大学语文2（32）、计算机文化基础2（24+24）、程序设计与C语言或程序设计与FORTRAN语言4.5（48+24）、工程经济学2（32）、信息科学1（16）
自然科学基础课	高等数学B 10（192）、线性代数2（32）、概率论与数理统计3（48）、数值计算与建模2（32+16）、大学物理7（112）、物理实验2（0+60）、工程化学2.5（32+12）
学科基础课	画法几何2.5（40）、土木工程概论1（16）、运输工程导论1（16）、土木工程材料2.5（32+16）、工程测量2.5（40）、工程地质1（16）、工程力学基础7（104+8）、结构力学6.5（104）、流体力学2.5（32+8）、弹性力学2（32）、土质学与土力学2（24+8）
专业基础课	工程结构设计原理5.5（80+8）、基础工程2.5（40）、土木工程施工2（32）、工程项目管理与工程估价4（64）、CAD及软件应用1.5（24）、土木工程最新动态1（16）
专业限选课	建筑学与规划2.5、城市道路规划与设计2.5、地下建筑规划2.5三选二；建筑结构设计3.5、路基路面工程3.5、桥梁工程3.5、地下结构工程3.5四选三；现代施工技术2、道路勘测设计2、地基处理2三选一；工程结构抗震与防灾2、交通工程基础2二选一
实践课	必修：电工电子实习1、金工实习1；选修：结构检验1.5、路基路面工程测试1.5、地下工程测试1.5三选一
任选课	美学艺术类2（32）、社会科学类2（32）、军事理论类2（32）、技术类6.5（104）
集中实践环节38学分+2周	军训3、认识实习（含地质实习）1、计算机强化训练与程序设计3（50+10）、社会实践2（安排在第2个暑假）、科研实践2、文化素质教育实践1、测量实习2、施工技术预算组织设计1、生产实习4、毕业设计16。从下列四组中任选一组：①建筑学课程设计1、混凝土和砌体结构课程设计1、钢结构课程设计1；②道路交通规划课程设计1、道路勘测课程设计1、路基路面课程设计1；③道路交通规划课程设计1、桥梁课程设计1、预应力结构课程设计1；④建筑学课程设计1、基础工程课程设计1、地下结构课程设计1

总学分193学分，其中必修124学分、限选18.5学分、任选12.5分，集中实践环节38学分；总学时2516学时

2.2.5 21世纪

2.2.5.1 专业指导委员会推荐的教学计划

世纪之交，我国高等教育进行了大扩招，设置土木工程专业的高校数量迅猛增加，大批新办学校对土木工程专业培养目标和业务范围并不是很了解；原来设置土木类专业的学校对"大土木"专业培养目标和业务范围的理解也不一致，不少学校的培养方案不完全符合培养目标要求，甚至存在"翻牌专业"，即仅仅更换了专业名称，而培养方案基本沿用原来的。在此背景下，高等学校土木工程学科专业指导委员会在2002年制订了土木工程专业本科教育培养目标和培养方案[25]。

表2-20是专业指导委员会制订的土木工程本科专业培养方案。

2002年专业指导委员会制订的土木工程本科专业培养方案　　　　表2-20

课程类别	课程名称
人文社会科学类公共基础课	马克思主义哲学原理*、毛泽东思想概论*、邓小平理论概论*、法律（法律基础*、土木工程建设法规*）、经济学（政治经济学、经济学或工程经济学）、管理学、文学和艺术、语言（大学英语*、大学语文、科技论文写作）、文学和艺术、伦理（伦理学、职业伦理、品德修养）、心理学或社会学（公共关系学）、历史
自然科学类公共基础课	高等数学*、物理*、物理实验*、化学（含实验）*、环境科学、信息科学、现代材料学
其他公共基础课	体育*、军事理论、计算机文化、计算机语言与程序设计
专业基础课	线性代数*、概率论与数理统计*、数值计算*、理论力学*、材料力学*、结构力学*、弹性力学、流体力学或水力学*、水文学、土力学或岩土力学（含实验）*、工程地质、土木工程概论*、土木工程材料（含实验）*、画法几何*、工程制图与计算机绘图*、工程测量*、荷载与结构设计原理*、混凝土结构设计原理*、砌体结构、钢结构设计原理*、组合结构设计原理、基础工程*、土木工程施工*、建设项目策划与管理*、工程概预算*；力学实验*、结构实验*
集中实践环节	认识实习*、地质实习*、测量实习*、生产实习*、毕业实习*、计算机实习、专业课程设计*、毕业设计*
建筑工程课群组	房屋建筑学、房屋混凝土与砌体结构设计、房屋钢结构设计、高层建筑结构设计、建筑法规、建筑结构抗震、建筑施工技术与组织、工程项目管理、建筑工程概预算、建筑结构试验
桥梁工程课群组	桥梁工程、桥渡设计、钢桥、桥梁施工
道路工程课群组	道路勘察设计、铁路规划与线路设计、公路路面工程、铁路轨道
地下、岩土、矿山课群组	岩石力学、岩土工程测试与检测技术、地下空间规划与设计、地下建筑施工、地下建筑结构、岩土工程勘察、特种基础工程、地基处理、矿山建设工程、井巷特殊施工、爆破工程
集中实践环节40学分；总学时2500学时	

注：*代表必修课程。

土木工程专业的培养目标为：培养适应社会主义现代化建设需要，德智体全面发展，掌握土木工程学科的基本理论和基本知识，获得工程师基本训练并具有创新精神的高级专门人才。毕业生能从事土木工程的设计、施工与管理工作，具有初步的项目规划和研究开发能力。毕业生能在房屋建筑、隧道与地下建筑、公路与城市道路、铁道工程、桥梁、矿山建筑等的设计、施工、管理、咨询、监理、研究、教育、投资和开发部门从事技术或管理工作。

2.2.5.2 专业规范

1998年前，各校的土木类专业各有侧重，特色明显。统一按土木工程设置专业后，为了避免"千校一面"，2011年高等学校土木工程学科专业指导委员会编制了《高等学校土木工程本科指导性专业规范》（以下简称《专业规范》）[26]，在规定国家对本科教学质量最低要求的同时，鼓励不同学校在制订本校专业培养方案时，体现本校的办学定位和办学特色；所提出的核心知识体系按照最低标准要求设定，为学校留下足够的自主空间。

《专业规范》提出的培养目标为：培养适应社会主义现代化建设需要，德智体美全面发展，掌握土木工程学科的基本原理和基本知识，经过工程师基本训练，能胜任房屋建筑、道路、桥梁、隧道等各类工程的技术和管理工作，具有扎实的基础理论、宽广的专业知识，较强的实践能力和创新能力，具有一定的国际视野，能面向未来的高级专门人才。毕业生能够在有关土木工程的勘察、设计、施工、管理、教育、投资和开发、金融与保险等部门从事技术或管理工作。

《专业规范》规定的土木工程专业知识体系由4部分组成：工具性知识体系；人文社会科学知识体系、自然科学知识体系和专业知识体系，详见表2-21。

土木工程专业知识体系构成 表2-21

序号	知识体系（学时）	知识领域	推荐学时	推荐课程
1	工具性知识（372）	外国语	240	大学英语、科技与专业外语
2		信息科学技术	72	计算机信息技术、文献检索
3		计算机技术与应用	60	程序设计语言
4	人文社会科学知识（332）	哲学、政治学、历史学、法学、社会学、经济学、管理学、心理学	204	毛泽东思想和中国特色社会主义理论体系、马克思主义基本原理、中国近代史纲要、思想道德修养与法律基础、经济学基础、管理学基础、心理学基础、大学生心理
5		体育	128	
6		军事	3周	

续表

序号	知识体系（学时）	知识领域	推荐学时	推荐课程
7	自然科学知识（406）	数学	214	高等数学、线性代数、概率论与数理统计
8		物理	144	大学物理、物理实验
9		化学	32	工程化学
10		环境科学基础	16	环境保护概论
11	专业知识	力学原理与方法	256	理论力学、材料力学、结构力学、流体力学、土力学
12		专业技术相关基础	182	土木工程概论、土木工程材料、工程地质、土木工程制图、工程测量、土木工程试验
13		工程经济与项目管理	48	建设工程经济、建设工程项目管理、建设工程法规
14		结构基本原理与方法	150	工程荷载与可靠度设计原理、混凝土结构基本原理、钢结构基本原理、基础工程
15		施工原理和方法	56	土木工程施工技术、土木工程施工组织
16		计算机应用技术	20	土木工程计算机软件应用

《专业规范》规定的课内实践教育体系包括实验、实习、设计等类型，见表2-22。

土木工程专业实践教育体系构成　　　　　表2-22

序号	实践类型	实践环节	推荐学时
1	实验	基础实验	54
2		专业基础实验	44
3		专业方向实验	8
4	实习	认识实习	1周
5		课程实习	3周
6		生产实习	4周
7		毕业实习	2周
8	设计	课程设计	8周
9		毕业设计	14周

2.3　教材建设

　　教材是体现教学内容和教学方法的知识载体，是开展课程教学的基本要素，也是教育教学改革、提高人才培养质量的重要保证。早在1951年教育部就成立了高等学校教材编审委员会，负责调查、收集国内外高等学校教材，拟定编辑、翻译计划，特约专家、教授审查、编译有关教材。1962~1966年改由高等学校各主管部门按专业归口，"文化大革命"期间工作中断，1979年后由各主管部门陆续按专业、学科或课程重新设立。与土木工程专业有关的教材编审委员会有隶属教育部的工科力学教材编审委员会[27]，主任委员为沈元，副主任委员为孙训方、龙驭球、吴持恭，下设理论力学编审小组、材料力学编审小组、结构力学编审小组和水力学编审小组；工科画法几何及工程制图教材编审委员会，主任委员为朱福熙，副主任委员为朱育万和刘荣光。1989年5月建设部成立建筑工程学科专业指导委员会（21人），主任委员为沈祖炎，副主任委员为成文山、江见鲸、张誉。此后，专业教材的指导、规划、评审由专业指导委员会负责。

2.3.1　翻译教材

　　民国时期的高校教材大多采用英美原版教材或自编讲义。由于1953年的教学计划全部仿制苏联，并要求执行苏联的（课程）教学大纲，从1952年起各校组织[28]大批教师突击学习俄文，赶译苏联教材。在收到的1000余种苏联教材中，仅1953年高等教育部就组织教师在暑期前译印了133种，共计3800多万字，下半年译印的有20多种，共计6800多万字。

　　表2-23、表2-24分别是土木专业基础课和专业课的代表性翻译教材目录，短短几年，正式出版了几乎所有的专业基础课教材和主要专业课教材。

专业基础课代表性翻译教材　　　　表2-23

课程名称①	教材名称	编者	译者	出版社	出版时间	备注
材料力学	材料力学教程	（苏）费洛宁柯，鲍罗第契	陶学文	商务印书馆	1953	223页
	材料力学	（苏）A. A. 波波夫	王光远	商务印书馆	1954	252页
	材料力学	苏联交通部教育总局	徐在庸	人民铁道出版社	1955	131页

---

① 不同时期、不同学校的课程名称不尽相同，统一采用目前较为通用的名称，下同。

续表

课程名称	教材名称	编者	译者	出版社	出版时间	备注
结构力学	建筑力学教程第一卷第一分册	（苏）拉宾诺维奇	清华大学结构力学教研组	商务印书馆	1953	1册
	结构静力学第一册	（苏）A.B.达尔科夫，B.И 库滋聂错夫	俞忽	人民铁道出版社	1955	1册
	建筑力学教程第二卷	（苏）拉宾诺维奇	天津大学结构力学教研室	高等教育出版社	1956	2册
	结构理论	（苏）普洛柯费耶夫	唐山铁道学院桥梁隧道系结构力学教研组	高等教育出版社	1953	3册
	散体结构力学	（苏）Γ.K.克列因	陈大鹏等	人民铁道出版社	1960	284页
	杆件体系结构力学原理	（苏）И.M.维滨诺维奇	郭长城等	高等教育出版社	1965	637页
土力学	土学及土力学	（苏）B.ф.巴布可夫等	陈樑生等	高等教育出版社	1954	2册
	土壤力学性质	（苏）戈里特什腾恩	交通部公路总局	人民交通出版社	1954	1册
	土力学	（苏）崔托维奇	吴光输	地质出版社	1956	578页
	理论土力学	（美）K.太沙基	徐志英	地质出版社	1960	509页
工程地质	工程地质学	（苏）奥柯洛-库拉克	张介涛等	地质出版社	1956	1册
	工程地质学土工学原理	（苏）马斯洛夫	徐志英	地质出版社	1956	494页
水力学	水力学	（苏）И.И.阿格罗斯金等	清华大学、天津大学水力学教研组	商务印书馆	1954	383页
	水力学	（苏）B.A.柯莫夫	周邦立	财政经济出版社	1954	446页
	水力学	（苏）E.3.拉宾诺维奇	天津大学水力学教研室	高等教育出版社	1954	310页
	流体力学	（苏）M.Я.阿尔菲雷也夫	陈士橹，王培德	高等教育出版社	1955	311页

续表

课程名称	教材名称	编者	译者	出版社	出版时间	备注
土木工程材料	建筑材料	（苏）B.A.伏罗比也夫	清华大学，大连工学院建材教研组	建材工业出版社	1957	363页
工程测量	测量学	（苏）费多罗夫		高等教育出版社	1955	2册
	测量学	（苏）希洛夫	中南土木建筑学院测量教研组	高等教育出版社	1956	2册
画法几何与工程制图	制图教程	（苏）罗索夫	唐山铁道学院工程图画教研组	龙门联合书局	1954	327页
	画法几何学	（苏）恰雷	张雁等	高等教育出版社	1955	464页
	画法几何教程上册	（苏）波波夫	浙江大学制图教研室	高等教育出版社	1955	1册
	工程制图	（苏）И.M.莫基尔内伊	余心德等	高等教育出版社	1957	375页

专业课代表性翻译教材　　　　　　　　　　　　　表2-24

课程名称	教材名称	编者	译者	出版社	出版时间	备注
混凝土结构	钢筋混凝土结构学（下册）	（苏）K.B.萨赫诺夫斯基	路湛沁等	龙门联合书局	1954	717页
	美、英、法的装配式钢筋混凝土	（苏）И.И.达尼洛夫	杨宗放	建筑工程出版社	1958	
	预应力钢筋混凝土桥梁理论与计算	（苏）吉勃施曼	周履等	人民交通出版社	1965	385页
砌体结构	砖石结构	（苏）C.B.波利亚科夫，B.И.法列维奇	罗福午等	中国工业出版社	1965	330页
木结构	木结构与木建筑物	（苏）巴甫洛夫	同济大学桥隧教研组	上海科学技术出版社	1961	390页
土木工程施工	建筑施工	（苏）A.B.苏辛	重工业部工业教育司	高等教育出版社	1954	672页
	施工组织	（苏）乌先柯，别任采夫	建筑工程部学校教育局	城市建设出版社	1956	32页
	建筑施工	（苏）乌先柯，别任采夫	建筑工程部学校教育局	建筑工程出版社	1957	366页

续表

课程名称	教材名称	编者	译者	出版社	出版时间	备注
铁道桥梁	铁道桥梁第一卷第一、二册	（苏）Г.K.叶夫格拉拂夫	唐山铁道学院	人民铁道出版社	1955	2册
	铁道桥梁第二卷第一、二册	（苏）Г.K.叶夫格拉拂夫	唐山铁道学院	人民铁道出版社	1954	2册
铁路设计	铁路设计第一卷第一、二册；第二卷第一、二册；第三卷第一、二册	（苏）A.B.高林诺夫	王竹亭，王抵，彭秉礼	人民铁道出版社	1957	6册

2.3.2 自编教材

我国集中翻译国外教材，解决了教材短缺问题。但一些苏联教材的内容庞杂、加重了学生负担，并不切合中国实际。1956年，高等教育部与有关业务部门大力组织自编教材工作[29]，计划在今后12年内编写3000种教材，其中1956～1957年内组织编写800种。自编教材工作到1966年基本停止。

表2-25是专业基础课部分自编教材目录，表2-26是专业课部分自编教材目录。

专业基础课部分自编教材　　　　表2-25

课程名称	教材名称	编者	出版社	出版时间	备注
材料力学	工程力学教程 第三册：材料力学	徐芝纶、吴永祯合编	上海新亚书店	1953	208页
	材料力学	梁治明、丘侃、陆耀洪合编	高等教育出版社	1958	354页
	材料力学	朱城编著	高等教育出版社	1958	2册
	材料力学	杜庆华等编著，孙训方等删订	人民教育出版社	1963	279页
结构力学	超静定结构学	金宝桢著	上海龙门联合书局	1951	462页
	超静定结构力学	徐次达编译	大东书局	1955	2册
	静定结构学	钱令希编	上海科学技术出版社	1957	220页
	结构力学	杨耀乾著	高等教育出版社	1958	450页
	结构力学	湖南大学工程力学教研组	人民教育出版社	1959	3册
	结构力学	金宝桢主编	人民教育出版社	1960	2册
	建筑力学教程第一册	西安冶金学院建筑力学教研组	人民教育出版社	1960	377页
	结构力学	武汉水利电力学院建筑力学教研组	水利电力出版社	1961	540页

续表

课程名称	教材名称	编者	出版社	出版时间	备注
土力学	土壤力学	方左英编著	中国科学图书仪器公司	1954	1册
	土学及土力学上/下册	陈梁生编	清华大学出版社/商务印书馆	1955/1954	117页/111页
	土力学地基及基础工程	陈仲颐编		1954	298页
	土力学地基及基础工程	同济大学地基基础教研室		1957	125页
	土力学地基和基础工程	唐山铁道学院土力学地基和基础教研组		1958	452页
工程地质	工程地质	铁道部设计总局第三设计院	人民铁道出版社	1958	120页
土木工程材料	建筑材料	清华大学工程材料教研组		1954	295页
	建筑材料	哈尔滨建筑工程学院	建筑工程出版社	1960	141页
	建筑材料	王国欣著	中国工业出版社	1964	216页
工程测量	普通测量学	叶雪安著	商务印书馆	1951	356页
	测量学	孙云雁编著	中国科学图书仪器公司	1954	370页
	测量学	雷声涛、钟动环编	冶金工业出版社	1958	215页
	测量学	同济大学等编	人民教育出版社	1959	479页
	测量学	王时炎著	高等教育出版社	1959	2册
画法几何与工程制图	画法几何学	清华大学画法几何及工程画教研组编译	清华大学出版社	1956	289页
	画法几何学	朱育万等编	高等教育出版社	1957	260页
	画法几何学	北京工业学院制图教研组	国防工业出版社	1957	212页
	画法与投影几何	武汉测绘学院工程画教研组	测绘出版社	1959	214页
	建筑工程制图	唐山铁道学院画法几何及制图教研组	人民教育出版社	1960	296页

专业课部分自编教材 表2-26

课程名称	教材名称	编者	出版社	出版时间	备注
混凝土结构	钢筋混凝土结构	徐百川撰	龙门联合书局	1951	426页
	简明钢筋混凝土结构学	丁大钧编著	大东书局	1953	273页
	公路用钢筋混凝土	丁大钧编著	大东书局	1954	
	预应力钢筋混凝土结构	冶金工业部建筑局编	冶金工业出版社	1957	148页
	预应力钢筋混凝土结构学	蒋森荣编著	建筑工程出版社	1959	276页
	钢筋混凝土结构及砖石结构（2册）	华东水利学院、大连工学院、陕西工业大学合编	中国工业出版社	1961	438页/307页
砌体结构	砖石及钢筋砖石结构	徐百川、丁大钧编著	上海科学技术出版社	1956	324页
	简明砖石结构	丁大钧著	北京科学技术出版社	1957	186页
钢结构	钢结构设计	李国豪编撰	龙门联合书局	1952	190页
	预应力钢结构	钟善桐著	建筑工程出版社	1959	169页
	钢结构上/下册	"工程结构"教材选编小组选编	中国工业出版社	1961	256页/240页
木结构	木结构	"工程结构"教材选编小组选编	中国工业出版社	1961	359页
土木工程施工	建筑工程施工	郑廉致、陶文灿、周礼行编著	上海新科学书店	1954	376页
	建筑施工		高等教育出版社	1958	546页
	建筑施工（2册）	西安冶金学院建筑施工教研组编	建筑工程出版社	1960	427页
	建筑施工学	太原工学院施工教研组编	人民教育出版社	1960	296页
	铁路建筑施工与机械	铁道部教材编辑组	人民铁道出版社	1961	332页
	工业及民用建筑施工组织与计划		高等教育出版社	1961	332页
公路工程	公路工程学	陈本端编撰	商务印书馆	1951	439页
	公路工程上/下册	方福森著	中国科学出版社	1953	2册
隧道工程	隧道工程	兰州铁道学院《隧道工程》编写组	人民铁道出版社	1959	292页
	隧道工程学	童大埙编撰	中国科学图书仪器公司	1952	276页
铁路设计	铁路设计上/下册	唐山铁道学院	人民铁道出版社	1960	2册

2.3.3 统编教材

1978年，国务院下发了《国务院批转教育部〈关于高等学校教材编审出版工作的请示报告〉的通知》（国发〔1978〕23号），文件指出：各部委要负责全国高等学校的对口专业教材建设。教育部随即委托有关高校召开了各类教材编写会议，讨论教材编写大纲，分工合作编写教材，称统编教材。这些统编教材由若干所高校共同编写，而参加审稿的学校最多达十几所，是集体智慧的结晶。由于充分听取了不同类型学校的意见，因而适用面较宽，是那个时期的代表性教材。不少统编教材至今长盛不衰。土木工程本科专业的部分统编教材如表2-27、表2-28所示。

土木工程本科专业（工民建）统编教材 表2-27

序号	教材名称	编著者	审稿者	出版情况
1	材料力学	西南交通大学孙训方、大连工学院方孝淑和南京工学院关来泰合编	武汉水利电子学院、成都科学技术大学、哈尔滨工业大学、华东水利学院、西安冶金建筑学院、江西工学院、重庆建筑工程学院、天津大学、同济大学、北京工业大学、太原工学院、清华大学、北京建筑工程学院以及西南交通大学、大连工学院、南京工学院等16所高校	第一版上册于1979年9月由人民教育出版社出版、下册于1980年1月出版。2013年5月在高等教育出版社出版了第五版（孙训方、方孝淑、关来泰编，胡增强、郭力、江晓风修订）
2	结构力学	湖南大学、天津大学和合肥工业大学等三校合编，天津大学杨天祥主编	西南交通大学、郑州工学院、南京工学院、清华大学、重庆建筑工程学院、北京建筑工程学院、武汉建筑材料工业学院等高校	第一版于1979年7月由人民教育出版社出版，1984年和1987年分别出版了上册和下册的第二版
3	地基及基础	华南理工大学、南京工学院、浙江大学和湖南大学等四校合编	同济大学（主审）、西安冶金建筑学院、天津大学、清华大学、重庆建筑工程学院、北京工业大学等高校	第一版于1981年6月由中国建筑工业出版社出版
4	房屋建筑学	同济大学、南京工学院、西安冶金建筑学院、重庆建筑工程学院等四校合编	华南理工大学主审	第一版于1980年12月由中国建筑工业出版社出版，2016年出版了第五版
5	建筑材料	湖南大学、天津大学、同济大学、南京工学院等四校合编	同济大学祝永年主审	第一版于1979年7月由中国建筑工业出版社出版，1997年出版了第四版

续表

序号	教材名称	编著者	审稿者	出版情况
6	建筑制图	朱福熙主编，华南工学院、湖南大学、广西大学、郑州工学院、湖北建筑工业学院等五校合编	西南交通大学朱育万、李睿谟主审	第一版于1979年7月由人民教育出版社出版
7	测量学	合肥工业大学、重庆建筑工程学院、天津大学、哈尔滨建筑工程学院、清华大学等五校合编	湖南大学、浙江大学和同济大学主审，北京建筑工程学院、武汉建筑材料工业学院、西安冶金建筑学院、郑州工学院、江西工学院和华东交通大学等高校教师提出了修改意见	第一版于1979年3月年由中国建筑工业出版社出版，1985年出版了第二版
8	钢筋混凝土结构	天津大学、同济大学、南京工学院等三校合编，天津大学吉金标、南京工学院丁大钧、同济大学蒋大骅担任主编	清华大学腾智明担任主审，清华大学、哈尔滨建筑工程学院、西安冶金建筑学院、浙江大学、重庆建筑工程学院、湖南大学、合肥工业大学、华南理工大学等高校参加审稿	第一版上、下册于1980年7月由中国建筑工业出版社出版。2001年更名为《混凝土结构》，仍由原三校合编，东南大学程文瀼、天津大学康谷贻、同济大学颜德姮担任主编，清华大学江见鲸担任主审。更名后2020年出版了第七版
9	钢结构	西安冶金建筑学院、哈尔滨建筑工程学院、重庆建筑工程学院、合肥工业大学等四校合编，西安冶金建筑学院陈绍蕃和重庆建筑工程学院吴惠弼担任主编	浙江大学夏志斌担任主审，太原工学院、天津大学、同济大学、南京工学院、清华大学、湖南大学等高校以及重庆钢铁设计研究院、钢结构设计规范管理组和薄壁型钢结构技术规范管理组参加审稿	第一版于1980年12月由中国建筑工业出版社出版
10	砖石结构	南京工学院（丁大钧主编）和郑州工学院合编	湖南大学陈行之、施楚贤主审	1981年4月由中国建筑工业出版社出版。1990年更名为《砌体结构》，2018年7月出版了第四版
11	建筑施工	重庆建筑工程学院、同济大学和哈尔滨建筑工程学院合编	天津大学主审	第一版由中国建筑工业出版社出版，第一册于1981年2月、第二册于1981年10月出版

续表

序号	教材名称	编著者	审稿者	出版情况
12	建筑施工	湖南大学、华南工学院、南京工学院、武汉建筑材料工业学院合编		上、下两册，分别于1978年1月和1979年2月由中国建筑工业出版社出版
13	建筑结构试验	湖南大学（主编）、太原工学院、福州大学等三校合编	同济大学（主审）、清华大学、西安冶金建筑学院、南京工学院、重庆建筑工程学院、浙江大学、中国建筑科学研究结构所、中冶建筑研究总院等参加审稿	第一版于1982年7月由中国建筑工业出版社出版（为满足使用需要湖南大学印刷厂在1981年3月先行印刷）

土木工程本科专业（铁道工程）统编教材　　　　　表2-28

序号	教材名称	编著者	审稿者	出版情况
1	铁道工程测量	朱成烨、王兆祥		1979年7月由人民铁道出版社出版
2	铁道工程地质	西南交通大学		1979年8月由人民铁道出版社出版
3	画法几何学	西南交通大学朱育万		1978年1月由人民铁道出版社出版
4	土力学及路基	西南交通大学梁钟琪		1980年10月由中国铁道出版社出版
5	结构设计原理上/下册	西南交通大学王效通等		1979年8月由人民铁道出版社出版
6	铁路选线设计	西南交通大学		1980年6月由中国铁道出版社出版
7	铁路轨道及路基	上海铁道学院		1979年12月由人民铁道出版社出版
8	铁路隧道	钟桂彤		1981年4月由中国铁道出版社出版
9	桥渡设计	西南交通大学尚久驷		1980年3月由中国铁道出版社出版
10	铁路桥梁上/下册	长沙铁道学院工程系		1980年3月由中国铁道出版社出版

2.3.4 规划教材

统编教材为教学管理部门的指定教材，带有强制性，存在品种单一的问题，适合高度集中的计划经济时代。

1984年10月20日召开的中国共产党十二届三中全会，通过了《中共中央关于经济体制改革的决定》，提出加快以城市为重点的整个经济体制改革的步伐，建立有计划的商品经济体制；1993年11月14日党的十四届三中全会通过的《中共中央关于建立社会主义市场经济体制若干问题的决议》，进一步提出了中国社会主义市场经济体制的基本框架。

随着我国经济体制从计划经济向市场经济的转型，过去那种依赖财政拨款集中组织编写、下达计划任务统一定价出版、强制规定指定使用的做法已无法适应社会、经济和高等教育的变革。从"七五"开始，规划教材作为通用教材，推荐给高校自主选用。

2.3.4.1 "七五""八五"规划教材

"七五"期间，我国高等教育的教材建设工作在"积极扩大教材种类，大力提高教材质量，努力搞活教材工作"方针的指引下，在高等教育深化改革形势的推动下，初步形成了由国家教委统一指导、规划、部署、协调，国务院各业务部门按照专业对口的原则分工负责制订规划、组织编审，全国各高等学校支持配合，各有关出版社及时印刷出版、新华书店保证课前到书的高等教育教材建设体制。"七五"期间全面建立了各级教材建设工作的机构和200多个教材编审委员会或课程教学指导委员会等专家组织；聘任了6000余名专家、教授，组织了1.7万余名教师，从事教材编审、规划及编写、修订工作；正式出版了规划教材7000余种，自编教材3000余种，可供每门主干课程选择的通用教材达4～5种，少数课程达到10多种。

1991年4月21～28日，国家教委和新闻出版署在武汉联合召开了全国普通高等教育教材工作暨大学出版社第三次工作会议，讨论审议了《全国普通高等教育"八五"期间教材建设规划纲要》《普通高等教育各科类专业教材规划、编审、出版工作的分工》《关于教师编写教材若干问题的暂行规定》及《关于普通高等教育各科类教材编审出版选用若干问题的暂行规定》四个文件。在总结"七五"期间全国普通高等教育教材建设工作的基础上，提出了全国普通高等教育"八五"期间教材建设工作的指导方针：以全面提高教材质量为中心，加强组织领导，抓好重点教材，适当发展品种，力争系统配套。具体任务是：①加强对质量较高教材的锤炼；②扶植具有创新精神的教材；③完善教材系列配套；④配合教学手段改革，大力开展影像教材和计算机辅助教学软件的出版；⑤继续做好国际上有较大影响教材的引进和外文翻译出版工作。

2.3.4.2 面向21世纪课程教材和"九五"国家级重点教材

在世纪之交，把什么样的高等教育带到21世纪，成为教育工作者讨论的热点。1995年3月，国家教委启动了"面向21世纪教学内容和课程体系改革计划"[30]。改革的思路是：从打破旧的教育思想和观念的束缚入手，确立新的教育思想和观念；改革人才培养模式，根据未来社会的需要建立各类人才合理的知识结构和智能结构，优化教学内容和课程体系，使之有利于提高受教育者的整体素质，提高人才培养的质量。最终目标是建立和形成

"有中国特色社会主义高等教育的教学内容和课程体系"[31]。这一计划的标志性成果之一是1000本"面向21世纪课程教材"的问世。

为深化教学内容和课程体系改革，提高教育教学质量，1996年3月29日国家教育委员会发布了《普通高等教育"九五"国家级重点教材立项、管理办法》（教高厅〔1996〕5号），正式启动了21世纪教材规划工作，从下列四类教材中遴选立项"九五"国家级重点教材654项：①在教学使用中反映较好，需要修订的，已获部、省级及其以上奖励的优秀教材；②教学改革力度较大，能反映当代科技、文化的最新成就，符合我国实际，在内容和体系上有明显特色的教材，特别是已批准立项的面向21世纪课程体系、教学内容改革的以教材为成果的项目；③在国际上处于领先的学科（专业）或可供国际交流的教材；④提高大学生素质的大学生必读教材。

表2-29是土木工程专业的"九五"国家级重点教材目录。

土木工程专业入选"九五"国家级重点教材目录　　　　表2-29

序号	书名	主要作者	第一作者单位	出版社
1	道路交通环境工程	张玉芬	中国地质大学	人民交通出版社
2	桥位勘察设计	高冬光	长安大学	人民交通出版社
3	画法几何及工程制图（第三版）	唐克中、朱同钧	西安交通大学	高等教育出版社
4	铁道工程	郝瀛	西南交通大学	中国铁道出版社
5	画法几何学	朱育万	西南交通大学	高等教育出版社
6	土力学	刘成宇	西南交通大学	中国铁道出版社
7	基础工程	李克钏	西南交通大学	中国铁道出版社
8	混凝土结构	东南大学、同济大学、天津大学	东南大学	中国建筑工业出版社

2.3.4.3 "十五"国家级规划教材

2001年3月6日，教育部印发了《关于"十五"期间普通高等教育教材建设与改革的意见》（教高〔2001〕1号），指出：教材是体现教学内容和教学方法的知识载体，是进行教学的基本工具，也是深化教育教学改革，全面推进素质教育，培养创新人才的重要保证。教育部先后分三批公布了1427种已出版的"十五"国家级规划教材：2005年10月25日公布了第一批722种（2004年前出版）、第二批388种（2005年前出版）（教高司函〔2005〕第207号），2006年9月2日公布了第三批317种（教高司函〔2006〕165号），土木工程专业共有27种入选，详见表2-30。

土木工程专业入选"十五"普通高等教育本科国家级规划教材目录　　　表2-30

序号	书名	主要作者	第一作者单位	出版社
1	材料力学（Ⅰ、Ⅱ）（第二版）	单辉祖	北京航空航天大学	高等教育出版社
2	材料力学（1、2）（第四版）	孙训方	东南大学	高等教育出版社
3	材料力学（1、2）（第四版）	刘鸿文	浙江大学	高等教育出版社
4	弹性力学简明教程	徐芝纶	河海大学	高等教育出版社
5	工程力学（1、2）	范钦珊等	清华大学	高等教育出版社
6	工程力学（上、下册）	梅凤翔	北京理工大学	高等教育出版社
7	工程力学基础（Ⅰ、Ⅱ）	蒋平	西南石油学院	高等教育出版社
8	工程力学实验	范钦珊	清华大学	高等教育出版社
9	画法几何及土木工程制图及习题集（配光盘）（第三版）	朱育万	西南交通大学	高等教育出版社
10	混凝土结构（上册）——混凝土结构设计原理（第三版） 混凝土结构（中册）——混凝土结构与砌体结构设计（第三版） 混凝土结构（下册）——混凝土公路桥梁设计（第三版）	东南大学、同济大学、天津大学	东南大学等	中国建筑工业出版社
11	建筑工程制图及习题集（第二版）	何铭新等	同济大学	高等教育出版社
12	建筑工程制图与识图及习题集	毛家华	重庆大学	高等教育出版社
13	建筑力学	李前程等	哈尔滨工业大学	高等教育出版社
14	建筑施工技术	宁仁岐	哈尔滨工业大学	高等教育出版社
15	建筑制图（含习题集）（第五版）	陈锦昌、何斌	华南理工大学	高等教育出版社
16	结构力学（Ⅰ）（附光盘）、（Ⅱ）（第二版）	王焕定等	哈尔滨工业大学	高等教育出版社
17	结构力学（上、下）（第四版）	李廉锟	中南大学	高等教育出版社
18	结构力学（上、下）	朱慈勉	同济大学	高等教育出版社
19	静力学、动力学Ⅰ、动力学Ⅱ	谢传锋	北京航空航天大学	高等教育出版社
20	理论力学	洪嘉振	上海交通大学	高等教育出版社
21	理论力学（1、2）（第六版）	王铎、程靳	哈尔滨工业大学	高等教育出版社
22	理论力学多媒体教学软件（静力学篇、运动学篇、动力学篇）	支希哲	西北工业大学	高等教育出版社

续表

序号	书名	主要作者	第一作者单位	出版社
23	流体力学（上、中、下）	丁祖荣	上海交通大学	高等教育出版社
24	路基工程	杨广庆	石家庄铁道学院	中国铁道出版社
25	水力学（上、下）（第三版）	吴持恭	四川大学	高等教育出版社
26	土建工程CAD	吴银柱	长春工程学院	高等教育出版社
27	土体原位测试与工程勘察	王清	吉林大学	地质出版社

2.3.4.4 "十一五"国家级规划教材

2006年，271个出版社共申报了23623种教材，经过专家评审，其中9723种（11765本）选题被推荐进入"十一五"国家级教材规划（教高司函〔2006〕143号），土木工程专业入选了311种（不含高职高专教材），如表2-31所示，占全国的3.2%。

土木工程专业入选"十一五"普通高等教育本科国家级规划教材目录　　表2-31

序号	书名	主要作者	第一作者单位	出版社
1	组合结构设计原理	赵鸿铁	西安建筑科技大学	高等教育出版社
2	预应力混凝土结构设计原理	李国平	同济大学	人民交通出版社
3	应用流体力学	毛根海	浙江大学	高等教育出版社
4	岩土体测试技术	袁聚云	同济大学	中国水利水电出版社
5	岩土开挖工程爆破	程康	武汉理工大学	武汉理工大学出版社
6	岩石力学	黄醒春	上海交通大学	高等教育出版社
7	新编材料力学	张少实	哈尔滨工业大学	机械工业出版社
8	项目管理	李涛	中国人民大学	中国人民大学出版社
9	线路勘测设计	李远富	西南交通大学	高等教育出版社
10	现代普通测量（第二版）	王侬等	合肥工业大学	清华大学出版社
11	现代钢桥	吴冲	同济大学	人民交通出版社
12	土木建筑制图（第三版）	乐荷卿、陈美华	湖南大学	武汉理工大学出版社
13	土木建筑工程概论	刘光忱	沈阳建筑大学	大连理工大学出版社
14	土木工程专业英语（上、下）	苏小卒等	同济大学	同济大学出版社
15	土木工程专业英语（第三版）	段兵廷	华中科技大学	武汉理工大学出版社

续表

序号	书名	主要作者	第一作者单位	出版社
16	土木工程制图（第二版）	贾洪斌	哈尔滨工业大学	高等教育出版社
17	土木工程制图	谢步瀛	同济大学	同济大学出版社
18	土木工程制图	卢传贤	西南交通大学	中国建筑工业出版社
19	土木工程预算（第二版）	张守健	哈尔滨工业大学	高等教育出版社
20	土木工程施工技术（第三版）	廖代广	湖南城市学院	武汉理工大学出版社
21	土木工程施工（第三版）	毛鹤琴	重庆大学	武汉理工大学出版社
22	土木工程施工（第二版）	刘宗仁	哈尔滨工业大学	高等教育出版社
23	土木工程施工（第二版）	应惠清	同济大学	高等教育出版社
24	土木工程施工	应惠清	同济大学	同济大学出版社
25	土木工程施工	姚刚	重庆大学	中国建筑工业出版社
26	土木工程力学	薛正庭	西南交通大学	机械工业出版社
27	土木工程可靠性理论及其应用	高谦	北京科技大学	中国建材工业出版社
28	土木工程结构试验（第二版）	王天稳	武汉大学	武汉理工大学出版社
29	土木工程建设法规（第二版）	吴胜兴	河海大学	高等教育出版社
30	土木工程计算机绘图基础	袁果、尚守平	湖南大学	人民交通出版社
31	土木工程计算机辅助设计	王茹	西安建筑科技大学	人民邮电出版社
32	土木工程合同管理	李启明	东南大学	东南大学出版社
33	土木工程概论（修订版）	叶志明	上海大学	高等教育出版社
34	土木工程概论（第三版）	罗福午	清华大学	武汉理工大学出版社
35	土木工程概论	霍达	北京工业大学	科学出版社
36	土木工程概论	丁大钧	东南大学	中国建筑工业出版社
37	土木工程概论	阎兴华	北京建筑工程学院	人民交通出版社
38	土木工程防灾减灾概论	周云	广州大学	高等教育出版社
39	土木工程地质（第二版）	胡厚田、白志勇	西南交通大学	高等教育出版社
40	土木工程地质	朱济祥	天津大学	天津大学出版社
41	土木工程测量（第三版）	覃辉	广东省科技干部学院	同济大学出版社
42	土木工程测量	胡伍生	东南大学	东南大学出版社

续表

序号	书名	主要作者	第一作者单位	出版社
43	土木工程材料（第三版）	陈志源、李启令	同济大学	武汉理工大学出版社
44	土木工程材料（第二版）	苏达根	华南理工大学	高等教育出版社
45	土木工程材料	黄晓明	东南大学	东南大学出版社
46	土木工程材料	黄振宇	湖南大学	中国建筑工业出版社
47	土木工程材料	邓德华	中南大学	中国铁道出版社
48	土木工程材料	彭小芹	重庆大学	重庆大学出版社
49	土力学与基础工程	陈晓平	暨南大学	中国水利水电出版社
50	土力学与地基基础（第三版）	陈书申	福建工程学院	武汉理工大学出版社
51	土力学与地基基础（第二版）	张力霆	石家庄铁道学院	高等教育出版社
52	土力学（第二版）	李镜培	同济大学	高等教育出版社
53	土力学（第二版）	李广信	清华大学	清华大学出版社
54	土力学（第二版）	姚仰平	北京航空航天大学	高等教育出版社
55	土力学（第二版）	张克恭、刘松玉	东南大学	中国建筑工业出版社
56	土力学	卢廷浩	河海大学	高等教育出版社
57	土力学	马建林	西南交通大学	中国铁道出版社
58	土建图学教程	雷光明、施林祥、文佩芳、陆国栋	西安建筑科技大学、浙江大学	高等教育出版社
59	土建工程制图（第三版）	李怀健、陈星铭	同济大学	同济大学出版社
60	土建工程制图（第二版）	丁宇明	武汉大学	高等教育出版社
61	铁路隧道	杨新安	同济大学	中国铁道出版社
62	铁路规划与设计	吴小萍	中南大学	中国铁道出版社
63	铁道线路工程施工	韩峰	兰州交通大学	中国铁道出版社
64	铁道工程	易思蓉	西南交通大学	中国铁道出版社
65	线路工程信息技术	易思蓉	西南交通大学	西南交通大学出版社
66	铁路选线设计（第三版）	易思蓉	西南交通大学	西南交通大学出版社
67	铁道概论	佟立本	北京交通大学	中国铁道出版社

续表

序号	书名	主要作者	第一作者单位	出版社
68	隧道工程	王毅才	长安大学	人民交通出版社
69	隧道工程	朱永全	石家庄铁道学院	中国铁道出版社
70	水下隧道	何川	西南交通大学	西南交通大学出版社
71	水力学（第四版）	吴持恭、许唯临	四川大学	高等教育出版社
72	水力学	赵振兴	河海大学	清华大学出版社
73	水力学	孙东坡	华北水利水电学院	郑州大学出版社
74	水力学	吕宏兴	西北农林科技大学	中国农业出版社
75	水力学	齐清兰	石家庄铁道学院	中国铁道出版社
76	水力学	肖明葵	重庆大学	重庆大学出版社
77	实验力学	尹协振	中国科学技术大学	高等教育出版社
78	实验力学	戴福隆	清华大学	清华大学出版社
79	清华大学土木工程系列教材	石永久等	清华大学	清华大学出版社
80	桥梁养护与加固	黄平明	长安大学	人民交通出版社
81	桥梁施工	刘世忠	兰州交通大学	中国铁道出版社
82	桥梁建筑美学	盛洪飞	哈尔滨工业大学	人民交通出版社
83	桥梁工程	强士中	西南交通大学	高等教育出版社
84	桥梁工程控制	向中富	重庆交通学院	人民交通出版社
85	桥梁工程概论（第二版）	李亚东	西南交通大学	西南交通大学出版社
86	桥梁工程（上）	范立础	同济大学	人民交通出版社
87	桥梁工程（下）	顾安邦、向中富	重庆交通学院	人民交通出版社
88	桥梁工程	姚玲森	同济大学	人民交通出版社
89	桥梁工程	周水兴	重庆交通学院	重庆大学出版社
90	桥渡设计	任宝良	西南交通大学	中国铁道出版社
91	砌体结构（第二版）	胡乃君	湖南城市学院	高等教育出版社
92	砌体结构（第三版）	张建勋、许利惟	福建工程学院	武汉理工大学出版社
93	砌体结构（第二版）	唐岱新	哈尔滨工业大学	高等教育出版社
94	砌体结构（第三版）	刘立新	郑州大学	武汉理工大学出版社

序号	书名	主要作者	第一作者单位	出版社
95	砌体结构	丁大钧	东南大学	中国建筑工业出版社
96	起重技术	崔碧海	重庆大学	重庆大学出版社
97	路基路面工程	沙爱民	长安大学	高等教育出版社
98	路基路面工程（第二版）	钟阳	大连理工大学	科学出版社
99	路基路面工程	邓学钧	东南大学	人民交通出版社
100	路基工程	凌建明	同济大学	人民交通出版社
101	路基工程	杨广庆	石家庄铁道学院	中国铁道出版社
102	流体力学（第三版）	张也影	北京理工大学	高等教育出版社
103	流体力学（第三版）	罗惕乾	江苏大学	机械工业出版社
104	流体力学（第二版）	李玉柱	清华大学	高等教育出版社
105	流体力学	张兆顺	清华大学	清华大学出版社
106	流体力学	杜广生	山东大学	中国电力出版社
107	理论力学简明教程（第二版）	陈世民	南京大学	高等教育出版社
108	理论力学（第七版）	程靳	哈尔滨工业大学	高等教育出版社
109	理论力学（第四版）	陈乃立	浙江大学	高等教育出版社
110	理论力学（第三版）	刘延柱	上海交通大学	高等教育出版社
111	理论力学（第三版）	洪嘉振、杨长俊	上海交通大学	高等教育出版社
112	理论力学（第三版）	董卫华	福建工程学院	武汉理工大学出版社
113	理论力学（第二版）	武清玺、徐鉴	河海大学、同济大学	高等教育出版社
114	理论力学（第二版）	李俊峰	清华大学	清华大学出版社
115	理论力学	刘又文	湖南大学	高等教育出版社
116	理论力学	何锃	华中科技大学	华中科技大学出版社
117	理论力学	贾启芬	天津大学	机械工业出版社
118	理论力学	蔡泰信、和兴锁	西北工业大学	机械工业出版社
119	理论力学	武清玺	河海大学	中国电力出版社
120	理论力学	许庆春	河海大学	中国电力出版社

续表

序号	书名	主要作者	第一作者单位	出版社
121	理论力学	谢传锋、王琪	北京航空航天大学	高等教育出版社
122	结构振动分析	曾庆元	中南大学	中国铁道出版社
123	结构力学教程（第二版）	袁驷、龙驭球	清华大学	高等教育出版社
124	结构力学（第五版）	李廉锟	中南大学	高等教育出版社
125	结构力学（第三版）	胡兴国、吴莹	武汉大学、华中科技大学	武汉理工大学出版社
126	结构力学（第三版）	王焕定	哈尔滨工业大学	高等教育出版社
127	结构力学（第二版）	朱慈勉	同济大学	高等教育出版社
128	结构力学（第三版）	包世华	清华大学	武汉理工大学出版社
129	结构力学	萧允徽、张来仪	重庆大学	机械工业出版社
130	结构力学	吴大炜	开封大学	化学工业出版社
131	结构概念和体系	计学闰	哈尔滨工业大学	高等教育出版社
132	结构动力学基础	张亚辉、林家浩	大连理工大学	大连理工大学出版社
133	交通土木工程测量	张坤宜	广东工业大学	人民交通出版社
134	交通土建工程概论	宁贵霞	兰州交通大学	中国铁道出版社
135	建筑制图（含习题集）（第六版）	陈锦昌	华南理工大学	高等教育出版社
136	建筑制图	金方	浙江大学	中国建筑工业出版社
137	建筑施工技术	应惠清	同济大学	同济大学出版社
138	建筑施工技术	张长友	重庆科技学院	中国电力出版社
139	建筑施工技术	姚谨英	西南科技大学	中国建筑工业出版社
140	建筑施工技术	王士川	西安建筑科技大学	冶金工业出版社
141	建筑设备工程管理（第二版）	王勇	重庆大学	重庆大学出版社
142	建筑力学第一分册——理论力学（第四版）	邹昭文、程光均、张祥东	重庆大学	高等教育出版社
143	建筑力学第二分册——材料力学（第四版）	干光瑜、秦惠民	哈尔滨工业大学	高等教育出版社

续表

序号	书名	主要作者	第一作者单位	出版社
144	建筑力学第三分册——结构力学（第四版）	李家宝	湖南大学	高等教育出版社
145	建筑抗震设计（第二版）	薛素铎	北京工业大学	科学出版社
146	建筑结构原理与设计（第二版）	林宗凡	同济大学	高等教育出版社
147	建筑结构试验	易伟建	湖南大学	中国建筑工业出版社
148	建筑结构设计与PKPM系列程序应用	欧新新、崔钦淑	浙江工业大学	机械工业出版社
149	建筑结构设计（第一册）——基本教程 建筑结构设计（第二册）——设计示例 建筑结构设计（第三册）——学习指导	邱洪兴	东南大学	高等教育出版社
150	建筑结构抗震设计理论与实例（第二版）	吕西林	同济大学	同济大学出版社
151	建筑结构抗震设计	李国强	同济大学	中国建筑工业出版社
152	建筑结构抗震设计	李英民	重庆大学	重庆大学出版社
153	建筑混凝土结构设计	顾祥林	同济大学	同济大学出版社
154	建筑和桥梁抗震设计原理	龙炳煌	武汉理工大学	武汉理工大学出版社
155	建筑工程制图与识图（第二版）	莫章金、毛家华	重庆大学	高等教育出版社
156	建筑工程制图与识图习题集（第二版）	莫章金、毛家华	重庆大学	高等教育出版社
157	建筑工程制图与识图	罗康贤	广东工业大学	华南理工大学出版社
158	建筑工程制图（第二版）	叶晓芹、朱建国	重庆大学	重庆大学出版社
159	建筑工程制图	陈文斌、章金良	同济大学	同济大学出版社
160	建筑工程制图	张英、郭树荣	山东理工大学	中国建筑工业出版社
161	建筑工程项目管理	桑培东	山东建筑工程学院	中国电力出版社
162	建筑工程事故分析与处理	江见鲸	清华大学	中国建筑工业出版社
163	建筑工程经济与企业管理	何亚伯	武汉大学	武汉大学出版社

续表

序号	书名	主要作者	第一作者单位	出版社
164	建筑工程经济与管理（第三版）	武育秦	重庆大学	武汉理工大学出版社
165	建筑给水排水工程（第五版）	王增长	太原理工大学	中国建筑工业出版社
166	建筑钢结构设计	马人乐	同济大学	同济大学出版社
167	建筑材料（第二版）	王春阳	平顶山工学院	高等教育出版社
168	建筑材料	高琼英	武汉理工大学	武汉理工大学出版社
169	建筑材料	李亚杰、方坤河	武汉大学	中国水利水电出版社
170	建筑材料	黄伟典	山东建筑工程学院	中国电力出版社
171	建设项目管理（第二版）	田金信	哈尔滨工业大学	高等教育出版社
172	建设工程质量分析与安全管理	俞国凤	同济大学	同济大学出版社
173	建设法规概论	刘文锋	青岛理工大学	高等教育出版社
174	简明理论力学（第二版）	程靳	哈尔滨工业大学	高等教育出版社
175	简明工程力学	李章政、熊峰	四川大学	四川大学出版社
176	简明材料力学（第二版）	刘鸿文	浙江大学	高等教育出版社
177	计算机在土木工程中的应用（第二版）	江见鲸	清华大学	武汉理工大学出版社
178	基础工程原理与方法	黄生根	中国地质大学（武汉）	中国地质大学出版社
179	基础工程学	王成华	天津大学	天津大学出版社
180	基础工程设计原理	袁聚云	同济大学	人民交通出版社
181	基础工程（第二版）	赵明华	湖南大学	高等教育出版社
182	基础工程（第二版）	周景星	清华大学	清华大学出版社
183	基础工程	王晓谋	长安大学	人民交通出版社
184	基础工程	刘丽萍	西安建筑科技大学	中国电力出版社
185	混凝土结构与砌体结构	尹维新	山西大学	中国电力出版社
186	混凝土结构设计原理（修订版）	沈蒲生	湖南大学	高等教育出版社
187	混凝土结构设计原理（第三版）	朱彦鹏	兰州理工大学	重庆大学出版社
188	混凝土结构设计原理	王录民	河南工业大学	郑州大学出版社
189	混凝土结构设计原理	梁兴文	西安建筑科技大学	中国建筑工业出版社

续表

序号	书名	主要作者	第一作者单位	出版社
190	混凝土结构设计原理	李乔	西南交通大学	中国铁道出版社
191	混凝土结构设计基本原理	傅建平	重庆大学	中国建筑工业出版社
192	混凝土结构设计（修订版）	沈蒲生	湖南大学	高等教育出版社
193	混凝土结构设计	梁兴文	西安建筑科技大学	中国建筑工业出版社
194	混凝土结构基本原理（第二版）	顾祥林	同济大学	同济大学出版社
195	混凝土结构（第三版）	王振武、张伟	北华航天工业学院	科学出版社
196	混凝土结构	杨吉新	武汉理工大学	武汉理工大学出版社
197	混凝土结构	程文瀼	东南大学	中国建筑工业出版社
198	混凝土工程与技术	文梓云等	华南理工大学、东南大学	武汉理工大学出版社
199	画法几何与土木工程制图立体化教材	王晓琴	华中科技大学	华中科技大学出版社
200	画法几何与土木工程制图	谢步瀛	同济大学	高等教育出版社
201	画法几何与建筑工程制图	汪颖	长安大学	科学出版社
202	画法几何及土木工程制图（第四版）	朱育万、卢传贤	西南交通大学	高等教育出版社
203	画法几何及土木工程制图（第三版）	何铭新、李怀健	同济大学	武汉理工大学出版社
204	画法几何及土木工程制图	李国生、黄水生	广州大学	华南理工大学出版社
205	画法几何及土木工程制图	齐明超	合肥工业大学	机械工业出版社
206	画法几何及土木工程制图	杜廷娜、蔡建平	重庆交通学院、中国地质大学	机械工业出版社
207	画法几何及工程制图（第四版）	唐克中、朱同钧	西安交通大学	高等教育出版社
208	荷载与结构设计方法（第二版）	白国良	西安建筑科技大学	高等教育出版社
209	国际工程承包	何伯森	天津大学	中国建筑工业出版社
210	公路小桥涵勘测设计	孙家驷	重庆交通学院	人民交通出版社
211	公路施工机械	李自光	长沙理工大学	人民交通出版社
212	工程项目管理	成虎	东南大学	高等教育出版社

续表

序号	书名	主要作者	第一作者单位	出版社
213	工程施工组织与管理	曹吉鸣等	同济大学	同济大学出版社
214	工程流体力学（水力学）（第三版）	闻德荪	东南大学	高等教育出版社
215	工程流体力学（第三版）	宋存义	北京科技大学	冶金工业出版社
216	工程流体力学（第三版）	孔珑	山东大学	中国电力出版社
217	工程流体力学（第二版）	黄卫星	四川大学	化学工业出版社
218	工程流体力学	李玉柱	清华大学	清华大学出版社
219	工程力学实验	赵志岗	天津大学	机械工业出版社
220	工程力学教程（第二版）	葛玉梅	西南交通大学	高等教育出版社
221	工程力学教程	梅凤翔	北京理工大学	兵器工业出版社
222	工程力学教程	葛玉梅、邱秉权	西南交通大学	高等教育出版社
223	工程力学基础（第二版）	蒋平	西南石油学院	高等教育出版社
224	工程力学（静力学和材料力学）（第二版）	范钦珊	清华大学	高等教育出版社
225	工程力学（第四版）	纪炳炎、周康年	北京科技大学、东北大学	高等教育出版社
226	工程力学（第二版）	陈景秋、张培源	重庆大学	高等教育出版社
227	工程力学 教程篇、导学篇（第二版）	周松鹤、王斌耀	同济大学	机械工业出版社
228	工程力学	陈传尧	华中科技大学	高等教育出版社
229	工程结构设计原理	曹双寅	东南大学	东南大学出版社
230	工程结构可靠性分析	惠卓	东南大学	东南大学出版社
231	工程结构抗震设计	李爱群	东南大学	中国建筑工业出版社
232	工程结构抗震（第三版）	王社良等	西安建筑科技大学、广州大学	武汉理工大学出版社
233	工程结构抗震	王社良	西安建筑科技大学	中国建筑工业出版社
234	工程结构CAD	张玉峰	武汉大学	武汉大学出版社
235	工程建设项目管理（第二版）	邓铁军	湖南大学	武汉理工大学出版社
236	工程建设法规教程	何佰洲	东北财经大学	中国建筑工业出版社

续表

序号	书名	主要作者	第一作者单位	出版社
237	工程地质与水文地质	陈南祥	华北水利水电学院	中国水利水电出版社
238	工程地质学	石振明	同济大学	中国建筑工业出版社
239	工程地质基础	许兆义	北京交通大学	中国铁道出版社
240	工程地质（第二版）	臧秀平	江苏科技大学	高等教育出版社
241	工程弹性力学与有限元法	陆明万	清华大学	清华大学出版社
242	工程测量学	李永树	西南交通大学	中国铁道出版社
243	工程爆破	王海亮	山东科技大学	中国铁道出版社
244	高速公路	方守恩	同济大学	人民交通出版社
245	高层建筑设计与技术	刘建荣	重庆大学	中国建筑工业出版社
246	高层建筑结构设计	霍达	北京工业大学	高等教育出版社
247	高层建筑结构设计	傅光濯	长安大学	中国铁道出版社
248	高层建筑结构（第三版）	吕西林	同济大学	武汉理工大学出版社
249	高层建筑给水排水工程	张勤、王春燕	重庆大学	重庆大学出版社
250	钢桥	徐君兰	重庆交通学院	人民交通出版社
251	钢筋混凝土基本构件设计（第二版）	江见鲸	清华大学	清华大学出版社
252	钢结构原理与设计	陈志华	天津大学	天津大学出版社
253	钢结构设计原理	张耀春	哈尔滨工业大学	高等教育出版社
254	钢结构设计原理	丁阳	天津大学	天津大学出版社
255	钢结构设计	张耀春	哈尔滨工业大学	高等教育出版社
256	钢结构设计基础	石永久	清华大学	清华大学出版社
257	钢结构基本原理	黄呈伟	昆明理工大学	重庆大学出版社
258	钢结构（第三版）	戴国欣	重庆大学	武汉理工大学出版社
259	钢结构（第三版）	曹平周	河海大学	中国电力出版社
260	钢结构（第三版）	周绥平	重庆大学	武汉理工大学出版社
261	钢结构	张志国	石家庄铁道学院	中国铁道出版社
262	钢结构	赵根田	内蒙古科技大学	机械工业出版社
263	房屋建筑学	李必瑜	重庆大学	高等教育出版社

续表

序号	书名	主要作者	第一作者单位	出版社
264	房屋建筑学（第三版）	舒秋华	武汉理工大学	武汉理工大学出版社
265	房屋建筑学（第二版）	崔艳秋	山东建筑大学	中国电力出版社
266	房屋建筑学	金虹	哈尔滨工业大学	科学出版社
267	房屋建筑学	李必瑜、王雪松	重庆大学	武汉理工大学出版社
268	房屋建筑学	刘昭如	同济大学	中国建筑工业出版社
269	房屋建筑学	赵西平	西安建筑科技大学	中国建筑工业出版社
270	房屋建筑学	姜忆南	北京交通大学	机械工业出版社
271	房屋钢结构设计	沈祖炎	同济大学	中国建筑工业出版社
272	电工学（土建类）（第二版）	颜伟中	哈尔滨工业大学	高等教育出版社
273	电工学（土建类）	李柏龄	西安建筑科技大学	机械工业出版社
274	地质灾害防治工程	许强	成都理工大学	四川大学出版社
275	地质工程设计	张发明	河海大学	中国水利水电出版社
276	地下铁道	高波	西南交通大学	西南交通大学出版社
277	地下空间利用	仇文革	西南交通大学	西南交通大学出版社
278	地下结构抗震	郑永来	同济大学	同济大学出版社
279	地下建筑结构	陈建平	中国地质大学（武汉）	人民交通出版社
280	地下建筑结构	朱合华、张子新	同济大学	中国建筑工业出版社
281	地下建筑工程施工技术	周传波	中国地质大学（武汉）	人民交通出版社
282	地下工程	关宝树	西南交通大学	高等教育出版社
283	地下工程试验与监测	夏才初	同济大学	中国建筑工业出版社
284	地下工程施工与管理	杨其新	西南交通大学	西南交通大学出版社
285	地铁与轻轨	张庆贺	同济大学	人民交通出版社
286	地基处理	叶观宝、高彦斌	同济大学	中国建筑工业出版社
287	道路总体规划设计原理	李远富	西南交通大学	中国铁道出版社
288	道路勘测设计	杨少伟	长安大学	人民交通出版社

续表

序号	书名	主要作者	第一作者单位	出版社
289	道路工程材料	李立寒	同济大学	人民交通出版社
290	道路工程	严作人等	同济大学	人民交通出版社
291	弹性力学教程	王敏中	北京大学	北京大学出版社
292	弹性力学（第四版）	徐芝纶	河海大学	高等教育出版社
293	弹性力学	徐秉业	清华大学	清华大学出版社
294	弹性力学	王光钦	西南交通大学	中国铁道出版社
295	城市地下空间建筑	耿永常	哈尔滨工业大学	哈尔滨工业大学出版社
296	城市地下工程（第二版）	陶龙光	中国矿业大学（北京）	科学出版社
297	测量学（电子版）	熊春宝	天津大学	天津大学出版社
298	测量学	许娅娅	长安大学	人民交通出版社
299	测量学	程效军	同济大学	同济大学出版社
300	材料力学实验	金保森、卢智先	西北工业大学	机械工业出版社
301	材料力学（第五版）	胡增强	东南大学	高等教育出版社
302	材料力学（第五版）	刘鸿文	浙江大学	高等教育出版社
303	材料力学（第三版）	单辉祖	北京航空航天大学	高等教育出版社
304	材料力学（Ⅰ、Ⅱ）（第二版）	苟文选	西北工业大学	科学出版社
305	材料力学	殷有泉	北京大学	北京大学出版社
306	材料力学	吴永端、邓宗白、周克印	南京航空航天大学	高等教育出版社
307	材料力学	王世斌、亢一澜	天津大学	高等教育出版社
308	材料力学	李尧臣	同济大学	同济大学出版社
309	材料力学	金忠谋	上海交通大学	机械工业出版社
310	材料力学	范钦珊	清华大学	清华大学出版社
311	Structural Mechanics and Advanced Structural Mechanics	包世华	清华大学	武汉理工大学出版社

2.3.4.5 "十二五"国家级规划教材

2012年11月21日，教育部发布了第一批"十二五"普通高等教育本科国家级规划教材目录（教高函〔2012〕21号），共有1102种教材入选；2014年10月16日又发布了第二批"十二五"普通高等教育本科国家级规划教材目录（教高厅函〔2014〕9号），共有1688种教材入选。表2-32是土木工程专业入选的教材目录，第一批57种、第二批60本，分别占全国的5.2%和3.6%。

土木工程专业入选"十二五"普通高等教育本科国家级规划教材目录　　表2-32

序号	书名	主要作者	第一作者单位	出版社
1	材料力学	秦飞	北京工业大学	科学出版社
2	材料力学	范钦珊	清华大学	机械工业出版社
3	材料力学（Ⅰ、Ⅱ）（第二版）	苟文选	西北工业大学	科学出版社
4	材料力学Ⅰ、Ⅱ（第五版）	刘鸿文	浙江大学	高等教育出版社
5	测量学（第四版）	顾孝烈、鲍峰、程效军	同济大学	同济大学出版社
6	弹性力学（第二版）	吴家龙	同济大学	高等教育出版社
7	道路工程材料	申爱琴	长安大学	人民交通出版社
8	道路工程材料（第五版）	李立寒、张南鹭、孙大权、杨群	同济大学	人民交通出版社
9	道路勘测设计（第三版）	孙家驷	重庆交通大学	人民交通出版社
10	地基处理	龚晓南	浙江大学	中国建筑工业出版社
11	地下建筑结构	朱合华	同济大学	中国建筑工业出版社
12	地下铁道	高波	西南交通大学	西南交通大学出版社
13	地下铁道（第二版）	朱永全、宋玉香	石家庄铁道大学	中国铁道出版社
14	房屋钢结构设计	沈祖炎、陈以一、陈扬骥	同济大学	中国建筑工业出版社
15	房屋建筑工程	孟丽军、赵静	石家庄铁道大学	机械工业出版社
16	房屋建筑学	魏华、王海军	沈阳工业大学	西安交通大学出版社
17	房屋建筑学（第三版）	李必瑜、王雪松	重庆大学	武汉理工大学出版社
18	房屋建筑学（第二版）	崔艳秋、吕树俭	山东建筑大学	中国电力出版社
19	房屋建筑学（第四版）	同济大学、西安建筑科技大学、东南大学等	同济大学等	中国建筑工业出版社

续表

序号	书名	主要作者	第一作者单位	出版社
20	钢-混凝土组合结构	聂建国、刘明、叶列平	清华大学	中国建筑工业出版社
21	钢结构（第3版）	戴国欣	重庆大学	武汉理工大学出版社
22	钢结构（上册）——钢结构基础（第二版）	陈绍蕃、顾强	西安建筑科技大学	中国建筑工业出版社
	钢结构（下册）——房屋建筑钢结构设计（第二版）	陈绍蕃		
23	钢结构基本原理（第二版）	沈祖炎、陈扬骥、陈以一	同济大学	中国建筑工业出版社
24	钢结构设计原理	张耀春	哈尔滨工业大学	高等教育出版社
25	高层建筑结构（第3版）	吕西林	同济大学	武汉理工大学出版社
26	高层建筑结构设计	方鄂华、钱稼茹、叶列平	清华大学	中国建筑工业出版社
27	工程测量	宋建学	郑州大学	郑州大学出版社
28	工程地质学	孔宪立、石振明	同济大学	中国建筑工业出版社
29	工程结构荷载与可靠度设计原理（第三版）	李国强、黄宏伟、吴迅等	同济大学	中国建筑工业出版社
30	工程结构抗震设计	李爱群、高振世	东南大学	中国建筑工业出版社
31	工程结构设计原理（第二版）	曹双寅	东南大学	东南大学出版社
32	工程经济学（第二版）	关罡、郝彤	郑州大学	郑州大学出版社
33	工程力学基础	孙保苍	江苏大学	国防工业出版社
34	工程流体力学（水力学）（上、下册）（第三版）	闻德荪	东南大学	高等教育出版社
35	工程项目管理（第四版）	丛培经	北京建筑大学	中国建筑工业出版社
36	公路小桥涵勘测设计（第四版）	孙家驷	重庆交通大学	人民交通出版社
37	公路养护与管理	马松林、侯相深	哈尔滨工业大学	人民交通出版社
38	轨道工程	高亮	北京交通大学	中国铁道出版社
39	轨道工程	陈秀方	中南大学	中国建筑工业出版社
40	荷载与结构设计方法（第二版）	白国良	西安建筑科技大学	高等教育出版社

续表

序号	书名	主要作者	第一作者单位	出版社
41	画法几何及工程制图（第四版）	唐克中、朱同钧	西安交通大学	高等教育出版社
42	画法几何及土木工程制图（第三版）	何铭新、李怀健	同济大学	武汉理工大学出版社
43	混凝土及砌体结构（上、下册）	哈尔滨工业大学等	哈尔滨工业大学	中国建筑工业出版社
44	混凝土结构（上、下册）	蓝宗建	东南大学	中国电力出版社
45	混凝土结构（上册）——混凝土结构设计原理（第四版） 混凝土结构（中册）——混凝土结构与砌体结构设计（第四版） 混凝土结构（下册）——混凝土公路桥梁设计（第四版）	东南大学、同济大学、天津大学	东南大学等	中国建筑工业出版社
46	混凝土结构基本原理	张誉	同济大学	中国建筑工业出版社
47	混凝土结构基本原理（第二版）	顾祥林	同济大学	同济大学出版社
48	混凝土结构及砌体结构（上册）（第二版）	腾智明、朱金铨	清华大学	中国建筑工业出版社
49	混凝土结构及砌体结构（下册）（第二版）	罗福午、方鄂华、叶知满	清华大学	中国建筑工业出版社
50	混凝土结构设计原理	王录民	河南工业大学	郑州大学出版社
51	混凝土结构设计原理（第二版）	梁兴文、史庆轩	西安建筑科技大学	中国建筑工业出版社
52	基础工程（第二版）	赵明华	湖南大学	高等教育出版社
53	基础工程（第二版）	莫海鸿、杨小平	华南理工大学	中国建筑工业出版社
54	基础工程（第四版）	王晓谋	长安大学	人民交通出版社
55	建设工程监理概论	顿志林	河南理工大学	黄河水利出版社
56	建设工程项目管理理论与实务	刘伊生	北京交通大学	中国建筑工业出版社
57	建筑工程定额原理与概预算	曹小琳、景星蓉	重庆大学	中国建筑工业出版社

续表

序号	书名	主要作者	第一作者单位	出版社
58	建筑工程事故分析与处理（第三版）	江见鲸、王元清、龚晓南等	清华大学	中国建筑工业出版社
59	建筑结构抗震设计（第三版）	李国强、李杰、苏小卒	同济大学	中国建筑工业出版社
60	建筑结构抗震设计理论与实例（第三版）	吕西林、周德源、李思明、陈以一、陆浩亮	同济大学	同济大学出版社
61	建筑结构设计（第一册）——基本教程（第二版） 建筑结构设计（第二册）——设计示例（第二版） 建筑结构设计（第三册）——学习指导（第二版）	邱洪兴	东南大学	高等教育出版社
62	建筑结构试验	易伟建、张望喜	湖南大学	中国建筑工业出版社
63	建筑抗震设计（第三版）	薛素铎、赵均、高向宇	北京工业大学	科学出版社
64	建筑制图（第二版）	金方	浙江大学	中国建筑工业出版社
65	建筑制图习题集（第二版）	金方	浙江大学	中国建筑工业出版社
66	结构力学（第三版）	王焕定、章梓茂、景瑞	哈尔滨工业大学	高等教育出版社
67	结构力学（上、下册）（第四版）	包世华、辛克贵	清华大学	武汉理工大学出版社
68	结构力学（上、下册）（第五版）	李廉锟	中南大学	高等教育出版社
69	结构力学I——基本教程（第二版）	龙驭球、包世华	清华大学	高等教育出版社
70	结构稳定理论	周绪红	重庆大学	高等教育出版社
71	理论力学（第二版）	武清玺、徐鉴	河海大学	高等教育出版社
72	理论力学（第二版）	李俊峰、张雄	清华大学	清华大学出版社
73	理论力学（第二版）	贾启芬、刘习军	天津大学	机械工业出版社
74	理论力学I——基本教程 理论力学II——专题教程	梅凤翔、尚玫	北京理工大学	高等教育出版社
75	理论力学辅导与习题解答	贾启芬、刘习军	天津大学	机械工业出版社

续表

序号	书名	主要作者	第一作者单位	出版社
76	流体力学（第二版）	刘鹤年	哈尔滨工业大学	中国建筑工业出版社
77	路基工程	刘建坤、曾巧玲、侯永峰	北京交通大学	中国建筑工业出版社
78	路基路面工程（第二版）	黄晓明、李昶、马涛	东南大学	东南大学出版社
79	砌体结构（第二版）	丁大钧	东南大学	中国建筑工业出版社
80	砌体结构（第四版）	张建勋	福建工程学院	武汉理工大学出版社
81	桥梁工程	房贞政	福州大学	中国建筑工业出版社
82	桥梁工程	李自林	天津城建大学	机械工业出版社
83	桥梁工程（上、下册）（第二版）	强士中	西南交通大学	高等教育出版社
84	桥梁工程（上册）（第二版）	范立础	同济大学	人民交通出版社
85	桥梁工程（下册）（第二版）	顾安邦、向中富	重庆交通大学	人民交通出版社
86	桥梁施工	许克宾	北京交通大学	中国建筑工业出版社
87	水力学（第二版）	赵振兴、何建京	河海大学	清华大学出版社
88	水力学内容提要与习题详解	赵振兴、何建京、王忖	河海大学	清华大学出版社
89	水文学	雒文生	武汉大学	中国建筑工业出版社
90	水下隧道	何川	西南交通大学	西南交通大学出版社
91	特种基础工程	谢新宇、俞建霖	浙江大学	中国建筑工业出版社
92	铁道工程（第二版）	易思蓉	西南交通大学	中国铁道出版社
93	铁路线路设计	魏庆朝	北京交通大学	中国铁道出版社
94	铁路站场及枢纽	李海鹰、张超	北京交通大学	中国铁道出版社
95	铁路选线设计（第四版）	易思蓉	西南交通大学	西南交通大学出版社
96	土建工程制图	丁宇明、黄水生	武汉大学	高等教育出版社
97	土力学	卢廷浩	河海大学	高等教育出版社
98	土力学（第二版）	张克恭、刘松玉	东南大学	中国建筑工业出版社
99	土力学复习与习题（第二版）	袁聚云、汤永净	同济大学	同济大学出版社
100	土木工程（专业）概论（第四版）	罗福午	清华大学	武汉理工大学出版社
101	土木工程材料	黄政宇、吴慧敏	湖南大学	中国建筑工业出版社

续表

序号	书名	主要作者	第一作者单位	出版社
102	土木工程材料（第三版）	陈志源、李启令	同济大学	武汉理工大学出版社
103	土木工程材料实验	白宪臣	河南大学	中国建筑工业出版社
104	土木工程测量（第三版）	胡伍生、潘庆林	东南大学	东南大学出版社
105	土木工程概论（第二版）	丁大钧、蒋永生	东南大学	中国建筑工业出版社
106	土木工程概论	阎石、李兵	沈阳建筑大学	中国电力出版社
107	土木工程概论	沈祖炎	同济大学	中国建筑工业出版社
108	土木工程建设法规（第二版）	吴胜兴	河海大学	高等教育出版社
109	土木工程施工（第四版）	毛鹤琴	重庆大学	武汉理工大学出版社
110	土木工程施工（上）（第二版）	应惠清	同济大学	同济大学出版社
111	土木工程施工（上、下册）（第二版）	重庆大学、同济大学、哈尔滨工业大学	重庆大学等	中国建筑工业出版社
112	土木工程施工技术	蔡雪峰	福建工程学院	高等教育出版社
113	土木工程提高型实验教程	杨平、张大中、邵光辉	南京林业大学	机械工业出版社
114	土木工程制图、习题集（第三版）	卢传贤	西南交通大学	中国建筑工业出版社
115	岩石力学（第二版）	张永兴	重庆大学	中国建筑工业出版社
116	岩土工程测试与监测技术	宰金珉	南京工业大学	中国建筑工业出版社
117	岩土工程勘察	王奎华	浙江大学	中国建筑工业出版社

2.3.5　获奖教材

2.3.5.1　全国优秀教材

为了进一步加强教材建设，使教材编著者的创造性劳动成果得到承认，引起全社会重视教育工作，1987年1月国家教委在北京召开了高等学校教材工作座谈会，决定建立优秀教材评选制度，每四年评选一次，分国家级、部委或省直辖市、学校三个层次[32]。1987年3月13日发布了《高等学校优秀教材奖励试行条例》及《一九八七年高等学校优秀教材评奖办法》（〔87〕教材图字004号）。同年12月25～28日，1976年10月～1985年底正式出版的八千种教材，经学校申报、主管部委或省市推荐、专家审定，评选出首届国家级优秀教材特等奖22种、一等奖118种、二等奖141种，其中工科基础课教材25种、工科专业课教材111种[33]。

1992年9月，国家教委召开了全国高等学校第二届优秀教材评审会议，评选范围是1986~1989年期间出版的高校教材。为了鼓励中青年教师编著教材，特设中青年教师优秀教材奖。共评选出优秀教材特等奖21种、优秀教材奖207种、中青年优秀教材奖8种[34]。

1995年12月，国家教委进行了全国普通高等学校第三届优秀教材评审会议，从1990~1994年期间出版的14000余种教材中评选出优秀教材一等奖140种、二等奖213种、中青年教师优秀教材奖38种（教高〔1995〕4号）。全国普通高等学校第三届优秀教材评奖工作与第三届国家级优秀教学成果奖并轨，获一等奖的教材具有申报国家级优秀教学成果的资格。

随着政府机构改革的推进，大量工业部门被合并或取消，传统上由主管部委推荐的办法已无法执行。1998年国家教育委员会更名为教育部，2002年8月13~15日，教育部再次进行了全国高等学校优秀教材评审，共评选出一等奖138种、二等奖371种。这次高等学校优秀教材没有延续前三届的冠名。

表2-33是土木工程专业入选各次全国高等学校优秀教材目录。

土木工程专业入选各次全国高等学校优秀教材目录 表2-33

序号	教材名称	编著者姓名	编著者单位	出版社	获奖年份	获奖等级
1	水力学	清华大学	清华大学	高等教育出版社	1987	一等奖
2	材料力学教程	单辉祖	北京航空航天大学	国防工业出版社	1987	一等奖
3	画法几何及工程制图	唐克中、朱同钧	西安交通大学	高等教育出版社	1987	一等奖
4	建筑制图	朱福熙	华南工学院	高等教育出版社	1987	二等奖
5	结构力学（第二版）	李廉锟		高等教育出版社	1987	二等奖
6	建筑力学	粟一凡	武汉水利电力学院	高等教育出版社	1987	二等奖
7	材料力学	苏翼林	天津大学	高等教育出版社	1987	二等奖
8	理论力学	郝桐生	中国矿业学院	高等教育出版社	1987	二等奖
9	材料力学	梁治明等	南京工学院	高等教育出版社	1987	二等奖
10	材料力学	孙训方等	西南交通大学	高等教育出版社	1987	二等奖
11	钢结构（上、下册）	欧阳可庆	同济大学	同济大学出版社	1992	优秀奖
12	工程结构可靠性设计	黄兴棣	东南大学	人民交通出版社	1992	优秀奖
13	材料力学（第二版）（上、下册）	苏翼林	天津大学	高等教育出版社	1992	优秀奖

序号	教材名称	编著者姓名	编著者单位	出版社	获奖年份	获奖等级
14	理论力学（第二版）（上、下册）	南京工学院、西安交通大学	南京工学院、西安交通大学	高等教育出版社	1992	优秀奖
15	结构力学教程（上、下册）	龙驭球、包世华	清华大学	高等教育出版社	1992	优秀奖
16	力学与结构（上、下册）	慎铁刚	天津大学	天津大学出版社	1992	中青年教师优秀教材奖
17	工程流体力学（水力学）（上、下册）	闻德、苏亚东、李兆年、王世和	东南大学	高等教育出版社	1995	一等奖
18	材料力学	谢志成	清华大学	清华大学出版社	1995	一等奖
19	薄壁杆结构力学	李明昭、周竞欧	同济大学	高等教育出版社	1995	一等奖
20	弹性力学	吴家龙	同济大学	同济大学出版社	1995	一等奖
21	理论力学	刘延柱	上海交通大学	高等教育出版社	1995	一等奖
22	工程流体力学（水力学）（上、下册）	陈卓如	哈尔滨工业大学	高等教育出版社	1995	一等奖
23	结构力学	杨仲侯、胡维俊、吕泰仁	河海大学	高等教育出版社	1995	一等奖
24	材料力学（上、下册）	孙训方、方孝淑、关来泰	西南交通大学	高等教育出版社	1995	一等奖
25	工程流体力学（上、下册）	周光坰、严宗毅、许世雄、章克本	北京大学	高等教育出版社	1995	一等奖
26	钢结构基本原理	沈祖炎、陈扬骥、陈以一	同济大学	中国建筑工业出版社	2002	一等奖
27	结构力学教程	龙驭球、包世华、匡文起、袁驷	清华大学	高等教育出版社	2002	一等奖
28	国际工程合同与合同管理	何伯森	天津大学	中国建筑工业出版社	2002	二等奖
29	国际工程项目管理	王雪青	天津大学	中国建筑工业出版社	2002	二等奖
30	高层建筑基础设计	陈国兴	南京工业大学	中国建筑工业出版社	2002	二等奖
31	工程地质	孙家齐	南京工业大学	武汉理工大学出版社	2002	二等奖

续表

序号	教材名称	编著者姓名	编著者单位	出版社	获奖年份	获奖等级
32	土木工程测量	胡伍生、潘庆林	东南大学	东南大学出版社	2002	二等奖
33	铁道工程	郝瀛	西南交通大学	中国铁道出版社	2002	二等奖
34	房屋建筑学	李必瑜	重庆大学	武汉理工大学出版社	2002	二等奖
35	土木工程材料	陈志源、李启玲	同济大学	武汉理工大学出版社	2002	二等奖
36	建筑工程质量缺陷事故分析及处理	罗福午	清华大学	武汉理工大学出版社	2002	二等奖
37	建筑企业管理学	阮连法	浙江大学	浙江大学出版社	2002	二等奖
38	城市地下工程实用技术	李相然、岳同助	烟台大学	中国建材工业出版社	2002	二等奖
39	土木工程概论CAI	叶志明、汪德江、宋少沪、徐旭	上海大学	高等教育出版社	2002	二等奖
40	工程结构荷载与可靠度设计原理	李国强、黄宏伟、郑步全	同济大学	中国建筑工业出版社	2002	二等奖
41	材料力学（I、II）	单辉祖	北京航空航天大学	高等教育出版社	2002	二等奖
42	流体力学（第二版）	张也影	北京理工大学	高等教育出版社	2002	二等奖
43	理论力学（第三版）	费学博、黄纯明、陈乃立	浙江大学	高等教育出版社	2002	二等奖
44	结构力学求解器	袁驷	清华大学	高等教育出版社	2002	二等奖
45	土木建筑制图（第二版）（教材、习题集）	乐荷卿、聂旭英	湖南大学	武汉理工大学出版社	2002	二等奖

2.3.5.2 全国精品教材

为进一步提高高等教育教材质量，推动优秀教材进课堂，教育部启动了精品教材评选工作。2007年在已出版的"十一五"国家级规划教材中，经出版社申报、专家评审，确定了218种精品教材（教高厅函〔2007〕46号）；2008年确定了292种精品教材（教高司函〔2008〕194号）；2009年确定了209种精品教材（教高司函〔2009〕203号）；2011年确定了276种精品教材（教高司函〔2011〕195号），四次共评选出995种精品教材。表2-34是土木工程专业入选的国家级精品教材，共28种，占全国的2.8%。

土木工程专业入选国家级精品教材目录 表2-34

序号	教材名称	主编或作者	第一主编或作者单位	出版社	入选年份
1	建筑工程事故分析与处理（第三版）	江见鲸、王元清、龚晓南、崔京浩	清华大学	中国建筑工业出版社	2007
2	房屋建筑学（第四版）	同济大学、西安建筑科技大学、东南大学、重庆大学	同济大学	中国建筑工业出版社	2007
3	钢筋混凝土基本构件设计（第二版）	江见鲸、陆新征、江波	清华大学	清华大学出版社	2007
4	土木工程测量	胡伍生、潘庆林	东南大学	东南大学出版社	2007
5	土木工程科学前沿	叶列平	清华大学	清华大学出版社	2007
6	结构力学I、II——基本教程（第二版）	龙驭球、包世华、匡文起、袁驷	清华大学	高等教育出版社	2007
7	应用流体力学	毛根海、邵卫云、张燕	浙江大学	高等教育出版社	2007
8	建筑工程预算（第三版）	袁建新、迟晓明	苏州大学	中国建筑工业出版社	2007
9	环境与可持续发展导论（第二版）	马光等	东南大学	科学出版社	2007
10	工程力学（静力学和材料力学）（第2版）	范钦珊，唐静静	清华大学	高等教育出版社	2008
11	工程流体力学（上、下册）	李玉柱等	清华大学	清华大学出版社	2008
12	水力学（第4版）（上、下册）	吴持恭	四川大学	高等教育出版社	2008
13	房屋钢结构设计	沈祖炎、陈以一、陈扬骥	同济大学	中国建筑工业出版社	2008
14	混凝土结构设计原理（第3版）	沈蒲生	湖南大学	高等教育出版社	2008
15	土木工程材料（第2版）	苏达根	华南理工大学	高等教育出版社	2008
16	隧道工程	朱永全、宋玉香	石家庄铁道大学	中国铁道出版社	2008
17	土木工程地质（第二版）	胡厚田、白志勇	西南交通大学	高等教育出版社	2009
18	土木工程概论（第三版）	叶志明	上海大学	高等教育出版社	2009

序号	教材名称	主编或作者	第一主编或作者单位	出版社	入选年份
19	简明材料力学（第二版）	刘鸿文	浙江大学	高等教育出版社	2009
20	材料力学（第二版）	范钦珊、殷雅俊	清华大学	清华大学出版社	2009
21	土木工程测量（第三版）	覃辉、伍鑫	广东省科技干部学院	同济大学出版社	2009
22	混凝土结构（上册）——混凝土结构设计原理（第四版）	程文瀁、颜德姮、王铁成、叶见曙	东南大学	中国建筑工业出版社	2009
	混凝土结构（中册）——混凝土结构与砌体结构设计（第四版）			中国建筑工业出版社	2009
	混凝土结构（下册）——混凝土公路桥设计（第四版）			中国建筑工业出版社	2009
23	土木工程施工（第二版）（上、下）	姚刚、应惠清、张守健	重庆大学	中国建筑工业出版社	2009
24	钢结构设计原理	张耀春	哈尔滨工业大学	高等教育出版社	2011
25	地下建筑结构（第二版）	朱合华	同济大学	中国建筑工业出版社	2011
26	砌体结构（第二版）	丁大钧、蓝宗建	东南大学	中国建筑工业出版社	2011
27	土木工程概论（第二版）	丁大钧、蒋永生	东南大学	中国建筑工业出版社	2011
28	土力学	卢廷浩	河海大学	高等教育出版社	2011

2.3.6 引进教材

1979年2月2日，教育部、外交部、财政部发布《关于加强外国教材引进工作的规定和暂行办法》（〔79〕教高二字003号）。本办法自1979年起试行，对快速编审出版反映国内外科学技术先进水平的社会主义新教材，提高我国高等学校的教学质量起了推动作用。表2-35是土木工程专业的部分引进教材清单。

土木工程专业部分引进教材

表2-35

序号	名称	作者	出版社	出版年份
1	Basic Steel Design	Bruce G. Johnston, Fung-Jen Lin, T. V. Galambos	Englewood Cliffs, N. J.: Prentice-Hall	1980
2	Engineering Mechanics of Materials	B. B. Muvdi, J. W. McNabb	New York: Macmillan	1980
3	Steel Structures: Design and Behavior	Charles G. Salmon, John E. Johnson	New York: Harper & Row	1980
4	Soil Mechanics: Concise Course	N. Tsytovich; translated from the Russian by V. Afanasyev	Moscow: Mir Press	1981
5	Elements of Mechanics of Materials	Gerner A. Olsen	Englewood Cliffs, N. J.: Prentice-Hall	1982
6	Foundation Analysis and Design	Joseph E. Bowles	New York: McGraw-Hill	1982
7	Structural Mechanics	V. Kiselev	Moscow: Mir press	1982
8	Structural Mechanics and Analysis, Level IV/V	W. M. Jenkins	New York: Van Nostrand Reinhold	1982
9	Civil Engineering Drawing	D. V. Jude; revised by Robert B. Matkin	London, New York: Granada	1983
10	Soil Mechanics and Foundations	B. C. Punmia	Delhi: Standard Book House	1983
11	Structural Modeling and Experimental Techniques	Gajanan M. Sabnis, et al.	Englewood Cliffs, N. J.: Prentice-Hall	1983
12	Theoretical Mechanics	E. Neal Moore	New York: Wiley	1983
13	Introductory Structural Analysis	Chu-Kia Wang, Charles G. Salmon	Englewood Cliffs, N. J.: Prentice-Hall	1984
14	Mechanics of Materials	James M. Gere, Stephen P. Timoshenko	Monterey, Calif.: Brooks/Cole Engineering Division	1984
15	Principles of Foundation Engineering	Braja M. Das	Monterey, Calif.: Brooks/Cole Engineering Division	1984
16	Mechanics of Materials	Archie Higdon, et al	New York: Wiley	1985
17	Concrete: Structure, Properties, and Materials	P. Kumar Mehta	Englewood Cliffs, N. J.: Prentice-Hall	1986

续表

序号	名称	作者	出版社	出版年份
18	Foundation Design and Construction	M. J. Tomlinson; with contributions by R. Boorman	Harlow: Longman Scientific & Technical	1986
19	An Introduction to Soil Mechanics	Peter L. Berry, David Reid	London, New York: McGraw-Hill	1987
20	Elements of Structural Dynamics	Glen V. Berg	Englewood Cliffs, N. J.: Prentice-Hall	1989
21	Introduction to Soil Mechanics and Shallow Foundations Design	Samuel E. French	Englewood Cliffs, N. J.: Prentice-Hall	1989
22	Elements of Structural Optimization	Raphael T. Haftka, Zafer Grdal, Manohar P. Kamat	Dordrecht, Boston: Kluwer Academic Publishers	1990
23	Principles of Geotechnical Engineering	Braja M. Das	Boston: PWS-Kent Pub. Co.	1990
24	Structural Engineering: the Nature of Theory and Design	William Addis	New York: Ellis Horwood	1990
25	An Introduction to the History of Structural Mechanics	Edoardo Benvenuto	New York: Springer-Verlag	1991
26	Applied Structural Mechanics: Fundamentals of Elasticity, Load-bearing Structures, Structural Optimization: Including Exercises	H. Eschenauer, N. Olhoff, W. Schnell	Berlin, New York: Springer	1997
27	Innovative Computational Methods for Structural Mechanics	M. Papadrakakis, B. H. V. Topping	Dinbyrgh: Saxe-Coburg	1999
28	Structural Mechanics: Graph and Matrix Methods	Ali Kaveh	Baldock, England: Research Studies Press	2004
29	Fundamentals of Structural Mechanics	Keith D. Hjelmstad	New York: Springer	2005

续表

序号	名称	作者	出版社	出版年份
30	Civil Engineering Materials	Shan Somayaji	Higher Education Press	2006
31	The Engineering of Foundations	Rodrigo Salgado	Boston: McGraw Hill	2008
32	Building Structures	James Ambrose, Patrick Tripeny	Hoboken, N. J.: Wiley	2011
33	Design of Concrete Structure	Ram Chandra, Virendra Gehlot	New Dehli: Scientific Publishers	2011
34	Design of Concrete Structure	Animesh Das	Boca Raton: CRC Press	2015
35	Masonry Material and Structure II	Ifengspace	Singapore: Basheer Graphic Books	2015
36	Construction Materials: their Nature and Behaviour	Marios Soutsos, Peter Domone	Boca Raton: CRC Press	2018

2.4 师资队伍建设

2.4.1 教学创新团队

为提高我国高等学校教师素质和教学能力，确保高等教育教学质量的不断提高，2007年教育部、财政部启动了国家级教学团队建设项目，2007年评选了100个（教高函〔2007〕23号）、2008年评选了300个（教高函〔2008〕19号）、2009年评选了305个（教高函〔2009〕18号）、2010年评选了308个（教高函〔2010〕12号）。土木工程专业先后有17个教学团队入选，占全国的1.7%，如表2-36所示。

土木工程专业国家级教学创新团队　　　　　　　　　　　　表2-36

序号	团队名称	团队带头人	所在院校	入选年份
1	工程结构设计系列课程教学团队	蒋永生	东南大学	2007
2	土木工程创新性人才培养教学团队	沈蒲生	湖南大学	2007

续表

序号	团队名称	团队带头人	所在院校	入选年份
3	道路工程系列课程教学团队	郑健龙	长沙理工大学	2008
4	力学课程教学团队	张少实、王焕定	哈尔滨工业大学	2008
5	工程力学教学团队	陈传尧	华中科技大学	2008
6	结构力学系列课程教学团队	袁驷	清华大学	2008
7	土木工程专业学科基础课程教学团队	叶志明	上海大学	2008
8	钢结构教学团队	陈以一	同济大学	2008
9	建筑工程系列课程教学团队	姚继涛	西安建筑科技大学	2008
10	土木工程专业结构设计原理课程教学团队	张建仁	长沙理工大学	2009
11	工程经济系列课程教学团队	刘晓君	西安建筑科技大学	2009
12	铁道工程课群组教学团队	易思蓉	西南交通大学	2009
13	土木建筑工程材料系列课程教学团队	孙道胜	安徽建筑工业学院	2010
14	结构设计课程教学团队	朱彦鹏	兰州理工大学	2010
15	土木工程专业核心课程教学团队	周福霖	广州大学	2010
16	土木工程专业地下工程教学团队	朱永全	石家庄铁道学院	2010
17	道路与桥梁工程核心课程教学团队	黄晓明	东南大学	2010

2.4.2 教学名师

为了表彰既具有较高的学术造诣，又能长期从事基础课教学工作，注重教学改革与实践，教学水平高，教学效果好的教授，进而推动教授上讲台，全面提高高等教育教学质量，教育部2003年启动了国家级教学名师奖评选工作，先后评选了六届，每届100名，分别是：首届2003年（教高〔2003〕3号）、第二届2005年（教高〔2006〕11号）、第三届2007年（教高〔2007〕15号）、第四届2008年（教高〔2008〕7号）、第五届2009年（教高〔2009〕11号）、第六届2011年（教高〔2011〕7号）。

2012年8月17日，中组部、人社部等11个部门启动了"国家特支计划"，亦称"万人计划"，计划用10年时间，遴选1万名左右自然科学、工程技术和哲学社会科学领域的杰出人才、领军人才和青年拔尖人才，给予特殊支持。该计划由三个层次构成：第一层次为100名杰出人才；第二层次为8000名领军人才，包括科技创新领军人才、科技创业领军人才、哲学社会科学领军人才、教学名师；第三层次为2000名青年拔尖人才。国家教学名师纳入该计划的第二层次。

表2-37是土木工程专业获国家级教学名师奖的教师，占全国的2.3%。

土木工程专业国家级教学名师奖获得者　　　表2-37

序号	姓名	学校	获奖年份
1	范钦珊	清华大学	2003
2	袁驷	清华大学	2003
3	张少实	哈尔滨工业大学	2003
4	赵振兴	河海大学	2003
5	沈祖炎	同济大学	2005
6	蒋永生	东南大学	2005
7	易思蓉	西南交通大学	2005
8	王焕定	哈尔滨工业大学	2007
9	王燕	青岛理工大学	2007
10	杜彦良	石家庄铁道学院	2008
11	李爱群	东南大学	2009
12	程桦	安徽建筑工业学院	2009
13	张建仁	长沙理工大学	2011
14	白国良	西安建筑科技大学	2011
15	陈廷国	大连理工大学	2017（万人计划）
16	王燕	青岛理工大学	2017（万人计划）

2.4.3　宝钢教育奖

宝钢优秀教师奖由宝钢教育基金会设立。宝钢教育基金会始于1990年宝钢出资设立的宝钢奖学金，1994年更名为宝钢教育基金会，目前有75家评审学校和评审单位。"宝钢教育奖"设有：优秀教师奖、优秀教师特等奖和优秀教师特等奖提名奖。截至2017年，全国120余所高等院校的244人获宝钢优秀教师特等奖，91人获宝钢优秀教师特等奖提名奖，5252人获宝钢优秀教师奖。土木工程专业教师获奖名单见表2-38，共有135人次获奖。

土木工程专业教师宝钢教育奖获得者　　　表2-38

序号	姓名	性别	奖项	申报单位	获奖单位	获奖年度
1	姜峰	男	优秀教师奖	大连理工大学	大连理工大学	1994
2	邵龙潭	男	优秀教师奖	大连理工大学	大连理工大学	1995

续表

序号	姓名	性别	奖项	申报单位	获奖单位	获奖年度
3	吕志涛	男	优秀教师特等奖	东南大学	东南大学	1995
4	王新堂	男	优秀教师奖	中国冶金教育学会	青岛建筑工程学院	1995
5	袁驷	男	优秀教师特等奖	清华大学	清华大学	1995
6	葛耀君	男	优秀教师奖	上海市教育委员会	同济大学	1995
7	张士乔	男	优秀教师奖	浙江大学	浙江大学	1995
8	关增伟	男	优秀教师奖	大连理工大学	大连理工大学	1996
9	朱济祥	男	优秀教师奖	天津大学	天津大学	1996
10	李国平	男	优秀教师奖	上海市教育委员会	同济大学	1996
11	顾强	男	优秀教师奖	西安建筑科技大学	西安建筑科技大学	1996
12	单炳梓	男	优秀教师奖	东南大学	东南大学	1997
13	胡伍生	男	优秀教师奖	东南大学	东南大学	1997
14	欧进萍	男	优秀教师奖	哈尔滨建筑大学	哈尔滨建筑大学	1997
15	郑晓静	女	优秀教师特等奖	兰州大学	兰州大学	1997
16	钟宏志	男	优秀教师奖	清华大学	清华大学	1997
17	吴波	男	优秀教师奖	哈尔滨建筑大学	哈尔滨建筑大学	1998
18	梁兴文	男	优秀教师奖	西安建筑科技大学	西安建筑科技大学	1998
19	叶志明	男	优秀教师奖	上海大学	上海大学	1999
20	赵彤	男	优秀教师奖	天津大学	天津大学	1999
21	龚晓南	男	优秀教师奖	浙江大学	浙江大学	1999
22	周又和	男	优秀教师特等奖	兰州大学	兰州大学	2000
23	叶列平	男	优秀教师奖	清华大学	清华大学	2000
24	朱合华	男	优秀教师奖	同济大学	同济大学	2000
25	李青宁	男	优秀教师奖	西安建筑科技大学	西安建筑科技大学	2000
26	毛根海	男	优秀教师奖	浙江大学	浙江大学	2000
27	李斌	男	优秀教师奖	中国冶金教育学会	包头钢铁学院	2001
28	赵文	男	优秀教师奖	东北大学	东北大学	2001
29	徐日庆	男	优秀教师奖	浙江大学	浙江大学	2001

续表

序号	姓名	性别	奖项	申报单位	获奖单位	获奖年度
30	李英民	男	优秀教师奖	重庆大学	重庆大学	2001
31	周晶	男	优秀教师奖	大连理工大学	大连理工大学	2002
32	张加颖	男	优秀教师奖	中国冶金教育学会	黑龙江工程学院	2002
33	黄宏伟	男	优秀教师奖	同济大学	同济大学	2002
34	蒋永生	男	优秀教师奖	东南大学	东南大学	2003
35	赵永平	男	优秀教师奖	中国冶金教育学会	黑龙江工程学院	2003
36	姜忻良	男	优秀教师奖	天津大学	天津大学	2003
37	白国良	男	优秀教师奖	西安建筑科技大学	西安建筑科技大学	2003
38	刘新荣	男	优秀教师奖	重庆大学	重庆大学	2003
39	王子茹	女	优秀教师奖	大连理工大学	大连理工大学	2004
40	李启明	男	优秀教师奖	东南大学	东南大学	2004
41	张少实	男	优秀教师特等奖	哈尔滨工业大学	哈尔滨工业大学	2004
42	赵振兴	男	优秀教师特等奖	河海大学	河海大学	2004
43	卓家寿	男	优秀教师奖	河海大学	河海大学	2004
44	于广明	男	优秀教师奖	中国冶金教育学会	青岛理工大学	2004
45	高乃云	女	优秀教师奖	同济大学	同济大学	2004
46	史庆轩	男	优秀教师奖	西安建筑科技大学	西安建筑科技大学	2004
47	张永兴	男	优秀教师奖	重庆大学	重庆大学	2004
48	蒋永生	男	优秀教师奖	东南大学	东南大学	2005
49	何锃	男	优秀教师奖	华中科技大学	华中科技大学	2005
50	王燕	女	优秀教师特等奖	中国冶金教育学会	青岛理工大学	2005
51	熊峰	女	优秀教师奖	四川大学	四川大学	2005
52	王社良	男	优秀教师奖	西安建筑科技大学	西安建筑科技大学	2005
53	李正良	男	优秀教师奖	重庆大学	重庆大学	2005
54	过秀成	男	优秀教师奖	东南大学	东南大学	2006
55	邱洪兴	男	优秀教师奖	东南大学	东南大学	2006
56	郑文忠	男	优秀教师奖	哈尔滨工业大学	哈尔滨工业大学	2006

续表

序号	姓名	性别	奖项	申报单位	获奖单位	获奖年度
57	曹平周	男	优秀教师奖	河海大学	河海大学	2006
58	武清玺	男	优秀教师特等奖	河海大学	河海大学	2006
59	谌文武	男	优秀教师奖	兰州大学	兰州大学	2006
60	刘西拉	男	优秀教师奖	上海交通大学	上海交通大学	2006
61	顾祥林	男	优秀教师奖	同济大学	同济大学	2006
62	张玉峰	男	优秀教师奖	武汉大学	武汉大学	2006
63	姚继涛	男	优秀教师奖	西安建筑科技大学	西安建筑科技大学	2006
64	卢廷浩	男	优秀教师奖	河海大学	河海大学	2007
65	肖明葵	女	优秀教师奖	重庆大学	重庆大学	2007
66	刘亚坤	女	优秀教师奖	大连理工大学	大连理工大学	2008
67	沈蒲生	男	优秀教师特等奖提名奖	湖南大学	湖南大学	2008
68	杜永峰	男	优秀教师奖	兰州理工大学	兰州理工大学	2008
69	刘文锋	男	优秀教师奖	中国冶金教育学会	青岛理工大学	2008
70	李镜培	男	优秀教师奖	同济大学	同济大学	2008
71	薛建阳	男	优秀教师奖	西安建筑科技大学	西安建筑科技大学	2008
72	李爱群	男	优秀教师特等奖	东南大学	东南大学	2009
73	祁皑	女	优秀教师奖	福州大学	福州大学	2009
74	杨绿峰	男	优秀教师奖	广西大学	广西大学	2009
75	邹超英	男	优秀教师奖	哈尔滨工业大学	哈尔滨工业大学	2009
76	陈传尧	男	优秀教师特等奖提名奖	华中科技大学	华中科技大学	2009
77	王省哲	男	优秀教师奖	兰州大学	兰州大学	2009
78	李慧民	男	优秀教师奖	西安建筑科技大学	西安建筑科技大学	2009
79	杨海霞	女	优秀教师奖	河海大学	河海大学	2010
80	崔自治	男	优秀教师奖	宁夏大学	宁夏大学	2010
81	田军仓	男	优秀教师奖	宁夏大学	宁夏大学	2010
82	黄宏伟	男	优秀教师奖	同济大学	同济大学	2010
83	孙道胜	男	优秀教师奖	安徽建筑工业学院	安徽建筑工业学院	2011

续表

序号	姓名	性别	奖项	申报单位	获奖单位	获奖年度
84	贾艾晨	女	优秀教师奖	大连理工大学	大连理工大学	2011
85	黄晓明	男	优秀教师奖	东南大学	东南大学	2011
86	陈宝春	男	优秀教师奖	福州大学	福州大学	2011
87	龚光彩	男	优秀教师奖	湖南大学	湖南大学	2011
88	叶为民	男	优秀教师奖	同济大学	同济大学	2011
89	徐礼华	女	优秀教师奖	武汉大学	武汉大学	2011
90	李长洪	男	优秀教师奖	北京科技大学	北京科技大学	2012
91	王宝民	男	优秀教师奖	大连理工大学	大连理工大学	2012
92	彭林欣	男	优秀教师奖	广西大学	广西大学	2012
93	武鹤	男	优秀教师奖	中国冶金教育学会	黑龙江工程学院	2012
94	武建军	男	优秀教师奖	兰州大学	兰州大学	2012
95	苏小卒	男	优秀教师奖	同济大学	同济大学	2012
96	于江	男	优秀教师奖	新疆大学	新疆大学	2012
97	刘颖	女	优秀教师奖	北京交通大学	北京交通大学	2013
98	刘晋浩	男	优秀教师奖	北京林业大学	北京林业大学	2013
99	李国芳	女	优秀教师奖	河海大学	河海大学	2013
100	朱召泉	男	优秀教师奖	河海大学	河海大学	2013
101	方志	男	优秀教师奖	湖南大学	湖南大学	2013
102	王元勋	男	优秀教师奖	华中科技大学	华中科技大学	2013
103	陈立	女	优秀教师奖	吉林大学	吉林大学	2013
104	朱珊	女	优秀教师奖	吉林大学	吉林大学	2013
105	赵根田	男	优秀教师奖	中国冶金教育学会	内蒙古科技大学	2013
106	吕平	女	优秀教师奖	中国冶金教育学会	青岛理工大学	2013
107	朱杰江	男	优秀教师奖	上海大学	上海大学	2013
108	姜曙光	女	优秀教师奖	石河子大学	石河子大学	2013
109	赵宪忠	男	优秀教师特等奖提名奖	同济大学	同济大学	2013
110	陈建功	男	优秀教师奖	重庆大学	重庆大学	2013

续表

序号	姓名	性别	奖项	申报单位	获奖单位	获奖年度
111	王吉忠	男	优秀教师奖	大连理工大学	大连理工大学	2014
112	程建川	男	优秀教师奖	东南大学	东南大学	2014
113	李启明	男	优秀教师特等奖	东南大学	东南大学	2014
114	季韬	男	优秀教师奖	福州大学	福州大学	2014
115	邵永松	男	优秀教师奖	哈尔滨工业大学	哈尔滨工业大学	2014
116	王百成	男	优秀教师奖	中国冶金教育学会	黑龙江工程学院	2014
117	易伟建	男	优秀教师奖	湖南大学	湖南大学	2014
118	刘瑛	女	优秀教师奖	中国冶金教育学会	青岛理工大学	2014
119	阿肯江·托呼提	男	优秀教师奖	新疆大学	新疆大学	2014
120	奉飞	男	优秀教师奖	重庆大学	重庆大学	2014
121	年廷凯	男	优秀教师奖	大连理工大学	大连理工大学	2015
122	陈峻	男	优秀教师奖	东南大学	东南大学	2015
123	陈宗平	男	优秀教师奖	广西大学	广西大学	2015
124	赵亚丁	男	优秀教师奖	哈尔滨工业大学	哈尔滨工业大学	2015
125	张丽萍	女	优秀教师奖	兰州交通大学	兰州交通大学	2015
126	裴锐	女	优秀教师奖	中国冶金教育学会	辽宁科技学院	2015
127	赵军	男	优秀教师奖	郑州大学	郑州大学	2015
128	黄丽华	女	优秀教师奖	大连理工大学	大连理工大学	2016
129	许婷华	女	优秀教师奖	中国冶金教育学会	青岛理工大学	2016
130	何敏娟	女	优秀教师特等奖提名奖	同济大学	同济大学	2016
131	杨勇	男	优秀教师奖	西安建筑科技大学	西安建筑科技大学	2016
132	罗尧治	男	优秀教师奖	浙江大学	浙江大学	2016
133	于桂兰	女	优秀教师奖	北京交通大学	北京交通大学	2017
134	田砾	女	优秀教师奖	中国冶金教育学会	青岛理工大学	2017
135	陈以一	男	优秀教师特等奖	同济大学	同济大学	2017

2.5 实践条件建设

土木工程作为实践性很强的专业，实践条件是实践教学的重要保证。

2.5.1 实验教学示范中心建设

为了支持高等学校教学实验室的建设和实验教学改革，鼓励学科实验室向本科生开放，2005年教育部启动了国家级实验教学示范中心评审工作。2006年评审了物理、化学、生物、电子四个学科类别，土木学科从2008年开始评审。表2-39是土木工程专业入选的国家级实验教学示范中心建设点名单。

土木工程专业国家级实验教学示范中心建设点 表2-39

序号	学校	中心名称	入选年份
1	北京工业大学	工程力学实验中心	2006
2	哈尔滨工业大学	力学实验教学中心	2006
3	南昌大学	工程力学实验中心	2006
4	同济大学	力学实验教学中心	2006
5	西北工业大学	力学实验教学中心	2006
6	西南交通大学	力学实验中心	2006
7	浙江大学	力学实验教学中心	2006
8	河海大学	力学实验教学中心	2007
9	辽宁工程技术大学	力学实验教学中心	2007
10	清华大学	力学实验教学中心	2007
11	上海大学	力学实验教学中心	2007
12	上海交通大学	工程力学实验中心	2007
13	太原理工大学	工程力学实验中心	2007
14	天津大学	力学工程实验中心	2007
15	西安交通大学	力学实验教学中心	2007
16	东南大学	土木工程实验教学中心	2008
17	西安建筑科技大学	土木工程实验教学中心	2008
18	西南交通大学	土木工程实验教学中心	2008
19	长沙理工大学	土木工程专业实验教学中心	2008
20	北京交通大学	土木工程实验中心	2008

续表

序号	学校	中心名称	入选年份
21	北京工业大学	土木工程实验教学中心	2009
22	大连理工大学	土木水利实验教学中心	2009
23	福州大学	土木工程实验教学中心	2009
24	河海大学	水利工程实验教学中心	2009
25	山东建筑大学	土木工程实验教学中心	2009
26	石家庄铁道学院	土木工程实验教学中心	2009
27	同济大学	土木工程实验教学中心	2009
28	武汉大学	测绘实验教学中心	2009
29	长安大学	土木工程实验教学中心	2009
30	重庆大学	土木工程实验教学中心	2009
31	哈尔滨工业大学	土建工程实验教学中心	2012
32	长安大学	道路交通运输工程实验教学中心	2012
33	中南大学	土木工程实验教学中心	2012
34	广东工业大学	土木工程实验教学中心	2013
35	湖北工业大学	土木工程与建筑实验教学中心	2015
36	宁波大学	土木工程实验教学中心	2015

2.5.2　工程实践教育中心建设

1998年，绝大部分的部属高校改变隶属关系，下放地方或划归教育部；与此同时，国有企业改制使得一批大中型企业从政府部门的下属机构转变为直接面向市场的独立法人单位，企业职能从完成部门下达的任务转变为追求经济效益，使得高校与行业企业的联系大大削弱，校外实习环境恶化，影响了工程专业人才培养质量。为此，教育部联合国务院有关部门启动了工程实践教育中心建设项目（教高司函〔2010〕263号）。2012年8月31日教育部、财政部等23个部委批准了第一批626个国家级工程实践教育建设单位，土木工程专业入选86个，如表2-40所示。

土木工程专业国家级工程实践教育中心　　　　　表2-40

序号	建设单位名称	共建学校	入选年份
1	中煤矿山建设集团有限责任公司	安徽理工大学	2012
2	北京建工集团有限责任公司	北京建筑工程学院、中国地质大学（北京）	2012

续表

序号	建设单位名称	共建学校	入选年份
3	北京城建设计研究总院有限责任公司		2012
4	北京市地铁运营有限公司	北京交通大学	2012
5	郑州铁路局		2012
6	中冶京诚工程技术有限公司	北京科技大学	2012
7	大化集团有限责任公司		2012
8	大连理工大学土木建筑设计研究院有限公司		2012
9	辽宁省水利水电勘测设计研究院		2012
10	中国建筑第八工程局有限公司	大连理工大学	2012
11	中交一航局第二工程有限公司		2012
12	中交一航局第三工程有限公司		2012
13	中国吉林森林工业集团有限责任公司	东北林业大学	2012
14	江苏省交通规划设计院有限公司		2012
15	南京栖霞建设集团有限公司	东南大学	2012
16	苏州市建筑设计研究院有限责任公司		2012
17	中铁大桥局集团有限公司		2012
18	上海现代建筑设计（集团）有限公司	东南大学、同济大学	2012
19	哈尔滨工业大学建筑设计研究院		2012
20	黑龙江省建设集团	哈尔滨工业大学	2012
21	济南城建集团有限公司		2012
22	安徽建工集团有限公司	合肥工业大学	2012
23	中交第三航务工程局有限公司	河海大学、上海海事大学	2012
24	中国建筑第五工程局有限公司	湖南大学	2012
25	河南省水利勘测设计研究有限公司	华北水利水电学院	2012
26	华南理工大学建筑设计研究院	华南理工大学	2012
27	广东省长大公路工程有限公司	华南理工大学、长沙理工大学	2012
28	中铁大桥勘测设计院有限公司	华中科技大学	2012
29	中国建筑第三工程局有限公司	华中科技大学、武汉理工大学	2012
30	辽宁省有色地质局	吉林大学	2012
31	云南建工集团有限公司	昆明理工大学	2012
32	云南省水利水电勘测设计研究院		2012
33	兰州铁道设计院有限公司		2012
34	中国中铁股份有限公司		2012
35	中铁二十一局集团有限公司	兰州交通大学	2012
36	中铁西北科学研究院有限公司		2012
37	中铁一局集团市政环保工程有限公司		2012

续表

序号	建设单位名称	共建学校	入选年份
38	甘肃第六建筑工程股份有限公司	兰州理工大学	2012
39	中国建筑科学研究院	南京大学、同济大学	2012
40	中建三局建设工程股份有限公司（山东）	青岛理工大学	2012
41	北京市建筑设计研究院	清华大学、北京工业大学	2012
42	中国建筑工程总公司	清华大学、哈尔滨工业大学	2012
43	山东电力工程咨询院有限公司	山东大学	2012
44	山东同圆设计集团有限公司	山东建筑大学	2012
45	中国建筑第二工程局有限公司	沈阳建筑大学	2012
46	中国建筑东北设计研究院有限公司		2012
47	中铁九局集团有限公司		2012
48	中国铁建股份有限公司	石家庄铁道大学	2012
49	上海城建（集团）公司	同济大学	2012
50	上海建工集团股份有限公司		2012
51	上海市城市建设投资开发总公司		2012
52	同济大学建筑设计研究院（集团）有限公司		2012
53	中铁第五勘察设计院集团有限公司		2012
54	中铁十一局集团有限公司	武汉大学	2012
55	中国长江三峡集团公司	武汉大学、三峡大学	2012
56	中交第一公路工程局有限公司	武汉理工大学	2012
57	中铁科工集团有限公司		2012
58	中国建筑西北建筑设计研究院有限公司	西安建筑科技大学	2012
59	中国冶金科工集团有限公司		2012
60	北京铁路局	西南交通大学	2012
61	成都市新筑路桥机械股份有限公司		2012
62	中国中铁二院工程集团有限责任公司		2012
63	中铁第一勘察设计院集团有限公司		2012
64	中国建筑西南设计研究院有限公司	西南交通大学、东南大学	2012
65	河北省建筑科学研究院	燕山大学	2012
66	中铁山桥集团有限公司		2012
67	中交第一公路勘察设计研究院有限公司	长安大学	2012
68	中交第二公路工程局有限公司		2012
69	中交第一公路工程局有限公司	长沙理工大学	2012

续表

序号	建设单位名称	共建学校	入选年份
70	广厦建设集团有限责任公司	浙江大学	2012
71	浙江大学建筑设计研究院		2012
72	浙江省电力公司		2012
73	浙江工程设计有限公司	浙江工业大学	2012
74	浙江省建设投资集团有限公司	浙江科技学院	2012
75	河南省第五建筑安装工程（集团）有限公司	郑州大学	2012
76	林州建总建筑工程有限公司		2012
77	新蒲建设集团有限公司		2012
78	中铁隧道装备制造有限公司		2012
79	徐州矿务集团有限公司	中国矿业大学	2012
80	中煤第五建设公司		2012
81	宝钢工程技术集团有限公司	中南大学	2012
82	宝钛集团有限公司		2012
83	湖南省建筑工程集团总公司		2012
84	武汉铁路局		2012
85	重庆市设计院	重庆大学	2012
86	中交第二航务工程局有限公司	重庆交通大学	2012

2.5.3 示范性虚拟仿真实验教学项目建设

为深入推进信息技术与高等教育实验教学的深度融合，不断加强高等教育实验教学优质资源建设与应用，着力提高高等教育实验教学质量和实践育人水平，2017年7月11日教育部启动了示范性虚拟仿真实验教学项目建设（教高厅〔2017〕4号），计划到2020年认定1000项左右示范性虚拟仿真实验教学项目，其中土木类2018年、2019年分两个年度认定20项。

2.6 课程建设

2.6.1 主干课程内容体系的演变

为了适应社会需求变化，不同时期的课程内容体系会作调整。表2-41是部分主干课程在不同时期的教学内容。

表2-41

不同时期主干课程的教学内容

序号	课程名称	主要内容		
		1978年	2001年	2011年
1	结构力学	体系的几何构造分析；静定梁、静定平面桁架的计算；用力方法计算超静定结构；用位移法计算超静定结构；力矩分配法；结构在移动荷载作用下的计算；结构矩阵分析；结构的弹性稳定分析；梁和刚架的塑性分析；结构的振动：单自由度体系的振动，多自由度体系的振动；结构自振频率和振型的近似计算（136课时）	几何组成分析；静定结构的受力分析；虚功原理与结构的位移计算；影响线；力法；位移法；力矩分配法；结构的矩阵分析；结构的稳定计算；结构的极限荷载	平面几何体系组成分析；静定结构内力、位移的分析计算；影响线；超静定结构分析与计算；位移的分析与计算；结构稳定计算；结构动力学基本原理和方法（78课时）
2	弹性力学/弹性力学及有限元	绪论和基本概念；平面问题的基本理论；平面问题的直角坐标解答；平面问题的极坐标解答；用差分法解平面问题；用有限元法解平面问题；空间问题；薄板的弯曲问题（57课时）	绪论；平面问题的基本理论；用直角坐标解平面问题；用极坐标解平面问题；空间问题的基本理论	
3	建筑制图画法几何与工程制图/土木工程制图	制图基本知识；投影的投影；投影变换；点、直线、形体的投影；曲线与曲面；轴测投影；结构施工图；建筑施工图	投影的基本知识；点、直线和平面的投影；点、直线和平面的相对位置；立体的投影；曲线和曲面；透视投影；轴测投影；标高投影；制图基础；土建图；计算机绘图	制图基本知识和基本技能；投影法和点的多面正投影；平面立体的投影及线面投影分析；平面立体构型及轴测图画法；规则曲面，曲面及曲面立体；组合体；图样画法；透视投影；土木工程图
4	测量学/工程测量	水准测量；角度测量；距离测量与直线定向；测量误差的基本知识；小地区控制测量；地形图及其应用；大比例尺地形图的测绘；测设的基本工作；工业与民用建筑中的施工测量；管道工程测量；地下建筑施工测量	基本的测量工作（测量学的基本知识，水准测量，角度测量，距离测量，直线定向，测量误差基本知识，地形图控制测量（平面控制测量，高程控制测量，地形图基本知识，地形图的测绘和应用）；工程测量（测设的基本工作，线路测量，桥梁测量，隧道测量，建筑物的变形观测）	测量学基本知识；水准测量；角度测量；距离测量与三角高程测量；测量误差的基本知识；控制测量；全站仪测量；测量与GPS测量；地形图绘制

续表

序号	课程名称	主要内容		
		1978年	2001年	2011年
5	建筑材料/土木工程材料	建筑材料的基本性质；黏土砖瓦；石膏、石灰、水玻璃；水泥；混凝土及砂浆；建筑钢材；木材；沥青及其制品；建筑塑料；保温隔热材料和吸声材料；装饰材料	材料的基本性质；建筑钢材；无机胶凝材料；砌体材料；混凝土与砂浆；沥青和沥青混合料；合成高分子能材料；木材；建筑功能材料	土木工程材料的基本性质；无机胶凝材料；水泥混凝土与砂浆；钢材；砌体材料；木材；沥青及沥青混凝土；合成高分子材料；其他工程材料
6	地基及基础/土力学、基础工程、工程地质	工程地质概述；土的物理性质及分类；地基的应力和应变；土压力和土坡稳定；工程地质勘察；天然地基上浅基础的设计；地基上梁和板的分析；桩基础和深基础；软弱土地基处理；动力机器基础	岩土的成因类型及其工程地质特征；地质构造及其工程地质的关系；地下水；不良地质现象的工程地质问题；工程地质勘察。土的物理性质及分类；土中应力；土的压缩性和地基沉降计算；土的抗剪强度；地基极限承载力；土坡稳定分析。浅基础；桩基础与深基础；地基处理；复合地基；特殊土地基；动力机器基础与地基抗震简介	工程地质学基础；地质对工程结构的影响；工程地质勘察。土的组成、物理性质及分类；土的渗透性与渗流；土中应力；土的压缩性和地基沉降计算；土的抗剪强度及土压力；地基承载力及边坡稳定。各类浅基础及挡土墙；桩基础计算与分析；基坑工程；沉井与地下连续墙；特殊土地基、地基处理技术
7	建筑施工/土木工程施工技术、施工组织设计	土石方工程；桩基础工程；钢筋混凝土工程；预应力混凝土工程；滑升模板工程；地下防水工程；单层工业厂房结构吊装；大跨度屋盖吊装；升板施工；砌块与墙板施工；施工准备与施工组织、统筹方法在计划管理中的应用；单位工程施工组织设计；施工预算的编制	土石方工程；基础工程；砌体工程；混凝土工程；房屋结构安装工程；桥梁工程；路面工程；防水工程；装饰工程；网络计划技术；流水施工原理、网络计划原理、网络计划概论；工程准备与施工组织、单位工程施工组织设计、施工组织总设计	土方工程；基础工程；砌筑工程；混凝土工程；结构安装工程；建筑结构施工；桥梁结构施工；路面施工；铁路路基施工、隧道施工。流水施工原理；工程施工组织；工程施工计划技术

续表

序号	课程名称	主要内容		
		1978年	2001年	2011年
8	钢筋混凝土结构/混凝土结构设计原理	钢筋混凝土材料的力学性能；钢筋混凝土结构的基本计算原则；受弯构件正截面强度计算；受弯构件斜截面的强度计算；受压构件的强度计算；受扭构件的强度计算；受拉构件的强度计算；钢筋混凝土构件的裂缝和变形验算；预应力混凝土构件的计算	混凝土结构材料的物理、力学性能；按概率理论的极限状态设计方法；受弯构件正截面承载力的计算；受弯构件斜截面承载力的计算；受压构件的承载力计算；受扭构件扭曲截面的承载力计算；钢筋混凝土构件的变形、裂缝及混凝土结构的耐久性；预应力混凝土构件；混凝土结构按《公路钢筋混凝土及预应力混凝土桥涵设计规范》的设计计算原理	混凝土结构材料的物理、力学性能；钢筋混凝土受弯构件承载力的分析与计算；钢筋混凝土受压构件截面承载力计算；钢筋混凝土受拉构件受载力分析与计算；钢筋混凝土受扭构件截面承载力计算与分析；混凝土构件截面承载力计算与分析；混凝土构件的变形、裂缝宽度验算与结构的受力性能；混凝土结构的耐久性；预应力混凝土结构耐久性计算与分析
9	钢结构	钢结构的材料；连接；轴心受力构件；梁的设计；偏心受力构件；桁架设计；构件的连接	钢结构材料；钢结构的可能破坏形式；构件及连接；轴心受压构件；受弯构件；偏心受压构件；钢结构的连接；单层厂房钢结构；受拉构件；受弯；压弯构件；拱	钢结构的特点、应用及破坏；钢结构构件的强度计算与分析；钢结构构件的稳定计算与分析；钢构件截面设计方法；钢整体结构中的压杆和压弯构件；钢结构的正常使用极限状态计算和分析；钢结构的连接
10	建筑结构试验	静载试验量测仪器；动载试验量测仪器；试验的加载方法及设备；静载试验；动载试验；试验数据的统计分析	结构试验设计；结构试验的量测技术；结构静力试验；结构动力试验；结构抗震静力试验；结构模型试验；结构非破损试验；结构试验数据整理和性能分析	

2.6.2　教学经验交流

为加强课程教学内容改革和教学经验的交流，各专业主干课程相继举办了教学研讨会。

最早举办全国性教学研讨会的是混凝土结构课程，首届于1986年由中国土木工程学会教育工作委员会主办、合肥工业大学承办，截至2018年已连续举办15届，如表2-42所示。当时正值我国结构设计规范的大转变——从基于安全系数的设计方法转变为基于概率的极限状态设计方法，大多数专业课程教师对即将实施[①]的结构设计新方法很陌生，在此背景下催生了全国性教学研讨会。从第十一届开始，增设了青年教师授课竞赛。

全国混凝土结构教学研讨会　　　　　　　　表2-42

届数	举办时间	承办单位	参会单位	参会人数	论文集	参赛人数
第一届	1986	合肥工业大学				
第二届	1989	湖南大学				
第三届	1991	郑州大学				
第四届	1994	扬州大学				
第五届	1997	浙江工业大学				
第六届	2000.5	沈阳建筑工程学院				
第七届	2002.5.18～2002.5.20	河海大学	100	236	河海大学学报（哲学社会科学版）（2002专）：82篇	
第八届	2004.11	山东建筑工程学院				
第九届	2006.11.18～2006.11.20	广州大学			广州大学学报（2006专刊）：75篇	
第十届	2008.9.19～2008.9.21	西安建筑科技大学			建筑结构（2008S1）：148篇	
第十一届	2010.8.27～2010.8.29	烟台大学	100	200	烟台大学学报（2010S）：161篇	21
第十二届	2012.11.3～2012.11.5	中国人民解放军理工大学	58	273	东南大学学报（社会科学版）（2012S）：89篇	38
第十三届	2014.7.16～2014.7.18	昆明理工大学	70	150	昆明理工大学学报（社会科学版）（2014增）：108篇	60
第十四届	2016.10.21～2016.10.23	国防科技大学	80	200	国防科技大学出版社：72篇	43
第十五届	2018.10.19～2018.10.21	西安理工大学、欧亚学院	100	200	西南交通大学出版社：57篇	41

---

① 原计划1985年颁布，称"85规范"，因变动太大，最终于1989年颁布。

1991年，由中国钢结构协会结构稳定与疲劳分会会同中国土木工程学会教育工作委员会发起的首届全国钢结构教学研讨会在天津大学举行，有37个单位的50余名代表参会。之后，教学研讨会与钢结构协会结构稳定与疲劳分会的学术讨论会合办，截至2018年已举办16届，如表2-43所示。

全国钢结构教学研讨会 表2-43

届数	举办时间	承办单位	参会单位	参会人数
第一届	1991.12.3～1991.12.5	天津大学	37	50
第二届				
第三届	1992			
第四届	1994			
第五届	1996.9.23～1996.9.26	重庆建筑大学		57
第六届	1998			
第七届	2000			
第八届	2002.11.2～2002.11.6	井冈山市		72
第九届	2004.8.11～2004.8.15	太原理工大学		67
第十届	2006.8.22～2006.8.25	山东科技大学		100
第十一届	2008.8.27～2008.8.30	沈阳建筑大学		142
第十二届	2010.8.29～2010.8.31	宁波大学		
第十三届	2012.8.17～2012.8.19	武汉大学		220
第十四届	2014.8.21～2014.8.24	合肥工业大学		
第十五届	2016.8.18～2016.8.20	昆明理工大学、贵州大学		321
第十六届	2018.8.25～2018.8.28	山东科技大学、青岛理工大学、山东大学		390

其他专业主干课程的教学研讨会也相继召开。2006年，首届全国土力学教学研讨会在清华大学召开，截至2017年已举办5届；2009年，首届全国路基路面工程教学研讨会在东南大学举办，截至2017年已举办5届；由高等学校道路运输与工程教学指导分委员会主办的首届全国桥梁工程教学研讨会于2011年在同济大学召开，截至2018年已举办6届。具体如表2-44所示。

全国专业主干课教学研讨会 表2-44

会议名称	年份	承办单位	参会单位	参会人数
第一届全国土力学教学研讨会	2006.8.12～2006.8.14	清华大学	52	100
第二届全国土力学教学研讨会	2008	东南大学		

续表

会议名称	年份	承办单位	参会单位	参会人数
第三届全国土力学教学研讨会	2011	广州大学		
第四届全国土力学教学研讨会	2014.4.26～2014.4.27	华中科技大学		
第五届全国土力学教学研讨会	2017.7.11～2017.7.12	河海大学	90	300
第一届全国路基路面工程教学研讨会	2009.11.14～2009.11.15	东南大学		
第二届全国路基路面工程教学研讨会	2011.8.22～2011.8.23	长沙理工大学		
第三届全国路基路面工程教学研讨会	2013.9.28～2013.9.29	长安大学	50	160
第四届全国路基路面工程教学研讨会	2015.8.18～2015.8.19	哈尔滨工业大学		
第五届全国路基路面工程教学研讨会	2017.11.4～2017.11.5	重庆交通大学		
第一届全国桥梁工程教学研讨会	2011.10.15～2011.10.16	同济大学		100
第二届全国桥梁工程教学研讨会	2012.10.13～2012.10.14	西南交通大学	20	70
第三届全国桥梁工程教学研讨会	2013.10.31～2013.11.3	福州大学	46	130
第四届全国桥梁工程教学研讨会	2014.10.23～2014.10.25	重庆交通大学	20	150
第五届全国桥梁工程教学研讨会	2016.10.28～2016.10.30	长安大学	92	300
第六届全国桥梁工程教学研讨会	2018.10.26～2018.10.28	石家庄铁道大学	92	200

2.6.3　精品课程建设

课程是教学计划的组成单元，课程建设涉及课程内容体系、教师队伍、教学方法和手段、教材、实验实习条件、教学管理等各方面的建设，是一项综合性建设项目，直接关系到人才培养质量。

为切实推进教育创新，深化教学改革，促进现代信息技术在教学中的应用，共享优质教学资源，进一步促进教授上讲台，全面提高教育教学质量，提升我国高等教育的综合实力和国际竞争能力，2003年4月，教育部下发了《教育部关于启动高等学校教学质量与教学改革工程精品课程建设工作的通知》（教高〔2003〕1号），正式启动了精品课程建设项目。要求国家精品课程具有一流教师队伍、一流教学内容、一流教学方法、一流教材、一流教学管理等。2003年度评出151门（教高函〔2004〕1号）、2004年度评出300门（教高函〔2005〕4号）、2005年度评出314门（教高函〔2006〕4号）、2006年度评出374门（教高函〔2006〕26号）、2007年度评出660门（含高职高专课程172门、网路教育课程49门、军队院校课程28门）（教高函〔2007〕20号）、2008年度评出400门（教高函〔2008〕22号）、2009年度评出679门（教高函〔2009〕21号）、2010年度评出763门（含高职高专课程229门、网路教育课程60门、军队院校课程36门）（教高函〔2010〕14号）。土木工程专业先后有59门入选，如表2-45所示，占全国普通高等学校精品课程总数的2.1%。

土木工程专业国家精品课程　　　　表2-45

序号	课程名称	课程负责人	学校	入选年份
1	材料力学	施惠基	清华大学	2003
2	材料力学	张少实	哈尔滨工业大学	2003
3	结构力学	袁驷	清华大学	2003
4	土木工程施工	应惠清	同济大学	2003
5	材料力学	亢一澜	天津大学	2004
6	弹性力学	杨卫	清华大学	2004
7	房屋建筑学	李必瑜	重庆大学	2004
8	工程结构设计原理	蒋永生	东南大学	2004
9	工程流体力学	张土乔	浙江大学	2004
10	隧道工程	朱永全	石家庄铁道学院	2004
11	土木工程制图	卢传贤	西南交通大学	2004
12	钢结构	陈以一	同济大学	2005
13	混凝土结构	叶列平	清华大学	2005
14	建筑结构设计	邱洪兴	东南大学	2005
15	建筑制图	陈锦昌	华南理工大学	2005
16	结构力学	王焕定	哈尔滨工业大学	2005
17	结构力学	朱慈勉	同济大学	2005
18	土木工程概论	叶志明	上海大学	2005
19	选线设计	易思蓉	西南交通大学	2005
20	钢筋混凝土结构	夏志成	中国人民解放军理工大学	2006
21	工程结构荷载与可靠度设计原理	李国强	同济大学	2006
22	工程结构抗震与防灾	李爱群	东南大学	2006
23	混凝土结构设计原理	沈蒲生	湖南大学	2006
24	混凝土结构原理与设计	梁兴文	西安建筑科技大学	2006
25	桥梁工程	范立础	同济大学	2006
26	水质工程学	韩洪军	哈尔滨工业大学	2006
27	土力学	李广信	清华大学	2006
28	地下铁道	高波	西南交通大学	2007
29	房屋建筑学	崔艳秋	山东建筑大学	2007

续表

序号	课程名称	课程负责人	学校	入选年份
30	钢结构	郝际平	西安建筑科技大学	2007
31	钢结构设计	王燕	青岛理工大学	2007
32	结构设计原理	张建仁	长沙理工大学	2007
33	水力学	于衍真	济南大学	2007
34	高层建筑结构设计	史庆轩	西安建筑科技大学	2008
35	混凝土结构基本原理	顾祥林	同济大学	2008
36	基础工程	赵明华	湖南大学	2008
37	水文学	黄廷林	西安建筑科技大学	2008
38	隧道工程	彭立敏	中南大学	2008
39	混凝土结构与砌体结构	徐礼华	武汉大学	2009
40	混凝土结构与砌体结构设计	余志武	中南大学	2009
41	建筑结构抗震	吕西林	同济大学	2009
42	桥梁工程	夏禾	北京交通大学	2009
43	桥梁工程概论	李亚东	西南交通大学	2009
44	水质工程学	张朝升	广州大学	2009
45	土力学	卢廷浩	河海大学	2009
46	土木工程材料	吕平	青岛理工大学	2009
47	土木工程施工	郭正兴	东南大学	2009
48	地下建筑结构	朱合华	同济大学	2010
49	钢结构	丁阳	天津大学	2010
50	工程结构抗震设计	柳炳康	合肥工业大学	2010
51	建筑工程施工	戎贤	河北工业大学	2010
52	建筑抗震设计	薛素铎	北京工业大学	2010
53	结构力学	单建	东南大学	2010
54	桥梁工程	张俊平	广州大学	2010
55	桥梁工程	周水兴	重庆交通大学	2010
56	土木工程CAD	张建平	清华大学	2010
57	土木工程地质	白志勇	西南交通大学	2010
58	土木工程概论	程桦	安徽建筑工业学院	2010
59	岩石力学	张永兴	重庆大学	2010

2.6.4 精品资源共享课程

由于国家精品课程放置在各个学校的网站上，校外用户使用不是很方便，影响了优质教学资源的共享效果。2012年教育部启动了精品资源共享课建设项目——《精品资源共享课建设工作实施办法》（教高厅〔2012〕2号）。自2013年以来，分四批批准了2911门"国家级精品资源共享课"立项建设，在统一的爱课程网免费向社会开放。经过一段时间的公众使用，2016年6月28日（教高厅函〔2016〕54号）批准了2686门课程为第一批"国家级精品资源共享课"，其中本科课程1767门，土木工程专业有64门入选，占全国的3.6%，如表2-46所示。

土木工程专业国家精品资源共享课　　　　　　　　　　表2-46

序号	课程名称	课程负责人	学校	批次
1	材料力学	侯振德	天津大学	第一批
2	材料力学	张少实	哈尔滨工业大学	第一批
3	材料力学	邓宗白	南京航空航天大学	第一批
4	材料力学	江晓禹	西南交通大学	第一批
5	材料力学（含工程力学）	曾庆敦	华南理工大学	第一批
6	测量学	文鸿雁	桂林理工大学	第一批
7	弹性力学	冯西桥	清华大学	第一批
8	弹性力学及有限单元法	邵国建	河海大学	第一批
9	道路建筑材料	申爱琴	长安大学	第一批
10	地下铁道	高波	西南交通大学	第一批
11	钢结构基本原理	陈以一	同济大学	第一批
12	钢结构设计	王燕	青岛理工大学	第一批
13	工程测量	岑敏仪	西南交通大学	第一批
14	工程机械	杜彦良	石家庄铁道大学	第一批
15	工程结构抗震设计	柳炳康	合肥工业大学	第一批
16	工程结构抗震与防灾	叶继红	东南大学	第一批
17	工程结构设计原理	曹双寅	东南大学	第一批
18	工程力学	王元勋	华中科技大学	第一批
19	工程力学	沈火明	西南交通大学	第一批

续表

序号	课程名称	课程负责人	学校	批次
20	工程流体力学	王洪杰	哈尔滨工业大学	第一批
21	工程施工组织与管理	曹吉鸣	同济大学	第一批
22	工程水文学	徐向阳	河海大学	第一批
23	工程制图（Ⅱ）	丁一	重庆大学	第一批
24	画法几何及工程制图	王殿龙	大连理工大学	第一批
25	混凝土结构基本原理	顾祥林	同济大学	第一批
26	混凝土结构设计原理	易伟建	湖南大学	第一批
27	基础工程	赵明华	湖南大学	第一批
28	建筑工程计量与计价	李杰	福建工程学院	第一批
29	建筑结构抗震	吕西林	同济大学	第一批
30	建筑结构设计	邱洪兴	东南大学	第一批
31	建筑抗震设计	薛素铎	北京工业大学	第一批
32	结构力学	李强	哈尔滨工业大学	第一批
33	结构力学	朱慈勉	同济大学	第一批
34	结构力学	杨海霞	河海大学	第一批
35	结构设计原理	吴文清	东南大学	第一批
36	理论力学	李俊峰	清华大学	第一批
37	理论力学	曹树谦	天津大学	第一批
38	理论力学	孙毅	哈尔滨工业大学	第一批
39	理论力学	洪嘉振	上海交通大学	第一批
40	理论力学	武清玺	河海大学	第一批
41	理论力学	刘又文	湖南大学	第一批
42	路基路面工程	黄晓明	东南大学	第一批
43	路基路面工程	沙爱民	长安大学	第一批
44	桥梁工程	季文玉	北京交通大学	第一批
45	桥梁工程	石雪飞	同济大学	第一批

续表

序号	课程名称	课程负责人	学校	批次
46	桥梁工程	刘夏平	广州大学	第一批
47	桥梁工程概论	李亚东	西南交通大学	第一批
48	水力学	余锡平	清华大学	第一批
49	水力学	赵振兴	河海大学	第一批
50	水力学	槐文信	武汉大学	第一批
51	水力学	李克锋	四川大学	第一批
52	隧道工程	朱永全	石家庄铁道大学	第一批
53	隧道工程	彭立敏	中南大学	第一批
54	土力学	张丙印	清华大学	第一批
55	土力学	余湘娟	河海大学	第一批
56	土木工程材料	吕平	青岛理工大学	第一批
57	土木工程材料	彭小芹	重庆大学	第一批
58	土木工程地质	白志勇	西南交通大学	第一批
59	土木工程施工	徐伟	同济大学	第一批
60	土木工程施工	郭正兴	东南大学	第一批
61	土木工程制图	卢传贤	西南交通大学	第一批
62	土质学与土力学	隋旺华	中国矿业大学	第一批
63	选线设计	易思蓉	西南交通大学	第一批
64	岩石力学与工程	李长洪	北京科技大学	第一批

2.6.5 精品在线开放课程建设

为主动适应学习者个性化发展和多样化终身学习需求，拓展教学时空，增强教学吸引力，激发学习者的学习积极性和自主性，扩大优质教育资源受益面，促进教学内容、方法、模式和教学管理体制机制的变革，教育部于2015年4月16日（教高〔2015〕3号）出台了加强高等学校在线开放课程建设应用与管理意见，计划到2020年认定3000余门国家精品在线开放课程。2017年首批认定了468门，其中土木工程专业有15门课程入选，如表2-47所示。

土木工程专业国家精品在线开放课程　　表2-47

序号	课程名称	团队负责人	主要建设学校	主要开课平台
1	材料力学	甄玉宝	哈尔滨工业大学	爱课程（中国大学MOOC）
2	材料力学	龚晖	西南交通大学	爱课程（中国大学MOOC）
3	高速铁路概论	彭其渊	西南交通大学	爱课程（中国大学MOOC）
4	高速铁路工程	易思蓉	西南交通大学	爱课程（中国大学MOOC）
5	高速铁路桥梁与隧道工程	王英学	西南交通大学	爱课程（中国大学MOOC）
6	工程力学	王元勋	华中科技大学	爱课程（中国大学MOOC）
7	工程力学	沈火明	西南交通大学	爱课程（中国大学MOOC）
8	结构力学	陈朝晖	重庆大学	爱课程（中国大学MOOC）
9	结构力学（一）	罗永坤	西南交通大学	爱课程（中国大学MOOC）
10	理论力学	高云峰	清华大学	学堂在线
11	理论力学	李永强	东北大学	爱课程（中国大学MOOC）
12	理论力学	孙毅	哈尔滨工业大学	爱课程（中国大学MOOC）
13	理论力学	鲁丽	西南交通大学	爱课程（中国大学MOOC）
14	水力学	李玲	清华大学	学堂在线
15	土木工程施工基本原理	徐伟	同济大学	爱课程（中国大学MOOC）

参考文献

［1］史贵全. 中国近代高等工程教育研究［M］. 上海：上海交通大学出版社，2004.

［2］教育部. 第一次中国教育年鉴［M］. 上海：开明书店，1934.

［3］余子侠. 民族危机下的教育应对［M］. 武汉：华中师范大学出版社，2001.

［4］教育部. 第二次中国教育年鉴［M］. 上海：商务印书馆，1948.

［5］王欣. 我国高等学校的专业设置［J］. 教师教育研究，1989，4：61-64.

［6］邱雁. 三十年来我国高等学校专业设置的变化发展（上）［J］. 现代教育管理，1983，5：151-161.

［7］朱斐. 东南大学史（第一卷）1902-1949［M］. 南京：东南大学出版社，1991.

［8］江启明，何云庵. 西南交通大学史（第二卷1920-1937）［M］. 成都：西南交通大学出版社，2016.

［9］马叙伦. 第一次全国高等教育会议闭幕词［J］. 人民教育. 1950，3：15-16.

［10］柏生. 中央教育部召开高等学校一九五〇年度教学计划审查会议［J］. 新华月报，1950，3（4）：900.

［11］中央教育部. 全国高等学校一九五〇年度教学计划审查总结［J］. 新华月报，1951，5：176-178.

［12］中央教育部. 关于实施高等学校课程改革的决定［J］. 中华教育界，29（18）：34-35.

［13］马叙伦. 高等教育部"关于目前高等学校教学改革的情况与问题报告"［R］. 政务会议，1953.

［14］杨民华. 高等学校工科拟定教学计划中的问题和经验［J］. 人民教育，1952，11：22-24.

［15］全国文化教育工作会议的总结［J］. 江西政报，1954，12：9-12.

［16］正确贯彻当前文教工作的方针政策［J］. 江苏教育，1955，C1，17-18.

［17］中华人民共和国高等教育部. 关于印发高等工业学校修订教学计划座谈会的文件，并要求各校组织主要教师进行讨论［J］. 高等教育，1957，1-8：104-105.

［18］高等教育部邀请业务部门座谈修订高等工业学校教学计划问题［J］. 高等教育，1956，13：592-593.

［19］南京工学院教学研究科. 要从长远利益着眼——对修改高等工业学校现有教学计划的意见［J］. 高等教育，1956，14：629-632.

［20］陶葆楷. 我们是这样研究与修订"工业与民用建筑"专业教学计划的［J］. 高等教育，1957，1：3-5.

［21］蔡方荫. 对修订工业与民用建筑专业教学计划的几点意见［J］. 高等教育，1956，15：678-680.

［22］打开思路，深入研究教学计划问题［N］. 高等教育部工业教育司编《修订教学计划简报》（第三号），1956-11-08.

［23］高等工业学校再次座谈修订教学计划［J］. 高等教育，1957，1：245-247.

［24］张世煌，徐茂义，张发荣. 关于工科本科教学计划修订的历史经验及改革趋向［J］. 高等教育研究，1984，7：50-56.

［25］高等学校土木工程专业指导委员会. 高等学校土木工程专业本科教育培养目标和培养方案及课程教学大纲［M］. 北京：中国建筑工业出版社，2002.

［26］高等学校土木工程专业指导委员会. 高等学校土木工程专业本科指导性专业规范［M］. 北京：中国建筑工业出版社，2011.

［27］高等学校教材编审委员会名单［J］. 中国大学教育，1985，（1）：15-19.

［28］赵安东. 对五十年代学习苏联高教经验进行教学改革的初步看法［J］. 上海高教研究丛刊，1981，1：64-75.

［29］高等教育部与有关业务部门大力组织自编教材工作［J］. 高等教育，1956，14.

［30］一个有远见的计划——贺"面向21世纪教学内容和课程体系改革计划"启动［J］. 教学与教材研究，1995，3：10-11.

［31］张浩. 有计划高起点地推进教学内容和课程体系改革——访国家教委专职委员、高教司司长周远清［J］. 中国高等教育，1995，Z1：21-23.

［32］景鲁一. 国家教委决定1987年开展全国优秀教材评奖活动［J］. 教材通讯，1987，3：3.

［33］朱开轩. 要把优秀教材奖励制度坚持下去［J］. 中国高等教育，1988，3：4-6+34.

［34］第二届全国高等学校优秀教材获奖书目［J］. 中国高等教育，1993. 1/1993. 2/1993，4.

［35］教育部. 第三次中国教育年鉴［M］. 台北：正中书局，1957.

［36］哈尔滨工业大学简史（1920-1985）［M］. 哈尔滨：哈尔滨工业大学出版社，1985.

［37］陈之迈. 与工程系主任周永德先生谈开办工科计划记［J］. 清华周刊，1926，25（15）：869-874.

附录

教育部立案本、专科学校一览表（1948年7月）　　　　附表2-1

序号	校名	地址	是否设土木本科	备注（1952年院系调整时土木专业的变动）
1	国立北洋大学	天津	是	1951年8月与河北工学院合并定名天津大学
2	国立山西大学	太原	是	1952年工学院机械、电机、土木、化工4个系独立组建太原工学院
3	国立北平（北京）大学	北平	是	1952年工学院并入清华大学
4	国立交通大学	上海	是	1952年土木并入同济大学；1956年内迁西安，1957年一部分留在上海的与原上海造船学院及筹办中的南洋工学院合并，作为交通大学的上海部分；1959年7月西安、上海两部分分离为西安交通大学和上海交通大学；1950年8月交通大学北京管理学院改称北方交通大学北京铁道管理学院；1952年改称北京铁道学院；1970年改称北方交通大学，2003年恢复使用北京交通大学校名
5	国立东北大学	沈阳	是	1952年工学院土木、化工两系并入大连工学院（1949年4月建大连大学，1950年大连大学工学院独立为大连工学院，大连大学建制撤销）
6	国立复旦大学	上海	是	土木1951年并入交通大学、1952年交通大学土木并入同济大学
7	国立中央大学	南京	是	1952年其工学院组建南京工学院
8	国立同济大学	上海	是	
9	国立清华大学	北平	是	

续表

序号	校名	地址	是否设土木本科	备注 （1952年院系调整时土木专业的变动）
10	国立湖南大学	长沙	是	1951年1月组建中南矿冶学院；1953年组建中南土木建筑学院，湖南大学校名撤销；1958年中南土木建筑学院更名为湖南工学院；1959年恢复为湖南大学
11	国立浙江大学	杭州	是	
12	国立武汉大学	武昌	是	1952年矿冶系调入中南矿冶学院；1953年土木系并入中南土木建筑学院；1954年水利学院分出成立武汉水利学院
13	国立中山大学	广州	是	1952年工学院组建华南工学院
14	国立广西大学	桂林	是	1953年土木系并入中南土木建筑学院、矿冶系并入中南矿冶学院，校名撤销；1958年恢复重建
15	国立山东大学	青岛	是	1952年工学院土木系组建青岛工学院
16	国立云南大学	昆明	是	1954年8月理工学院独立为昆明工学院
17	国立重庆大学	重庆	是	1952年西南工业专科学校（创办于1937年7月）更名重庆土木建筑工程学院，重庆大学土木、建筑系并入；1954年更名重庆建筑工程学院
18	国立中正大学	南昌	是	1949年9月更名南昌大学；1953年解体；1993年5月重建南昌大学
19	国立贵州大学	贵阳	是	1953年与云南大学工学院组建云南工学院，文理科合并到贵阳师范学院，经济系并入四川大学，农学院独立，校名取消；1958年在师范学院复建贵州大学
20	国立河南大学	开封	是	1952年土木系和铁道系并入湖南大学
21	台湾大学	台北	是	
22	国立四川大学	成都	是	1952年工学院的航空、化工两系调出，云南大学、贵州大学的土木水利系调入；1954年8月工学院独立建校，定名成都工学院
23	国立安徽大学	安庆	是	土木1950年并入南京大学（民国中央大学）；1954年安徽大学撤销，1958年复建
24	国立厦门大学	厦门	是	1952年电机、土木、机械系各一部分并入浙江大学；建筑系和部分土木系并入同济大学

序号	校名	地址	是否设土木本科	备注 （1952年院系调整时土木专业的变动）
25	国立暨南大学	上海		
26	国立兰州大学	兰州		
27	国立南开大学	天津		
28	国立西北大学	西安		
29	国立英士大学	金华		
30	国立长春大学	长春		
31	国立政治大学	南京		
32	私立金陵大学	南京		
33	私立圣约翰大学	上海	是	1949年和1952年，新闻系和外文系、中文系（部分）并入复旦大学；1951年土木、建筑工程系并入同济大学；1952年机械工程系并入交通大学，经济系并入上海财经学院，政治系并入华东政法学院，理学院、教育系、中文系（部分）并入华东师范大学，学校解体
34	私立岭南大学	广州	是	1952年工科组建华南工学院
35	私立广东国民大学	广州	是	1951年与私立广州大学等合并为华南联合大学，后者工学院1952年并入华南工学院
36	私立震旦大学	上海	是	1952年土木系并入同济大学，电机系并入交通大学，化工系参与组建华东化工学院，学校撤销
37	私立光华大学	上海	是	1951年土木系并入同济大学，机械系、电机系并入交通大学，学校建制取消
38	私立大夏大学	上海	是	1951年7月17日，大夏大学、光华大学的文、理、教育学科成立华东师范大学
39	私立大同大学	上海	是	1953年土木系并入同济大学，学校建制取消
40	私立广州大学	广州	是	1951年与私立广东国民大学等合并为华南联合大学，后者工学院1952年并入华南工学院
41	私立燕京大学	北平		
42	私立北平辅仁大学	北平		
43	私立武昌中华大学	武昌		
44	私立中法大学	北平		

续表

序号	校名	地址	是否设土木本科	备注 （1952年院系调整时土木专业的变动）
45	私立武昌华中大学	武昌		
46	私立中国大学	北平		
47	私立民国大学	湖南		
48	私立华西协合大学	成都		
49	私立成华大学	成都		
50	私立齐鲁大学	济南		
51	私立东吴大学	上海		
52	私立福建协和大学	福州		
53	私立沪江大学	上海		
54	私立东北中正大学	沈阳		
55	私立江南大学	无锡		
56	私立珠江大学	广州		
57	国立唐山工学院	唐山	是	1952年改称唐山铁道学院，1964年9月迁至峨眉，1972年更名西南交通大学
58	国立西北工学院	西安	是	1956年建筑、土木、市政迁出组建西安建筑工程学院；1957年10月主体部分与华东航空学院合并成立西北工业大学
59	国立北平师范学院	北平		
60	国立中正医学院	南昌		
61	国立师范学院	衡山		
62	国立湘雅医学院	长沙		
63	国立湖北师范学院	江陵		
64	国立贵州医学院	贵阳		
65	国立南宁师范学院	南宁		
66	国立沈阳医学院	沈阳		
67	国立贵州师范学院	贵阳		
68	国立兽医学院	兰州		
69	国立昆明师范学院	昆明		

续表

序号	校名	地址	是否设土木本科	备注（1952年院系调整时土木专业的变动）
70	国立成都理工学院	成都		
71	国立西北师范学院	昆明		
72	国立长白师范学院	兰州		
73	国立女子师范学院	重庆		
74	国立西北农学院	武功		
75	国立社会教育学院	苏州		
76	国立北平铁道管理学院	北平		
77	国立上海医学院	上海		
78	国立上海商学院	上海		
79	国立江苏医学院	镇江		
80	私立之江文理学院	杭州	是	1952年土木并入浙江大学，学校建制取消
81	私立焦作工学院	焦作	是	1951年4月组建中国矿业学院
82	私立天津工商学院	天津	是	1948年10月批准为私立津沽大学；1952年工学院并入天津大学
83	河北省立工学院	天津	是	1951年8月与北洋大学合并成立天津大学
84	江苏省立江苏学院	徐州		
85	福建省立农学院	福州		
86	江苏省立教育学院	无锡		
87	广东省立法商学院	广州		
88	安徽省立安徽学院	芜湖		
89	广东省立文理学院	广州		
90	湖北省立医学院	武昌		
91	广西省立医学院	桂林		
92	湖北省立农学院	武昌		
93	广西省立西江文理学院	南宁		
94	四川省立教育学院	重庆		
95	新疆省立新疆学院	迪化		
96	湖南省立克强学院	衡阳		

续表

序号	校名	地址	是否设土木本科	备注 （1952年院系调整时土木专业的变动）
97	台湾师范学院	台北		
98	河北省立农学院	保定		
99	台湾农学院	台北		
100	台湾工学院	台北		
101	河北省立医学院	保定		
102	山东省立农学院	济南		
103	河北省立女子师范学院	天津		
104	浙江省立医药学院	杭州		
105	福建省立医学院	福州		
106	山东省立师范学院	济南		
107	私立金陵女子文理学院	南京		
108	私立福建学院	福州		
109	私立建国法商学院	南京		
110	私立乡村建设学院	重庆		
111	私立求精商业学院	重庆		
112	私立铭贤学院	成都		
113	私立朝阳学院	北平		
114	私立东北文法学院	北平		
115	私立天津仁达商学院	天津		
116	私立北平协和医学院	北平		
117	私立广东光华医学院	广州		
118	私立南华学院	汕头		
119	私立上海政法学院	上海		
120	私立辽宁医学院	锦州		
121	私立上海法学院	上海		
122	私立华侨工商学院	香港		
123	私立诚明文学院	上海		

序号	校名	地址	是否设土木本科	备注 （1952年院系调整时土木专业的变动）
124	私立相辉文法学院	北碚		
125	私立同德医学院	上海		
126	私立中国纺织工学院	上海		
127	私立东南医学院	上海		
128	私立辅成法学院	万县		
129	私立新中国法商学院	上海		
130	私立川北农学院	三台		
131	私立南通学院	南通		
132	私立中华文法学院	广州		
133	私立正阳法学院	巴县		
134	私立华南女子文理学院	闽侯		
135	私立广州法学院	广州		
136	国立音乐院	南京		
137	国立边疆学校	南京		
138	国立戏剧专科学校	南京		
139	国立中央工业专科学校	重庆		
140	国立药学专科学校	南京		
141	国立中央技艺专科学校	乐山		
142	国立东方语文专科学校	南京		
143	国立自贡工业专科学校	自贡		
144	国立北平艺术专科学校	北平		
145	国立西北农业专科学校	兰州		
146	国立艺术专科学校	杭州		
147	国立西康技艺专科学校	西昌		
148	国立吴淞商船专科学校	上海		
149	国立康定师范专科学校	康定		
150	国立上海音乐专科学校	上海		

续表

序号	校名	地址	是否设土木本科	备注 （1952年院系调整时土木专业的变动）
151	国立体育师范专科学校	武昌		
152	国立福建音乐专科学校	福州		
153	国立国术体育师范专科学校	天津		
154	国立海疆专科学校	晋江		
155	国立辽海商船专科学校	葫芦岛		
156	江苏省立苏州工业专科学校	苏州		
157	陕西省立商业专科学校	西安		
158	江苏省立蚕丝专科学校	常州		
159	陕西省立师范专科学校	西安		
160	北平市立体育专科学校	北平		
161	陕西省立医学专科学校	西安		
162	江西省立工业专科学校	南昌		
163	福建省立师范专科学校	福州		
164	江西省立医学专科学校	南昌		
165	江西省立兽医专科学校	南昌		
166	广西省立艺术专科学校	桂林		
167	广东省立体育专科学校	广州		
168	江西省立体育师范专科学校	南昌		
169	广东省立工业专科学校	高要		
170	江西省立农业专科学校	南昌		
171	广东省立艺术专科学校	广州		
172	湖南省立音乐专科学校	长沙		
173	广东省立海事专科学校	广州		
174	四川省立艺术专科学校	成都		
175	云南省立英语专科学校	昆明		
176	四川省立体育专科学校	成都		
177	上海市立师范专科学校	上海		

续表

序号	校名	地址	是否设土木本科	备注 （1952年院系调整时土木专业的变动）
178	四川省立会计专科学校	成都		
179	上海市立吴淞水产专科学校	上海		
180	河北省立水产专科学校	天津		
181	上海市立体育专科学校	上海		
182	山东省立医学专科学校	济南		
183	上海市立工业专业学校	上海		
184	山西省立川至医学专科学校	太原		
185	河南省立商业专科学校	开封		
186	江西省立陶业专科学校	景德镇		
187	安徽省立工业专业学校	淮南		
188	私立重辉商业专科学校	南京		
189	私立武昌文化图书馆学专科学校	武昌		
190	私立上海美术专科学校	上海		
191	私立知行农业专科学校	户县		
192	私立立信会计专科学校	上海		
193	私立信江农业专科学校	上饶		
194	私立中国新闻专科学校	上海		
195	私立汉华农业专科学校	重庆		
196	私立上海牙医专科学校	上海		
197	私立西南美术专科学校	重庆		
198	私立中华工商专科学校	上海		
199	私立西南商业专科学校	桂林		
200	私立诚孚纺织专科学校	上海		
201	私立西北药学专科学校	西安		
202	私立南方商业专科学校	广州		
203	私立东亚体育专科学校	上海		

序号	校名	地址	是否设土木本科	备注 （1952年院系调整时土木专业的变动）
204	私立无锡国学专修学校	无锡		
205	私立上海纺织专科学校	上海		
206	私立苏州美术专科学校	苏州		
207	私立光夏商业专科学校	上海		
208	私立江苏正则艺术专科学校	丹阳		
209	私立海南农业专科学校	琼州		
210	私立武昌艺术专科学校	武昌		

2018年招收土木工程本科专业高校一览表　　　附表2-2

序号	校名	地点	序号	校名	地点
1	安徽工程大学	芜湖	18	宿州学院	宿州
2	安徽工业大学	马鞍山	19	北方工业大学	北京
3	安徽工业大学工商学院	马鞍山	20	北京城市学院	北京
4	安徽建筑大学	合肥	21	北京工业大学	北京
5	安徽建筑大学城市建设学院	合肥	22	北京航空航天大学	北京
6	安徽科技学院	蚌埠	23	北京建筑大学	北京
7	安徽理工大学	淮南	24	北京交通大学	北京
8	安徽农业大学	合肥	25	北京交通大学海滨学院	北京
9	安徽文达信息工程学院	合肥	26	北京科技大学	北京
10	安徽新华学院	合肥	27	北京林业大学	北京
11	蚌埠学院	蚌埠	28	清华大学	北京
12	滁州学院	滁州	29	中国地质大学（北京）	北京
13	合肥工业大学	合肥	30	中国矿业大学（北京）	北京
14	合肥学院	合肥	31	中国农业大学	北京
15	黄山学院	黄山	32	福建工程学院	福州
16	铜陵学院	铜陵	33	福建江夏学院	福州
17	皖西学院	六安	34	福建农林大学	福州

续表

序号	校名	地点	序号	校名	地点
35	福建农林大学金山学院	福州	63	兰州理工大学技术工程学院	兰州
36	福建师范大学闽南科技学院	泉州	64	兰州商学院陇桥学院	兰州
37	福州大学	福州	65	陇东学院	庆阳
38	福州大学阳光学院	福州	66	天水师范学院	天水
39	福州大学至诚学院	福州	67	西北民族大学	兰州
40	福州理工学院	福州	68	北京理工大学珠海学院	珠海
41	福州外语外贸学院	福州	69	东莞理工学院	东莞
42	华侨大学	泉州	70	东莞理工学院城市学院	东莞
43	集美大学	厦门	71	佛山科学技术学院	佛山
44	闽南理工学院	泉州	72	广东白云学院	广州
45	宁德师范学院	宁德	73	广东工业大学	广州
46	莆田学院	莆田	74	广东工业大学华立学院	广州
47	泉州信息工程学院	泉州	75	广东海洋大学寸金学院	湛江
48	三明学院	三明	76	广东技术师范学院天河学院	广州
49	厦门大学	厦门	77	广东石油化工学院	茂名
50	厦门大学嘉庚学院	厦门	78	广州大学	广州
51	厦门工学院	厦门	79	华南理工大学	广州
52	厦门理工学院	厦门	80	华南理工大学广州学院	广州
53	武夷学院	武夷	81	华南农业大学	广州
54	阳光学院	福州	82	惠州学院	惠州
55	龙岩学院	龙岩	83	暨南大学	广州
56	甘肃农业大学	兰州	84	嘉应学院	梅州
57	河西学院	张掖	85	汕头大学	汕头
58	兰州大学	兰州	86	韶关学院	韶关
59	兰州工业学院	兰州	87	深圳大学	深圳
60	兰州交通大学	兰州	88	五邑大学	江门
61	兰州交通大学博文学院	兰州	89	仲恺农业工程学院	广州
62	兰州理工大学	兰州	90	北海艺术设计学院	北海

续表

序号	校名	地点	序号	校名	地点
91	广西大学	南宁	119	河北大学	保定
92	广西大学行健文理学院	南宁	120	河北大学工商学院	保定
93	广西科技大学	柳州	121	河北地质大学	石家庄
94	广西科技大学鹿山学院	柳州	122	河北工程大学	邯郸
95	桂林电子科技大学	桂林	123	河北工程大学科信学院	邯郸
96	桂林理工大学	桂林	124	河北工程技术学院	石家庄
97	桂林理工大学博文管理学院	桂林	125	河北工业大学	天津
98	贺州学院	贺州	126	河北工业大学城市学院	天津
99	南宁学院	南宁	127	河北建筑工程学院	张家口
100	钦州学院	钦州	128	河北科技大学	石家庄
101	玉林师范学院	玉林	129	河北科技大学理工学院	石家庄
102	贵阳学院	贵阳	130	河北科技师范学院	秦皇岛
103	贵州大学	贵阳	131	河北科技学院	保定
104	贵州大学明德学院	贵阳	132	河北农业大学	保定
105	贵州工程应用技术学院	毕节	133	河北农业大学现代科技学院	保定
106	贵州理工学院	贵阳	134	河北水利电力学院	沧州
107	贵州民族大学	贵阳	135	河北外国语学院	石家庄
108	贵州民族大学人文科技学院	贵阳	136	华北电力大学科技学院	保定
109	贵州师范大学	贵阳	137	华北科技学院	廊坊
110	贵州师范大学求是学院	贵阳	138	华北理工大学	唐山
111	凯里学院	凯里	139	华北理工大学轻工学院	唐山
112	六盘水师范学院	六盘水	140	廊坊师范学院	廊坊
113	铜仁学院	铜仁	141	石家庄铁道大学	石家庄
114	遵义师范学院	遵义	142	石家庄铁道大学四方学院	石家庄
115	海口经济学院	海口	143	唐山学院	唐山
116	海南大学	海口	144	燕京理工学院	廊坊
117	北华航天工业学院	廊坊	145	燕山大学	秦皇岛
118	防灾科技学院	廊坊	146	燕山大学里仁学院	秦皇岛

续表

序号	校名	地点	序号	校名	地点
147	中国地质大学长城学院	保定	175	郑州升达经贸管理学院	郑州
148	安阳工学院	安阳	176	中原工学院	郑州
149	安阳师范学院	安阳	177	中原工学院信息商务学院	郑州
150	安阳学院	安阳	178	信阳师范学院	信阳
151	河南城建学院	平顶山	179	信阳学院	信阳
152	河南大学	开封	180	东北林业大学	哈尔滨
153	河南大学民生学院	开封	181	东北农业大学	哈尔滨
154	河南工程学院	郑州	182	东北石油大学	大庆
155	河南工业大学	郑州	183	哈尔滨工程大学	哈尔滨
156	河南科技大学	洛阳	184	哈尔滨工业大学	哈尔滨
157	河南理工大学	焦作	185	哈尔滨华德学院	哈尔滨
158	河南师范大学新联学院	郑州	186	哈尔滨理工大学	哈尔滨
159	华北水利水电大学	郑州	187	哈尔滨商业大学	哈尔滨
160	黄河交通学院	郑州	188	哈尔滨石油学院	哈尔滨
161	黄河科技学院	郑州	189	哈尔滨学院	哈尔滨
162	黄淮学院	驻马店	190	哈尔滨远东理工学院	哈尔滨
163	洛阳理工学院	洛阳	191	黑龙江八一农垦大学	大庆
164	南阳理工学院	南阳	192	黑龙江大学	哈尔滨
165	南阳师范学院	南阳	193	黑龙江东方学院	哈尔滨
166	新乡学院	新乡	194	黑龙江工程学院	哈尔滨
167	许昌学院	许昌	195	黑龙江工商学院	哈尔滨
168	郑州财经学院	郑州	196	黑龙江工业学院	鸡西
169	郑州成功财经学院	郑州	197	黑龙江科技大学	哈尔滨
170	郑州大学	郑州	198	佳木斯大学	佳木斯
171	郑州工商学院	郑州	199	齐齐哈尔大学	齐齐哈尔
172	郑州工业应用技术学院	郑州	200	齐齐哈尔工程学院	齐齐哈尔
173	郑州航空工业管理学院	郑州	201	湖北第二师范学院	武汉
174	郑州科技学院	郑州	202	湖北工程学院	孝感

续表

序号	校名	地点	序号	校名	地点
203	湖北工程学院新技术学院	孝感	231	长江大学工程技术学院	荆州
204	湖北工业大学	武汉	232	长江大学文理学院	荆州
205	湖北工业大学工程技术学院	武汉	233	中国地质大学（武汉）	武汉
206	湖北理工学院	黄石	234	湖南城市学院	益阳
207	湖北民族学院科技学院	恩施	235	湖南大学	长沙
208	湖北商贸学院	武汉	236	湖南工程学院	湘潭
209	湖北文理学院	襄阳	237	湖南工程学院应用技术学院	湘潭
210	湖北文理学院理工学院	襄阳	238	湖南工学院	衡阳
211	华中科技大学	武汉	239	湖南工业大学	株洲
212	黄冈师范学院	黄冈	240	湖南工业大学科技学院	株洲
213	三峡大学	宜昌	241	湖南科技大学	湘潭
214	三峡大学科技学院	宜昌	242	湖南科技大学潇湘学院	湘潭
215	文华学院	武汉	243	湖南科技学院	永州
216	文山学院	文山	244	湖南理工学院	岳阳
217	武昌工学院	武汉	245	湖南理工学院南湖学院	岳阳
218	武昌理工学院	武汉	246	湖南农业大学	长沙
219	武昌首义学院	武汉	247	湖南农业大学东方科技学院	长沙
220	武汉大学	武汉	248	湖南文理学院	常德
221	武汉工程大学	武汉	249	湖南文理学院芙蓉学院	常德
222	武汉工程大学邮电与信息工程学院	武汉	250	吉首大学	吉首
223	武汉工程科技学院	武汉	251	吉首大学张家界学院	张家界
224	武汉科技大学	武汉	252	南华大学	衡阳
225	武汉科技大学城市学院	武汉	253	南华大学船山学院	衡阳
226	武汉理工大学	武汉	254	邵阳学院	邵阳
227	武汉理工华夏学院	武汉	255	湘潭大学	湘潭
228	武汉轻工大学	武汉	256	湘潭大学兴湘学院	湘潭
229	武汉生物工程学院	武汉	257	长沙理工大学	长沙
230	长江大学	荆州	258	长沙理工大学城南学院	长沙

序号	校名	地点	序号	校名	地点
259	长沙学院	长沙	287	江苏大学	镇江
260	中南大学	长沙	288	江苏大学京江学院	镇江
261	中南林业科技大学	长沙	289	江苏科技大学	镇江
262	中南林业科技大学涉外学院	长沙	290	江苏科技大学苏州理工学院	镇江
263	白城师范学院	白城	291	金陵科技学院	南京
264	北华大学	吉林	292	南京大学金陵学院	南京
265	东北电力大学	吉林	293	南京工程学院	南京
266	吉林大学	吉林	294	南京工业大学	南京
267	吉林建筑大学	吉林	295	南京工业大学浦江学院	南京
268	吉林建筑大学城建学院	吉林	296	南京航空航天大学	南京
269	吉林农业科技学院	吉林	297	南京航空航天大学金城学院	南京
270	延边大学	延边	298	南京理工大学	南京
271	长春大学旅游学院	长春	299	南京理工大学泰州科技学院	泰州
272	长春工程学院	长春	300	南京理工大学紫金学院	南京
273	长春工业大学	长春	301	南京林业大学	南京
274	长春工业大学人文信息学院	长春	302	南通大学	南通
275	长春建筑学院	长春	303	南通大学杏林学院	南通
276	长春科技学院	长春	304	南通理工学院	南通
277	常州大学	常州	305	三江学院	南京
278	常州大学怀德学院	常州	306	苏州科技大学	苏州
279	常州工学院	常州	307	苏州科技大学天平学院	苏州
280	东南大学	南京	308	无锡太湖学院	无锡
281	东南大学成贤学院	南京	309	西交利物浦大学	苏州
282	河海大学	南京	310	宿迁学院	宿迁
283	河海大学文天学院	南京	311	徐州工程学院	徐州
284	淮海工学院	连云港	312	盐城工学院	盐城
285	淮阴工学院	淮阴	313	扬州大学	扬州
286	江南大学	无锡	314	扬州大学广陵学院	扬州

续表

序号	校名	地点	序号	校名	地点
315	中国矿业大学	徐州	344	大连海洋大学	大连
316	中国矿业大学徐海学院	徐州	345	大连交通大学	大连
317	中国人民解放军理工大学	南京	346	大连理工大学	大连
318	东华理工大学	南昌	347	大连理工大学城市学院	大连
319	东华理工大学长江学院	南昌	348	大连民族大学	大连
320	华东交通大学	南昌	349	东北大学	沈阳
321	华东交通大学理工学院	南昌	350	辽东学院	丹东
322	江西工程学院	新余	351	辽宁工程技术大学	阜新
323	江西科技师范大学	南昌	352	辽宁工业大学	锦州
324	江西科技师范大学理工学院	南昌	353	辽宁科技大学	鞍山
325	江西科技学院	南昌	354	辽宁科技学院	本溪
326	江西理工大学	赣州	355	辽宁石油化工大学	抚顺
327	江西理工大学应用科学学院	赣州	356	沈阳城市建设学院	沈阳
328	江西农业大学	南昌	357	沈阳城市学院	沈阳
329	江西应用科技学院	南昌	358	沈阳大学	沈阳
330	井冈山大学	吉安	359	沈阳工业大学	沈阳
331	九江学院	九江	360	沈阳建筑大学	沈阳
332	南昌大学	南昌	361	沈阳农业大学	沈阳
333	南昌大学共青学院	南昌	362	赤峰学院	赤峰
334	南昌大学科学技术学院	南昌	363	鄂尔多斯应用技术学院	鄂尔多斯
335	南昌工程学院	南昌	364	呼伦贝尔学院	呼伦贝尔
336	南昌工学院	南昌	365	内蒙古大学	呼和浩特
337	南昌航空大学	南昌	366	内蒙古大学创业学院	呼和浩特
338	南昌航空大学科技学院	南昌	367	内蒙古工业大学	呼和浩特
339	南昌理工学院	南昌	368	内蒙古科技大学	包头
340	新余学院	新余	369	内蒙古农业大学	呼和浩特
341	宜春学院	宜春	370	内蒙古师范大学鸿德学院	呼和浩特
342	大连大学	大连	371	北方民族大学	银川
343	大连海事大学	大连	372	宁夏大学	银川

续表

序号	校名	地点	序号	校名	地点
373	宁夏大学新华学院	银川	402	山东农业大学	泰安
374	宁夏理工学院	石嘴山	403	山东协和学院	济南
375	银川能源学院	银川	404	山东英才学院	济南
376	中国矿业大学银川学院	银川	405	泰山学院	泰安
377	青海大学	西宁	406	潍坊科技学院	潍坊
378	青海大学昆仑学院	西宁	407	潍坊学院	潍坊
379	青海民族大学	西宁	408	烟台大学	烟台
380	滨州学院	滨州	409	枣庄学院	枣庄
381	哈尔滨工业大学（威海）	威海	410	中国海洋大学	青岛
382	菏泽学院	菏泽	411	中国石油大学（华东）	青岛
383	济南大学	济南	412	吕梁学院	吕梁
384	济南大学泉城学院	济南	413	山西大同大学	大同
385	聊城大学	聊城	414	山西大学	太原
386	临沂大学	临沂	415	山西工程技术学院	阳泉
387	鲁东大学	烟台	416	山西工商学院	太原
388	齐鲁理工学院	济南	417	山西农业大学	晋中
389	青岛滨海学院	青岛	418	山西应用科技学院	太原
390	青岛工学院	青岛	419	太原科技大学	太原
391	青岛黄海学院	青岛	420	太原理工大学	太原
392	青岛理工大学	青岛	421	太原理工大学现代科技学院	太原
393	青岛理工大学琴岛学院	青岛	422	太原学院	太原
394	青岛农业大学	青岛	423	中北大学	太原
395	青岛农业大学海都学院	青岛	424	陕西理工大学	汉中
396	山东大学	济南	425	商洛学院	商洛
397	山东建筑大学	济南	426	商丘工学院	商丘
398	山东交通学院	济南	427	商丘师范学院	商丘
399	山东科技大学	青岛	428	商丘学院	商丘
400	山东科技大学泰山科技学院	泰安	429	西安工程大学	西安
401	山东理工大学	淄博	430	西安工业大学	西安

序号	校名	地点	序号	校名	地点
431	西安工业大学北方信息工程学院	西安	460	成都理工大学工程技术学院	成都
432	西安建筑科技大学	西安	461	成都学院	成都
433	西安建筑科技大学华清学院	西安	462	内江师范学院	内江
434	西安交通大学	西安	463	攀枝花学院	攀枝花
435	西安交通大学城市学院	西安	464	四川大学	成都
436	西安交通工程学院	西安	465	四川大学锦城学院	成都
437	西安科技大学	西安	466	四川大学锦江学院	成都
438	西安科技大学高新学院	西安	467	四川工商学院	成都
439	西安理工大学	西安	468	四川工业科技学院	德阳
440	西安理工大学高科学院	西安	469	四川理工学院	自贡
441	西安欧亚学院	西安	470	四川农业大学	成都
442	西安培华学院	西安	471	四川师范大学	成都
443	西安石油大学	西安	472	四川文理学院	达州
444	西安思源学院	西安	473	西昌学院	西昌
445	西北工业大学	西安	474	西华大学	成都
446	西北农林科技大学	杨凌	475	西南交通大学	成都
447	西京学院	西安	476	西南交通大学希望学院	成都
448	延安大学	延安	477	西南科技大学	绵阳
449	延安大学西安创新学院	延安	478	西南科技大学城市学院	绵阳
450	榆林学院	榆林	479	西南石油大学	成都
451	长安大学	西安	480	北京科技大学天津学院	天津
452	长安大学兴华学院	西安	481	天津城建大学	天津
453	上海大学	上海	482	天津大学	天津
454	上海交通大学	上海	483	天津大学仁爱学院	天津
455	上海理工大学	上海	484	中国民航大学	天津
456	上海师范大学	上海	485	西藏大学	拉萨
457	上海应用技术大学	上海	486	西藏民族大学	咸阳
458	同济大学	上海	487	喀什大学	喀什
459	成都理工大学	成都	488	石河子大学	石河子

续表

序号	校名	地点	序号	校名	地点
489	塔里木大学	阿拉尔	516	台州学院	临海
490	新疆大学	乌鲁木齐	517	同济大学浙江学院	嘉兴
491	新疆大学科学技术学院	乌鲁木齐	518	温州大学	温州
492	新疆工程学院	乌鲁木齐	519	温州大学瓯江学院	温州
493	新疆农业大学	乌鲁木齐	520	浙江大学	杭州
494	新疆农业大学科学技术学院	乌鲁木齐	521	浙江大学城市学院	杭州
495	新疆医科大学厚博学院	乌鲁木齐	522	浙江大学宁波理工学院	宁波
496	保山学院	保山	523	浙江工业大学	杭州
497	昆明理工大学	昆明	524	浙江海洋大学	舟山
498	昆明理工大学津桥学院	昆明	525	浙江海洋大学东海科学技术学院	舟山
499	昆明学院	昆明	526	浙江科技学院	杭州
500	西南林业大学	昆明	527	浙江理工大学	杭州
501	云南大学	昆明	528	浙江理工大学科技与艺术学院	杭州
502	云南大学滇池学院	昆明	529	浙江农林大学	杭州
503	云南工商学院	昆明	530	浙江农林大学暨阳学院	诸暨
504	云南经济管理学院	昆明	531	浙江树人学院	杭州
505	云南民族大学	昆明	532	浙江水利水电学院	杭州
506	云南农业大学	昆明	533	绍兴文理学院	绍兴
507	云南师范大学文理学院	昆明	534	绍兴文理学院元培学院	绍兴
508	嘉兴学院	嘉兴	535	西南大学	重庆
509	嘉兴学院南湖学院	嘉兴	536	长江师范学院	重庆
510	丽水学院	丽水	537	重庆大学	重庆
511	宁波大学	宁波	538	重庆大学城市科技学院	重庆
512	宁波大学科学技术学院	宁波	539	重庆交通大学	重庆
513	宁波工程学院	宁波	540	重庆科技学院	重庆
514	宁波诺丁汉大学	宁波	541	重庆三峡学院	重庆
515	衢州学院	衢州	542	重庆文理学院	重庆

第3章　专业教学指导

3.1 概述

专业教学指导是指国家教育管理部门通过一定方式（包括组织专家或通过专家机构）对专业教学条件和教学内容提出基本要求并指导实施的管理形式。不同时期，管理部门、管理机构、专家组织、指导形式和工作重点都不断变化。对建设类专业（历史上亦称建筑类、土建类、建设工程类等，主要是土木工程等专业）的管理和指导依据时间分为以下阶段。

3.1.1 教学指导的几个阶段及主要工作

1950~1962年，由教育行政主管部门负责土木工程专业的教学计划和教学大纲的制定。中华人民共和国成立后，建设类专业的教学计划集中制定或修订过几次，1950年教育部发布了《关于实施高等学校课程改革的决定》，1953年高等教育部发布了《修订工业学校四年制本科和两年制专科各专业统一教学计划的通知》。1954年教育部颁发了"建筑学""工业和民用建筑""工业和民用建筑结构""给水及排水"等专业的统一教学大纲，并指出教学计划是教学工作的基本大法，学校在执行教学计划时，不得任意变动。1955年高等工业学校本科学制改为五年制，教育部组织了五年制教学计划的修订工作，提出了指导性教学计划，供学校使用。

1962~1981年由教育部委托建设教育行政主管部门对专业进行指导管理。1962年教育部召开了高等工业学校教学工作会议，总结了教学工作基本经验，制定了《教育部关于直属高等工业学校修订五年制本科教学计划的规定（草案）》，并制定了包括"工业和民用建筑"专业在内的专业指导性教学计划和工科专业基础课、基础技术课教学大纲，会后委托中央各部委按专业归口分工，分头组织各专业修订教学计划和专业课教学大纲。1963~1964年，在建筑工程部组织下，对土木建筑类专业的74种专业课教学大纲和31种实习教学大纲进行修订，其中包括了"工业和民用建筑"专业的专业课教学大纲的修订，这次修订工作是根据"教育必须为无产阶级政治服务，必须同生产劳动相结合"的方针，以及《高教六十条》的精神，明确了专业培养目标是应当按照培养工程师的要求来确定，在学业上完成工程师的基本训练，认真贯彻"少而精"的原则。

1981~1989年由城乡建设环境保护部受教育部委托负责土建类专业的教学指导工作。1981~1983年，城乡建设环境保护部根据《教育部关于直属高等工业学校修订本科教学计划的规定（草案）》，结合建筑类专业的具体情况和教学实践经验，修订了"工业和民用建筑""供热与通风""给水排水工程""建筑机械""建筑工业电气自动化""建筑管理工程"等专业的参考性教学计划，规定培养目标是德智体全面发展的高级工程技术人才，在业务上必须获得工程师的基本训练。在满足培养目标所规定的基本规格条件下，在课程设置和时间安排上，各校有一定的灵活性，留出供各校和学生选修课程的时间。

1989～2018年，由住房和城乡建设部受教育部委托负责组建、管理土建类学科专业指导委员会的工作，专业指导委员会（简称"专指委"）主要工作是专业标准（规范、教学基本要求）制定及实施、教材规划与建设、师资交流与培训、学科专业比赛竞赛、实践教学等指导和管理工作。

2018年12月以后，教育部对土建类各专业教学指导委员会的组建和管理进行了改革，由教育部高教司直接组建和管理。

3.1.2 教材建设

中华人民共和国成立初期，建筑类专业教材基本上借用苏联的教材，1954年建筑工程部教育局设有专门的教材编译室，负责建筑类专业的教材翻译工作，也根据我国实际组织编写部分教材，1956年该编译室并入中国建筑工业出版社。1961年中央书记处专门讨论高校的教材问题，提出教材建设先解决有无问题，再逐步提高，要本着"未立不破"原则，采用"选、编、借"的办法解决教材有无问题。据此建筑工程部大规模组织了建筑类教材编写和出版工作，并成立了"工程结构""工程施工""建筑学""给水排水""供热供燃气和通风""建筑材料和混凝土制品"等6个专业教材编审委员会，编审委员会由当时著名高校的相关专业知名教授、专家组成，在3～4年时间，共选、编教材57种，基本解决了高校土建类专业教材的有无问题，且质量也不断提高。1964年建筑工程部成立教材编辑室，按教材规划出版了一批教材，这项工作到"文化大革命"中断。1978年根据国务院《关于高等学校教材编审出版工作若干问题的暂行规定》（国发1978〔23〕号），国家建工总局、城乡建设环境保护部先后组织编写了建筑类专业教材80种共85本，到1983年，基本解决了教材有无问题。

为有计划地开展教材建设，逐步提高教材质量，1983年3月城乡建设环境保护部在苏州召开了建筑类专业教材编审委员会会议，在1961年教材编审委员会基础上，恢复建立了高等学校"建筑学及城市规划类""建筑结构类""建筑施工与管理类""供热通风与燃气类""给排水与环境工程类"五个专业类教材编审委员会，共聘请委员82位，顾问1位，分别委托当时的南京工学院、同济大学、重庆建筑工程学院、哈尔滨建筑工程学院、清华大学五所院校主持。其中建筑结构类专业教材编审委员会主任委员为同济大学王达时，副主任委员为清华大学王国周、湖南大学成文山、同济大学蒋大骅。委员18人（包括主任、副主任委员），见附件3-1。以上教材编审委员会是建筑类专业教材建设和专业教学的业务专家指导机构，后来演变成为学科专业教学指导委员会。

附件3-1 高等工业学校建筑类专业教材编审委员会建筑结构类专业教材编审委员会（1983年）

主持学校：同济大学

主任委员：

王达时　　同济大学

副主任委员：

王国周	清华大学
成文山	湖南大学
蒋大骅	同济大学

委员：

丁大钧	南京工学院
王达时	同济大学
王国周	清华大学
成文山	湖南大学
吉金标	天津大学
朱聘儒	哈尔滨建筑工程学院
刘南科	重庆建筑工程学院
沈世钊	哈尔滨建筑工程学院
罗崧发	华南工学院
胡松林	南京建筑工程学院
俞调梅	同济大学
秦文钺	重庆建筑工程学院
唐念慈	南京工学院
黄　棠	西南交通大学
舒士霖	浙江大学
童岳生	西安冶金建筑学院
蒋大骅	同济大学
藤智明	清华大学

1983～1989年，建筑结构类专业教材编审委员会负责统编教材的编写和审定工作，对应教材出版单位主要是中国建筑工业出版社，这一时期的教材为统编教材。1984年各教材编审委员会分别讨论和落实了1986～1990年教材编审出版规划。1985～1997年土建类专业教材出版情况如表3-1所示。

1985～1997年土建类专业教材出版情况统计　　　　　表3-1

年份	新编或修订教材种数	字数（万字）
1985	11	445
1986	14	525
1987	19	756
1988	15	622.4
1989	11	421

续表

年份	新编或修订教材种数	字数（万字）
1990	7	331
1991	7	332.2
1992	8	166.2
1993	9	349.5
1995	9	468.2
1996	12	547
1997	13	559.7

1985～1997年的13年之间，共计出版教材135种、5523.2万字，平均每年出版10种，约425万字，而且教材质量不断提高，通过三次优秀教材评奖，检阅了教材的质量，不断推动教材建设工作。

1987年12月，国家教委召开了全国优秀教材评审会议，建筑工程类教材获特等奖一种，为《中国古代建筑史》。优秀奖6种，包括：《供热学》《多层及高层建筑结构设计》《外国建筑史》《建筑材料》《钢筋混凝土基本构件》《建筑施工》等。

从1989年开始，建筑工程类教材由学科专业指导委员会负责组织评选推荐。对适合教学需要的教材，都会将教材推荐给出版社出版，并制定了建筑工程学科推荐教材申报评审工作实施细则。

根据国家教委的统一部署，从"九五"开始（1996～2000年）开展国家重点教材立项工作。1993年国家教委表彰了教材管理工作先进集体和个人，中国建筑工业出版社被评为先进集体。建设部教育司吴勤珍被评选为先进个人。1996年建设部立项规划教材31本，推荐国家级重点教材15本。

1989～2000年，教材由新成立的高等学校建设工程类学科专业指导委员会负责，建筑工程类（土木工程）学科专业指导委员会负责建筑工程专业教材的评审、推荐出版等工作。这一时期的教材逐步由统编教材向推荐教材过渡。

2000～2018年，由建设部从"十五"开始，对土建类专业开展五年规划立项建设，先后经历了"十一五""十二五""十三五"立项规划，规划教材的评审推荐和组织建设由土建类专业土木工程学科专业教学指导委员会实施。这一时期的教材建设，只做规划立项建设和推荐，教材出版业逐步放开，土木工程的教材除了中国建筑工业出版社出版外，科学出版社、高等教育出版社、机械工业出版社以及部分高校出版社也参与教材出版。教材由各学校自主选用。

3.1.3　20世纪三次教材评奖

根据国家教委统一部署，1987年8月，城乡建设环境保护部进行了第一次全国高等学校建筑类专业优秀教材评选。对1976～1985年出版的建筑类教材进行了评奖。评选出一等奖6种，包括《中国古代建筑史》《传热学（第2版）》《多层及高层厂房结构设计（上、下）》《外国建筑史》《建筑材料（第2版）》《排水工程（下）》。二等奖11种，包括《建筑施工》《城市地理概论》《钢筋混凝土基本构件》《锅炉及锅炉房设备》《高层建筑结构设计》《工业机械底盘构造与设计》《给水工程》《当代给水与废水处理原理讲义》《建筑结构》《地基与基础》《燃气输配》；三等奖12种，包括《供热工程（第2版）》《中国建筑史》《建筑构造（上下册）》《建筑施工（第2版）》《综合医院建筑设计》《钢结构》《工厂供电》《排水工程（上册）》《水处理工程》《砖石结构》《建筑初步》《单斗液压挖掘机》。

1992年1月，建设部进行了第二次全国高等学校建筑类专业优秀教材评选。对1986～1990年出版的建筑类教材进行评选。评出一等奖8种，包括《外国城市建筑史》《中国城市建筑史》《建筑热过程》《钢结构（上下册）》《工程结构可靠性设计》《建筑企业管理学》《钢结构》《给水工程（上下册）》；二等奖13种，包括《建筑结构》《施工组织设计》《运筹学》《室内给水排水工程》《建筑声环境》《中小学建筑设计》《热泵》《水处理微生物学》《设备安装工艺（上下）》《钢筋混凝土结构》《建筑技术经济与企业管理现代化》《排水工程（上）》《单斗液压挖掘机》。中青年教师优秀教材奖2种，包括《力学与结构（上下）》《内燃机构造与原理》等。特别荣誉奖1种，为《近百年西方建筑史》。

1995年11月，建设部进行了第三次全国高等学校建筑类专业优秀教材评选，评出一等奖9种，包括《钢结构》《混凝土结构（上下）》《建筑制图》《建筑物理》《砌体结构》《城市规划原理》《工程热力学》《中国建筑史》《空气调节》。二等奖19种，包括《房地产市场经营学》《多层及高层建筑结构设计》《流体力学泵与风机》《建筑美术丛书》《建筑工程合同管理与索赔》《大跨房屋钢结构》《水污染控制工程》《给水排水工程结构》《砌体结构》《城市交通与道路系统规划设计》《建筑施工组织》《建筑结构基本原理》《工程结构抗震》《土木工程英语》《钢结构稳定理论与应用》《建筑工程材料》《钢筋混凝土非线性有限元分析》《给水排水工程计算机程序设计》《建筑形态设计基础》。中青年教师优秀教材奖2种，包括《房地产开发理论与实务》《环境规划学》。

3.2 专业指导组织机构和主要职能

3.2.1 第一届建筑工程类学科专业指导委员会

1989年5月16日，全国高等学校建设工程类学科成立专业指导委员会的第一次会议在北京召开。这是以建设工程类学科专业指导委员会的名义正式成立（第一届）。指导委员会由建筑学、建筑工程、供热通风与空调工程、给水排水工程和建筑管理工程等五个学科专业组成，建设部副部长叶如棠在专指委成立会上做了讲话。第一届建筑工程（土木工程前身）类学科专业指导委员会有委员21人，由同济大学主持，主任委员为沈祖炎教授，副主任委员为湖南大学成文山教授、清华大学江见鲸教授、同济大学张誉教授，下设建筑施工指导小组，同济大学赵志缙教授任组长。委员会名单见附件3-2。

附件3-2　第一届全国高等学校建筑工程类学科专业指导委员会

主持学校：同济大学

主任委员：

| 沈祖炎 | 教授 | 同济大学 |

副主任委员：

成文山	教授	湖南大学
江见鲸	教授	清华大学
张　誉	教授	同济大学

委员：

于庆荣	教授	天津大学
王安生	教授	甘肃工业大学
白绍良	教授	重庆建筑工程学院
孙庆文	副教授	华南理工大学
朱聘儒	教授	苏州城市建设环境保护学院
沈世钊	教授	哈尔滨建筑工程学院
李桂青	教授	武汉工业大学
陈禄生	教授	西南交通大学
林文虎	教授	重庆建筑工程学院
赵志缙	教授	同济大学
姚祖恩	副教授	浙江大学
侯学渊	教授	同济大学
唐岱新	教授	哈尔滨建筑工程学院
唐念慈	教授	东南大学
蒋永生	副教授	东南大学
谢行皓	教授	西安冶金建筑学院
滕智明	教授	清华大学

建筑施工指导小组：

组长：

| 赵志缙 | 教授 |

副组长：

林文虎　　　教授

谢行皓　　　教授

成员：

方先和　　　副教授　　　　　　东南大学

谢尊渊　　　教授　　　　　　　华南理工大学

第一届建筑工程（土木工程前身）类学科专业指导委员会是在继承了教材编审委员会的基础上成立的，原教材编审委员会的工作职能全部移交专业指导委员会，主要职能是"加强对学科专业建设的宏观指导"，贯彻落实"中共中央关于教育体制改革的决议"，是政府职能转变的一项重要措施，主要工作有建筑工程（土木工程）教学基本要求和培养规格的制定和组织实施，教材编写计划、教材评审和教材推荐等工作。专指委的工作在一定程度上对各地方院校提供了指导作用，从教材选择到教学实践上都发挥了作用。

3.2.2　第二届建筑工程学科专业指导委员会

1994年建设部印发建教〔1994〕709号文件（图3-1），成立了第二届全国高等学校建设工程类学科专业指导委员会。同年10月5～7日在北京举行换届会议，建设部副部长毛如柏讲话指出："本届指导委员会的工作，必须围绕深化教育教学改革这个主题进行，在改革专业教育思想、教育教学内容、课程体系及教学方法等方面向建设部提出可供决策用的建设性意见和建议，指导委员会要制定出切实可行的计划，组织好计划的实施，一步一步地取得阶段性成果"。会议印发了《全国高等学校建设工程类学科专业指导委员会工作条例》《全国高等学校建设工程类第二届学科专业指导委员会工作条例指导意见》《建设部专业教材工作规程》，本届专指委的主要工作职责以专业教学基本要求和培养规格以及教材建设、审定和推荐为主要工作。其中第二届全国高等学校建筑工程学科专业指导委员会共有23位委员，名单参见附件3-3。

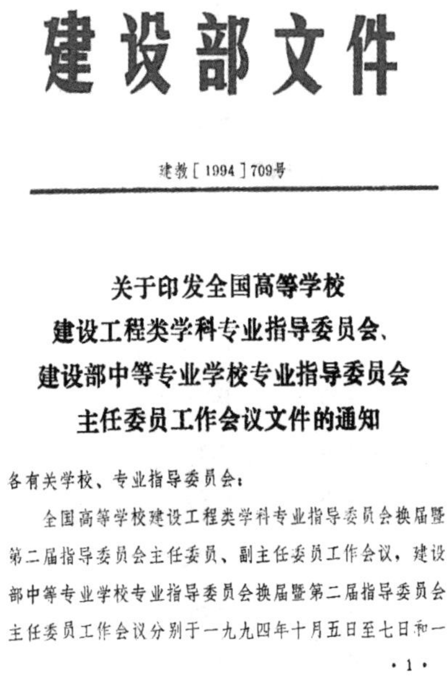

附件3-3　第二届全国高等学校建筑工程学科专业指导委员会

主持学校：同济大学

主任委员会：

沈祖炎　　　教授　　　　　　　同济大学

建 设 部 文 件

建教〔1994〕709号

关于印发全国高等学校
建设工程类学科专业指导委员会、
建设部中等专业学校专业指导委员会
主任委员工作会议文件的通知

各有关学校、专业指导委员会：

　　全国高等学校建设工程类学科专业指导委员会换届暨第二届指导委员会主任委员、副主任委员工作会议，建设部中等专业学校专业指导委员会换届暨第二届指导委员会主任委员工作会议分别于一九九四年十月五日至七日和一

·1·

图3-1

副主任委员：

江见鲸	教授	清华大学
蒋永生	教授	东南大学
杨林德	教授	同济大学

委员：

于庆荣	教授	天津大学
叶可明	高工	上海建工集团
叶作楷	副教授	华南理工大学
白绍良	教授	重庆建筑大学
安 昆	教授	西北建筑工程学院
关富玲（女）	教授	浙江大学
何若全	副教授	哈尔滨建筑大学
沈蒲生	教授	湖南大学
吴德伦	教授	重庆建筑大学
邵信发	副教授	东南大学
周福霖	教授	华南建设学院西院
苗若愚	教授	吉林建筑工程学院
赵志缙	教授	同济大学
夏永承	教授	西南交通大学
宰金珉	教授	南京建筑工程学院
唐岱新	教授	哈尔滨建筑大学
顾 强	教授	西安建筑科技大学
彭少民	教授	武汉工业大学
霍 达	教授	郑州工学院

建筑施工指导小组：

组长：

赵志缙	教授	同济大学

副组长：

叶作楷	副教授	华南理工大学

组员：

田永乾	教授	四川联合大学
郭正兴	副教授	东南大学

城镇建设指导小组：

组长：（待定）

副组长：（待定）

组员：

俞亚南	副教授	浙江大学
宴克飞	教授	上海城市建设学院

3.2.3 第三届土木工程学科专业指导委员会

1998年《关于印发第三届建设部高等建设工程类学科专业指导委员会主任委员工作会议文件的通知》（建人教〔1998〕170号）（图3-2），对建设部高等建设工程类学科专业指导委员会进行了换届。第三届主任委员工作会议于1998年8月25～26日在北京召开。本次指导委员会会议是贯彻第一次全国普通高校教学工作会议精神，落实会议提出的要求。从转变教育思想入手，以专业目录调整为契机，开展专业建设工作，以实现建设工程类专业的发展目标和任务，各指导委员会应主动发挥专业建设和发展方面的研究、咨询、指导和交流作用，与学校密切合作，加强和政府及社会各界的联系，为建设事业的改革和发展，培养专门人才做出贡献。

在会议上，同时成立了第三届建设部高等建设工程类学科专业指导委员会，印发了《建设部高等学校建设工程类学科专业指导委员会工作章程》和《第三届建设部高等建设工程类学科专业指导委员会工作意见》。本届土木工程学科专业指导委员会共聘请沈祖炎等26位专家，主持学校为同济大学。指导委员会名单见附件3-4。

附件3-4　第三届建设部高等土木工程学科专业指导委员会

主持学校：同济大学

主任委员：

沈祖炎	教授	同济大学

副主任委员：

江见鲸	教授	清华大学
蒋永生	教授	东南大学
周蓝玉	教授	沈阳建筑工程学院
何若全	教授	哈尔滨建筑大学

委员：

王永和	教授	长沙铁道学院
叶可明	院士	上海建工集团
叶作楷	副教授	华南理工大学
叶燎原	教授	云南工业大学
刘伯权	教授	西北建筑工程学院
朱　嬿（女）	教授	清华大学

吴学敏	高级工程师	建设部建筑设计院
张永兴	教授	重庆建筑大学
李国强	教授	同济大学
李 杰	教授	武汉城建学院
李 慧（女）	教授	甘肃工业大学
沈蒲生	教授	湖南大学
苏三庆	副教授	西安建筑科技大学
周福霖	教授	华南建设学院西院
房贞政	教授	福州大学
姜忻良	教授	天津大学
夏 禾	教授	北方交通大学
宰金珉	教授	南京建筑工程学院
龚晓南	教授	浙江大学
彭少民	教授	武汉工业大学
待定		中国矿业大学

2000年根据教育部《关于组建2001-2005年高等学校理工科教学指导委员会的通知》（教高司〔2000〕82号）文件要求，建设部对土建学科和各专业指导委员会进行了调整，并印发了《关于成立高等学校土建学科教学指导委员会的通知》（建人教〔2000〕229号），聘请郑一军等31位同志组成高等学校土建学科教学指导委员会，以及2001年建设部印发了《关于印发高等学校土建学科教学指导委员会工作章程、名单和各专业指导委员会名单的通知》（建人教〔2001〕207号）（图3-3），委员会任期到2004年10月，工作章程中明确规

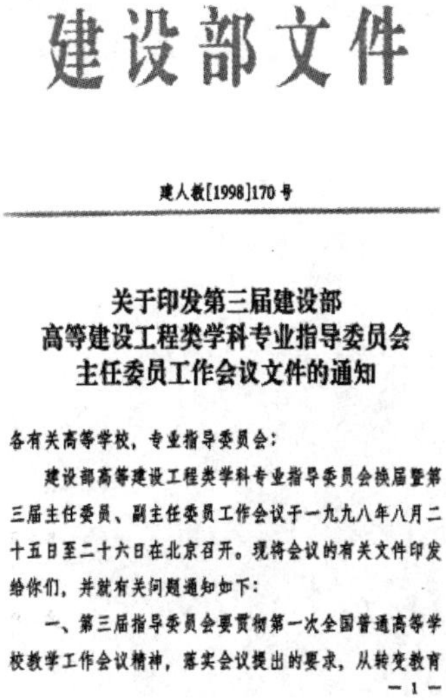

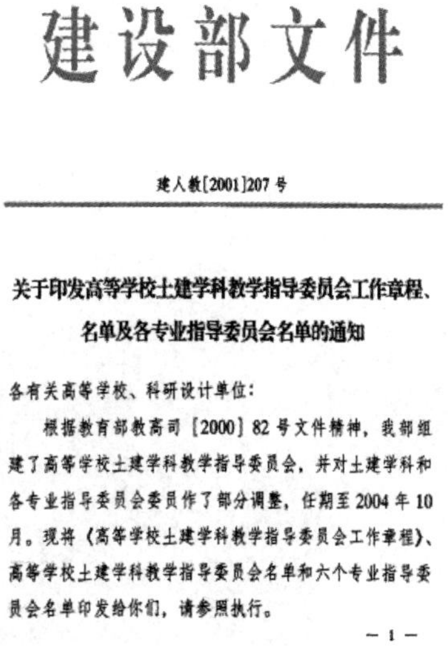

图3-2

图3-3

定教学指导委员会是受教育部委托并接受其指导，由建设部聘任和管理的专家机构，负责土建学科专业建设和人才培养的研究、指导、咨询和服务工作。教学指导委员会的任务是：指导和促进学科专业的教育教学改革、建设和发展，全面落实党的教育方针，提高专业教学质量；提出、研究有关土建学科专业发展中的重大课题；促进土建学科专业更好地适应建设事业发展的需要，为社会主义现代化建设服务。根据1998年本科专业目录，正式以土木工程专业名称成立高等学校土木工程学科专业指导委员会，聘请了34位委员，同时第一次增加了顾问和工程界专家。调整后的第三届土木工程学科专业指导委员会名单见附件3-5。图3-4和图3-5为部分会议合影。

图3-4　第三届高等学校土木工程学科专业指导委员会第四次会议委员合影

图3-5　高等学校土木工程学科专业指导委员会第三届六次会议合影

附件3-5 第三届高等学校土木工程学科专业指导委员会（调整后）

主持学校：同济大学

顾问：

| 施仲衡 | 院士 | 北京市城建设计研究院 |
| 吕志涛 | 院士 | 东南大学 |

主任委员：

| 沈祖炎 | 教授 | 同济大学 |

副主任委员：

江见鲸	教授	清华大学
蒋永生	教授	东南大学
周蓝玉	教授	沈阳建筑工程学院
何若全	教授	苏州科技学院

委员：

王永和	教授	中南大学
叶可明	院士	上海建工集团
叶作楷	副教授	华南理工大学
叶燎原	教授	昆明理工大学
白国良	教授	西安建筑科技大学
刘伯权	教授	长安大学
江欢成	院士	华东建筑设计研究院
朱　嬿（女）	教授	清华大学
吴学敏	高级工程师	中国建筑设计研究院
张永兴	教授	重庆大学
李国强	教授	同济大学
李　杰	教授	华中科技大学
李　慧（女）	教授	甘肃工业大学
陈忠延	教授	同济大学
胡长顺	教授	长安大学
沈蒲生	教授	湖南大学
张素梅（女）	教授	哈尔滨工业大学
周福霖	教授	广州大学
房贞政	教授	福州大学
姜忻良	教授	天津大学
夏　禾	教授	北方交通大学

宰金珉	教授	南京工业大学
强士中	教授	西南交通大学
龚晓南	教授	浙江大学
符锌砂	教授	华南理工大学
黄 侨	教授	哈尔滨工业大学
黄晓明	教授	东南大学
彭少民	教授	武汉理工大学
谢礼立	院士	国家地震局工程力学研究所

3.2.4 第四届土木工程学科专业指导委员会

2005年建设部发布《关于印发新一届高等学校土建学科教学指导委员会及各专业指导委员会名单的通知》（建人〔2005〕191号）（图3-6），即第四届土建学科教学指导委员会成立，委员任期到2009年10月。建设部副部长傅雯娟任主任委员，人事教育司副司长张其光任常务副主任委员。其中高等学校土木工程学科专业指导委员会名单见附件3-6。图3-7为第四届土木工程专业指导委员会合影。

建 设 部 文 件

建人〔2005〕191 号

关于印发新一届高等学校土建学科教学指导委员会及各专业指导委员会名单的通知

各有关单位：

　　高等学校土建学科教学指导委员会及各专业指导委员会（2001—2005 年）任期届满。根据《高等学校土建学科教学指导委员会工作章程》，经有关单位推荐，我部对委员会组成人员进行了调整，组建了新一届高等学校土建学科教学指导委员会及各专业指导委员会，任期为 2005 年 10 月至 2009 年 10 月。现将新一届高等学校土建学科教学指导委员会名单和六个专业指导委员会名单印发给你们。

— 1 —

图3-6

图3-7　第四届高等学校土木工程专业指导委员会第三次会议合影

附件3-6 第四届高等学校土木工程专业指导委员会

主持学校：同济大学

顾问：（共5人）

叶可明	院士	上海建工集团
吕志涛	院士	东南大学
江欢成	院士	华东建筑设计研究院
周福霖	院士	广州大学
施仲衡	院士	北京市城建设计研究院

主任委员：

李国强	教授	同济大学

副主任委员：（共4人）

石永久	教授	清华大学
何若全	教授	苏州科技学院
李爱群	教授	东南大学
宰金珉	教授	南京工业大学

委员：（共33人）

叶作楷	副教授	华南理工大学
叶燎原	教授	云南大学
白国良	教授	西安建筑科技大学
石雪飞	教授	同济大学
刘立新	教授	郑州大学
刘伯权	教授	长安大学
冷伍明	教授	中南大学
吴瑞麟	教授	华中科技大学
张凤新	教授级高工	华东建筑设计研究院
张永兴	教授	重庆大学
张敏政	研究员	中国地震局工程力学研究所
张智慧	教授	清华大学
李乔	教授	西南交通大学
李杰	教授	武汉工业学院
李慧（女）		兰州理工大学
杨志勇	教授	武汉理工大学
邹超英	教授	哈尔滨工业大学
陈云敏	教授	浙江大学

周　云	教授	广州大学
周国庆	教授	中国矿业大学
尚守平	教授	湖南大学
房贞政	教授	福州大学
范　重	教授级高工	中国建筑设计研究院
姜忻良	教授	天津大学
胡玉银	教授级高工	上海建工（集团）总公司
夏　禾	教授	北京交通大学
徐礼华（女）	教授	武汉大学
栾茂田	教授	大连理工大学
阎　石	教授	沈阳建筑大学
黄　侨	教授	哈尔滨工业大学
黄茂松	教授	同济大学
黄晓明	教授	东南大学
魏德敏（女）	教授	华南理工大学

3.2.5　第五届土木工程专业指导委员会

2010年住房和城乡建设部公布了《关于印发新一届高等学校土建学科教学指导委员会章程及组成人员名单的通知》（建人函〔2010〕68号），组建了新一届（第五届）高等学校土建学科教学指导委员会及各专业指导委员会（指导小组），任期五年。同时公布了《高等学校土建学科教学指导委员会章程》。章程明确规定"高等学校土建学科教学指导委员会"（简称土建学科教学指导委员会）是受教育部委托和指导，由住房和城乡建设部聘任和管理的专家组织，负责土建学科专业建设和人才培养的研究、指导、咨询、服务工作。土建学科教学指导委员会和各专业指导委员会在住房和城乡建设部、教育部的指导下，对土建学科专业的教学和人才培养工作进行研究、指导、咨询、服务。主要职责是：组织开展土建学科专业教育教学改革、发展等重大问题的研究，研究制定专业规范等重要教学文件并指导实施。指导高等学校开展土建学科专业教学改革、教改试点，组织教学研讨、教学成果经验推广、学术交流及学科专业竞赛等活动。组织开展对土建学科专业设置（调整）、专业建设、课程建设、教材建设、师资队伍建设和实践教学等方面咨询活动，提出教学改革和改进工作的建议，为主管部门决策服务。根据有关规定，组织推荐土建学科专业教学、科研成果，开展土建学科专业教育国际交流与合作。承担住房和城乡建设部、教育部委托的其他工作等。土木工程专业指导委员会组成人员名单见附件3-7。

附件3-7　第五届土木工程专业指导委员会

主持学校：同济大学

主任委员：

李国强	教授	同济大学

副主任委员：（共5人）

叶列平	教授	清华大学
李爱群	教授	东南大学
张 雁	秘书长	中国土木工程学会
邹超英	教授	哈尔滨工业大学
郑健龙	教授	长沙理工大学

委员：（共33人）

王 湛	教授	华南理工大学
王 燕	教授	青岛理工大学
王立忠	教授	浙江大学
王宗林	教授	哈尔滨工业大学
王起才	教授	兰州交通大学
方 志	教授	湖南大学
白国良	教授	西安建筑科技大学
关 罡	教授	郑州大学
刘伯权	教授	长安大学
孙伟民	教授	南京工业大学
孙利民	教授	同济大学
朱宏平	教授	华中科技大学
朱彦鹏	教授	兰州理工大学
吴 徽	教授	北京建筑工程学院
李宏男	教授	大连理工大学
祁 皑	教授	福州大学
张永兴	教授	重庆大学
张俊平	教授	广州大学
杨 杨	教授	浙江工业大学
余志武	教授	中南大学
周学军	教授	山东建筑大学
周志祥	教授	重庆交通大学
岳祖润	教授	石家庄铁道学院
赵艳林	教授	桂林理工大学
姜忻良	教授	天津大学

徐 岳	教授	长安大学
徐礼华	教授	武汉大学
高 波	教授	西南交通大学
程 桦	教授	安徽建筑工业学院
靖洪文	教授	中国矿业大学
缪 昇	教授	云南大学
薛素铎	教授	北京工业大学
魏庆朝	教授	北京交通大学

3.2.6　第六届土木工程学科专业指导委员会

2013年5月住房和城乡建设部公布了《关于印发新一届高等学校土建学科教学指导委员会章程及组成人员名单的通知》（建人函〔2013〕99号）。通知指出：根据教育部高等学校教学指导委员会换届精神和2012年新版《高等学校本科专业目录》，修订了土建学科教学指导委员会章程，并经有关单位推荐，调整了部分人员，组建了新一届高等学校土建学科教学指导委员会（第六届），任期到2017年。章程指出高等学校土建学科教学指导委员会（简称土建学科教学指导委员会）是受教育部委托和指导，由住房和城乡建设部聘任和管理的专家组织，负责土建学科专业建设和人才培养的研究、指导、咨询、服务工作。土建学科教学指导委员会的任务是：全面落实党的教育方针，提高专业教育质量；指导和推动土建学科专业教育教学改革，促进学科专业健康发展；研究制定土建学科各专业规范并指导实施；研究土建学科专业发展中的重大问题；促进土建学科专业更好地适应住房和城乡建设事业发展的需要，为社会主义现代化建设服务。第六届高等学校土木工程学科专业指导委员会组成人员见附件3-8。图3-8和图3-9为部分会议合影。

图3-8　高等学校土木工程学科专业指导委员会第六届三次会议合影

图3-9 高等学校土木工程学科专业指导委员会第六届五次会议合影

附件3-8 第六届高等学校土木工程学科专业指导委员会

主持学校：同济大学

主任委员：

| 李国强 | 教授 | 同济大学 |

副主任委员：（共4人）

叶列平	教授	清华大学
李爱群	教授	东南大学
邹超英	教授	哈尔滨工业大学
郑健龙	教授	长沙理工大学

委员：（共36人）

于 江	教授	新疆大学
于安林	教授	苏州科技学院
王 湛	教授	华南理工大学
王 燕	教授	青岛理工大学
王立忠	教授	浙江大学
王宗林	教授	哈尔滨工业大学
王起才	教授	兰州交通大学
方 志	教授	湖南大学
白国良	教授	西安建筑科技大学
关 罡	教授	郑州大学
刘伯权	教授	长安大学
孙伟民	教授	南京工业大学
孙利民	教授	同济大学
朱宏平	教授	华中科技大学

朱彦鹏	教授	兰州理工大学
吴 徽	教授	北京建筑工程学院
李宏男	教授	大连理工大学
祁 皑	教授	福州大学
张 雁	研究员	中国土木工程学会
张永兴	教授	重庆大学
杨 杨	教授	浙江工业大学
余志武	教授	中南大学
周学军	教授	山东建筑大学
周志祥	教授	重庆交通大学
岳祖润	教授	石家庄铁道学院
赵艳林	教授	广西大学
姜忻良	教授	天津大学
徐 岳	教授	长安大学
徐礼华	教授	武汉大学
高 波	教授	西南交通大学
曹平周	教授	河海大学
靖洪文	教授	中国矿业大学
缪 昇	教授	云南大学
熊 峰	教授	四川大学
薛素铎	教授	北京工业大学
魏庆朝	教授	北京交通大学

2018年10月，教育部印发《关于成立2018-2022年教育部高等学校教学指导委员会的通知》（教高函〔2018〕11号），成立2018至2022年教育部高等学校教学指导委员会，任期自2018年11月1日起至2022年12月31日止。其中对土木类、建筑类和部分管理类学科教学指导委员会管理体制进行了调整，结束了土建类专业教学指导委员会由住房和城乡建设主管部门组建和管理的历史，转为由教育部高教司统一组建和管理。

3.3 专业教学标准

专指委的主要工作之一是研究制定土木工程专业的专业教学标准并组织实施工作，各个时期的专业标准要求、表现形式以及名称不相同，有一个不断演变的过程。

3.3.1 统一教学计划和统一教材编写时期

中华人民共和国成立前的土木工程专业办学，是以学校为主，制定教学计划和教学内容，教材是借用国外或自编教材为主。

1950年教育部发布了《关于实施高等学校课程改革的决定》，1953年高等教育部发布了《修订工业学校四年制本科和两年制专科各专业统一教学计划的通知》。1954年教育部颁发了"工业和民用建筑""工业和民用建筑结构"等专业的统一教学大纲，并指出教学计划是教学工作的基本大法，学校在执行教学计划时，不得任意变动。1955年高等工业学校本科学制改为五年制，教育部组织了五年制教学计划的修订工作，提出了指导性教学计划，供学校使用。一直到1962年基本上是国家统一教学计划，组织制定课程教学大纲，翻译或组织编写相关课程教材或讲义来用于教学。

1962年教育部印发了《关于直属高等工业学校修订五年制本科教学计划的规定（草案）》，并制定了包括"工业和民用建筑"专业在内的专业指导性教学计划和工科专业基础课、基础技术课教学大纲，会后委托中央各部委按专业归口分工，分头组织各专业修订教学计划和专业课教学大纲。

1963～1964年，建筑工程部组织对土木建筑类专业的74种专业课教学大纲和31种实习教学大纲进行修订，其中包括了"工业和民用建筑"专业的专业课教学大纲的修订，明确了专业培养目标是应当按照培养工程师的要求来确定，在学业上完成工程师的基本训练，认真贯彻"少而精"的原则。

1981～1983年，城乡建设环境保护部根据《教育部关于直属高等工业学校修订本科教学计划的规定（草案）》，组织修订了"工业和民用建筑""供热与通风""给水排水工程""建筑机械""建筑工业电气自动化""建筑管理工程"等专业的参考性教学计划，规定培养目标是德智体全面发展的高级工程技术人才，在业务上必须获得工程师的基本训练。在满足培养目标所规定的基本规格条件下，在课程设置和时间安排上，各校有一定的灵活性，留出供各校和学生选修课程的时间。

以上几个阶段对教学计划的定位要求逐步变化，从严格按教学计划执行到指导性教学计划，再到参考性教学计划，逐步给予各院校留出选修课程的时间，使得各学校的专业办出特色。

3.3.2 制定专业培养规格和教学基本要求、推荐教材时期

1989年建设部组建成立建设工程类学科专业教学指导委员会后，专指委开展修订和完善专业教育培养规格和毕业生基本要求，把培养学生的动手能力和加强生产实习等实践性环节作为教学改革的重点。在这一时期，1998年国家对土木工程专业进行了调整，相应的专业"工业和民用建筑""建筑工程"演变到了"土木工程"，对应的专业教学基本要求也不断变化。

这一时期，随着教材建设数量不断增加，教材数量已经满足教学需求，如何识别和使用优秀教材成为主要问题，土木工程专业教学指导委员会专门研究推荐教材，将比较好的、质量较高的教材，列入推荐名单，供学校选用。

3.3.3 制定专业规范、规定教学内容、教材自选时期

2007年1月，经国务院批准，教育部和财政部联合下发了《关于实施高等学校本科教学质量与教学改革工程的意见》（教高〔2007〕1号），正式启动了"高等学校本科生教学质量与教学改革工程"（简称"质量工程"）。其中一项工作，就是制定各专业的教学标准，即专业规范。2007年7月19日，教育部高教司印发《关于召开高等学校理工科教学指导委员会专业规范研制工作会议的通知》（教高司函〔2007〕107号），专门部署专业规范编写工作。参加人员是各理工科教学指导委员会（包括分专指委）负责此项工作的委员1人。工作会议主要内容包括：①总结和交流"十五"期间理工科专业规范及基础课程教学基本要求研制经验。②部署"十一五"期间理工科专业规范及基础课程教学基本要求研制工作。时任高教司理工处处长李茂国在会上做出部署：

（1）编制专业规范基本要求：分类指导、规范教学；同时为制订专业评估或专业认证标准提供基础。

（2）规范定位：是指导性的，属于基本要求，可规范专业教学内容，同时是一个研究任务。

（3）意义：研制指导性专业规范是推动教学内容和课程体系改革的切入点。指导性专业规范是国家教学质量标准的一种表现形式。

（4）编写原则：多样化与规范性相统一的原则；拓宽专业口径的原则；规范内容最小化的原则；核心内容最低标准的原则。即规定了知识领域，推荐课程内容；教师条件、实验室、图书条件；学分和实践要求。

（5）工作安排：要求2010年完成研制任务，以教学指导委员会名义发布指导性专业规范。

随后，住房和城乡建设部人事司对土建类11个本科专业（土木类4个、建筑类3个、管理类4个）进行了工作部署安排，要求各专业指导委员会开展研制专业规范。各专业指导委员会在过去的各专业培养规格和教学基本要求的基础上，陆续研究专业规范，土木工程学科专业指导委员会把专业规范研制列入住房和城乡建设部教学改革立项，2011年土木工程专业规范完成并以住房和城乡建设部人事司和土建学科教学指导委员会名义公布。该专业规范的主要框架由学科基础、培养目标、培养规格、教学内容、课程体系、基本教学条件以及专业规范附件等7部分组成。

之后几年，土木工程学科专业指导委员会先后组织专家分片到不同城市对学校专业老师开展了宣贯和教学研讨活动，从实践看，专业规范对专业建设、教学质量起到了重要作用，各个高校也把规范作为专业建设的基本要求，亲切称之为办学的"粉宝书"。应该说

土木类4个专业规范，是最早完成编制、出版和推广宣传的专业，各学校的了解度、认可度、执行度较高，成为专业办学的基本要求。

这一时期的教学计划、课程安排、教材选用由学校自定，专指委负责五年教材规划建设和教材推荐。

3.3.4 制定专业教学国家质量标准、推荐课程、教材自选时期

2014年4月教育部在北京召开的教育部本科专业类教学质量国家标准研制工作会议，要求研制专业类教学质量标准，按类编制，并规定了基本框架，住房和城乡建设部人事司和土建学科教学指导委员会根据会议要求部署了土建类专业国家标准的研制工作。

根据土建类专业特点，住房和城乡建设部人事司和土建学科教学指导委员会提出建筑类3个专业（建筑学、城乡规划、风景园林）按类编制；土木类4个专业（土木工程、建筑环境与能源应用工程、给排水科学与工程和建筑电气与智能化）分别编制。编制内容要求与正在执行的专业规范内容要求相一致，并参考"教育部本科理工类专业教学质量国家标准（参考框架）"要求。各专业以专业规范为母本，浓缩、综合、简化来编制专业标准，但基本要求和内容与规范保持一致。2015年6月土木类4个专业，外加2个特设专业（城市地下空间工程，道路桥梁与渡河工程）按专业研制完成。2018年1月以专指委名义公布。也就是目前的土木工程专业的国家标准。目前专业国家标准和专业规范并行执行，一个是宏观要求，一个是中观要求，在实际中主要参考专业规范的规定要求来办学。

国家标准中提出了推荐课程实例，提出了实践课程要求和比例，具体课程安排及教学计划由学校制定，教材由学校选择。

3.4 土木工程学科专业指导委员会主要活动和工作

3.4.1 前三届土木工程学科专业指导委员会主要活动和工作

第一届和第二届专指委主要活动和工作（略）。第三届专指委主要活动和工作如下：

（1）研究并把握了我国土木工程专业的发展方向和目标

本届专指委在这七年的任期中，正是我国高等教育结构发生重大变革的时期，专业调整、拓宽专业口径、高校扩招、院校合并、大力扩建土建类院校、专业教育评估深入开展以及与国际交流并接轨等，专指委认真研究所面临的新形势、新任务，仔细探讨对策、把握方向，明确了我国土木工程专业人才培养的基本目标。

（2）研究制定了土木工程专业本科教育（四年制）培养目标和毕业生基本规格、培养方案

1998年本届专指委建立时，除极少数高校在当年开始按宽口径专业招生外，绝大多数高校仍按原来专业口径招生和执行培养计划。由于几十年来已经形成的专业教学模式的影响，不同院校对如何实行宽口径的专业教育没有形成统一的认识。一方面要拓宽专业口径以增加学生的知识面，一方面课内学时不能增加反而要适当压缩；各院校原有的小专业，已形成鲜明的特色，统一到宽口径专业之后，担心是否会使专业失去特色；而社会上对较深入掌握某一专业领域具体技术的人才仍有大量需求，在这种背景下改为宽口径专业培养人才，是否和社会需求相协调；学校合并过程中，如何融合不同院校对土木工程专业的办学思想等。这些困惑，有的属于对宽口径专业培养学生的重要意义的认识不足，有的则属于对宽口径专业办学的实际要求理解不清，也有的属于对宽口径专业办学的具体实施方法存在困惑。

针对上述问题，专指委前三年的工作从制定专业教育培养目标、毕业生基本规格和培养方案着手，深入讨论，为转变观念而反复研究，广泛征求各院校意见，集思广益，最后逐步统一了认识，形成了既具有一般指导意义又有实际操作可行性的一系列文件。

专指委认为，土木工程专业按宽口径要求培养人才，是社会发展、建设事业发展和科技进步的需要，是使培养对象能够适应社会经济转型和中国加速融入世界市场的需要，也是用人单位长远发展的需要。专指委认为，拓宽专业口径，重点是拓宽基础，同时在专业领域课程上给学生更多的选择机会，这样就能在实施宽口径专业教育的前提下，充分发挥各院校的自身特色。在实施步骤上，专指委从实际出发，首先从专业基础拓宽入手，实行土木工程专业基础教育的统一要求；同时根据各院校师资和教学条件、办学特色的不同，在专业课程内容整合、重组上实行逐步过渡的方针。专指委的上述意见，得到了各院校的广泛认同。

经过三年的努力，在各专指委委员分头工作的基础上，委员会会议就"土木工程专业培养目标、培养方案"展开了多次讨论、修改，最终于2001年11月形成文件。确定了土木工程专业的培养目标是：培养适应社会主义现代化建设需要，德智体全面发展，掌握土木工程学科的基本理论和基本知识，获得工程师基本训练并具有创新精神的高级专门人才。毕业生能从事土木工程的设计、施工与管理工作，具有初步的项目规划和研究开发能力。在毕业生基本规格和培养方案中明确了对毕业生思想道德、文化和心理素质的要求和对知识结构和能力结构的要求，并规定了课程设置与实践教学环节安排的要求。

培养规格和培养方案表明：所制定的培养目标、毕业生基本规格和培养方案是对专业培养标准的最低要求，体现一般性的指导意见，其核心是要求办学院校切实按照宽口径专业的基本要求进行专业建设和学生培养。各院校应根据本地区、本校的具体条件，办出自己的特色；对于在宽口径土木工程专业建设方面较有优势的学校可以进行更加积极的探

索，为全国的土木工程专业不断提供新的经验；而对于专业办学历史较短、缺乏足够师资等资源的院校，专指委相关文件起到了必要的、具体的指导作用。培养方案的基本思想，反映了现阶段宽口径土木工程专业本科教学的基本要求，但文件中对专业基础课程、专业课程的设置和课程内容等的建议是柔性的，专指委鼓励各院校在坚持宽口径专业基本要求的基础上，根据自身条件制定自己的培养计划并组织实施，创造出鲜明的院校特色。

（3）加强了专指委对土木工程专业办学的指导作用

1）出版了《高等学校土木工程专业本科教育培养目标和培养方案及课程教学大纲》

专指委除了讨论和制定上述培养目标和培养方案外，1999～2002年间，在各委员单位分头起草的"土木工程专业专业基础课和专业课课程大纲"的基础上，于第2～第5次专指委会议上对大纲展开了充分的讨论，最终形成了课程大纲的一致意见。大纲共分专业基础课程和建筑工程、桥梁工程、道路与铁道工程、地下岩土矿山工程的专业课群组核心课程等5个部分。培养方案的课程设置和课程教学大纲等较具体地体现了宽口径土木工程专业的基本要求。《高等学校土木工程专业本科教育培养目标和培养方案及课程教学大纲》于2002年11月由中国建筑工业出版社正式出版（图3-10），

图3-10

本书的出版为各个院校土木工程本科专业培养计划的制定起到了积极的指导作用。

2）制定推荐教材的规划并组织编写和出版

在新制定的拓宽土木工程专业口径的培养方案的基础上，根据专指委编制的课程教学大纲要求，组织了土木工程专业指导委员会规划推荐教材的编写，包括本专业基础课程18种和专业课程31种教材，并申报面向21世纪教材21种、"十五"普通高等教育本科国家级规划教材6种以及普通高等教育土建学科专业"十五"规划教材35种，由中国建筑工业出版社组织出版。推荐教材的编写和出版为宽口径土木工程专业培养方案的实施提供了可操作的基础，对各院校教材的选用起到了积极的指导作用。

3）建立专指委分片联系、指导的制度

全国设立土木工程专业的院校较多，且发展迅速，从1999年初的200余所增加到2003年底的300多所，其中尚未包括自主确定设立专业的一些院校。各个学校土木工程专业的师资、生源及教学水平层次不同，相当数量新建此专业的学校的力量很薄弱。为使专指委更加广泛地了解不同院校在专业建设方面的要求和意见，更好地对一般院校起到普遍的指导和联系作用，确定了专指委委员分片联系的制度。具体分工为：

上海建工集团和中国建筑设计研究院的委员分别联系工程建设单位和设计单位，了解用人单位对土木工程专业人才的需求情况；华南理工大学和广州大学的委员联系广东、广西和海南；云南大学、重庆大学和西南交通大学的委员联系云南、贵州、四川和重庆；长安大学和西安建筑科技大学的委员联系陕西、宁夏和山西；清华大学和北京交通大学的委员联系北京、山东和内蒙古；哈尔滨工业大学和沈阳建筑大学的委员联系辽宁、吉林和黑龙江；同济大学和浙江大学的委员联系浙江和上海；华中科技大学和武汉理工大学的委员联系湖北和河南；兰州理工大学的委员联系新疆、甘肃和青海；湖南大学和中南大学的委员联系湖南和江西；福州大学的委员联系福建；天津大学的委员联系天津、河北；南京工业大学和东南大学的委员联系江苏和安徽；中国矿业大学的委员联系拥有矿山工程课群的高校。

（4）构建了国内各类院校土木工程专业的信息交流平台

我国开办土木工程专业的院校众多，既有部属院校，又有地方及委办属院校；既有理工类、农学类、师范类院校，又有综合类院校；专指委成员来自各类院校，每次会议及会后专指委都提供了较好的信息及交流平台，促进了各类院校的健康发展。

（5）促进了我国土木工程专业教育走向国际

本届专指委成立伊始，即把继续加强与国外教学评估机构、注册工程师管理机构的联系和进一步推动我国土木工程教学与国际接轨的工作作为一项主要任务。

（6）第三届专指委工作大事记

1999年1月20～22日，建设部高等土木工程学科专业指导委员会三届一次会议在云南昆明召开。本届专指委委员共26人，出席本次会议的委员25人。建设部人事教育司李竹成副司长及高教处领导到会指导，云南省教委代表到会祝贺。中国建筑工业出版社、高等教育出版社、武汉工业大学出版社的代表列席了会议。专指委主任委员沈祖炎教授、副主任委员江见鲸、蒋永生、周蓝玉、何若全教授分别主持了会议的各项讨论。会议总结汇报了第二届专指委的工作；交流了教育部土建类专业教学改革研究课题和建设部土木工程专业教学改革研究课题的阶段性成果、各校制定土木工程专业培养计划的情况；讨论了土木工程专业的培养目标、培养规格的轮廓；提出了土木工程专业课程设置的指导意见；规划了土木工程专业拟新编的教材；制定了本届专指委的工作规划。

1999年5月，第二次会议在上海召开。会议讨论并通过了土木工程专业培养方案；审查了土木工程专业的专业基础课程教学大纲；讨论了土木工程专业基础课程的教材编写规划和编写组织方式。

2000年10月，第三次会议在广州召开。会议传达了土建学科教学指导委员会会议精神；对1999年委员会会议讨论通过的专业培养目标、培养方案、专业基础课程教学大纲等文件提出了修改意见，并作为正式文件予以通过；讨论了土木工程专业课群组的课程设置方案、教材大纲要求。

2001年11月，第四次会议在重庆召开。会议传达了建设部有关座谈会提出的关于设置工程项目策划与管理概论课程的意见，传达了中国、韩国、日本三国工程院圆桌会议关于工程师资格认定和国际互认问题的讨论情况；交流了近三年来宽口径土木工程专业建设的经验和问题，提出了土木工程专业培养规格和培养方案的修改意见；讨论了专业课群组设置方案和课程教学大纲。

2002年7月，第五次会议在福州召开。会议主要审定了土木工程专业课课程教学大纲。

2002年12月，第六次会议在广州召开。会议传达了2002年8月建设部召开的土建学科教学指导委员会会议的主要精神；介绍了建设部"十五"规划教材评审的情况；听取了对专指委编制的"高等学校土木工程专业本科教育培养目标和培养方案及课程教学大纲"的反馈意见。

2004年11月，第七次会议在武汉召开。会议听取了建设部领导对土木工程专业建设的指导性意见，交流了专指委编写的"高等学校土木工程专业本科教育培养目标和培养方案及课程教学大纲"的使用情况；参加了同期召开的全国第七届土木工程系（学院）系主任（院长）会议；讨论了专指委规划教学用书之事；建议了专指委换届的组成原则和规模。

2005年8月15日，第八次会议在春城昆明召开，由主任委员沈祖炎教授主持，委员共23人出席了会议。

本届专指委因为土建学科教学指导委员会的成立，重新调整了部分专业指导委员会的人员数量和分布，延长了任期，委员们的工作量是非常大的。

3.4.2　第四届土木工程学科专业指导委员会主要活动和工作

（1）四届二次会议

2006年10月23日，土木工程专指委四届二次会议在成都召开，由西南交通大学承办。主任委员李国强教授主持，共有25位委员出席了会议，这次会议讨论了三个方面的问题：①专指委分片指导工作的开展；②土木工程专业办学的调研工作开展方式、分类汇总和问题分析；③对"高等学校土木工程专业本科教育培养目标和培养方案及课程教学大纲"进行讨论、修改、补充和完善。

关于专指委分片指导工作分工如下：

1）中国建筑设计研究院、华东建筑设计研究院、中国地震局工程力学研究所和上海建工（集团）总公司的委员分别联系设计单位和工程建设单位，了解用人单位对土木工程专业人才的需求情况；

2）华南理工大学和广州大学的委员联系广东、广西、海南，并与港澳地区大学交流；

3）重庆大学、西南交通大学和云南大学的委员联系云南、贵州、四川、重庆和西藏；

4）长安大学和西安建筑科技大学的委员联系陕西、宁夏和山西；

5）清华大学和北京交通大学的委员联系北京、山东和内蒙古；

6）哈尔滨工业大学、大连理工大学和沈阳建筑大学的委员联系辽宁、吉林和黑龙江；

7）同济大学和浙江大学的委员联系浙江和上海；

8）华中科技大学、武汉理工大学、武汉大学、郑州大学和武汉工业学院的委员联系湖北和河南；

9）兰州理工大学的委员联系新疆、甘肃和青海；

10）湖南大学和中南大学的委员联系湖南和江西；

11）福州大学的委员联系福建；

12）天津大学的委员联系天津、河北；

13）东南大学、南京工业大学、中国矿业大学和苏州科技学院的委员联系江苏和安徽。

（2）四届三次会议

2007年12月22日，专指委四届三次会议在福州召开，会议由福州大学承办。共有28位委员参加。建设部人事教育司教育培训处何志方处长参加了会议。由主任委员李国强教授、副主任委员石永久教授主持会议。会议的主要议题为建设部"土木工程专业办学状况及社会对专业人才需求的调查研究"课题汇报及讨论；建设部"完善土建类专业教育评估制度研究"课题专题讨论；土木工程专业标准制定讨论和全国高校大学生结构设计竞赛的组织专题研讨等。

1）关于"土木工程专业办学状况及社会对专业人才需求的调查研究"讨论

按四届二次会议决定，该项目分为3个子课题。子课题Ⅰ为"目前我国高等学校办有土木工程专业的办学情况调查分析"，由重庆大学张永兴教授牵头、西南交通大学李乔教授和云南大学叶燎原教授参加；子课题Ⅱ为"国内用人单位对土木工程专业的人才需求和办学要求调查分析"，由哈尔滨工业大学邹超英教授牵头、大连理工大学栾茂田教授和沈阳建筑大学阎石教授参加；子课题Ⅲ为"国外各层次院校的土木工程专业的办学情况调查分析"，由华中科技大学吴瑞麟教授牵头，武汉理工大学杨志勇教授、武汉大学徐礼华教授、郑州大学刘立新教授和武汉工程大学李杰教授参加。

与会代表听取了各牵头单位对目前所作工作的汇报并进行了热烈的讨论。建议：①将目前所取得的阶段性成果分享给大家作为后续研究参考；②课题组再进一步扩大调研取样范围，子课题Ⅰ要覆盖国内一般地方院校，子课题Ⅱ要覆盖中小用人单位，子课题Ⅲ要覆盖国外一般院校，从而使调研成果更完善、更具代表性；③课题组各参加单位应加强沟通与讨论；④课题于2008年6月前完成，提供完整研究报告，研究成果将作为"土木工程专业标准"制定的依据。

2）关于土木工程专业标准制定的讨论

会议听取了主任委员李国强教授关于"土木工程专业标准"制定的背景情况介绍和工作设想，委员们展开了热烈的讨论，对"专业标准制定"基本取得一致意见，即：建立的标准是土木工程专业培养的基本要求，各学校可以根据自己学校的具体情况、地域特色等在满足"基本要求"的框架下，建立自己的培养方案。

下一步的具体工作是：由专指委设立课题进行有关问题的专题研究。第一步设立两个子课题：其中子课题Ⅰ由同济大学李国强教授牵头，兰州理工大学李慧教授、郑州大学刘立新教授和浙江大学陈云敏教授参加，进行不同类型专业人才"培养目标"的研究；子课题Ⅱ由苏州科技学院何若全教授牵头，哈尔滨工业大学邹超英教授、安徽建筑工业学院沈小璞教授和沈阳建筑大学阎石教授参加，进行"应用型"土木工程专业的专业标准研究。

研究项目将作为专指委的课题进行立项，给予一定的经费支持，专指委并将寻找机会争取获得建设部等更高层次的立项。

3）土木工程专业指导委员会推荐教材

2007年试行了"土木工程专业指导委员会推荐教材"的初步工作，在各委员所在学校和中国建筑工业出版社、高等教育出版社等征集了"混凝土结构基本原理"和"土力学"两门课程教材的自我推荐，请同济大学、浙江大学和东南大学3所学校聘请专家进行了评审。在自荐、评审基础上最后确定：沈蒲生和梁兴文的《混凝土结构设计原理（第3版）》（高等教育出版社）、顾祥林的《混凝土结构基本原理（含电子版）》（同济大学出版社）、程文瀼等的《混凝土结构设计原理》（中国建筑工业出版社）、李镜培和赵春风的《土力学》（高等教育出版社）、张克恭和刘松玉的《土力学》（中国建筑工业出版社）以及龚晓南的《土力学》（中国建筑工业出版社）等6本教材作为2007年推荐出的"建设部高等学校土木工程学科专业指导委员会'十一五'推荐教材"，出版社可在教材上进行标注。

以后将陆续组织"土木工程测量""画法几何与工程制图""房屋建筑学""土木工程材料""结构力学""地基与基础""钢结构基本原理""土木工程施工"和"工程结构抗震"等9种教材的推荐和评审工作。推荐工作继续在自荐、专家评审的基础上进行。计划于2008年6月前完成自荐工作。

4）全国高校大学生结构设计竞赛的组织

"全国高校大学生结构设计竞赛"于2004年举办了第1届，之后由于种种原因中断了几年。后来在教育部、建设部签署的共建协议中认为有必要继续组织此赛事，建议本赛事在建设部人教司和教育部高教司支持下，由建设部高等学校土木工程专业指导委员会和中国土木工程学会教育工作委员会作为组织机构主办，各高校轮流承办，每2年举办一次，在全国地区选拔赛的基础上组织决赛。第2届"全国高校大学生结构设计竞赛"决赛于2008年11月由清华大学承办。指导委员会负责领导竞赛工作、专家委员会负责竞赛的评定工作，组织委员会负责制订竞赛章程、命题和各种组织协调工作。委派专指委副主任委员、清华大学石永久教授与中国土木工程学会教育工作委员会沟通此项工作。

会议确定组织分片进行选拔赛。以华南理工大学和广州大学；重庆大学，西南交通大学和云南大学；长安大学和西安建筑科技大学；清华大学和北京交通大学；哈尔滨工业大学、大连理工大学和沈阳建筑大学；同济大学和浙江大学；华中科技大学、武汉理工大学、武汉大学、郑州大学和武汉工业学院；兰州理工大学；湖南大学和中南大学；福州大学；天津大学，各分一组，并由所在大学的委员负责组织。

（3）四届四次会议

2008年11月3日，专指委四届四次会议在南京召开，由南京大学组织承办。共有24位委员出席会议。住房和城乡建设部人事教育司高延伟处长参加会议。会议由主任委员李国强教授和副主任委员何若全教授主持。这一年，江见鲸委员和蒋永生委员因病去世，会议高度赞扬并感谢两位委员对中国土木工程教育事业做出的重要贡献。会上高延伟处长提出，近些年设置土木工程专业的高校越来越多，研究制定土木工程专业规范的条件时机已经成熟。在专业评估和注册工程师制度上，国家希望以科学发展观为统领，更好地促进科学全面发展。会议主要议题是：①2007年建设部软科学研究项目——土木工程专业调查结题汇报；②2008年建设部软科学研究项目——不同类型专业人才社会需求调研和应用型土木工程专业的专业标准课题介绍；③区分不同类型土木工程专业人才培养标准的必要性与初步设想；④土木工程专业指导委员会推荐教材讨论；⑤大学生创新活动评奖具体操作办法讨论；⑥土木工程专业指导委员会其他主要工作研讨，包括专题性研讨会、专指委课题申报等。

1）2007年课题"土木工程专业办学状况及社会对专业人才需求的调查研究"结题。按土木工程专业指导委员会四届二次会议的决定，该项目分3个子课题。子课题Ⅰ为"目前我国高等学校办有土木工程专业的办学情况调查分析"；子课题Ⅱ为"国内用人单位对土木工程专业的人才需求和办学要求调查分析"；子课题Ⅲ为"国外各层次院校的土木工程专业的办学情况调查分析"。

2）关于"土木工程专业指导委员会推荐教材"的工作。2008年专指委在2007年推荐教材工作取得成果的基础上，继续进行了建设部高等学校土木工程学科专业指导委员会"十一五"推荐教材的组织申报与评审。2008年征集了"钢结构基本原理"和"土木工程施工"两门课程教材的自我推荐，在自荐基础上，请浙江大学和哈尔滨工业大学两所大学聘请专家进行评审。专指委在自荐、评审基础上进行了讨论、投票，最后确定：陈绍蕃、顾强的《钢结构（上册）——钢结构基础》（中国建筑工业出版社）、沈祖炎的《钢结构基本原理》（中国建筑工业出版社）、姚刚的《土木工程施工》（中国建筑工业出版社）、应惠清的《土木工程施工》（同济大学出版社）等4本教材作为2008年推荐出的"建设部高等学校土木工程学科专业指导委员会'十一五'推荐教材"，出版社可在教材上标注。今后将陆续组织"土木工程测量""画法几何与工程制图""房屋建筑学""土木工程材料""结构力学""地基与基础"和"工程结构抗震"等7种课程教材的推荐和评审工作。

3）关于大学生创新活动评奖操作办法。为深入贯彻教育部"高等学校本科教学质量与教学改革工程""国家大学生创新训练计划",各省市及学校启动了各类大学生创新项目,旨在促进人才培养模式和教学方法的改革与创新,探索以项目为载体的研究性学习和个性化培养方式,激发学生学习的主动性、积极性和创造性,培养大学生的创新能力和实践能力。为推进此项活动的持续开展,专指委将组织"土木工程专业本科生优秀创新实践成果奖"的申报与评审工作。初期在小范围试点(专指委所在学校或985、211高校),总结经验后范围逐渐扩大。建议相关学校或学院本着以学生为主体的思想,关键是促进大学生创新能力提高;在评定时增设答辩环节,以全面考察学生创新思维能力;申报和评审组织分省、区推荐,逐级申报和推选,以有效解决参与面和工作量的问题;申报项目不限于结构工程,道路工程、岩土工程、工程管理均可,重在创新想法和概念。关键是概念新颖、过程清晰,技术路线正确,有潜在的应用价值。评奖不一定要注重论文和专利等。

（4）四届五次会议

2009年10月15日,专指委四届五次会议在兰州召开,会议由兰州大学承办。共有28位委员参加,住房和城乡建设部人事教育司高延伟参加会议。会议由主任委员李国强教授、副主任委员石永久教授主持。这次会议,高延伟对专业规范的研制和编制提出了具体要求:一是培养标准定位要准确;二是专业规范制定要充分发挥各高校土木工程因地制宜的办学优势;三是保证办学质量,办学条件标准要明确。本次会议的主要议题有7点:①土木工程(应用型人才)专业规范汇报;②研究型土木工程专业标准介绍;③应用型与研究型专业标准讨论;④土木工程专业指导委员会推荐教材讨论;⑤大学生创新成果奖评选;⑥关于举办"第一届全国大学生土木工程竞赛"相关事宜讨论;⑦土木工程专业指导委员会其他主要工作研讨,包括下一届专题性研讨会、教育部高教司课题申报等。

1）专业标准讨论

经讨论在以下方面达成共识:鉴于研究型与应用型人才培养在办学过程中很难区分和操作,且专业评估或认证的对象是开办有土木工程专业的普通高等院校,建议制订最低要求的推荐性的专业规范;专业规范编制的核心以基本内容最小化为原则,且不涉及专业方向;专业规范的扩展(或选修)内容可以灵活多样;知识体系说明中核心内容细化到知识点,扩展(或选修)内容细化到知识单元;以案例形式推荐专业方向(建筑工程类、交通土建工程类、地下岩土矿井建设类)需具备的知识领域和开设的课程,同时以案例的形式推荐典型学校土木工程专业规范,案例推荐时只提明确要求;办学条件要作出量化规定,以规范办学、保证工程教育质量。

2）土木工程专业指导委员会推荐教材

2009年专指委在2007年、2008年推荐教材工作取得成果的基础上,继续开展了土木工程专业指导委员会推荐教材的组织申报与评审工作。2009年征集了"地基与基础"和"建筑结构抗震"两门课程教材，聘请了清华大学、哈尔滨工业大学、武汉大学3所大学专家进行了评审。经讨论、投票，最后确定：李国强的《建筑结构抗震设计》（中国建筑工业出版社）、莫海鸿的《基础工程》（中国建筑工业出版社）、龚晓南的《地基处理》（中国建筑工业出版社）等3本教材作为2009年推荐出的"建设部高等学校土木工程学科专业指导委员会推荐教材"，出版社可在教材上标注。后面将陆续组织"土木工程测量""画法几何与工程制图""房屋建筑学""土木工程材料""结构力学"等5种教材的推荐和评审工作。

3）大学生创新成果奖评选

为了鼓励全国高校土木工程专业本科生取得优秀创新实践成果的单位和个人，促进人才培养模式和教学方法的改革与创新，培养大学生的创新能力和实践能力，探索以项目为载体的研究性学习和个性化培养方式，激发学生学习的主动性、积极性和创造性，2009年在全国范围内举办了本科生优秀创新实践成果评奖工作。申报开展以来，共有18个高校的36个项目参与申报，经过专指委初审，委托专家评审，特等奖、一等奖候选项目答辩和专指委投票等环节，最终产生特等奖2项，一等奖4项，二等奖7项，三等奖9项，鼓励奖14项。

图3-11和图3-12为第四届专指委部分会议照片。

图3-11　2009年专指委会议（一）

图3-12　2009年专指委会议（二）

3.4.3 第五届土木工程学科专业指导委员会主要活动和工作

（1）五届一次会议

2010年10月23～24日，专指委五届一次会议在长沙召开，会议由中南大学承办。新一届委员会有35位委员参加了会议。住房和城乡建设部人事司高延伟代表人事司和土建类学科专业指导委员会秘书处参加了会议。上一届的专指委部分委员列席了这次会议。会议由主任委员李国强教授、副主任委员邹超英教授主持召开。住房和城乡建设部人事司高延伟对上一届专指委的工作给予了肯定。指出：上一届专指委高度负责、积极进取，在学科建设与指导、专业规范编制、学生创新实践竞赛等方面的工作都取得了突出成绩；专指委的工作得到广大院校的认可和肯定；借此，对上一届专指委各位委员的辛勤劳动表示感谢。高延伟代表住房和城乡建设部宣读第五届全国高校土木工程专业指导委员会名单并颁发聘书。高延伟对新一届专指委的工作提出了几点建议：①充分认识并认真领会专指委的职责；②认真做好工作规划且要落到实处；③抓好重点工作。在土木工程专业规范研制完成后，特别要做好教学大纲及相应教材的编写工作，积极探索办学模式改革，加强校企合作；④做好土木工程专业调研和委员的分片联系与指导工作；⑤适当举办各项学生创新实践竞赛活动，统筹协调，规范有序地开展工作。

本次会议议题及其主要内容为：①土木工程专业规范的编制介绍；②土木工程专业规范的讨论；③第一届全国高校土木工程专业大学生论坛介绍及建议；④2010年全国土木工程专业本科生优秀创新实践成果评选；⑤讨论本届专指委的工作规划及其他事项。其主要内容分述如下。

1）土木工程专业规范的编制

上一届专指委副主任委员何若全教授代表规范编制组从土木工程专业规范的编制背景、编制过程、规范遵循原则入手，就土木工程培养规格、土木工程专业的知识体系及表达形式、教学实践体系、学生创新训练、课程体系与学时（与现行培养方案的对照）、办学基本条件等土木工程指导性专业规范的核心内容和关键问题向各位委员作了报告。报告指出：土木工程专业规范采用知识体系的表达形式，由4部分组成，即工具性知识体系、人文社会科学知识体系、自然科学知识体系、专业知识体系；专业知识体系的核心部分分布在力学原理和方法、专业技术相关基础、工程项目经济与管理、结构基本原理和方法、施工原理和方法、计算机应用技术等6个知识领域内，每个知识领域包含若干个知识单元，每个知识单元又包含若干知识点，对于知识点的具体要求，用"熟悉""掌握""了解"来表达；强化实践，重视能力培养是专业规范的重点；同时，应以知识体系和实践体系为载体，构建创新训练单元，培养创新型人才；应按照土木工程专业规范的主要原则确定专业评估认证标准，专业评估认证的重点是对知识点的覆盖情况检查以及对办学条件的检查。最后，还就下述问题向各位委员征求意见：①土木工程专业规范的制定原则、框架、基本做法是否科学；②知识体系中核心知识单元部分的划分是否妥当；③实践体系中各环节的安排是否合理；④参考学时的比例是否合适；⑤办学条件的要求与设定是否可行。

经专指委各位委员讨论，在以下方面达成共识：①课题组调研充分，专业规范按"知识体系→知识领域→知识单元→知识点"展开描述，形式很好，能有效避免教学内容的重叠与交叉；②专业规范开篇之前应增加"总则"，明确专业规范的总体要求、培养目标及基本框架，明确专业规范指导与约束的对象和原则；③本规范的名称仍为"土木工程专业规范"，并应遵循"规范内容最小化、核心内容最低标准"的原则，以规范一类学校办学、同时又不影响另一类学校的特色和发展；④专业规范宜增加道路与铁道工程专业方向的描述与规定，以增强专业规范的适用面；⑤专业规范的知识点仍有必要进一步细化，尽量科学、合理，同时又具有时代特色（如增加"结构安全"）。委员还提出了诸多建设性意见，如：①专业规范编制宜原则不宜具体、宜粗不宜细、宜柔不宜刚；②专业规范编制宜对"卓越工程师"计划有所考虑，在分类指导、学时安排上有所建议；③专业规范和专业评估相衔接，增强规范的约束力，并争取使专业评估与执业注册师制度相协调，以促进专业评估工作的开展与深入；④应按一般规范的常用术语和表述方式、表述习惯书写本规范，规范用词、前后要求要协调一致；⑤专业规范中对外语、政治类课程的规定应与教育部等相关部委的要求相匹配，由于其对政治类课程的要求不断调整变化，因此规范不能明确相关学时，具体工作可由相关部门考核认定；⑥具体课程设置方面，尽量避免多门课程对同一知识点的重复，尽量注重知识点的过渡与衔接（如工程设计原理与具体工程设计）；⑦实验室等基本教学条件，应规定具体设备，而非生均设备费；⑧要注重与规范配套的教材建设等。

2）第一届全国高校土木工程专业大学生论坛

第一届全国高校土木工程专业大学生论坛于2010年8月28～30日在同济大学召开，同济大学熊海贝教授就论坛主旨、筹备过程、论坛章程、组织机构、重要活动内容等作了简要介绍。第一届全国高校土木工程专业大学生论坛，共有22所高校的120多名师生参加，提交专业论文50余篇、创新成果30余项。论坛以"土木工程和世界博览会"为主题，邀请了展示社会热点与土木工程专业发展为主的专家作报告，开展了以体现大学生思维与创新为主的分组交流和实践成果展示、以提升合作精神和动手能力为主的趣味竞赛，以及增强工程体验的世博园参观等环节。经过3天的参观、交流与比赛，第一届全国高校土木工程专业大学生论坛取得了圆满成功。

3）第二届土木工程专业本科生优秀创新实践成果

专指委于2010年在全国范围内举办了本科生优秀创新实践成果评奖工作。共有14个高校的28个项目参与了申报；经过专指委秘书处初审、委托专家评审、候选项目答辩和专指委部分委员投票，最终产生特等奖1项，一等奖2项，二等奖5项，三等奖8项，鼓励奖12

项。委员们在充分肯定该项工作的同时，还提出了意见和建议：①对申报项目的课题来源应有所区分，鼓励学生自主立项项目；②项目应由该领域内的专家采用匿名方式进行评审；③制定奖项评审章程、评审表格，完善评奖程序；④利用全国高校土木工程学院（系）院长（主任）工作研讨会等机会，扩大对该项赛事的宣传，增大受益面。

4）本届专指委的工作规划及其他事项

专指委主任委员李国强教授从专业规范编制与宣讲、规划教材申报、教改课题研究、创新实践成果评选、大学生论坛的组织、专指委的分片联系制度等10个方面，简要介绍了本届专指委的工作计划，并提请委员们讨论。通过讨论，原则上通过本届专指委的工作计划，并提出诸多建设性意见。①专指委应注重学科发展战略与发展规划的研讨；配合教育部工程教育改革、"卓越工程师教育培养计划"实施、全日制工程硕士培养等开展相关教学改革项目，推动土木工程学科的专业建设。②编写专指委通讯，及时发布信息，以加强委员之间的信息沟通、专指委与全国高校及相关行业间的联系。③建设全国高校土木工程专业指导委员会网站，并设立若干通讯员，以加大宣传力度，提高工作效率和透明度。④为加强分片指导功能，可在专指委下设立地区分委员会；同时下发相关章程、指导文件，以利于专指委委员组织与指导片区高校规范办学。⑤建议全国高校土木工程"实践教学研讨会"更名为"教学与实践研讨会"，扩大内涵与覆盖面；建议本科生优秀创新实践成果及大学生论坛应坚持定期举办，并在适当条件下与其他学会、组织相联办，逐步形成品牌效应。⑥注重教材建设指导、教材选用指导；编写土木工程专业学生用的实用规范。⑦配合教育部工程教育改革与"卓越工程师教育培养计划"实施，积极开展相关教学改革研究课题，请各委员或委员单位教师积极申报专指委的教改研究课题。⑧专指委的委员分片指导作用很大，可探索由专指委委员牵头按地区组建分委员会，以加强专指委指导的广泛性、深入性。⑨建设全国高校土木工程专业指导委员会网站等建议很好，请秘书处认真研究。

5）专业规范编制工作安排

会议提出以下工作安排。①土木工程专业规范的编制时间紧，任务重；课题组会后仍需加紧工作，针对各位委员的意见做出修改；对于教育部等相关部委已明确规定的条款，规范只要参照即可。②各位委员在本单位组织一线教师对土木工程专业规范中的知识点进行一次全面讨论，并将具体意见和建议于2010年12月15日前返回专指委秘书处。③请魏庆朝教授牵头联合余志武等教授，按规范中建筑工程等专业方向的模式，编写道路与铁道工程方向的知识体系和实践教学体系，并于2010年12月15日前返回专指委秘书处。④抓紧进行与土木工程专业规范配套的教材规划工作，其中核心知识的配套教材已由中国建筑工业出版社等在组织编写；这些教材可由出版社提出，由专指委认定为专指委规划教材。⑤与土木工程专业规范配套的各专业方向的规划教材，建议由下列委员牵头负责相关专业方向的主要课程教材的名称与大纲的编写工作：王燕教授，牵头建筑工程方向主要课程教材名称与大纲的编写；王起才教授，牵头桥梁与隧道工程方向主要课程教材名称与大纲的编写；靖洪文教授，牵头岩土与地下工程方向主要课程教材名称与大纲的编写；魏庆朝教授，牵头道路与铁道工程方向主要课程教材名称与大纲的编写。上述工作请于2011年5月1日前完成，提交给专指委，然后分发给各位委员征求意见，并在下次专指委工作会议上讨论。

（2）五届二次会议

2011年10月13日，专指委五届二次会议在福州召开，会议由福州大学承办。这次会议共有32名委员参加。这次会议由委员会主任委员李国强教授、副主任委员邹超英教授主持召开。住房和城乡建设部人事教育司何志方参加了会议并通报各专业建设与发展情况：①土木工程专业办学规模不断扩大，截至2010年底，开设土木工程本科专业的学校达到455所；②"卓越工程师教育培养计划"专业标准起草完毕，第一批被批准的19所卓越试点高校试行该培养计划；③土木工程专业评估工作有序推进，目前58所学校通过专业评估；④编制完成土木工程指导性专业规范；⑤专指委申报一项2011年度土建类高等教育教学改革项目，即土木工程卓越工程师教育多元化培养模式研究与实践；⑥提出土木工程专业和相关学科的本科专业目录修订意见等。

会议的主要议题是：①"卓越工程师教育培养计划"土木工程行业标准介绍；②"卓越工程师教育培养计划"土木工程行业标准讨论；③专指委主办会议及第三届土木工程专业本科生优秀创新实践成果获奖通报；④土木工程卓越工程师教育多元化培养模式研究与实践课题介绍；⑤讨论土木工程专业（新）标准实施后的专业规划教材编写。

1）关于"卓越工程师教育培养计划"土木工程行业标准

上一届专指委副主任委员何若全教授代表行业标准编制组就土木工程专业标准的编制背景、制定过程、标准中几个问题的考虑与处理向各位委员作了报告。何若全教授指出：①"卓越工程师教育培养计划"（简称"卓越计划"）实施中，要处理好本科指导性专业规范、专业教育评估标准和"卓越计划"专业标准之间的关系，"卓越计划"的专业标准是实施"卓越计划"的专业指导性文件，旨在提供卓越工程师培养的基本质量要求和做法，强调行业企业深度参与培养过程；②专业标准滞后于第一批试点学校的标准，制定专业标准时，编制组参考了大多数学校好的做法。制定土木工程专业标准的目的，一是为了完善整个标准体系，二是作为后期试点高校制定学校标准的依据。③不执行本科-现场工程师、硕士-设计开发工程师、博士-研究型工程师的培养方案；④专业标准只涉及在校期间的培养，不延伸到毕业后的继续教育阶段；⑤不鼓励学校打破原来的教学体系，而着力于卓越的实质；⑥从国内情况出发，现阶段对企业的要求要符合实际，应考虑当地企业容纳学生的能力，重在考虑如何调动企业和企业导师的积极性。遴选企业授课导师时应有基本教学能力要求。⑦不鼓励学校在制定培养方案时把"能力实现途径"与一门课程或一个实践环节一一对应；⑧专业标准的制定要遵循"宜粗不宜细"的原则，为不同类型的学校留出空间以便体现各校的特色。

与会委员对"卓越计划"的认识和理解、专业标准征求意见稿中的部分内容、相关政策支持以及实施过程中存在的问题等进行了热烈的讨论。各位委员提出了诸多建设性意见：①专业标准采用"知识、能力、素质"结构展开，内容全面，层次清晰；②追求卓越的精神和理念要反映到"专业标准"文件中；③专业标准的制定要遵循"宜粗不宜细"的原则，多提定性要求，少提定量要求，为相关进入卓越计划的学校落实方案留足空间；④可以结合国家即将出台的关于加强土建类专业学生实习工作的意见精神，完善和梳理专业标准文件中关于企业学习要求的相关内容；⑤关于知识、能力、素质描述，建议再梳理一下，如道德推理能力是否可以列入素质要求；⑥工具知识中，熟练掌握英语的要求应改为熟练掌握一门外语的要求；⑦增加专业标准中关于工程安全知识和能力方面的相关内容。

2）第三届土木工程专业本科生优秀创新实践成果获奖

专指委于2011年在全国范围内组织了第三届土木工程专业本科生优秀创新实践成果评奖工作。其间，共有22个高校的48个项目参与了申报；经过专指委初审、委托专家评审、候选项目答辩，最终产生特等奖2项，一等奖5项，二等奖10项，三等奖15项，鼓励奖16项。同济大学熊海贝教授在会上通报了第三届创新实践成果获奖情况。

（3）五届三次会议

2012年10月18日，五届三次会议在桂林召开，会议由桂林理工大学承办。专指委委员32人出席会议，住房和城乡建设部人事教育司何志方参加会议。主任委员李国强教授、副主任委员邹超英教授分阶段主持本次会议。

这次会议议题是：①土木工程专业评估文件修订稿征求意见；②土木工程卓越工程师教育多元化培养模式研究与实践课题结题汇报；③确定《高等学校土木工程本科指导性专业规范》配套专业方向规划教材编写原则及编写人员；④讨论土木工程专业数字教学资源平台建设；⑤第二届全国高校土木工程专业大学生论坛举办情况及本科生优秀创新实践成果评奖情况通报等。

1）土木工程专业评估文件修订稿征求意见

土木工程专业评估委委员邱洪兴教授代表专业评估文件修订组从评估文件的修订背景、依据和原则、评估标准修订重点、评估办法修订重点等方面作了评估文件修订说明。评估文件先后执行了3个版本，目前的第3版已使用8年，2006年全国试行专业认证，2007年出台了全国《工程教育专业论证标准（试行）》，2011年进行了修订，2009年推出了"卓越工程师教育培养计划"，2011年推出的专业规范中首次评估对象及评估重点发生了变化。修订原则：对标准不作原则性修改；适当考虑《华盛顿协议》组织大多数成员的做法，处理好与我国高等工程教育专业认证的关系；与专业规范相衔接，继续明确专业评估是合格评估，即办学基本要求的评估。经专指委各位委员的讨论，在以下方面达成共识：①专业评估有效期应与工程教育专业认证相一致，评估通过有效期为6年或3年（有弱项）；②一级指标从3个指标扩展到7个指标，更加细化和明确；③表格化确实有意义，对每一个指标给出结论，哪些不足一目了然，使改进更具针对性；④指标考核要遵循教育部颁布的相关规定。

李国强教授指出各位委员可在会后将专业评估文件修订意见和建议转发给专指委秘书处及起草小组邱洪兴教授，2012年11月底就各委员意见和建议形成修改稿，并在起草小组内部传阅形成统一意见后，于当年年底前再向各位委员及评估通过高校征求意见，再次汇总修改后于2013年评估委员会全体会议上讨论通过评估文件修订稿。

2）土木工程卓越工程师教育多元化培养模式研究与实践子课题

土木工程卓越工程师教育多元化培养模式研究与实践作为建设部重点立项的教改课题，下设7个子课题，7个子课题同时作为专指委教改课题立项。项目建设期为2011年1月～2012年12月。按照会议要求5个子课题分别作了结题汇报。分别是：同济大学熊海贝教授作了关于《国外卓越工程师教育培养模式和实施方法研究》子课题的汇报。湖南大学方志教授作了关于《区域内高校土木工程专业实践教学一体化改革与实践》子课题的汇报。华中科技大学李林教授作了关于《土木工程专业卓越工程师培养计划与实施方法研究》子课题的汇报。北京工业大学薛素铎教授作了关于《地方院校土木工程专业培养卓越工程师的实践教学体系改革》子课题的汇报。南京工业大学孙伟民教授作了关于《土木工程事故体验工程建设》子课题的汇报。

3）《高等学校土木工程本科指导性专业规范》配套专业方向规划教材编写原则及编写人员

何若全教授通报了第一批共20种与《高等学校土木工程本科指导性专业规范》配套的专业基础课教材情况，已基本出版并整套被评为普通高等教育土建学科专业"十二五"规划教材。第二批配套教材是建筑工程、道路与桥梁工程、地下工程和铁道工程专业方向的教材，于2012年年初启动申报。会上审定了专业课教材的编写原则并要求处理好4个方向教材之间的关系。

建筑工程方向由清华大学叶列平教授负责，道路与桥梁工程方向由长沙理工大学郑健龙教授负责，地下工程方向由西南交通大学高波教授负责，铁道工程方向由北京交通大学魏庆朝教授负责。4位召集人主要承担协调任务。2012年10月20～30日主编提交编写大纲，交各方向牵头人审定。2012年11月中旬召开主编工作会议。

4）第二届全国高校土木工程专业大学生论坛举办情况及本科生优秀创新实践成果评奖情况通报

2012年8月18日在哈尔滨工业大学召开的第二届全国高校土木工程专业大学生论坛中，共有31所高校的百余名师生参加，提交专业论文83篇、创新成果18项。论坛以"可持续发展的土木工程"为主题，主要活动包括工程体验、专题报告、联欢晚会、大学生创新实践成果奖汇报、趣味活动、闭幕式。

专指委于2012年在全国范围内举办了第四届土木工程专业本科生优秀创新实践成果评奖工作。其间，共有23所高校的50个项目参与了申报；经过专指委初审、委托专家评审、候选项目答辩，最终产生特等奖2项、一等奖5项、二等奖11项、三等奖16项、鼓励奖16项。

5）第五届专指委工作大事记

第五届专指委先后完成了《高等学校土木工程本科指导性专业规范》的编制以及宣贯工作，在专业规范发布后，重点抓好了教学大纲及相应配套教材的编写工作；制定了"卓越工程师教育培养计划"土木工程行业标准，参与修订了土木工程专业评估文件；组织完成土木工程卓越工程师教育多元化培养模式研究与实践课题立项及7个子课题的结题工作，就校企合作培养卓越工程师的模式和实施方案等探索和试点；构建了国内各类院校土木工程专业及校企合作的信息交流平台，对土木工程专业办学起到了指导作用，为促进我国土木工程专业教育走向国际作出了贡献。主要工作大事记如下：

①2010年8月28日，第一届全国高校土木工程专业大学生论坛在同济大学召开。论坛以"土木工程和世界博览会"为主题，邀请了展示社会热点与土木工程专业发展为主的专家作报告，开展了以体现大学生思维与创新为主的分组交流和实践成果展示、以提升合作精神和动手能力为主的趣味竞赛以及增强工程体验的世博园参观等环节。

②2011年7月，第二届实践教学研讨会在内蒙古科技大学举行。

③2012年8月18～20日，第二届全国高校土木工程专业大学生论坛在哈尔滨工业大学成功举办。论坛的主题是：可持续发展的土木工程。来自清华大学、同济大学、哈尔滨工业大学等31所"985"或"211"高校的126位优秀学子参加。论坛共收到全国各高校83篇学术论文，经过专家严格评审，最终45篇论文收录于《第二届全国高校土木工程专业大学生论坛成果与论文集》。经过论文汇报和交流，共有6篇论文获得一等奖，12篇论文获得二等奖。

④2012年，专指委在全国范围内举办了第四届土木工程专业本科生优秀创新实践成果评奖工作。共有23所高校的50个项目参与了申报；经过专指委初审、委托专家评审、候选项目答辩，最终产生特等奖2项、一等奖5项、二等奖11项、三等奖16项、鼓励奖16项。

⑤2013年10月，第三届实践教学研讨会在武汉理工大学举行。

3.4.4　第六届高等学校土木工程学科专业指导委员会主要活动和工作

（1）六届一次会议

2013年10月19～20日专指委六届一次会议在武汉召开，会议由武汉理工大学承办。专指委委员32人出席了会议，住房和城乡建设部人事教育司高延伟参加了会议。本次会议由主任委员李国强教授主持。会议主要内容是：

1）主任委员李国强教授做了第五届专指委工作总结及第六届专指委工作规划报告。

第五届专指委制定完成土木工程专业规范，在全国20多个省市组织了宣讲，对全国高校土木专业办学进行了规范指导；基于专业规范，完成专业基础课教材编写和出版；开展教学改革研究，申请了土木工程卓越计划项目，配合制定土木工程专业卓越工程师行业标准；举办土木工程专业本科生优秀创新实践成果评选、大学生论坛、实践教学研讨会、全国大学生结构设计竞赛等活动。本届专指委将持续做好上一届专指委开展的优秀工作和活动，包括修订优化土木工程专业规范及其评估体系、进一步落实新标准实施后的专业规划教材编写以及组织各类土木工程学科大型实践活动等。此外，第六届专指委将探索数字教学资源平台建设、专指委官方网站开发等。

2）组织了2013年度土建类高等教育教学改革项目土木工程专业卓越计划专项立项评审工作。共计收到173项申报，分为教学综合改革类10项、专业建设类21项、人才培养改革类60项、实践教学类69项、其他13项。综合评审出重点项目8项，资助6.0万元/项；一般项目Ⅰ类12项，资助3.0万元/项；一般项目Ⅱ类26项，资助1.5万元/项。总计经费123万元，由武汉大学出版社赞助。

3）听取了同济大学熊海贝教授关于专指委主办的会议包括实践教学研讨会和土木工程专业大学生论坛等情况。第五届土木工程专业本科生优秀创新实践成果评选活动，共计全国26所高校的62项创新成果参与申报，经专指委初审、专家组函评（占70分）及优秀项目前15名现场答辩（占30分），最终评选出创新实践成果特等奖3名、一等奖6名、二等奖13名、三等奖17名、鼓励奖23名。

4）成立专指委指导小组，分工落实实践教学、课程与教材建设等4个专项工作。其中，专业规范建设指导小组，组长：邹超英，负责修订、评估、完善专业规范，组织、协调、督促专业规范实施，为各相关高校专业规范实施提供咨询；课程与教材建设指导小组，组长：叶列平，负责课程建设调研和规划，研讨和制定教材建设规划，推进优秀课程成果数字化网络化，实施专业规范配套教材规范编写和修订工作，组织土建学科、国家规划（推荐）教材评选；师资队伍建设指导小组，组长：郑健龙，负责研讨、制定教师专业标准，建立师资队伍建设规划；实践教学工作指导小组，组长：李爱群，负责研讨、制定、实施实践教学体系规划，宣贯实践教学理念，配合筹备实践教学研讨会。

为规范指导与土木工程相关的2个特设专业（2012年版《普通高等学校本科专业目录》：城市地下空间工程和道路桥梁与渡河工程），成立2个工作组。城市地下空间工程专业，请高波（组长）、岳祖润、朱彦鹏教授进行相关调研，拟定成立分委员会方案。道路桥梁与渡河工程专业，请刘伯权（组长）、徐岳、魏庆朝、余志武教授开展相关调研工作，提出协调与指导的方案。

（2）六届二次会议

2014年10月12日，专指委六届二次会议在上海召开，会议由同济大学承办。专指委委员共29人出席了会议，住房和城乡建设部人事司何志方、高延伟参加了会议。同济大学常务副校长陈以一教授到会致辞，中国工程院院士、同济大学沈祖炎教授亲临会场对土木卓越工程人才培养论坛开展工作提出了建设性的意见和殷切的期望，会议由专指委主任委员李国强教授，副主任委员郑健龙教授、邹超英教授、李爱群教授分阶段主持。

会议对《土木工程专业本科教学质量国家标准（讨论稿）》进行了审议。根据教育部高教司要求和住房和城乡建设部人事司工作部署，专指委于2014年3月成立《土木工程专业本科教学质量国家标准》起草小组，由主任委员李国强教授担任组长、苏州科技大学何若全教授担任起草专家。起草小组严格依据《制定理工专业类教学质量国家标准的几点要求》，参考土木工程专业评估标准、土木工程专业规范、计算机类专业标准、化学类专业标准，经过多次小组讨论、面向全体专指委委员征求意见，确定了《土木工程专业本科教学质量国家标准（讨论稿）》在本次会议中审议。会上何若全教授详细介绍了《土木工程专业本科教学质量国家标准（讨论稿）》的研制情况，与会委员逐条讨论、审议了标准内容，并且重点针对师资队伍、教学条件、质量保障体系三大模块提出了很多建设性的意见和建议。会后形成上报稿报住房和城乡建设部。报批期间应教育部的指导和要求，起草小组在标准中补充了城市地下空间工程、道路桥梁与渡河工程专业相关的内容，并请这两个特设专业调研小组成员进行评审，最终形成《土木工程专业本科教学质量国家标准（报批稿）》。《土木工程专业本科教学质量国家标准》是土木工程专业人才培养的基本要求，将作为设置本科专业、指导专业建设、评价专业教学质量的依据。

四个专项工作小组和两个特设专业工作小组相关工作。四个专项工作小组围绕专题开展了相关调研和起草工作，部分小组形成了文件，并在委员会上作了汇报。会后工作组围绕这四个重要模块，为委员会工作提出具体工作计划和建议方案，并依照小组工作职责开展相关工作。城市地下空间工程、道路桥梁与渡河工程两个特设专业工作小组摸清了两个专业目前组织开展相关指导工作的来龙去脉并在会上作了汇报。城市地下空间工程专业工作小组提交一份书面报告，请住房和城乡建设部与教育部沟通协调将城市地下空间工程专业纳入土木工程专业指导委员会管理。决定由道路桥梁与渡河工程专业调研小组提交一份书面报告，请住房和城乡建设部与教育部、交通运输部沟通确定管理办法。

会议听取第三届全国高校土木工程专业大学生论坛和第六届土木工程专业本科生优秀创新实践成果介绍以及关于申请成立木结构教研指导委员会提案。第三届全国高校土木工程专业大学生论坛于2014年8月23～26日在同济大学召开。同济大学熊海贝教授对此作了介绍。论坛主题是"承接历史的积淀，面向未来的发展"。来自同济大学、上海交通大学、清华大学、哈尔滨工业大学、大连理工大学、重庆大学、浙江大学、中国矿业大学、河海大学、东南大学等18所高校的90余名师生参加，来自14所高校的56篇论文参加汇报。共有全国24所高校的59项创新成果参与申报。经专指委初审、专家评审组书面评审及特等奖、一等奖候选项目现场答辩，最终评选出特等奖2名、一等奖6名、二等奖12名、三等奖18

名、鼓励奖21名。

同济大学熊海贝教授代表十多所学校提出申请成立木结构教研指导委员会并由专指委负责管理的提案。

同济大学赵宪忠教授介绍了土木工程学科专业指导委员会网站建设情况。根据六届一次会议拟订的网站目录，已初步建设土木工程学科专业指导委员会官方网站，大部分相关内容已在网页上体现，本次会议决定在网站开发完成后挂靠同济大学网站，运行费用由同济大学承担。

（3）六届三次会议

2015年10月23日，专指委六届三次会议在南宁召开，会议由广西大学承办。专指委委员共31人出席了会议，住房和城乡建设部人事司高延伟参加了会议，会议由主任委员李国强教授，副主任委员邹超英教授、李爱群教授分阶段主持。会议主要内容包括：

1）住房和城乡建设部人事司对专指委的指导意见：①进一步发挥专指委的作用，发挥每个委员的作用。②对土木工程专业规范、教材编写等情况进行跟踪调查，完善改进专指委的工作。③为西部院校教师举办青年教师培训班或东部发达学校接收西部教师进修。④竞赛评审制度建设、完善，应加强规范化、制度化、公平化，比赛竞赛的每个环节应公平公正，内容体现创新，起到促进教学的作用等。

2）会议对《全国大学生结构设计竞赛章程（修订讨论稿）》进行了审议。2005年由浙江大学（浙江大学罗尧治、毛一平教授）牵头、11所高校共同发起的全国大学生结构设计竞赛，由于社会转型、国家教育行政主管部门职能转变，经多方商讨，决定原由教育部、住房和城乡建设部、中国土木工程学会主办的全国大学生结构设计竞赛从2014年第八届开始改为由全国高等学校土木工程学科专业指导委员会和中国土木工程学会为主办方，承办方由各高校轮流承担。经2014年10月12日全国大学生结构设计竞赛秘书处与住房和城乡建设部人事司、全国高等学校土木工程学科专业指导委员会商讨，由全国大学生结构设计竞赛秘书处（浙江大学）对原章程进行修改形成《全国大学生结构设计竞赛章程（修订讨论稿）》，并在本次会议上审议。浙江大学毛一平教授介绍了全国大学生结构设计竞赛的历史情况和现状，罗尧治教授介绍了章程的详细条款。大会上，参会委员对讨论稿提出了多方面的意见和建议。

3）讨论了特设专业工作小组工作。西南交通大学高波教授汇报了特设专业指导小组组建方案和工作方案。即：在目前土木工程学科专业指导委员会下组建特设专业指导工作组（特专组），成员由部分专指委委员和部分具有代表性的开设相关特设专业高校的代表（特设专业委员）组成。2014年11月，西南交通大学土木工程学院地下工程系受专指委的委托起草了《城市地下空间工程专业本科教学质量国家标准》。2014年12月在西南交通大学组织召开了《城市地下空间工程专业本科教学质量国家标准》研讨会，19所国内院校的

30余名代表参加会议，要求尽快成立城市地下空间工程特设专业指导小组（特专组）；特专组在专指委的领导下工作，依据《城市地下空间工程专业本科教学质量国家标准》，对开设城市地下空间工程专业的学校开展指导性与建设性工作；建议目前开设了城市地下空间工程专业学校的院系参加第十二届全国高校土木工程学院（系）院长（主任）工作研讨会，在会议上设立特设专业交流分会场。

经会议讨论决定：①特设专业城市地下空间工程成立指导工作小组，由西南交通大学高波教授担任组长，成员由现有的部分委员和现已开办城市地下空间工程专业的学校推荐，由高波组长提出指导工作小组的具体名单发秘书处，并在下次会议时审定。同时，请工作小组制定年度工作计划或建议方案，并逐步开展工作。②特设专业道路桥梁与渡河工程，建议住房和城乡建设部和交通运输部协调成立联合指导工作小组，成员由两个部门共同认可。③与土木工程相关的其他特设专业，希望住房和城乡建设部尽早与教育部等相关部门有效沟通，在专指委设立指导工作小组。

4）工作小组工作情况

专业规范建设工作小组组长、副主任委员邹超英教授汇报了部分高校对新专业规范的实施情况。通过对比32所高校（含211高校、非211高校）土木工程专业的混凝土设计原理、钢结构原理、施工技术等10门课程，调研高校对新专业规范的理解和运用情况。相比211高校，非211高校在这些课程的设置学期、学时、学分方面有较大变化。

课程与教材建设工作小组成员、青岛理工大学王燕教授总结了"十二五"期间教材建设的特点以及存在的主要问题，对"十三五"期间教材规划提出统一规划、建立教材编写主要责任人质量保证制度、建立规划教材质量征询制度、建立规划教材质量评审制度、建立推荐教材制度、积极开展数字化教材建设、积极推动数字化教材编写及应用等建议。

实践教学工作小组组长、副主任委员李爱群教授汇报了我国高校土木工程专业实践教学现状分析与思考。通过对我国土木工程相关的学校师资、学校学生、学校特色、社会需求、行业发展进行分析，并与国外发达国家高校土木工程专业人才培养中的实践环节比较，得出我国土木工程专业实践教学有待改进之处，并提出了建议，形成了《土木工程专业实践教学体系实施方案（讨论稿）》供会议审议。

（4）六届四次会议

2016年11月20日，专指委六届四次会议在武汉召开，会议由武汉理工大学承办。专指委委员共30人出席了会议，住房和城乡建设部人事司何志方处长参加了会议。会议由主任委员李国强教授，副主任委员郑健龙院士、李爱群教授、邹超英教授分阶段主持。住房和城乡建设部人事司何志方处长指出，今年是我国"十三五"规划的开局之年，也是我们全面贯彻中央城市工作会议精神的起步之年，2015年12月底召开的中央城市工作会议是我国城乡建设发展史上的里程碑。2016年2月，中共中央国务院印发了《关于进一步加强城市规划建设管理工作的若干意见》，文件强调要加强建筑安全监管，实施工程全生命周期风险管理，重点抓好房屋建筑、城市桥梁、建筑幕墙、斜坡、隧道、地铁、地下管件等工程运行使用的安全监管，做好质量安全鉴定和抗震加固管理，建立安全预警及应急控制机制。此外，文件还提出要发展新型建造方式，大力推广装配式建筑，力争用10年左右的时间使装配式建筑占新建建筑比例达到30%，同时积极稳妥地推广钢结构建筑。2016年9月底，国务院办公厅印发了《关于大力发展装配式建筑的指导意见》，意见提出了工作要求、基本原则、重点任务和保障措施。其中强化队伍建设是一条重要措施，提出要大力培养装配式建筑设计、生产、施工、管理等专业人才，鼓励高校设置装配式建筑相关课程，推动校企合作，创新人才培养模式。

截至2015年底，全国开设土木工程本科专业的有667个专业点，其中包括道路桥梁与渡河工程专业52个专业点，城市地下空间工程专业41个专业点。2015年土木工程毕业本科生有10万多人，招生8.7万人，现有在校土木工程专业本科生39.9万人。从数据上看，近几年随着我国建筑业增速放缓，土木工程专业招生也呈回调的发展态势。2015年的招生8.7万人，低于2014年的招生9.8万人、2013年的招生9.58万人、2012年的招生9.56万人。尽管土木工程办学规模有所调整，但专业教学质量不断提升，特别是学校参与土木工程专业评估的积极性高涨。截至2016年6月全国已有89所高校通过土木工程专业评估，占开设院校总数的15.5%，除去道路桥梁与渡河工程专业、城市地下空间工程专业和独立学院后，占比在20%左右。

1）特设专业工作小组工作情况。按照教育部要求，城市地下空间工程、铁道工程这两个特设专业纳入土木工程专指委的指导范围之内。郑州大学郭院成教授对特设专业城市地下空间工程从历史概况、建设概况、联络工作组织概况以及2016年11月26～27日即将召开的第七届全国城市地下空间工程专业建设研讨会等4个方面介绍了专业发展情况。从2001年中南大学开始设置城市地下空间工程专业，目前有50多所高校建立相关专业，但其发展一直处于无组织的自发状态，不利于长期长远的发展。2010年，由中南大学发起的首届城市地下空间工程专业建设研讨会，当时有40余人参加。2011年在山东大学召开的第二届研讨会，有15所高校的42人参会。2012年在南京工业大学召开的第三届研讨会，有23所高校60余人参会。2013年在北方工业大学召开的第四届研讨会，有27所高校的91人参会。2014年在西南石油大学召开的第五届研讨会，有30所高校100余人参会。2015年在安徽理工大学召开的第六届研讨会，有47所高校120余人参会。在已开展的六届研讨会中，第一届和第二届主要是扩大专业的影响，第三届开始筹划教材建设问题，近期一直在推进设置全国性城市地下空间工程专业的学校的联络，在第六届会议上提议成立专业建设联络委员会，并拟定在第七届会议上开展城市地下空间工程专业的青年教师教学大赛和大学生模型设计大赛。

北京交通大学魏庆朝教授对特设专业铁道工程从专业历史沿革、专业知识结构两方面回顾了专业建设情况，介绍了铁道工程指导小组筹建方案以及近一年开展的筹备专家会议、课程设置调研、教材建设等方面的工作情况。我国铁道工程专业始于1896年创办的山海关北洋铁路官学堂，一直延续到中华人民共和国成立后铁道部部属的多所高校，专业发展大体经历了创建时期、大发展时期、大土木时期、恢复发展时期，于2014年作为特设专业列入本科专业目录。1978～2009年，铁道部负责铁道工程专业相应的教学指导工作。2009年2月，高等学校交通运输与工程学科教学指导委员会成立，下设高等学校轨道运输与工程教学指导分委会，铁道部负责管理。2013年5月，成立新一届轨道运输与工程教学指导分委会（2013～2017年），轨道交通线桥隧工程教学指导组更名为铁道与城市轨道工程教学指导组。

2）关于本科生优秀创新实践项目和结构设计大赛等工作情况。同济大学熊海贝教授介绍了2016年本科生优秀创新实践项目的工作情况、2016年结构设计大赛的工作情况及今后竞赛方案的设想。2016年度专指委对大学生的创新活动形成了一个全面的指导，包括全国大学生创新实践成果奖、大学生论坛、全国大学生结构设计竞赛、华东地区结构设计邀请赛、木结构设计邀请赛五个方面。第八届全国土木工程专业本科生优秀创新实践成果评选收到了来自30所高校的62个项目的申报。第四届全国高校土木工程专业大学生论坛有25所高校参加，第十届全国大学生结构设计竞赛有125支队伍600余名学生参加，华东地区结构设计邀请赛有来自18所高校的35支队伍参加，第一届木结构设计邀请赛有来自9所高校的21支队伍参加。

（5）六届五次会议

2017年10月20日，专指委六届五次会议在北京召开，会议由北京建筑大学承办。共26名委员出席了会议，住房和城乡建设部人事司何志方参加了会议，会议由主任委员李国强教授，副主任委员李爱群教授、邹超英教授分阶段主持。会议主要内容有：

1）听取了2017年第九届全国土木工程专业本科生优秀创新实践成果奖情况。共收到全国38所高校的79个项目的申报，其中76个有效项目分三组进行函评，函评成绩排名前35%的27个项目参加了10月21日特/一等奖候选项目答辩，最终评选产生特等奖4项（5%），一等奖8项（10%），二等奖15项（20%），三等奖30项（40%），鼓励奖19项（25%）。

2）听取了第十一届全国大学生结构设计竞赛情况。本届竞赛由中国高等教育学会工程教育专业委员会、高等学校土木工程学科专业指导委员会、中国土木工程学会教育工作委员会和教育部科学技术委员会环境与土木水利学部共同主办，第十一届全国大学生结构设计竞赛首次实行各省（市）分区赛与全国总决赛，2017年总决赛于10月18～22日在武汉大学举行。

听取了2016年举办的第一届高校木结构设计邀请赛，该赛事紧密结合国家建立生态家园、倡导大力发展木结构的政策方针，将木结构设计大赛打造成大学生运用课堂专业知识，结合实际工程应用，重在全过程设计，实现可施工的设计大赛，不仅包含模型设计，还需要进行施工图设计，使得结构可落地、可建造。

3）首届土木工程专业青年教师培训工作。由专指委主办，同济大学土木工程学院承办的全国首届高等学校土木工程学科青年教师教学研讨会于2017年6月23～28日在同济大学举行。首届培训班以"土木工程施工"教学研讨为主题，来自全国70多所高校共141名教师参加研讨会，其中985高校8所，211高校10所。培训班聘请了全国土木工程施工方向资深教授和全国著名建工企业总工程师组成讲师团，以工程案例与教学的结合为主线，制定了周密的教学计划：同济大学应惠清教授主讲《工程教育理念与教学设计——精彩一课，观摩演讲》、上海建工集团股份有限公司龚剑总工主讲《工程与教学的有机结合——高层建筑工程施工》、东南大学郭正兴教授主讲《工程与教学的有机结合——装配式施工》、同济大学罗永峰教授主讲《工程与教学的有机结合——钢结构施工》、同济大学石雪飞教授主讲《工程与教学的有机结合——桥梁施工》、武汉理工大学汪声瑞教授主讲《教学方法与教学经验的传授——生产实习》，还安排参观同济大学三个国家级重点实验室。

3.5 全国土木工程院长（系主任）会议

1984年，中国土木工程学会召开第四次全国会员代表大会，决定设立教育工作委员会，挂靠在清华大学土木系，由陈肇元教授任主任委员，职责是组织全国土建类高等学校开展教学改革和教学方法的研讨活动，以推动土木工程教育改革和发展。1986年，教育工作委员会在合肥工业大学举办"钢筋混凝土结构"课程研讨会，建议召开全国土木系系主任工作会议，对土木系的办学思想、教学计划进行深入的交流讨论。会上便以五个学校的名义，倡导由中国土木工程学会教育工作委员会主办全国土木系系主任工作会议，得到热烈响应，当即就有武汉工业大学和湖南大学表示愿意承办该会议。武汉工业大学彭少民教授提供了校长的亲笔信，表达了由武汉工业大学承办首届全国土木系系主任工作会议的诚意，考虑到武汉地处华中地区，交通便利，最后决定由武汉工业大学举办首届全国土木系系主任工作会议。会议于1987年5月举行，会期为7天，参会高校有94所，共100余人。会议总结了当时土木行业发展的现状和存在问题，指出了办学专业的思路，并按地域划分为华北、华中、华东、西北和西南五个小组展开充分的讨论和交流。图3-13为首届全国土木系系主任工作会议留影。

会上还提出了要定期召开系主任工作会议进行交流，评选全国优秀毕业生、编写系列教材等建议。最后，经大会讨论决定，系主任工作会议每三年举办一次，并确定第二届全国土木系系主任工作会议于1990年在南京举行，由东南大学承办。

第二届全国土木系系主任工作会议于1990年10月在南京举行，参会院校增加到153所，并引起了政府相关部门的关注，时任中宣部副部长刘忠德、建设部总工程师许溶烈、建设

图3-13　第一届全国土木系系主任会议合影

部教育司副司长秦兰仪出席了会议开幕式并讲话。1989年成立的全国高等学校建筑工程类学科专业指导委员会的委员也全部参会。本次会议提交大会交流报告90篇，展出图书教材资料176种，广泛交流了教学工作经验和教学资料，并就如何办好土建专业和提高教学质量问题向教学行政主管部门提出了咨询建议，受到高校及教育主管部门的欢迎。1998年陈肇元教授当选中国土木工程学会副理事长，学会教育工作委员会由江见鲸、袁驷教授先后担任主任委员，同济大学的吕西林、陈以一教授及清华大学的朱宏亮教授先后担任副主任委员。从第二届全国土木系主任工作会议开始，专业指导委员会的委员都参加了历届全国土木工程专业院长（系主任）工作会议，并从第十二届开始，每届院长（系主任）工作会议改由教育工作委员会和专业指导委员会共同主办。

全国高校土木工程专业院长（系主任）会议至2018年已相继主办了14届（表3-2），专指委参加了各届院长（系主任）会议，专指委主任委员在大会上就土木工程专业的专业建设、课程建设、教材建设、师资队伍建设、实践教学等重大问题作主题报告。图3-14～图3-18为部分会议照片。

历次全国高校土木工程学院（系）院长（主任）会议　　　表3-2

届数	举办时间	协办单位	参会单位（所）	会议规模（人）
第一届	1987年5月8～15日	武汉工业大学	94	104
第二届	1990年10月31日～11月3日	东南大学	153	178
第三届	1993年10月19～21日	天津大学	约120	约160
第四届	1996年10月31日～11月3日	郑州大学	148	约200
第五届	1999年5月27～29日	同济大学	约130	204
第六届	2002年12月	华南理工大学	119	219
第七届	2004年11月9～10日	武汉大学	122	252
第八届	2006年10月23～24日	西南交通大学	约150	约400
第九届	2008年10月25～26日	南京工业大学	178	450

续表

届数	举办时间	协办单位	参会单位（所）	会议规模（人）
第十届	2010年10月23～24日	中南大学	192	约400
第十一届	2012年10月27～28日	西安建筑科技大学	201	约470
第十二届	2014年11月15～16日	同济大学	约200	约600
第十三届	2016年11月19～20日	武汉理工大学	238	664
第十四届	2018年11月23～25日	广州大学	约260	约800

图3-14 第五届全国高校土木系（院）主任工作会议参会人员合影

图3-15 第九届、第十届全国高校土木工程学院（系）院长（主任）工作研讨会通讯录

图3-16 第七届全国土木工程系（学院）系主任（院长）工作研讨会参会人员合影

图3-17 第十三届全国高校土木工程学院（系）院长（主任）工作研讨会参会人员合影

图3-18 第十四届全国高校土木工程学院（系）院长（主任）工作研讨会议参会人员合影

3.6 土木工程专业本科生优秀创新实践成果评选活动

为深入贯彻教育部"高等学校本科教学质量与教学改革工程""国家大学生创新训练计划"，各省市及学校启动了各类大学生创新项目，旨在促进人才培养模式和教学方法的改革与创新。为了示范各高校优秀的土木工程专业本科生创新实践成果，促进人才培养模式和教学方法的改革与创新，培养大学生的创新能力和实践能力，探索以项目为载体的研究性学习和个性化培养方式，激发学生学习的主动性、积极性和创造性，住房和城乡建设部高等学校土木工程学科专业指导委员会于2008年11月在南京召开的土木工程学科专业指导委员会四届四次会议上，决定组织开展"土木工程专业本科生优秀创新实践成果奖"评选活动。成果奖评选包含三个阶段：首先是校内自评，每所高校推荐不多于3个项目；秘书处收集各高校推荐项目，分组发给专家进行函评，每个项目由3位专家进行评审；根据函评成绩，择优排序，选取特等奖、一等奖的候选项目进行现场答辩。现场答辩安排在每两年一度的全国土木工程专业大学生论坛和全国土木工程专业实践教学工作研讨会上交替进行，通过答辩最终确定特等奖、一等奖项目。函评、答辩专家均来自专指委委员。自2009年在兰州理工大学召开首届以来，陆续举办了9届评选工作。2018年停办一年，2019年11月教育部高教司发文规范专指委"三评一赛"活动后，此项活动停止举办。历届活动情况如表3-3所示。

历届土木工程专业本科生优秀创新实践成果评选活动　　　　表3-3

	第一届	第二届	第三届	第四届	第五届	第六届	第七届	第八届	第九届
举办年份	2009	2010	2011	2012	2013	2014	2015	2016	2017
获奖项目数	31	28	48	50	62	59	45	62	76
参加高校数	17	14	21	23	25	24	19	30	35
承办高校	兰州理工大学	同济大学	内蒙古科技大学	哈尔滨工业大学	武汉理工大学	同济大学	广西大学	哈尔滨工业大学	北京建筑大学

参考文献

[1] 《中国建筑年鉴》编委会. 中国建筑年鉴（1984-1985）[M]. 北京：中国建筑工业出版社，1985.

[2] 《中国建设年鉴》编委会. 中国建设年鉴（1990）[M]. 北京：中国建筑工业出版社，1990.

[3] 《中国建设年鉴》编委会. 中国建设年鉴（1996）[M]. 北京：中国建筑工业出版社，1996.

[4] 建设部办公厅. 中华人民共和国建设部文件汇编（1991-1992年）[M]. 北京：改革出版社，1992.

[5] 建设部办公厅. 中华人民共和国建设部文件汇编（1995年）[M]. 北京：改革出版社，1995.

附录：本科生优秀创新实践成果奖名单
（2009～2017年，共九届）

附录3-1～附录3-9列出了各届获奖名单。由于篇幅有限，仅列出特等奖和一等奖名单，其余获奖名单可通过扫描右侧二维码查看。

2009年第一届全国土木工程专业本科生优秀创新实践成果获奖名单　　附表3-1

序号	成果名称	完成人	完成单位	奖项
1	多高层结构跷动减震技术振动台试验研究	王佳玉等	同济大学	特等奖
2	混凝土结构局部监测的机敏水泥基传感器及其无线采集系统	王春圆等	哈尔滨工业大学	特等奖
3	后张法预应力钢筋混凝土梁封端缝渗漏治理研究	黄建坤等	北京交通大学	一等奖
4	全张力结构设计和模型试验	金浩等	北京交通大学	一等奖
5	重大突发公共事件下的人员疏散机理研究	章涛林等	安徽建筑工业学院	一等奖
6	桁架体系局部破坏后的再生性能研究	刘宏创等	同济大学	一等奖

第一届获奖名单
（二等奖～鼓励奖）

2010年第二届全国土木工程专业本科生优秀创新实践成果获奖名单　附表3-2

序号	成果名称	完成人	完成单位	奖项
1	中低速磁浮交通体系轨排钢结构体系新测试方法及试验研究	张强	北京交通大学	特等奖
2	混凝土抗氯离子渗透实验预处理方法的研究	李加成等	华南理工大学	一等奖
3	研究开发"竹材塑料管材"——探究开发新型竹建材的途径	姚剑穹等	同济大学	一等奖

第二届获奖名单
（二等奖～鼓励奖）

2011年第三届全国土木工程专业本科生优秀创新实践成果获奖名单　附表3-3

序号	成果名称	完成人	完成单位	奖项
1	新型可展板索结构的研究	关兆彧等	同济大学	特等奖
2	新型高层顶部旋转建筑设计及其抗震性能的研究	刘怡鹏等	同济大学	特等奖
3	钢筋锈蚀引起再生混凝土结构性能演变规律研究	张鸿儒等	浙江大学	一等奖
4	学校建筑抗震结构调查与分析	刘希等	重庆大学	一等奖
5	基础隔震技术对比研究与模型制作	戴子枢等	同济大学	一等奖
6	风能建筑体型优选试验与结构安全设计对策研究	顾峰等	长安大学	一等奖
7	再生混凝土耐久性对比试验研究	罗峥等	西安建筑科技大学	一等奖

第三届获奖名单
（二等奖～鼓励奖）

2012年第四届全国土木工程专业本科生优秀创新实践成果获奖名单　附表3-4

序号	成果名称	完成人	完成单位	奖项
1	冯鹏大战混凝土	蔡亚庆	清华大学	特等奖
2	高层建筑局部楼层多阶段隔震技术及其性能研究	高东奇	同济大学	特等奖
3	给水管网自动控制监控系统	马腾远	河海大学	一等奖
4	预拌砂浆检测新技术的实验研究	朱磊	华南理工大学	一等奖
5	屋顶与墙体绿化对建筑节能的作用	裴陆杰	同济大学	一等奖
6	一种高耐久性永久性模板的研制	黄博滔	浙江大学	一等奖
7	基于地铁隧道消防设备的绿色活塞风能利用系统	简立	清华大学	一等奖

第四届获奖名单
（二等奖～鼓励奖）

2013年第五届全国土木工程专业本科生优秀创新实践成果获奖名单　附表3-5

序号	成果名称	完成人	完成单位	奖项
1	新型智能可升降太阳能玻璃百叶窗的设计及其建筑节能效益的分析	丛霄等	同济大学	特等奖
2	十字型应变式动态土压力无线实时监测系统	徐松杰等	浙江大学	特等奖
3	抗氯盐高性能混凝土用垫块	黄晨等	华南理工大学	特等奖
4	针对回旋钻头糊钻问题的优化探究	杨希伟等	同济大学	一等奖
5	废弃混凝土制备全再生细骨料的实验研究	潘洲池等	华南理工大学	一等奖
6	基于非规则张拉整体的新型索杆全张力结构体系开发及形态分析研究	赵曦蕾等	东南大学	一等奖
7	采用纳米技术提高超高韧性水泥基复合材料的抗渗性能的研究	邵康等	浙江大学	一等奖
8	真空-电渗排水固结技术优化	励彦德	河海大学	一等奖
9	空间结构课程自主实践教学教具的研发	马帜等	浙江大学	一等奖

第五届获奖名单
（二等奖～鼓励奖）

2014年第六届全国土木工程专业本科生优秀创新实践成果获奖名单　附表3-6

序号	成果名称	完成人	完成单位	奖项
1	以火山石为基材制成的屋顶绿化蓄水层	韩冰等	同济大学	特等奖
2	悬吊楼板在巨型框架结构中的减震效应	张文津等	同济大学	特等奖
3	吹填土地基电渗处理电极转换时间规律研究	徐海东等	河海大学	一等奖
4	风电塔减震阻尼器的研究	毛日丰等	同济大学	一等奖
5	利用透明土制作土力学教学演示装置	谢凌君等	河海大学	一等奖
6	新型装配式自保温秸秆砖的性能研究及其在建筑结构中的应用推广	蒋丛笑等	东南大学	一等奖
7	EMV法再生混凝土基本性能研究	陈发鑫等	哈尔滨工业大学	一等奖
8	基于聚羧酸减水剂的免蒸压PHC管桩实验研究	战营等	华南理工大学	一等奖

第六届获奖名单
（二等奖～鼓励奖）

2015年第七届全国土木工程专业本科生优秀创新实践成果获奖名单　附表3-7

序号	成果名称	完成人	完成单位	奖项
1	基于集料-沥青界面改性的路面性能改善材料及工艺	傅翼飞等	华南理工大学	特等奖
2	基于三角形剪式单元的空间可展结构研发	郑婉莹等	同济大学	特等奖
3	土力学原理可视化演示模型实验系统	杜文汉等	河海大学	一等奖
4	自由曲面空间网格一体化设计及其在结构工程的应用探索研究	胡宽等	东南大学	一等奖
5	给建筑披上新衣——超高韧性水泥复合材料（UHTCC）的喷射技术	柯锦涛等	浙江大学	一等奖
6	超薄石墨导电薄膜路面融雪化冰研究	俞祎康等	哈尔滨工业大学	一等奖
7	上海地区纤维加筋水泥质软黏土的强度特性研究	陈牧等	上海交通大学	一等奖

第七届获奖名单
（二等奖～鼓励奖）

2016年第八届全国土木工程专业本科生优秀创新实践成果获奖名单　附表3-8

序号	成果名称	完成人	完成单位	奖项
1	高应变率下混凝土动态力学特性研究	邵羽等	河海大学	特等奖
2	基于光子晶体禁带原理的建筑物降温节能薄膜	李志远等	同济大学	特等奖
3	玄武岩纤维增强秸塑的仿生复合材料应用基础研究	任逸哲等	东南大学	特等奖
4	玄武岩纤维加筋土强度特性研究	胡国辉等	河海大学	一等奖
5	非饱和垃圾土气体渗透试验研究	徐琪等	同济大学	一等奖
6	一种新型树脂透明混凝土研究与制备	张锡朋等	大连理工大学	一等奖
7	超轻质高韧性混凝土材料	杨果等	同济大学	一等奖
8	智能手机桥梁结构位移监测新技术	赵庆安	大连理工大学	一等奖
9	一种快速轻型链式悬轨水上运输方式	邱俊澧等	重庆交通大学	一等奖

第八届获奖名单
（二等奖～鼓励奖）

2017年第九届全国土木工程专业本科生优秀创新实践成果获奖名单　附表3-9

第九届获奖名单
（二等奖～鼓励奖）

序号	成果名称	完成人	完成单位	奖项
1	一种基于柱坐标的环保型3D打印机	张子豪等	重庆大学	特等奖
2	基于生态的微生物固化砂土堤岸抗冲刷性能研究	金勇	盐城工学院	特等奖
3	复杂加载工况下初始损伤混凝土动态力学特性试验研究	石丹丹等	河海大学	特等奖
4	一体化仿生秸秆建材的应用基础研究	俞涛等	东南大学	特等奖
5	Building Blocks——新型装配式复合墙体	孟庆禹等	北京建筑大学	一等奖
6	桩承式加筋路堤土拱效应室内模型试验装置简便化操作研发及其应用	刘奂孜等	河海大学	一等奖
7	CFRP加固开孔钢板的疲劳实验	李粒珲等	四川大学	一等奖
8	废弃混凝土制备全再生细骨料的中试研究	苏延等	华南理工大学	一等奖
9	跨座式螺纹自锁轨道自动补偿垫板	赖啸龙等	华东交通大学	一等奖
10	基于冷拌冷铺工艺的超薄沥青磨耗层技术体系	马平川等	华南理工大学	一等奖
11	消能减震装置研究与应用	赵志鹏等	同济大学	一等奖
12	基于移动互联网大数据的道路状况监测与分析系统	陈晨曦等	浙江大学	一等奖

第4章　专业评估

4.1 专业评估制度的建立与发展

4.1.1 专业评估的内涵与作用

工程专业的专业评估，是针对某一专业的对教学条件、培养过程和教学结果进行的评价。其本质是行业对专业质量的评价，是教育外部对专业教育的一种评价机制。工程专业评估重视专业教育与未来职业的联系，重视学生的培养结果和能力。

我国土木工程专业评估制度创立于1993年，是在住房和城乡建设部（原建设部）的领导下，由我国土木工程教育界、工程界共同组织的。这一评估是我国本科工程专业中按照国际通行的专门职业性专业鉴定（Professional Programmatic Accreditation）制度进行评估的首批专业之一。

2016年，我国成为《华盛顿协议》正式成员后，土木工程专业评估纳入了全国性的工程专业认证的体系之中。

到2019年底，已有102所高校的土木工程专业通过了评估，占全国开设土木工程本科专业高校的22%。

土木工程专业评估制度的建立，为我国建立注册土木工程师执业资格制度提供了专业教育质量认定制度的必要条件。加强了高等教育与工程实践的结合，实现了专业教育评估与注册工程师制度的衔接，促进了专业教育质量的提高，提升了我国土木工程专业的国际地位和影响力。

4.1.2 注册师制度

自20世纪80年代中期，世界大多数国家对从事涉及公共财产安全的职业，如医生、律师、建筑师、土木工程师、建造师等都制定了严格的资格审查制度、注册制度和相应的管理制度。[1]

所谓注册工程师制度，是在国家范围内，对各个工程专业领域内的工程师建立统一标准，对符合标准的人员给予认证和注册，并颁发证书，使其具有执业资格，准许其在从事本领域工程师工作时拥有规定的权限，同时也承担相应的责任。在实行从业竞争、人才流动的市场经济体制下，通过注册工程师的形式，可以较好地解决对人才的社会评价问题，减少市场主体在选择人才时的盲目性，大幅度降低人力资源配置的成本，也有利于把工程质量管理和人才质量管理结合起来，把经济责任同执业者联系起来，从而提高工程的质量和水平。

学生怎样才能成为合格的工程师，各国的条件和流程虽有不同，但都需要保证最基本的条件。

国际上通行的工程师注册程序一般要经过图4-1所示的5个环节。

图4-1 专业评估（认证）与注册工程师制度的5个环节

专业教育是这一制度5个环节中的基础环节（图4-1），而专业评估（或认证，英文统称Accreditation）则是保障专业教育符合注册工程师的知识与能力要求的关键制度，是行业组织对专业教育质量的第三方评价。

表4-1列出了中、英、美三国工程教育评估与工程师执业注册的对比。

中、英、美工程教育评估与工程师执业注册对比　　表4-1

	中国	英国	美国
工程教育评估的实施主体	中国工程教育专业认证协会	各专业学会 注：其中土木工程专业教育评估由与土木工程专业相关的学会组成的联合评估协调委员会（Joint Board of Moderators, JBM）实施	美国工程技术专业认证委员会（Accreditation Board for Engineering and Technology, ABET）
执业资格考试实施主体	中华人民共和国人力资源和社会保障部（人事部）	工程师管理局（Engineering Council）	全国工程与测量考试委员会（NCEES）
执业资格制度	以政府管理为主	政府管理与行业自律相结合	政府管理与行业自律相结合
成为注册工程师的三个基本条件	①相关工程专业毕业（对专业教育认证无特别要求） ②具有经认可的相关专业工作经验；获得专业认证的毕业生比未获得专业认证的毕业生实践年限可少一年 ③通过基础考试（FE）和专业考试（PE）	①获得通过评估的专业学位 ②有良好的执业发展与经验 ③通过执业资格考试	①获得ABET评估认可的工程专业的学士学位 ②具有经认可的相关专业工作经验；非认证学位的毕业生实践年限，至少要延长2年，根据所学专业及专业质量要求年限为6年、8年、12年，以至20年 ③通过基础考试（FE）和专业考试（PE）

从表 4-1可知，在英国和美国，注册工程师的必备条件是获得经专业认证的工程专业学士学位。

20世纪80年代末，随着我国工程建设由计划体制向市场经济转变，以及开拓国际建筑市场的需要，在借鉴发达国家专业人员管理通行做法的基础上，建设部、人事部着手建立工程建设领域执业资格制度即注册工程师制度，制定勘察设计注册工程师管理制度。我国注册工程师制度包括专业教育背景评价、职业实践考核、执业资格考试、注册执业、继续教育等主要环节。

按照国际惯例，专业注册师制度的建立必须包括四项基本内容，即建立专业教育的评估制度，在注册工程师指导下的专业工作训练制度，国家执业资格考试制度，以及登记注册制度。我国注册工程师考试建立之初就吸收了英美等发达国家的经验，对注册工程师的管理从高校抓起，覆盖大学学习、工作实习到工程项目的全过程。鼓励通过评估院校的学生参加相关注册工程师的考试。

1997年9月，建设部、人事部决定在我国实行注册结构工程师执业资格制度，并成立了全国注册结构工程师管理委员会。考试工作由建设部、人事部共同负责，日常工作委托全国注册结构工程师管理委员会办公室承担，具体考务工作委托人事部人事考试中心组织实施。注册结构工程师是指经全国统一考试合格，依法登记注册，取得中华人民共和国注册结构工程师执业资格证书和注册证书，从事桥梁结构及塔架结构等工程设计及相关业务的专业技术人员。

全国一级注册结构工程师资格考试报考条件中明文规定：专业评估通过并在合格有效期内的工学学士学位，职业实践最少时间为4年，未通过专业评估的工学学士学位或本科毕业，职业实践最少时间为5年。

4.1.3　我国土木工程专业评估制度的创立

20世纪90年代初，我国建设部组织同济大学、东南大学等高校专家对美、英等国专业教育评估制度进行考察，考察组提出在我国建立建筑工程（土木工程前身）专业教育评估制度的建议。1993年建设部批准成立了第一届全国高等学校建筑工程专业教育评估委员会，并起草颁发了《全国高等学校建筑工程专业教育评估委员会章程（试行）》《全国高等学校建筑工程专业本科教育（评估）标准（试行）》《全国高等学校建筑工程专业本科教育评估程序与办法（试行）》《视察小组工作指南（试行）》等4个专业教育评估文件，土木工程专业教育评估制度由此诞生。

4.1.4　土木工程专业评估制度的发展历程

1992年6月11～12日，建设部组织召开了关于建立建筑师、工程师注册制度研讨会。在制定关于实施建筑师、工程师注册制度的总体构想与计划安排中明确提出：为推进注册师制度，首先应在国务院学位委员会办公室和国家教育委员会的指导下，吸收国外的先进教学经验，配合我国教育制度的改革，建立我国建筑工程类学科专业的教育评估制度和专业学位制度，促进专业教育的发展，使其最大限度地满足我国建筑行业对人才的需求，为在我国建立注册制度并为我国建筑工程类专业学位与其他国家间的相互承认打下基础。

会议制定了实施建筑师、工程师注册制度的总体构想与计划安排。研讨会将高等教育评估作为建立建筑师、工程师注册制度计划安排的重要内容,制订了相应的实施计划:"……在现有基础上,需要进一步完善建筑学专业评估文件并制订专业基本规格,同时草拟房屋建筑类结构工程专业教育评估标准、程序和办法。拟在1993年进行第二批建筑学专业的教育评估申报受理工作、第一批评估院校的复查,并草拟或修订相关专业教育评估标准、程序和办法。"

1994年4月,建设部颁发了"高等学校建筑类专业教育评估暂行规定"(以下简称"规定")的部令,把建设类专业评估工作纳入法制化、科学化、规范化和制度化的轨道,把专业教育评估工作作为设计管理体制改革,实行建筑师、工程师注册制度的重要组成部分。建设部先后在1992年开展了建筑学专业教育评估;1995年开展了土木工程专业教育评估;1998年开展了城市规划专业教育评估;1999年开展了工程管理专业教育评估;2001年开展了建筑环境与设备工程专业教育评估;2003年下半年,给水排水专业评估启动。至此,建设部归口管理的六个高等教育专业评估全部启动完毕,建设类也成为全国第一个拥有完整的高等教育评估体系的专业类别,这为中国注册工程师、建筑师参与国际竞争打下良好基础。2001年1月人事部、建设部颁发了《勘察设计注册工程师制度总体框架及实施规划》(人发〔2001〕5号)的文件,要求在3~5年内,分别在土木、公用设备、电气、化工等专业实行注册执业制度;教育评估工作由建设部、教育部牵头,相关行业部门参加,与考试准备工作同时开展。首批对土木、结构、公用设备、电气、化工等5个专业的有关重点院校进行教育评估,并公布评估结果。由此,专业教育评估工作作为注册工程师制度的重要组成部分,已经提上了工作日程。

1993年建设部批准成立了全国高等学校建筑工程专业教育评估委员会(图4-2),并起草颁发了《全国高等学校建筑工程专业教育评估委员会章程(试行)》《全国高等学校建筑工程专业本科教育(评估)标准(试行)》《全国高等学校建筑工程专业本科教育评估程序与办法(试行)》《视察小组工作指南(试行)》等4个专业教育评估文件。

1995年清华大学、天津大学、哈尔滨建筑大学(哈尔滨工业大学)、同济大学、东南大学、浙江大学、湖南大学、华南理工大学、重庆建筑大学(重庆大学)、西安建筑科技大学10所高校的建筑工程专业首次通过专业评估。虽然初次评估的专业点只有10个,但对我国各高等学校的土建类专业点起到了示范作用。

1997年沈阳建筑大学、合肥工业大学、华侨大学、郑州大学、华中科技大学、武汉理工大学、中南大学、西南交通大学8所高校的建筑工程专业第二批通过专业评估。

1999年,第二届建设部高等教育土木工程专业评估委员会成立,建筑工程专业教育评估正式拓展到大口径的土木工程专业。

1999年6月,北京交通大学、大连理工大学、上海交通大学、河海大学、武汉大学、

图4-2 关于印发全国高等学校建筑工程专业教育评估委员会成立会议有关文件的通知

三峡大学、兰州理工大学7所高校的土木工程专业第三批通过专业评估。

此后，第三～第六届高等教育土木工程专业评估委员会分别于2003年、2007年、2012年、2016年成立。

住房和城乡建设部高等教育土木工程专业评估委员会于2012年10月在广西桂林召开"全国高校土木工程专业评估经验交流与工作会议"。

2014年9月，住房和城乡建设部高等教育土木工程专业评估委员会及有关高校共同完成的《二十年磨一剑——与国际实质等效的中国土木工程专业评估制度的创立与实践》研究成果，获得2014年国家级教学成果一等奖。

20多年来，先后组建了6届土木工程专业评估委员会，并于1996年、2001年、2004年、2013年、2015年、2017年修订了6次土木工程专业评估文件。截至2019年12月，共计有102所高校的土木工程专业通过了评估（认证）。其中，有37所高校的土木工程专业通过了第二次评估认证，17所高校的土木工程专业通过了第三次评估认证，27所高校的土木工程专业通过了第四次评估认证，4所高校的土木工程专业通过了第五次评估认证。

4.1.5 土木工程专业评估制度的主要内容

土木工程专业评估制度由组织、标准、实施三大体系和七项机制组成。

评估制度的三大体系包括：组织体系、标准体系和实施体系。

（1）组织体系。即由评估委员会、评估视察专家组、教学质量督察员构成的三支队伍。三支队伍中土木工程教育界、工程界专家各占一半。评估委员会作为评估工作领导核心，主要职责是客观、公正、科学地评价高等学校土木工程专业的办学水平，保证人才培养的基本质量，推动办学条件改善，增强专业的办学实力，提高办学效益，促进土木工程专业教育的发展。

（2）标准体系。即由学生发展、专业目标、教学过程、师资队伍、教学资源、教学管理、质量评价等7个一级指标，以及25个二级指标和67个观察点构成完整的评价指标体系，涵盖了土木工程教学和人才培养的全过程。

（3）实施体系。包括申请与审核、自评、审阅、视察、审核与鉴定、申诉与复议、状态保持等7个重要实施环节。

七项机制包括：专家队伍的优选机制、自愿申请的开放机制、以评促建的激励机制、评估过程的约束机制、评估决策的民主机制、行业协调的保障机制、面向社会的公开机制。

（1）专家队伍的优选机制。专家队伍素质是保证评估质量的关键。评估得到行业主管部门住房和城乡建设部的大力支持，入选的工程界委员所在单位均为业内大型骨干施工企业、设计院，委员均为本单位总工，包括工程院院士、国家勘察设计大师，他们德高望重，热心行业教育，具有强烈的社会责任感。入选的教育界委员都是各校土木院系的责任人，包括国家教学名师，他们有着丰富的专业理论水平和教学管理经验。

（2）自愿申请的开放机制。评估充分尊重各高校的意愿，实行自愿申请参加评估，避免因强制评估带来弄虚作假的情况，使评估成为学校自觉自愿的行为。在评估申请、自评、视察、复查、复评等阶段均有审核劝退机制，以保证评估质量。

（3）以评促建的激励机制。以评促建贯穿于评估工作的始终。申请前，被评学校对照申请条件，加强师资队伍、教学条件、教学管理等建设；自评阶段，对照评估标准边检查、边完善；视察阶段，专家组从更高层面对专业建设提出意见建议，为学校整改明确了方向和重点；评估后，学校每隔两年要开展一次中期督察，确保评估意见整改到位；申请复评，使专业建设在更高的起点上开始新的轮回。评估成为学校土木工程专业持续发展的动力。

（4）评估过程的约束机制。科学严谨的评估程序、规范严格的操守纪律，对评估学校和评估委员形成有效约束，保证了评估材料的真实性、评估专家的公正性和评估结果的客观性。

（5）评估决策的民主机制。评估委员对院校提交的评估申请、自评报告独立进行审阅，并提出是否受理的意见；评估视察小组充分讨论并撰写视察报告，允许保留个人观点；评估委员会采取无记名投票方式，根据三分之二委员的意见做出评估结论等等，充分调动了每位评估委员的积极性，发挥了专家集体智慧的作用，同时尊重专家个人的权力和意见。

（6）行业协调的保障机制。住房和城乡建设部作为行业主管部门直接指导、参与评估工作，为评估提供专项经费，抽调行业专家参加评估委员会、聘请业界专家进校视察，准予将专家参加评估的时间计入注册工程师继续教育学时。评估结果与注册工程师执业资格考试挂钩，并与教育部、人事部共同推进工程教育专业认证，提高了土木工程专业评估的权威性和影响力。

（7）面向社会的公开机制。评估文件、评估结论向社会公开，广泛接受高等学校、行业企业、教师学生及社会各方面的监督，以自身的公信力赢得社会的认可和支持。

以上评估机制保证了评估工作科学、公平、公正，在行业、高校、政府中形成了较高的公信力。

4.1.6 我国加入《华盛顿协议》后土木工程专业评估制度的变化

中国工程教育专业认证协会（简称认证协会）作为我国工程专业认证的权威代表机构加入《华盛顿协议》，土木工程专业评估也逐渐成为我国工程专业认证整体框架中的一部分。专业评估以中国工程教育认证的通用标准作为基本依据，同时设立了适合本专业的补充标准（近年又扩展为专业类补充标准）；认证活动的程序统一按认证协会的相关文件执行；评估委员会与认证协会土木类认证委员会的成员相互任职，在组织上渐趋一体。

但目前为止，在认证协会框架内进行的专业认证活动，除土木工程专业之外，均尚未与执业工程师任职资格发生联系。为了保持土木工程专业注册制度的连续性，土木工程专业的认证与对内结论公布，当前仍然保留了"评估"的表达方式，先后称为土木工程专业评估（认证）和土木工程专业认证（评估）。

加入《华盛顿协议》后，遵循"学生中心""产业导向""持续改进"的理念，土木工程专业认证（评估）更加重视学生培养成效的评价，更加重视院系和专业面向"产出"的内部质量保证机制及其有效运行。本章以下内容主要论述加入《华盛顿协议》之前的状况。

4.2 评估组织

4.2.1 评估组织的构成

土木工程专业教育的评估组织包括评估机构、评估队伍和管理平台。承担专业教育评估的机构是土木工程专业评估委员会，委员会下设秘书处。

土木工程专业评估队伍由评估委员会委员、评估视察（考察）专家组、教学质量督察员构成三支队伍。三支队伍中土木工程教育界、工程界专家各占一半。评估委员会作为评估工作领导核心，主要职责是客观、公正、科学地评价高等学校土木工程专业的办学水平，保证人才培养的基本质量，推动办学条件改善，增强专业的办学实力，提高办学效益，促进土木工程专业教育的发展。

　　土木工程专业评估建立行业参与工程教育的新机制，推进校企合作人才培养。在住房和城乡建设部（原建设部）的支持下，由中国土木工程学会等行业组织、设计院及施工企业、高等学校共同组建土木工程专业评估委员会，行业、企业、高校"三位一体"的评估体系，使行业参与评估全过程有了可靠的机制保证，搭建起行业参与土木工程教育的平台，探索出学校、企业合作培养土木工程专业人才的有效途径。以执业资格为导向的土木工程专业评估标准成为评估院校制定人才培养方案的重要依据。工程界专家走入学校指导高校土木工程专业建设，使行业与教育、工程教育与工程实践的联系密切，校企深度合作为人才培养模式的转变、工程教育改革探索出新路。

　　视察（考察）小组是评估委员会派出的临时工作机构，其任务是根据评估委员会的要求，实地视察申请评估院系的办学情况，撰写视察报告，提出评估结论建议，交评估委员会审议。视察（考察）小组一般由3～5人组成，由当届的评估委员会委员出任组长，成员中至少有1人为高级工程师，1人为具有教授职称的高等学校土木工程教育专家。为保证视察（考察）工作的经验和连续性，视察（考察）小组应至少有两人曾参加过视察工作。视察（考察）小组成员由评估委员会聘请。

　　评估通过后，在评估有效期内的中期检查由督察员执行；督察员一般由1名工程专家和1名教育专家组成。

　　视察（考察）小组成员应符合下列条件：（1）在教育界和土木工程界有一定的声誉，对评估工作和专业建设有见解。（2）坚持原则，实事求是，客观公正，并有较强的工作能力和组织能力。（3）与被评估院校的有关负责人无直接亲属关系，对被评估院校无潜在偏见。（4）与被评估学校不存在校友关系或工作关系。

　　20多年来有63名工程界专家在6届评估委员会中担任评估委员，占委员总数的48%，行业委员每人每年要用10天左右的时间参加评估视察及专业教学督察等活动。此外每年评估委员会还外聘10余名行业专家参加入校视察（考察）工作；凡通过评估的院校至少每两年要聘请一位行业专家和教育界专家作为教学质量督察员，入校评估中期督察，为学校专业建设诊断把脉。参加专业评估工作的工程界专家，累计达600多人（次）。大批行业专家全程参加土木工程专业评估标准制定、评估申请与自评报告审阅、入校视察（考察）、评估委员会全体会议、有效期内教学督察等活动，创立并形成了稳定的行业参与专业教育的新模式，使评估院校土木工程专业的改革和建设始终贴近行业用人需求和注册工程师的执业要求。图4-3为中国矿业大学土木工程专业评估专家及代表合影；图4-4为武汉大学中期检查专家组与专业代表合影。

4.2.2　专业评估委员会

　　土木工程专业评估已经走过不平凡的20多年。沈祖炎、江见鲸、沈士钊、蒋永生、叶可明、徐正忠等老一辈土木工程教育界、工程界专家学者为土木工程专业评估制度的创立

图4-3 中国矿业大学土木工程专业教育评估专家及代表合影（2005.6）

图4-4 土木工程专业评估中期检查专家组与代表合影（2001.5）

打下了坚实的基础，6届评估委员会的评估委员为我国土木工程专业评估（认证）事业的起步、发展、壮大做出了不可磨灭的贡献，百余所高校土木工程专业点通过评估的锤炼，专业建设得到跨越式发展，从通过土木工程评估院校中走出来的数万名毕业生是这一评估制度的最大获益者。高等学校土木工程专业评估在我国高等工程教育史上已经并将继续发挥重要的作用。

4.2.2.1 评估委员会的组成

高等教育土木工程专业评估委员会委员由高等学校土木工程学科专业指导委员会、中国建筑学会、中国土木工程学会协商推荐，由住房和城乡建设部（原建设部）聘任。

评估委员会由17~33名委员组成，其中国家建设及教育主管部门2名，学会1名，土木工程教育专家7~20名和知名工程师7~20名。

评估委员会设主任委员1名，副主任委员3~4名，秘书长1名。

主任委员负责评估委员会的全面工作。

1．第一届全国高等学校建筑工程专业教育评估委员会

为了做好普通高等学校建筑工程专业本科专业评估工作，1993年10月建设部召开了全国高等学校建筑工程专业教育评估委员会成立会议，聘任沈祖炎等15位同志为第一届全国高等学校建筑工程专业教育评估委员会委员。全国高等学校建筑工程专业教育评估委员会名单如附件4-1所示。

附件4-1　全国高等学校建筑工程专业教育评估委员会名单

主任委员：

沈祖炎

副主任委员：

徐永基　　　于庆荣

委员：（共15人）

于庆荣	教授	天津大学
毛永祺	负责人	中国高等教育评估办公室
白绍良	教授	重庆建筑大学
江见鲸	教授	清华大学
沈世钊	教授	哈尔滨建筑大学
沈祖炎	教授	同济大学
吴学敏	高级工程师	建设部建筑设计院
张志泉	高级工程师	北京钢铁设计研究院
周九伙	高级工程师	四川省建筑工程总公司
周利民	高级工程师	浙江省建筑工程总公司
徐正忠	常务理事	中国建筑学会
徐永基	高级工程师	中国建筑西北设计院
龚仕杰	高级工程师	中国建筑第一工程局
梁俊强	副处长	建设部教育司（兼秘书长）
蒋永生	教授	东南大学

第一届评估委员会的组成人员包括：国家建设部主管专家1名，中国高等教育评估办专家1名，高校建筑工程专业教育专家6名，工程技术专家7名。

1994年6月，建设部对评估委员会进行了调整，增加徐正忠为评估委员会副主任委员，王杰贤为评估委员。

第一届评估委员会任期时间为1994~1998年，任期4年；分别于1995年、1997年分两批对18所学校开展了专业评估工作。

第一届评估委员会是在专业教育评估制度在世界范围得到推广、我国积极推进注册师制度的大背景下成立的。1995年、1997年两批评估实践，在加强国家对建筑工程专业教育的管理，保证和提高建筑工程专业教育的基本质量，更好地贯彻教育为社会主义建设服务的基本方针，使我国高等学校建筑工程专业毕业生符合国家规定的申请参加注册师考试的教育标准要求，以及为与发达国家同类专业的评估结论相互承认创造了条件。

两批的评估实践，受到了英国、美国等国家相应机构的高度关注，英国派观察员参加我国的评估活动，并就相互承认评估结论进行了卓有成效的会谈。英国观察员经过1997年对第一批建筑工程专业教育评估合格的学校抽查后，承认我们的评估结论，并对今后其他评估合格的学校承认评估结论的问题作出安排。

评估工作的开展，为注册师制度的建立奠定了坚实的基础，推动了1997年在全国范围正式开展注册结构工程师资格考试。

2．第二~第五届高等教育土木工程专业评估委员会

第二~第五届全国高等教育土木工程专业评估委员会任期为1999年1月~2015年7月。

1998年，教育部在高校本科专业目录修订中将建筑工程、桥梁工程、铁道工程、港航工程、矿井建设等"小土木"专业合并为"大土木"专业——土木工程专业。1999年2月28日，为适应宽口径土木工程专业的招生和培养，建设部成立第二届评估委员会时，正式改名为高等教育土木工程专业评估委员会。

1999年2月，建设部成立了第二届高等教育土木工程专业评估委员会，聘请沈祖炎等22位同志为评估委员会委员（建人教〔1999〕49号）。第二届建设部高等教育土木工程专业评估委员会名单如附件4-2所示。第二届评估委员会的组成人员包括：国家建设部主管专家1名，教育部主管专家1名，高校建筑工程专业教育专家11名，工程技术专家9名。设专任秘书1人。

附件4-2　第二届建设部高等教育土木工程专业评估委员会名单

主任委员：

| 沈祖炎 | 教授 | 同济大学 |

副主任委员：

| 徐永基 | 高工（总工） | 中建西北设计院 |
| 江见鲸 | 教授 | 清华大学 |

委员：（共19人）

马焕章	高工（总工）	中国建筑第一工程局
叶可明	高工	上海建工（集团）总公司
刘东燕	教授	重庆建筑大学
朱华强	高工（副总）	中国建筑六局

沈蒲生	教授	湖南大学
何若全	教授	哈尔滨建筑大学
吴学敏	高工	建设部建筑设计院
肖绪文	高工（副总）	中国建筑第八局
查卫平	处长	教育部高教司评估处
罗 玲	高工（总工）	北京市政设计研究院
姜忻良	教授	天津大学
胡长顺	教授	西安公路交通大学
徐正忠	高工（总工）	中国建筑科学研究院
顾 强	教授	西安建筑科技大学
高 波	教授	西南交通大学
高延伟	高工（兼秘书长）	建设部人事教育司
龚晓南	教授	浙江大学
蒋永生	教授	东南大学
窦南华	高工（总工）	中国建筑东北设计院

秘书：

| 陈以一 | 教授 | 同济大学 |

第二届评估委员会任期时间为1999～2002年，任期4年（图4-5）；分别于1999年、2001年、2002年分三批对11所学校土木工程专业开展了专业评估工作。

2003年3月，建设部成立了第三届高等教育土木工程专业评估委员会，聘请李国强等25位同志为评估委员会委员（建人教函〔2003〕48号）。第三届建设部高等教育土木工程

图4-5 全国土木工程专业评估委员会会议留影

专业评估委员会名单如附件4-3所示。第三届评估委员会的组成人员包括：中国土木工程
学会专家1名，高校土木工程专业教育专家13名，工程技术专家11名。秘书长由建设部人
事教育司高教处人员担任。

附件4-3 第三届建设部高等教育土木工程专业评估委员会名单

主任委员：

李国强

副主任委员：

江见鲸　　　王亚男　　　朱华强

委员：（25人）

于建生	高级工程师	甘肃省建筑工程总公司
王亚男	研究员	中国建筑科学研究院
石永久	教授	清华大学
艾永祥	教授级高级工程师	北京建工集团有限责任公司
白国良	教授	西安建筑科技大学
江见鲸	教授	中国土木工程学会
刘东燕	教授	重庆大学
朱华强	教授级高级工程师	中国建筑第六工程局
张仁	教授级高级工程师	北京市市政工程设计研究总院
吴仁友	教授级高级工程师	中国铁路工程总公司
陈云敏	教授	浙江大学
李乔	教授	西南交通大学
李国强	教授	同济大学
邱洪兴	教授	东南大学
沈蒲生	教授	湖南大学
肖绪文	教授级高级工程师	中国建筑第八工程局
邹超英	教授	哈尔滨工业大学
周兵	高级工程师	中国路桥集团第一公路工程局
胡长顺	教授	长安大学
姜忻良	教授	天津大学
陶晔暄	教授级高级工程师	中国建筑西北设计研究院
顾强	教授	苏州科技学院
章健	高级工程师	中国石化集团上海医药工业设计院
蔡健	教授	华南理工大学
霍文营	教授级高级工程师	中国建筑设计研究院

秘书长：建设部人事教育司高教处人员担任。

第三届评估委员会任期时间为2003～2006年，任期4年；分别于2003年、2004年、2005年、2006年共对21所学校土木工程专业开展了专业评估工作。

2004年7月9日，第三届建设部高等教育土木工程专业评估委员会为进一步完善《全国高等学校土木工程专业教育评估文件》，在认真总结评估工作的基础上，对2003版的部分条款进行了补充和修订，于2004年7月9日开始执行。

2007年3月，第三届评估委员会届满，根据《建设部高等教育土木工程专业评估委员会章程》，建设部组建了第四届高等教育土木工程专业评估委员会（建人〔2007〕55号），第四届评估委员会的组成人员包括：高校土木工程专业教育专家15名，工程技术专家11名。秘书长由建设部人事教育司人员担任（附件4-4）；任期为2007年3月～2011年7月。

附件4-4　第四届建设部高等教育土木工程专业评估委员会名单

主任委员：

| 李国强 | 教授 | 同济大学 |

副主任委员：（共3人）

何若全	教授	苏州科技学院
沙爱民	教授	长安大学
赵基达	研究员	中国建筑科学研究院建筑结构研究所

委员：（共23人）

于建生	高工	甘肃省建筑工程总公司
王玉岭	教授级高工	中国建筑第八工程局
冯越	教授级高工	北京建工集团
包琦玮（女）	教授级高工	北京市市政工程设计研究总院
白国良	教授	西安建筑科技大学土木工程学院
石永久	教授	清华大学土木水利学院
张仁	教授级高工	北京市交通委员会
张永兴	教授	重庆大学土木工程学院
李乔	教授	西南交通大学土木工程学院
邱洪兴	教授	东南大学土木工程学院
邹超英	教授	哈尔滨工业大学土木工程学院
陈云敏	教授	浙江大学建筑工程学院
易伟建	教授	湖南大学土木工程学院
郑刚	教授	天津大学建筑工程学院
战高峰	教授	吉林建筑工程学院
贾定祎	教授级高工	中铁三局集团建筑安装工程有限公司

章　健	高工	中国石化集团上海工程有限公司
曾凡生	教授级高工	中国建筑西北设计研究院
蔡　健	教授	华南理工大学建筑学院
虢明跃	教授级高工	中国建筑第四工程局
霍文营	教授级高工	中国建筑设计研究院结构院
霍　达	教授	北京工业大学建筑工程学院
秘书长		建设部人事教育司担任

2012年3月，第四届评估委员会届满，根据相关规定，住房和城乡建设部组建了第五届高等教育土木工程专业评估委员会，任期为2012年3月～2015年7月（建人〔2012〕8号）。第五届住房和城乡建设部高等教育土木工程专业评估委员会名单如附件4-5所示。

附件4-5　第五届住房和城乡建设部高等教育土木工程专业评估委员会组成人员名单

主任委员：

| 李国强 | 教授 | 同济大学 |

副主任委员：（共4人）

任庆英	教授级高工	中国建筑设计研究院
何若全	教授	苏州科技学院
沙爱民	教授	长安大学
赵基达	研究员	中国建筑科学研究院

委员：（共26人）

王玉岭	教授级高工	中国建筑第八工程局有限公司
王崇杰	教授	山东建筑大学
包琦玮	教授级高工	北京市市政工程设计研究总院
白国良	教授	西安建筑科技大学
叶列平	教授	清华大学
朱兆晴	高工	安徽省建筑设计研究院
刘　毅	高工	中冶建筑研究总院有限公司
刘汉龙	教授	河海大学
刑　民	教授级高工	中国中建设计集团有限公司
张永兴	教授	重庆大学
邱洪兴	教授	东南大学
邹超英	教授	哈尔滨工业大学
宋中南	教授级高工	中国建筑工程总公司
郑　刚	教授	天津大学
易思蓉	教授	西南交通大学

易伟建	教授	湖南大学
罗尧治	教授	浙江大学
周　钢	教授级高工	中交第三公路工程局有限公司
战高峰	教授	吉林建筑工程学院
娄　宇	教授级高工	中国电子工程设计院
贾定祎	教授级高工	中铁三局集团有限公司
贾连光	教授	沈阳建筑大学
莫海鸿	教授	华南理工大学
唐　涛	教授级高工	中水淮河规划设计研究有限公司
黎儒国	高工	中交第一公路工程局有限公司
秘书长	住房和城乡建设部人事司担任	

第五届评估委员会的组成人员包括：高校土木工程专业教育专家16名，工程技术专家13名。秘书长由住房和城乡建设部人事司人员担任。

在第二～第五届评估委员会任期内，评估制度不断调整、不断创新，以期适应国家教育改革的步伐、适应行业发展的需要、适应企业的用人需求，土木工程专业评估在土木工程专业建设中发挥了推动作用，促进了专业教学领域一些重点难点问题的解决。

第二～第五届评估委员会任期16年，于2001年、2007年和2013年修订了3次土木工程专业评估文件，对85所高校的土木工程专业进行了累计177次评估。图4-6～图4-9是第二～第五届评估委员会的珍贵留影。

图4-6　第二届土木工程专业评估委员会全体合影（1999.6）

图4-7　第三届土木工程专业评估委员会全体会议合影（2004.6）

图4-8　第四届土木工程专业评估委员会合影（2011.5）

图4-9 第五届土木工程专业评估委员会全体会议合影（2013.5）

3. 第六届高等教育土木工程专业评估委员会

2016年1月，第五届评估委员会届满，根据相关规定，住房和城乡建设部组建了第六届高等教育土木工程专业评估委员会，任期4年。第六届高等教育土木工程专业评估委员会名单如附件4-6所示。

附件4-6 第六届住房和城乡建设部高等教育土木工程专业评估委员会组成人员名单

主任委员：

陈以一	教授	同济大学

副主任委员：（共4人）

任庆英	教授级高级工程师	中国建筑设计研究院
何若全	教授	苏州科技大学
易思蓉	教授	西南交通大学
娄 宇	教授级高级工程师	中国电子工程设计院

委员：（共28人）

方 志	教授	湖南大学
王昌兴	教授级高级工程师	北京清华同衡规划设计研究院
王 湛	教授	华南理工大学
王翠坤（女）	研究员	中国建筑科学研究院
包琦玮（女）	教授级高级工程师	北京市市政工程设计研究总院
史庆轩	教授	西安建筑科技大学

石永久	教授	清华大学
刘汉龙	教授	重庆大学
刘 毅	教授级高级工程师	中冶建筑研究总院
朱兆晴	教授级高级工程师	安徽省建筑设计研究院
朱忠义	教授级高级工程师	北京建筑设计研究院
邢 民	教授级高级工程师	中国中建设计集团
宋中南	教授级高级工程师	中国建筑工程总公司
张爱林	教授	北京建筑大学
周文波	教授级高级工程师	上海隧道工程股份有限公司
周 钢	教授级高级工程师	中交第三公路工程有限公司
罗尧治	教授	浙江大学
范存礼	教授	山东建筑大学
范 峰	教授	哈尔滨工业大学
胡力群	教授	长安大学
唐 涛	教授级高级工程师	中水淮河规划设计研究有限公司
徐恭义	教授级高级工程师	中铁大桥勘测设计院
贾连光	教授	沈阳建筑大学
童小东	教授	东南大学
韩庆华	教授	天津大学
黎儒国	教授级高级工程师	中交投资有限公司
魏庆朝	教授	北京交通大学
秘书长	住房和城乡建设部人事司人员担任	

第六届评估委员会的组成人员包括：高校土木工程专业教育专家17名，工程技术专家15名。秘书长由住房和城乡建设部人事司人员担任。

第六届评估委员会任期为2016～2019年，4年内有73个专业点通过了评估（认证），其中有5个专业点在此期间通过了两轮评估。图4-10为2019年第六届评估委员会全体会议期间到会委员及部分2019年外聘专家的合影。

4.2.2.2 委员会的工作

评估委员会的主要工作是客观、公正和科学地评价受评学校土木工程专业的办学水平和人才培养质量，开展国际交流与合作，促进土木工程专业教育的发展。

1. 评估文件的制定与修订

评估文件是进行土木工程专业教育评估的依据。第一届评估委员会成立伊始，就把评估文件的讨论和研究作为委员会的首要工作，根据评估文件起草小组提出的评估文件稿，

图4-10　第六届土木工程专业评估委员会全体会议合影（2019.5）

评估委员会对建筑工程专业评估标准、评估程序与方法、视察小组工作指南和评估委员会
章程等4个文件进行深入细致的研究和修改，然后提出报批稿。为作好评估实地视察工作，
评估委员会组织视察小组组长观看了英国评估机构对学校的视察工作录像，对如何掌握评
估标准，如何进行视察工作等有了比较清楚的了解。全套评估文件经过讨论、研究，于
1993年12月由建设部正式印发执行。此后，每届评估委员会都将评估文件的修订与完善作
为委员会的重要工作之一。评估文件修订信息如表4-2所示。

土木工程专业评估（认证）文件　　　　　　　　　　　　表4-2

编制与修订版本	修订执行者	开始实施时间
1996年版	第一届评估委员会	1996年5月
2001年版	第二届评估委员会	2001年8月
2004年版	第三届评估委员会	2004年7月
2013年版·总第4版（试行）	第五届评估委员会	2013年9月
2015年版	第五届评估委员会	2015年5月
2017年版·总第6版	第六届评估委员会	2017年6月
工程教育认证标准（2015年版、2017年版）——专业补充标准	第六届评估委员会	从2018年起，正式执行工程教育认证标准

2．评估实施工作

评估文件印发以后，学校积极按评估标准的要求进行专业建设。学校根据评估委员会受理评估申请的条件，提出评估申请。评估委员会根据专业评估程序和方法的文件规定，对这些学校进行评估工作。

（1）申请报告审核工作。申请报告的审核工作，是衡量学校能否提供达到专业教育标准所需要的基本条件的第一环节。审核工作主要有以下几项内容：一是审核学校是否经教育部本科教学工作评价合格，专业设置时间是否符合规定的年限。二是审核教学基本条件，包括师资条件、图书资料条件、教学实验条件等。三是学生始读条件是否一致。根据以上审核内容，评估委员会主任委员和副主任委员会同秘书处对申请学校的土木工程专业办学条件进行逐个审核，决定是否接受申请学校。

（2）自评报告审核工作。自评报告的审核工作，是评估委员会对专业教育达到评估标准的程度进行的全面审查。学校应该根据评估文件的要求，在自评报告中全面地反映学校的专业教育是否达到了评估标准的要求。受理申请的高等学校收到受理申请通知后，应开展认真的自评工作，并在规定时间前将自评报告送达评估办公室和评估委员会委员。各位委员认真审阅自评报告，并将自评报告审阅意见寄给评估办公室。评估办公室根据委员的审阅意见，与评估委员会主任委员讨论自评报告审阅结论，同时根据各校自评报告情况，分别做出通过、通过并进一步补充材料、补充材料后再决定是否通过3种自评报告审核结论。

（3）视察和做出结论工作。视察工作是针对自评报告的审阅意见，对学校进行的实地核实。至2019年为止，评估委员会向102所学校派出视察专家小组进校实地视察。考虑到学校较多，工作时间不能拖得太长，一般每个视察小组都安排两所学校的视察工作。视察小组进校前，拟定视察工作计划，并按计划规定时间和内容对学校进行视察活动。视察工作的日程比较紧张，视察小组成员以高度负责的精神，认真查看，仔细听讲，及时记录，并根据评估委员会委员提出的自评报告审阅意见进行重点视察，较全面地了解专业教育情况，为评估委员会做出结论提供全面的证据。

评估结论是对学校专业教育质量的整体评价，需要以高度认真负责的态度慎重作出。根据评估委员会章程规定，评估委员会都以召开全体会议的形式做出评估结论。在会议上，各视察小组组长对所视察学校的专业情况向评估委员会作视察汇报，评估委员会委员对每个专业的师资、教学设备、教学管理、学生学习成果各方面进行评议。在充分讨论审议的基础上，委员以无记名投票方式表决评估结论。

3．建立并加强国际交往

国际上已经形成了专业教育评估结论的相互认可关系，我们需要为此积极地努力，加强与国际的交往，增进相互间的了解，为实现相互承认奠定基础。1995～1998年间，评估委员会接待了多批英国JBM专家来华访问，举行了专业教育评估研讨会，邀请他们观察我国的评估视察活动，列席评估委员会会议。评估委员会也派团访问英国，观察英国的视察活动，与英方举行会谈，对我国建筑工程专业教育水准进行了讨论。同时，专业教育评估文件分别寄给美国、英国等的工程教育评估组织，以便他们了解我国的评估情况。通过这些互访、会谈和资料交流，对增进相互了解起到了积极的作用。我国的专业教育质量和评估工作得到了英国专家的赞许，并对相互承认评估结论的实践和方式作出了安排。第一批评估通过的建筑工程专业率先得到承认。

4. 从专业评估向专业认证体系转轨

2013年6月，《华盛顿协议》组织召开大会，通过了我国提交的加入协议申请，这标志着我国工程教育及其质量保障迈出了重大步伐。2016年6月2日，在吉隆坡召开的国际工程联盟大会上，中国成为国际本科工程学位互认协议《华盛顿协议》的正式会员。

第五届土木工程专业评估委员会积极主动参与全国工程教育认证体系构建工作，从评估机制、评估过程和评估标准等进行全方位改革，向国际等效的全国工程认证体系转移。

评估委员会按照国际等效标准，展开评估程序、文件和标准的全面修订。为了既兼顾土建类专业评估与注册师制度的相关规定，又使土木工程专业评估质量达到工程认证的基本要求，土木工程专业评估在一段时间内采用了评估（认证）的过渡名称。2014年开始按照国际等效的工程认证标准对评估文件进行修订，并于2014年按新修订的评估标准，选择了2所学校进行试点。2015年，在总结试点学校经验的基础上，对评估文件进行全面修订，形成了《全国高等学校土木工程专业评估认证文件（2015年版·总第5版）》。2015年对全体参评学校，遵从"针对性、个性、一致性"三原则，按照2015年版评估标准进行评估（认证）。比较各参评学校的各项指标与标准的达成情况，按照"P——该项指标合格；P/C——该项指标目前合格，但存在不确定因素，在下次评估前可能发生负面变化，应予以关注并采取一定措施；P/W——该项指标合格，但存在弱项，对学生（或部分学生）达到毕业要求有负面影响；F——该项指标不合格"进行判定。

2016年4月28日，住房和城乡建设部人事司在北京召开了评估委员会主任委员扩大会议，专门研讨适应国际等效工程教育专业认证的土木工程专业评估（认证）入校考察相关问题，商讨2017年30所到期复评院校的评估工作方案及其相关事项。参加会议的有土木工程专业评估委员会主任、副主任、在京的部分委员，住房和城乡建设部人事司赵琦副巡视员，人事司专业人才与培训处（评估委员会秘书处）的有关同志。

此次会议的背景为，自2016年6月开始，土木工程专业评估被纳入中国工程教育认证的整体框架，采用了工程教育专业认证标准，同时获得《华盛顿协议》认可。在此期间，中国工程教育专业认证协会也在对相关认证机制、方法、标准进行改进和完善。土木工程专业评估委员会积极与工程教育专业认证协会沟通，及时修订土木工程专业评估（认证）标准和执行文件。在2015年版评估文件的基础上，参照工程教育专业认证标准，编写了土木工程专业补充标准，形成了与工程教育专业认证标准对接的评估标准文件。

会议由陈以一主任委员主持。住房和城乡建设部人事司何志方处长通报了评估申请、自评报告审阅、入校考察安排及委员会全体会议筹备等情况。何若全副主任委员对入校考察中的几个问题进行了分析并提出建议，他还介绍了教育部实施的工程教育专业的有关情况，同时对2017年30所院校的复评工作提出了建议。赵琦副巡视员对做好土木工程评估工作提出了要求。与会同志对有关议题充分发表意见，并达成共识。会议提出要做好以下几项工作：

（1）各组组长要通知本组成员在入校前再次阅读所评学校提交的"自评报告及其附件""进一步说明或补充的内容"，评估委员会秘书处转发的"入校考察关注点"，以及学校提交的其他补充材料。入校时要重点核实上述材料的真实性，包括专业基本情况、开设课程、开设实验项目、实践教学经费、基本师资情况等。各考察小组要做好组内分工和明确考察重点，高效率高质量地完成入校考察工作。

（2）各位专家要注意考察的重点是学校是否形成了保持评估成果和持续改进质量的机制，在"是否有完备的制度、是否进行了数据采集、是否用于改进工作、自我评价如何"4个方面的做法和成效。要请学校说明是否达到评估标准、证据是什么、自我评价如何，除了要注意学校硬件建设外，更要注意学校在办学定位、毕业要求达成情况、分析目标导向这3个方面的工作成效；除了注重毕业要求中的专业要求，也要注重学生在道德、政治、经济、法律、文化、环境、管理等方面的非专业要求。

（3）会议认为，考察组应实事求是地对所评学校的弱项进行完整、准确的说明，以便学校今后改进。评估结论的年限（3年或者6年）不与P/W和P/C项的数量挂钩。初评学校的年限一般为3年、复评学校的年限不一定就是6年、多次复评学校的年限也不一定都是6年。撰写视察报告时，可以弱化"专业办学经验与特色"，重点应放在对评估标准达成情况的核实上。考察中如发现学校存在一些特殊情况，可在召开评估委员会全体会议前，进行专门沟通。

（4）鉴于2017年将有30所学校参加复评，评估工作量大幅度增加，会议委托有关专家就扩大自评报告审阅专家和入校考察专家、提早开展评估各阶段工作、增加入校考察批次、开展参评院校专题培训等问题提出工作建议，提交至5月21日的全体会议讨论，得到通过后执行。

2016年12月24日，在上海同济大学召开评估（认证）专家研讨会（图4-11），参会人员包括第六届评估委员会全体委员、特邀专家和部分外聘专家。研讨会上，专家们在学习《中国工程教育认证工作指南》的基础上，对土木工程评估文件，特别是土木工程专业补充标准进行了广泛研讨。

为了帮助参评学校更好地理解土木工程评估（认证），做好自评工作，自2016年起，土木工程专业评估委员会开展了参评学校培训工作，共同探讨对工程教育专业认证标准的理解，以及按认证标准进行专业建设等问题。

住房城乡建设部高等教育土木工程专业评估委员会

土木评〔2016〕第137号

关于举办2017年度高校土木工程专业
评估（认证）专家研讨会的通知

土木工程专业评估委员会全体委员及有关专家：

根据2017年高校土木工程专业评估（认证）工作需要，住房城乡建设部高等教育土木工程专业评估委员会决定于2016年12月下旬在上海举办2017年度高校土木工程专业评估（认证）专家研讨会。现将有关事项通知如下：

一、时间地点

会议时间：2016年12月24日（周六），上午8:30开始，预计下午16:00结束。

报到时间：12月23日下午15:00后在入住宾馆报到；12月24日抵达专家直接到会议地点报到。

会议地点：同济大学四平路校区中法中心C301会议室。

二、参会人员

高等教育土木工程专业评估委员会全体委员；

应邀参加2017年土木工程专业评估（认证）工作的高校及企业专家。

三、研讨内容

（一）介绍高校土木工程专业评估（认证）纳入我国工程教育专业认证体系的情况；

（二）讲解2017年度评估标准的变化及自评报告审阅原则；

（三）研讨2017年度入校考查工作安排及考查报告撰写体例变化等问题。

四、其他事项

（一）研讨会不收费，参会人员住宿费及往返交通费由所在单位承担。

（二）同济大学教学质量管理办公室承担相关会务工作。请各位专家于12月10日前将报名表（见附件）发至同济大学教学质量管理办公室会务组。

联系人及方式

1、同济大学教学质量管理办公室会务组

联系人：邹庸　电话：021-65983903，18918852672

传真：021-65981750；电子信箱：yzou@tongji.edu.cn

联系人：陈峥　电话：021-65980241，18901858008

电子信箱：z.chen@tongji.edu.cn

2、高等教育土木工程专业评估委员会秘书处

田歌 010-58934045

附件：报名表

高等教育土木工程专业评估委员会
2016年11月24日

地址：北京市三里河路9号住房城乡建设部人事司（100835）　电话：010-58933246

E-mail：tujixpingpg@163.com　传真：010-58933389

图4-11　关于举办2017年度土木工程专业评估（认证）专家研讨会的通知

2017年3月，评估委员会完成了2015年版评估文件修订稿，并在2017年参评学校中全面试行。

2018年，在参评的22所高校中全面执行《全国高等学校土木工程专业评估（认证）文件（2017年版·总第6版）》。

4.3 评估（认证）标准

1993～2017年的25年间，土木工程专业评估委员会组织了5次评估文件的制定、修订，把行业发展需求、企业用人需求及时反映到评估文件中，用以指导参评院校调整土木工程专业的培养目标。

4.3.1 1996年版、2004年版评估标准

我国土木工程专业在启动评估之初，与英国土木工程师学会（ICE）和结构工程师学会

（IStructE）充分交流，结合我国具体情况精心编制评估标准，多年来，我国工科教育经历了许多变革，评估标准随之先后修订了四次，但一些核心内容并没有变化，这些内容是：专业目标、师资队伍、教学资源、课程体系、教学管理、质量评价、学生发展等7个方面。

为使专业评估认证规范执行，评估委员会在1993年成立伊始，首先致力于制定评估文件。1993年8月，建设部颁布了第一版高等学校建筑工程专业教育评估暂行规定[1]；包括《全国高等学校建筑工程专业教育评估委员会章程（试行）》《全国高等学校建筑工程专业本科教育（评估）标准（试行）》《全国高等学校建筑工程专业本科教育评估程序与方法（试行）》和《视察小组工作指南（试行）》等4个专业评估文件。

第一届评估委员会成立后，于1996年4月，形成正式的《全国高等学校建筑工程专业教育评估文件》，制定了第一个土木工程专业评估标准。1996年版评估标准面向建筑工程专业评估，由教学条件、教育过程和教育质量3个一级指标，9个二级指标和20个观察点构成，如图4-12所示。

其中最重要的是教育质量的智育标准，体现了对未来执业注册工程师所应具备的基本专业教育要求。第一版评估标准注重学校对教学设施的投入，强调专业知识的完整性，并把师资队伍和教学实验室的状况作为申请评估的入门条件，在专业评估标准的引领下，申请评估的专业点及时获得了所在学校的大力支持，增加投入和建设的力度，为推动全国建筑工程专业的标准化建设发挥了重要作用。依据该标准，1995年、1997年两批18所高校的

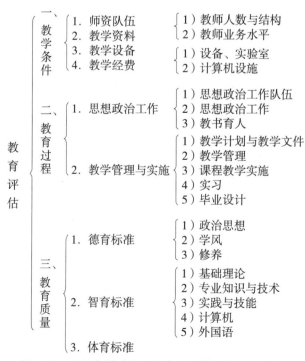

图4-12　1996年版建筑工程专业评估标准的指标体系

建筑工程专业通过了专业评估。评估委员会对1997年参评高校提出了"积累办大土木专业的经验"的要求。

1998年，在教育部颁布新一轮专业目录之际，建筑工程、道路与桥梁工程、岩土工程、铁道工程、矿井建设等专业合并为土木工程专业。

2000年，第二届评估委员会在总结两年实践经验的基础上，适应大土木宽口径培养目标，对评估文件进行了修订和完善，专业定位拓展为土建类土木工程专业。编制了《全国高等学校土木工程专业教育评估文件（2001年版）》，专业评估把宽口径专业的建设和发展作为评估的重要内容之一，鼓励各学校按照"大土木"的要求进行专业建设。此外，将毕业生的社会反馈、教学改革的成效等列为评估的重要观测点，评估标准更加注重专业的内涵发展。该标准于2001年8月发布实施。

2001年版评估标准仍然由教学条件、教育过程和教育质量3个一级指标，9个二级指标和20个观察点构成；二级指标"教学管理与实施"改为"教学工作"，相应的观察点"4）实习"改为"4）实践环节"，观察点"5）毕业设计"改为"5）毕业设计（论文）"；德育标准下的观察点"3）修养"改为"3）素质"。

评估委员会依据2001年版评估文件，对石家庄铁道大学等15所高校进行了评估，在总结实践经验的基础上，对4个评估文件做了进一步修订和完善。2004年7月，建设部颁布了《全国高等学校土木工程专业教育评估文件（2004年版）》；2004年版评估文件一直使用至2012年。

4.3.2 2013年版、2015年版评估标准

2010年起，工程教育回归工程的呼声越来越高，人们对大学生实践创新能力的培养给予格外的关注。评估标准把实践教学所占的比重和效果，校内外实习基地的建设、对学生知识能力和素质的综合评价方法，企业对高等专业教育的参与度等因素也作为评估标准的重要指标，保证了工程教育质量的不断提高。

为总结近20年来我国土木工程专业评估的经验，完善与改进评估工作，土木工程专业评估委员会于2012年10月在广西桂林召开"全国高校土木工程专业评估经验交流与工作会议"。参会人员包括：住房和城乡建设部人事司领导，第五届土木工程专业评估委员会全体委员，已通过土木工程专业评估的学校、院系或专业负责人，申请2013年土木工程专业评估的学校、院系或专业负责人。会议主要内容包括：专业评估基本制度及评估工作最新动态介绍；高校土木工程专业评估经验交流；土木工程专业评估文件修订稿征求意见等。

2013年6月我国成为《华盛顿协议》的预备成员。土木工程专业作为我国工程教育的重要专业之一，开始在全国工程教育专业认证体系内开展土木工程专业评估（认证）工作。为了与全国工程教育专业认证接轨，第五届评估委员会按照工程认证体系的要求，对评估标准进行全面修订，并于2013年9月完成了《全国高等学校土木工程专业教育评估文

件（2013年版·总第4版）》试行稿，建立了新的评估标准，指标体系由学生发展、专业目标、教学过程、师资队伍、教学资源、教学管理、质量评价等7个一级指标，25个二级指标和67个观察点构成完整的评价指标体系，涵盖了土木工程教学和人才培养的全过程，如表4-3所示。

高等学校土木工程专业评估标准——指标体系（2013年版）　　　　表4-3

一级指标	二级指标	观察点
1. 学生发展	1.1　学生来源	1.1.1　吸引生源的措施
		1.1.2　生源分布
		1.1.3　考生对专业的了解
	1.2　成才环境	1.2.1　活动平台
		1.2.2　选择权
		1.2.3　学分互认
	1.3　学生指导	
	1.4　过程跟踪	
2. 专业目标	2.1　专业定位	
	2.2　培养目标	
	2.3　知识要求	2.3.1　自然科学知识
		2.3.2　人文社会科学知识
		2.3.3　工具知识
		2.3.4　专业知识
		2.3.5　相关领域知识
	2.4　能力要求	2.4.1　工程科学应用能力
		2.4.2　技术基础应用能力
		2.4.3　解决工程实际问题的能力
		2.4.4　综合能力
	2.5　素质要求	2.5.1　人文素质
		2.5.2　科学素质
		2.5.3　工程素质

一级指标	二级指标	观察点
3. 教学过程	3.1 教学计划	3.1.1 科学性
		3.1.2 合理性
		3.1.3 完整性
		3.1.4 时效性
	3.2 课程实施	3.2.1 教材选用
		3.2.2 课程安排
		3.2.3 教学方法
		3.2.4 教育技术
		3.2.5 考核方法
	3.3 实践环节	3.3.1 安排
		3.3.2 指导
		3.3.3 课外实践
	3.4 毕业设计	3.4.1 选题
		3.4.2 指导
		3.4.3 管理
		3.4.4 质量
4. 师资队伍	4.1 教师结构	4.1.1 整体结构
		4.1.2 学科带头人
		4.1.3 主干课程队伍
	4.2 教师发展	4.2.1 主讲教师
		4.2.2 骨干教师
		4.2.3 青年教师
	4.3 管理队伍	4.3.1 教学管理人员
		4.3.2 学生管理人员
5. 教学资源	5.1 教学经费	
	5.2 教学设施	5.2.1 实验室
		5.2.2 实习基地
		5.2.3 教室
	5.3 信息资源	5.3.1 图书资料
		5.3.2 规范标准
		5.3.3 工程软件

续表

一级指标	二级指标	观察点		
6. 教学管理	6.1 管理制度	6.1.1 完备性		
		6.1.2 有效性		
		6.1.3 先进性		
	6.2 教学档案	6.2.1 完整性		
		6.2.2 及时性		
		6.2.3 档案利用		
	6.3 过程控制	6.3.1 监控体系		
		6.3.2 反馈机制		
		6.3.3 评价制度		
7. 质量评价	7.1 内部评价	7.1.1 毕业资格审核		
		7.1.2 培养目标达成度评价		
		7.1.3 毕业生去向		
		7.1.4 师生满意度		
	7.2 社会评价	7.2.1 社会评价机制		
		7.2.2 毕业生满意度		
		7.2.3 社会声誉		
	7.3 持续改进	7.3.1 毕业生跟踪反馈系统		
		7.3.2 对社会变化的响应		
		7.3.3 对已发现问题的改进		

第4版评估文件经过反复修改，征求意见稿于2014年5月全体大会上，提交全体委员会审议通过。

2013年版评估文件在2014年的评估试行中，反映出一些与全国工程认证体系不协调之处，评估委员会在充分总结2014年评估中发现问题的基础上，对评估程序中的自评报告审阅、视察小组、视察报告、公布评估（认证）结论等程序和方法进行了重点修改，并于2015年5月形成《全国高等学校土木工程专业评估（认证）文件（2015年版·总第5版）》。

2015年版评估标准与2013年版的基本一致。2015年，西南交通大学等15所高校的土木工程专业按照新标准体系通过了评估。

4.3.3 2017年版工程教育认证评估标准

2015年版评估文件修订过程中，正值我国工程教育加入《华盛顿协议》时期，土木工程专业评估委员会积极参与我国工程认证体系建设，主动将土木工程专业评估体系、标准向国际等效的全国工程教育认证体系靠拢。

尽管第5版评估标准体现了与全国工程教育体系接轨，土木工程专业的评估（认证）文件在2015年颁布之后，情况又发生了许多变化，在一年多的实践中积累了经验，也发现了新的问题。为了完全融入全国工程教育认证体系，自2016年起，第六届评估委员会对评估文件按照国际等效标准进行全面修订，除了章程以外，对文件中的标准、程序和办法做适当调整和修改，以增加评估工作的权威性和执行力，并于2016年12月完成了《高等学校土木工程专业评估（认证）标准》讨论稿。该稿主要在以下方面做了修改或调整：

（1）土木工程专业评估（认证）执行中国工程教育认证协会制定的"通用标准"，完善了土木工程的"专业补充标准"；

（2）在申请条件中对学校明确提出"专业在成果导向（OBE）方面已有的做法和下一步的计划"的要求；

（3）近三年申请过但没有被受理的初评学校，要说明自"上次申请以来专业的变化和建设情况"；

（4）评估委员会做出申请审核决定的时间提前了15天（到9月15日）；

（5）增加了对学校和专家培训的要求；

（6）简化、调整了部分表格；统一用语（如"视察""考察"统一为"考查"）；

（7）对专家责任和承担的义务作出规定；

（8）不论初评复评，入校考查时间一律为两天半；

（9）问题较大学校的中期督查员由评估委员会派遣；

（10）进一步明确反馈会分为两段进行；

（11）在考查报告基础上增加了认证报告。

此文件在2017年6月3~4日的全体委员会会议上讨论通过。

2017年版评估（认证）标准包括通用标准和专业补充标准。通用标准由学生、培养目标、毕业要求、持续改进、课程体系、师资队伍、支持条件等7个一级指标和38个二级指标组成，作为工科专业的办学基本要求。专业补充标准由课程体系、师资队伍、支持条件等3个一级指标和9个二级指标组成，是对土木工程专业办学的特性补充要求。

2016年12月23日，评估委员会在上海同济大学召开全体委员大会，对评估文件进行专题研讨学习。2017年3月形成《高等学校土木工程专业评估（认证）标准》试行版。2017年评估委员会按照新标准，首次对学校按毕业要求达成情况进行评估认证。2017年5月，在全体委员大会上，全体委员对试行版进行了充分讨论；会后，评估文件编写组在充分总结2017年评估认证经验的基础上，参考专家们提出的意见，对评估文件做了进一步修订。2017年版评估（认证）标准由通用标准和专业补充标准两部分构成，指标体系包括7个一级指标和38个二级指标。

2017年版评估（认证）标准强调国际实质等效性，同时在认证考查过程中强调尊重被认证专业的办学特色和特点。

2017年版评估（认证）标准贯彻"以人为本"的评价理念。首先，评估（认证）标准设计"以学生为中心"；其次，评估（认证）标准强调教师在人才培养中的关键作用；第三，评估（认证）标准还体现在以同行专家为主，依靠和信任专家能够通过考查获取的信息以及自身智慧和经验对专业办学质量作出正确判断。

2017年版评估（认证）标准增加了评估准则的弹性。社会的进步、经济的发展、工程技术的更新、人才要求的提高，促使工程教育不断革新，其速度比以往快，内涵比以往深刻。因此，评估准则增加了弹性，留下足够的自由空间，让各专业点根据需要，及时调整教育计划和课程设置，进行教育改革和创新，形成各自的风格和特色。为了增加评估准则的弹性，2017年标准具有以下特点：①在标准中只提出专业毕业生应具有的知识、能力和品质要求，而不硬性规定应开设的课程及其学时数；②在标准准则中只规定总学时数，以及各类课程和教学环节应占的百分数，在满足划分比例的前提下，各专业点在各类课程和教学环节中的具体内容和安排，可以各不相同；③在准则中只对少数核心课程做出规定，而放开其他课程让各专业点自行安排。

2017年版评估（认证）标准请扫描右侧二维码查看。

2017年版评估
（认证）标准

4.4 评估实施

4.4.1 评估程序与方法

4.4.1.1 评估实施体系

评估程序与方法构成了评估的实施体系，包括申请与审核、自评、审阅、视察、审核与鉴定、申诉与复议、状态保持等7个重要实施环节。

我国的土木工程专业评估从一开始就基于高水准的定位和面向世界的构思。它具有以下特点：其一，业务主管部门——住房和城乡建设部的领导对专业评估高度重视，且有远见卓识。"一定要建立与国际接轨的工程专业评估制度"的指导思想贯穿始终。其二，由住房和城乡建设部批准成立的评估委员会主体由工程教育界和工程界的资深学者和工程专家组成，其中教授和高级工程师各占44%。评估委员会具有专业权威性，符合国际惯例。

评估办法中的多项举措保证了评估结果的客观性和公正性，这些举措包括：遴选业务水平高、有敬业精神的专家参加评估和视察，视察和投票采用回避制度，专家进校后所有视察活动都必须公开透明，需在视察小组成员充分讨论的基础上形成视察报告，在评估委员会议上所有委员应充分发表意见，投票决定评估结论，设置了复议和投诉环节解决有关争议等。

土木工程专业评估的通过由过程控制保证质量。

过程控制由评估程序、工作指南和申诉办法组成。评估程序的每一个环节由秘书处按照时间要求严格掌握，出现的新情况由委员会正、副主任委员处理，重大问题交全体委员会裁决；申请指南、自评指南和视察指南等文件分别指导学校、评估委员会和视察小组开展工作；被评估学校如果存有异议，有专门的渠道充分表达。整个评估过程分四个步骤：申请审核、自评报告审阅、视察、评议表决。

在早期的评估实践中，评估申请报告由正、副主任委员和核心专家审核，重点审核申请条件和办学条件。

自评报告由全体评估委员审阅，全面审查所提交资料的完整性、满足评估标准的程度，并提出视察重点。土木工程专业教育评估委员会有专门的网站。该网站面向社会发布有关信息、文件、通知。学校和评估委员登录该网站，上传自评报告，审阅评估资料等。

进校视察的目的主要对评估委员审阅自评报告提出的问题进行核查，对办学条件、教学过程、管理制度进行核实，对学术氛围、校园文化、精神风貌实地感受，与教学主管和管理人员、教师、学生就教学问题面对面交流，完成视察报告，并在评议会上介绍视察情况，接受委员提问，视察小组工作结束之后，立即召开全体会议，评估委员根据对学校自评报告审阅情况、现场视察情况和委员会全体讨论情况表决其是否通过评估。

评估通过之后的状态保持非常重要，在评估有效期内，有必需的督察制度，视察员由秘书处派遣，针对上次评估后的整改、建设情况进行跟踪并提出改进意见。有效期过后，如不及时申请复评将被终止评估结果并向社会公布。

土木工程专业评估遵循"自评-视察-督察-复评"的循环动态机制，促使评估院校自我提高、自我完善，每一个循环周期都使学校的专业建设在原有基础上有了新的提高。评估文件规定，在评估有效期内至少每两年学校必须组织一次教学督察，邀请工程界和教育界各一位专家到学校实地检查评估意见的整改情况；每5年进行一次复评，评估成为学校土木工程专业持续改进的外在推力；专业评估动态激励机制推动学校的专业教学条件、课程体系、师资队伍、管理制度持续改进，专业教学质量不断提高，达到了以评促建、以评促改、评建结合、重在建设的目的。

4.4.1.2 1996年版土木工程专业教育评估的程序与方法

1996年版评估程序框图如图4-13所示。

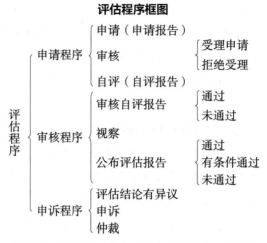

图4-13　1996年版建筑工程专业评估的程序框图

　　评估程序由申请程序、审核程序和申诉程序构成。

　　申请程序包括申请、审核和自评三个过程；申请条件限定建筑工程专业。

　　申请学校向评估委员会提交申请报告；申请报告内容包括：（1）学校概况及院系简史；（2）院系组织状况；（3）师资状况及在册教师简表；（4）教学条件、实验室、教学资料和设备器材；（5）教学文件；（6）教学经费。

　　自评报告需提交的附件材料包括（以近五年为主）：

　　（1）教学文件：教学条件，教学计划，教学大纲，课时安排及主要内容（标题），任课教师的情况。

　　（2）各年级正在执行的教学计划。

　　（3）本专业所在院系教师的名单、履历。

　　（4）由学校组织的有关德育、体育评估的结论及数据。

　　（5）国家外语四级考试的毕业班通过率和外语平均成绩。

　　（6）图书、期刊、音像等教学资料统计数据。

　　（7）实验室主要设备清单。

　　（8）近五届毕业生反馈的有关资料。

　　（9）主管部门对学校整体办学、教学工作的评价或评估结论。

　　（10）督察员年度督察报告（即督察评价意见，首次评估院校无此项）。

　　（11）学校在评估合格有效期内的有关总结报告（首次评估无此项）。

　　申请及审核工作每两年举行一次；各申请单位应在当年7月10日前向评估委员会递交申请报告5份，评估委员会应在9月1日以前做出审核决定，并通知申请单位。

　　自评工作由申请学校组织进行，学校根据自评结果撰写自评报告报送评估委员会。

　　自评报告内容包括八个部分：前言，院系和专业现状，办学思想，教学，科研、生产及交流活动，自我评价，对上次视察报告的回复，附录。

审核程序由审核自评报告、视察和公布评估结论三个过程构成。

评估委员会在收到有关申请学校递交的自评报告后的两个月内，对该报告做出整体评价。鉴定自评报告是否满足评估标准并做出决定：

（1）通过自评报告，并着手组织视察小组进行实地视察。

（2）通过自评报告，但对自评报告中不明确或欠缺的部分要求申请学校进一步提供说明、证据或材料，以便做出是否派遣视察小组的决定。若发现自评报告不真实，则停止此次评估，申请学校在四年后方可再次提出申请。

（3）拒绝自评报告。如认为自评报告的内容不能达到评估标准的要求，而学校又不能提供新的证据加以说明，则退回自评报告。申请学校在四年后方可再次提出申请。

评估委员会对申请学校开设的课程要采取适当的方式进行考核，并提前通知学校，提出明确的要求。

视察小组是评估委员会派出的临时工作机构，其任务是根据评估委员会要求，实地视察学校的院系情况，写出视察报告，提出评估结论建议，交评估委员会审议。

视察小组成员由评估委员会聘请。

视察小组由4～6人组成，由当届的评估委员会成员出任组长，组成成员中至少有2人为高级工程师，2人为副教授以上技术职务的教育工作者，必要时聘请学生代表1人参加。为保证视察工作的连续性，一般应有2人曾参加过视察工作。

视察小组应在视察前将视察计划通知学校，视察时间一般不超过4天，也不宜安排在学校假期进行。

视察工作项目包括：

（1）会晤校长，会晤专业所在院系负责人，听取汇报和商定视察计划。

（2）了解院系的办学条件以及学术活动。

（3）检查学生学习作业，必要时辅以其他考核办法。

（4）会晤教师，了解教学情况并听取意见。

（5）会晤学生，考查学生学习效果并听取意见。

（6）了解毕业生情况。

（7）与学校和院系领导交换视察意见。

视察工作重点包括：

（1）学校对申请评估专业的评价、指导、管理和支持情况；

（2）各门课程所规定的教学要求和执行过程的具体安排是否合理、有效，是否被师生理解；

（3）教学计划、教学大纲的内容和覆盖面，及观测其执行情况；

（4）教师的教学态度和教学水平；师资队伍建设情况；

（5）学生的技能和能力；

（6）教学经费，教学设施及其利用情况；

（7）对自评报告中不能列出的因素作定性评估，如学术气氛、师生道德修养、群体意识和才能、学校工作质量等。

视察小组在视察工作结束时应写出视察报告。报告要点包括：视察概况、教学条件、教学管理、办学经验与特色、学生德智体方面的情况；申请学校对上次视察小组所提出意见的回复，对院系工作的意见与建议，对自评报告做出评价，提出评估结论建议。

1996年版文件将评估结论分为评估通过、评估有条件通过和评估不通过三种。

评估委员会对评估有条件通过院校在1～2年内进行评估复查视察工作。对评估复查通过院校，评估委员会追发评估合格证书，评估合格有效期自做出评估有条件通过时起计算。对评估复查未通过院校，撤销原评估有条件通过结论。

评估委员会给评估通过的院系颁发《全国高等学校建筑工程专业教育评估合格证书》，有效期为5年。

为了鉴定状态的保持情况，通过评估的院校必须于第三年末向评估委员会呈交办学概况报告，说明获得证书以后的发展情况，取得的成绩、经验以及尚待改进的问题。资格有效期满必须重新申请评估。

评估委员会为保证专业教育不断适应社会发展的需要，要求评估通过院校和评估有条件通过院校聘请校外2～3名具有高级职称的工程师和教师作为教学质量督察员。教学质量督察员报评估委员会办公室备案。教学质量督察员每年进行一次监督性视察，并写出评价意见，以督察院校不断提高教育质量。督察员的评价意见将作为下一次评估的有关资料留存备查。

4.4.1.3　2001年版、2004年版评估程序与方法

1．2001年版评估程序与方法

2001年版评估文件于2001年8月颁布。在1995年、1997年对两批18所高校的建筑工程专业进行评估，1999年在对7所高校的土木工程专业评估的基础上，评估委员会及时总结经验，对评估文件进行了修订和完善。2001年版评估程序如图4-14所示，由申请与审核申请、自评、视察、审核与鉴定、申述与复议5个过程构成。

在申请条件方面，从建筑工程专业拓展到宽口径土木工程专业，其余条件与1996年版相同。

申请报告内容增加了"5）学校总体图书、期刊以及专业图书、期刊状况"。

在申请审核方面，开始注意对申请学校的指导，增加了"在提出申请以前，申请学校可以请求评估委员会进行指导和咨询，所需费用由申请学校负担"。

申请及审核工作改为每年举行一次。

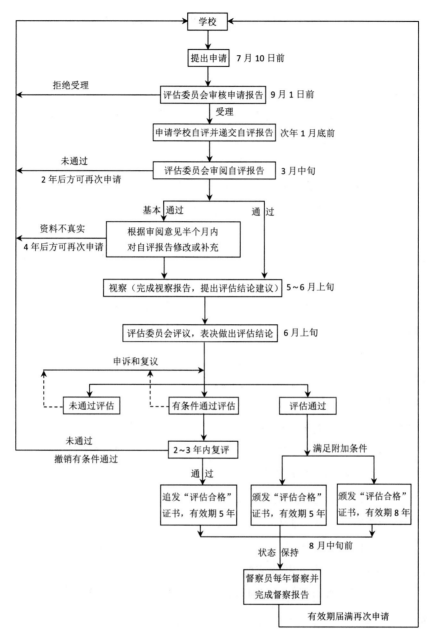

图4-14　2001年版、2004年版评估实施程序

自评报告内容在维持1996年版要求的基础上，还要求院系凝练办学特色。

在自评报告审阅方面，2001年版文件在总结前三批评估经验的基础上，明确了鉴定自评报告时《评估标准》被满足的程度，将自评报告的审阅结论分为通过自评报告，基本通过自评报告和不通过自评报告。对不通过自评报告的学校，再次申请时间由4年缩短为2年。具体规定如下：

被受理申请评估院校应在次年1月底前将自评报告交至评估委员会（评估委员会办公

室及各位委员）。评估委员会在收到自评报告后的两个月内，对自评报告做出整体评价，以鉴定自评报告满足《评估标准》的程度。评估委员会审阅自评报告后，可产生下面3种结论：

（1）通过自评报告。并着手派遣视察小组进行实地视察。

（2）基本通过自评报告。对自评报告中少量不明确或欠缺的部分要求申请学校在半个月内进一步提供说明、证据或材料，根据补充后的情况再决定是否派遣视察小组。若发现自评报告不真实，则停止此次评估，申请学校在4年后方可再次提出申请。

（3）不通过自评报告。自评报告的内容未能达到《评估标准》的要求，而学校又不能提供新的证据加以说明，则自评报告不予通过，即意味着停止评估工作。申请学校在2年后方可再次提出申请。

评估委员会对申请学校开设的课程要采取适当的方式进行考核，并提前通知学校，提出明确的要求。

在视察程序方面，视察小组的构成同1996年版文件的要求；视察项目方面更加完善规范，内容包括：

（1）与专业所在院系负责人商定视察计划。

（2）会晤校长及学校有关负责人。

（3）会晤院系行政、教学、学术负责人。

（4）了解院系的办学条件、教学管理。

（5）审阅学生作业，观摩学生上课，必要时可辅以其他考核办法。

（6）会晤学生，考查学生学习效果并听取意见。

（7）会晤教师，了解教学情况并听取意见。

（8）会晤毕业生，了解毕业生情况。

（9）与校长交换视察印象。

（10）与院系负责人、师生代表交换视察印象。

在视察重点方面，增加了"课程对培养学生知识与能力的作用以及达到《评估标准》中智育要求的程度"。

2001年版评估程序对重新评估和中期检查时的视察工作作了明确规定。

视察工作应坚持重点突出、有针对性、人员精干、时间紧凑的原则。视察内容包括：

（1）学校办好土木工程专业的指导思想，教学计划和方案是否符合拓宽专业、提高质量、加强能力的要求，所采取的措施是否切实可行；

（2）学校、院系和专业的质量保证体系是否健全，是否能做到"有目标、有检查、有反馈、有改进和推广，并建立明确的课程教学目的与要求"；

（3）专业自上次评估以来的变化情况，包括教学条件、师资队伍、学生来源等，并对变化情况做出评价；

（4）学生的学习质量检查；

（5）针对上次评估视察中提出问题的改进情况、保持的措施与方案及实施的效果等；

（6）专业的校外督察员制度的执行情况；

（7）专业今后是否有合并的可能，合并后的教学质量保证措施。

2001年版评估鉴定将评估结论分为三种：

（1）评估通过，评估合格有效期为5年；

（2）评估有条件通过，评估合格的资格有效期为有条件的5年；

（3）评估未通过。评估未通过的学校在4年后方可再次提出申请。

评估委员会给评估通过的院校颁发《全国高等学校建筑工程专业教育评估合格证书》。

评估委员会对评估有条件通过的院校，在2～3年内进行评估复查工作，并派遣中期检查视察小组。对评估复查通过院校，评估委员会追发评估合格证书，评估合格有效期自做出评估有条件通过时起计算。对评估复查未通过院校，撤销原评估有条件通过结论。

为了鉴定状态的保持情况，通过评估的院校必须于第三年末向评估委员会呈交办学概况报告，说明获得证书以后的发展情况，取得的成绩、经验以及尚待改进的问题。资格有效期满必须重新申请评估。

评估委员会为保证专业教育不断适应社会发展的需要，要求评估通过院校和评估有条件通过院校聘请校外2～3名具有高级职称的工程师和教师作为教学质量督察员。教学质量督察员报评估委员会办公室备案。教学质量督察员每年进行一次监督性视察，并写出评价意见，以督察院校不断提高教育质量。督察员的评价意见将作为下一次评估的有关资料留存备查。

2．2004年版评估程序与方法

通过3批14所高校的评估实践，评估委员会在总结发现问题的基础上，对2001年版评估文件进行了局部修订和完善。

2004年版评估程序的申请与审核、自评、视察、审核、鉴定程序和相关规定与2001年版程序一致，但对评估结论做了较大修改。关于评估结论规定如下：

评估委员会应在受理学校申请的一年内对自评报告和视察报告进行全面审核并做出评估结论。评估结论的得出由评估委员会在充分议论的基础上，采取无记名投票方式进行。除评估结论外，讨论评估结论的过程和投票情况应予保密。

评估结论分为：

（1）评估通过，合格有效期为8年。获此项结论的学校需已参评三次，并评估通过，且符合下列条件：

①专业基础课和专业课教师整体结构合理，发展趋势良好，青年教师60%以上具有研究生学位，主讲教师符合岗位资格的不少于95%，教授、副教授均为本科生授课；

②该校土木工程专业在国内具有较大影响；

③至少有两个结构工程、岩土工程、防灾减灾工程及防护工程、桥梁与隧道工程以及道路与铁道工程等二级学科博士点；

④具有较明显的办学特色；

⑤达到教育部颁布的《大学英语课程教学要求（试行）》一般要求层次的学生不低于70%。实行大学英语四级考试（CET-4）的，其累计通过率不低于70%。

（2）评估通过，合格有效期为5年。

（3）评估有条件通过，其资格有效期为有条件的5年。

（4）评估未通过。评估未通过的学校在2年后方可再次提出申请。

相应地对评估状态保持的规定做了如下修订：

评估通过，其合格有效期为5年的院校，必须于第三年末向评估委员会呈交办学概况报告，说明评估通过以后的发展情况，取得的成绩、经验以及尚待改进的问题。评估通过，其合格有效期为8年的院校，需在评估后第四年向评估委员会提交中期自评报告。无论评估合格有效期为5年还是8年，有效期满必须重新申请评估。

4.4.1.4 2013年版、2015年版评估程序与方法

1. 修订背景

自1993年以来，土木工程专业教育评估文件先后执行了3个版本：第一版1996年发布、第二版2001年发布、第三版2004年发布。到2012年，2004年版已使用8年，期间中国工程教育发生了一些重要变化。2006年全国高等工程教育开始试行专业论证，2007年出台了《全国工程教育专业论证标准（试行）》。2009年教育部启动了"卓越工程师教育培养计划"。这一切，都对工程教育相关专业的评估认证提出了新的要求。

另一方面，土木工程专业评估已经历了近20年的实践。土木工程专业评估从首次评估对象选择建筑工程专业办学历史悠久、办学基础好的学校，逐步拓展到属于建筑类、交通类、铁道类、矿山类优势专业的高校，已转向新办专业、基础相对薄弱的高校。

在评估重点方面，也从最初考查是否实行"大土木培养方案"，关注1999年大扩招引起的师资、实践条件相对不足，转向对专业点办学的基本条件、基本质量的认定。

综上原因，需要在总结20年来评估经验的基础上，结合当前我国高等工程教育专业认证的要求，对土木工程专业评估文件进行系统、全面的修订。

从2012年开始，第五届评估委员会开始对评估文件进行修订工作，到2013年6月形成了征求意见稿，并于2013年6月提交评估委员会全体大会讨论。在充分听取评估委员们意见的基础上，编写组核心成员对征求意见稿做了进一步修改，于2013年9月完成了《全国高等学校土木工程专业评估文件（2013年版·总第4版）（试行）》。

2. 2013年版评估程序

2013年版评估程序如图4-15所示。

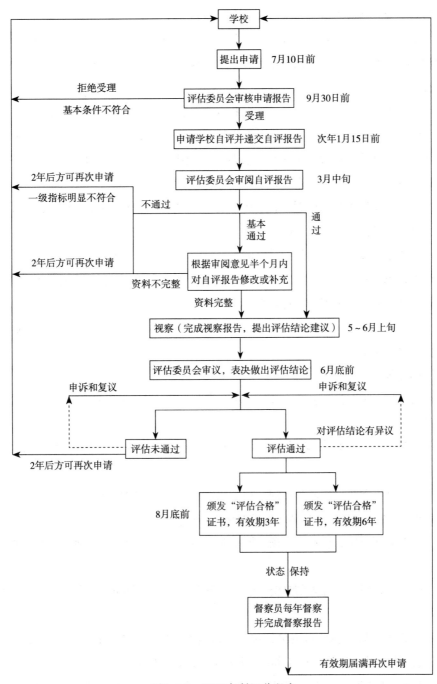

图4-15 2013年版评估程序

与评估标准（表4-3）的标准指标体系的变化相对应，评估程序和方法也需要做相应修改。

在申请与审核过程中，将申请条件由原来的5条改为2条，即：

（1）申请单位须是教育部批准并通过普通高校本科教学工作合格评估的高等学校，所申请评估的专业必须经教育部批准或在教育部备案。

（2）申请学校从申请日起往前推算必须有连续5届或以上的土木工程专业本科毕业生。

申请学校需要是通过普通高校本科教学工作合格评估的高等学校；不再对申请学校收取评估费。

申请报告内容修改为：（1）学校概况和专业发展概况；（2）学校与专业符合评估申请条件的简要陈述；（3）培养方案；（4）教学管理和质量保证体系；（5）学生状况；（6）师资状况及在册教师简表；（7）实践教学条件；（8）图书资料概况；（9）教学经费。

关于自评，进一步明确：自评是土木工程专业所在院系对自身的办学状况、办学质量的自我检查，主要检查教学计划、教学成果是否达到评估标准所规定的要求，以及是否采取了充分措施，以保证教学计划的实施。

自评报告是学校向评估委员会递交的文件，应在自评的基础上完成。

自评报告包括两部分，第一部分为土木工程专业满足评估标准的情况描述；第二部分是支撑第一部分的有关证据和附件材料。

第一部分内容包括：前言、学生发展、专业目标、教学过程、师资队伍、教学资源、质量评价、自评总结。

第二部分包括：

（1）近5年本专业学生来源（省份、本省所属市）、录取分数线（省线、校线和专业线）清单。

（2）近5年本专业每年的就读人数、毕业率、学位授予率，当设置专业方向时，按方向统计。

（3）各年级正在执行的教学计划、理论课程和实践环节的教学大纲。

（4）近5年主干课程任课教师，考试及格率、平均成绩。

（5）专业教师履历，包括本、硕、博毕业时间、学校和专业，目前承担的主要专业教学任务。

（6）图书、资料、音像等信息资源统计数据和中外文专业期刊、专业规范、标准图集清单。

（7）开设的所有实验项目清单，包括项目名称、实验类型（操作型、演示型、自主型）、每组人数、所属课程、承担单位、主要实验设备、仪器台套数。

（8）近5年毕业设计（论文）清单（题目、学生、指导教师）；近5年试卷、实验实习报告、课程设计、毕业设计等学生学习档案清单。

（9）近5年学生毕业去向统计数据（按设计企业、施工企业、其他企业、政府事业单位归类统计）。

（10）督察员督察报告（首次评估院校无此项）。

2013年版评估程序对视察小组组成、视察时间和视察报告等，做了较大修订。以下是

2013年版文件对视察程序及方法的相关规定。

（1）视察小组的组成与职能

视察小组是评估委员会派出的临时工作机构，其任务是根据评估委员会的要求，实地视察申请评估院系的办学情况，写出视察报告，提出评估结论建议，交评估委员会审议。视察小组由3～5人组成，由当届的评估委员会委员出任组长，成员组成中至少有1人为高级工程师，1人为具有教授职称的高等学校土木工程教育专家。为保证视察工作的经验和连续性，视察小组应至少有两人曾参加过视察工作。视察小组成员由评估委员会聘请。

（2）视察工作

1）时间安排

视察小组应在视察前将视察计划通知学校，视察时间初次评估3天、复评2天。

2）视察要求

视察小组成员应熟知《评估标准》，在开展视察工作之前，应详细阅读学校提交的自评报告及评估委员会对该校的审阅意见、视察要求。

3）视察项目

①与专业所在院系负责人商定视察计划。

②会晤校长及学校有关负责人。

③会晤院系行政、教学、学术负责人。

④了解院系的办学条件、教学管理。

⑤审阅学生作业（包括参观学生作业），观摩学生上课，必要时可辅以其他考核办法。

⑥会晤学生，考查学生学习效果并听取意见。

⑦会晤教师，了解教学情况并听取意见。

⑧会晤毕业生，了解毕业生情况。

⑨与院系负责人、师生代表交换视察印象。

4）视察重点

①学校和院系对申请评估专业的评价、指导、管理和支持情况，以及对课程效果检查的能力。

②各门课程所规定的教学目的与要求是否明确，规定与安排是否清晰、合理、有效，是否被师生理解。

③教学计划与大纲的内容和覆盖面，以及与课程设计有关的授课时间安排。

④课程对培养学生知识与能力的作用以及达到《评估标准》的程度。

⑤学生的能力和技能。

⑥教师的教学态度和教学水平，师资队伍的建设情况。

⑦教学设施与经费的现状及其利用情况。

⑧对自评报告中不能列出的因素作定性评估，如校园文化、学术气氛、师生道德修养、群体意识和才能等。

⑨自上次评估以来的变化情况。

（3）视察报告

视察报告是评估委员会对被视察学校土木工程专业做出准确评估结论的重要依据。视察小组应在视察工作结束后即完成视察报告，并在15天内呈交评估委员会。报告一般应包括下列要点：

1）专业基本情况。

2）对自评报告审阅意见及问题的核实情况。

3）逐项说明专业符合《评估标准》要求的达成度，重点说明现场视察过程中发现的主要问题和不足，以及需要关注并采取措施予以改进的事项。

4）专业的办学经验与特色。

5）提出评估结论建议（此项以保密方式提交评估委员会）。

2013年版评估程序删除了"审核过程"，而在鉴定中增加了征询意见环节。为了与国际等效的工程认证接轨，对评估结论进行了修改。

评估委员会在充分讨论的基础上，采取无记名投票方式做出评估结论。全体委员的三分之二及以上出席会议，投票方为有效。同意票数达到全体委员人数的二分之一及以上，则通过评估结论。除评估结论外，讨论评估结论的过程和投票情况应予保密。

评估结论分为：

（1）满足评估标准，评估通过，有效期为6年；

（2）基本满足评估标准，评估通过，有效期为3年。

（3）评估未通过。

评估未通过的学校在2年后方可再次提出申请。

在评估状态的保持程序中，明确了督察和重大事项报告制度。

（1）督察。通过评估的院校要有校外高级工程师和外校教授各一名作为教学质量督察员。督察员可由学校聘任，也可由评估委员会直接指派。督察员向评估委员会负责，合格有效期中期需到学校督察并完成督察报告，打印两份，签字后一份留学校作为下一次评估的有关资料留存备查，另一份于当年年底以前寄评估委员会办公室。

（2）重大事项报告。通过评估的专业在有效期内如果发生重大调整，如学校和专业的合并或拆分、办学模式的改变、师资的重大变化等，应立即向秘书处申请对调整或变化的部分进行重新评估。

3．2015年版评估程序与方法

2015年版评估文件是在2013年试行版的基础上，局部修改形成的。2013年版评估文件在2014年的评估试行中，反映出一些与全国工程教育专业认证体系不协调之处，评估委员会在充分总结2014年评估中发现问题的基础上，对评估程序中的自评报告审阅、视察小组、视察报告、公布评估（认证）结论等程序和方法进行了重点修改，并于2015年5月形成《全国高等学校土木工程专业评估（认证）文件（2015年版·总第5版）》。

2015年版评估程序和方法重点修订部分如下：

（1）自评报告的审阅

申请通过的学校应在次年1月15日前将自评报告递交评估委员会。次年1月15日～3月15日评估委员会委员审阅自评报告，对照《评估标准》，给出二级指标评价结果，其中：P代表该项指标合格；P/C代表该项指标目前合格，但存在不确定因素，在下次评估前可能发生负面变化，应予以关注并采取一定措施；P/W代表该项指标合格，但存在弱项，对学生（或部分学生）达到毕业要求有负面影响；F代表该项指标不合格。委员应同时提出自评报告中需补证的资料和视察时需重点核查的事项，并做出以下建议：

1）通过自评报告。

2）基本通过自评报告。

3）不通过自评报告。

评估委员会根据委员审阅自评报告的结果，做出以下决定：

1）通过自评报告，可以派遣视察小组进行实地视察。

2）基本通过自评报告，对自评报告中少量不明确或欠缺的部分要求学校在半个月内进一步提供说明、证据或材料，根据补充后的情况再决定是否派遣视察小组。

3）不通过自评报告，评估委员会需向学校说明理由，学校在两年后方可再次提出申请。

（2）视察小组

1）性质和任务。视察小组是评估委员会派出的临时工作机构，其任务是根据评估委员会的要求，实地视察申请评估院校的办学情况，撰写视察报告，提出评估结论建议，交评估委员会审议。

2）成员组成。视察小组由3～5人组成，由当届的评估委员会委员出任组长，成员中至少有1人为高级工程师，1人为具有教授职称的高等学校土木工程教育专家。为保证视察工作的经验和连续性，视察小组应至少有两人曾参加过视察工作。视察小组成员由评估委员会聘请。

3）成员条件。视察小组成员应符合下列条件：

①在教育界和土木工程界有一定的声誉，对评估工作和专业建设有见解。

②坚持原则，实事求是，客观公正，并有较强的工作能力和组织能力。

③与被评估院校的有关负责人无直接亲属关系，对被评估院校无潜在偏见。

④与被评估学校不存在校友关系或工作关系。

（3）视察报告

视察报告是评估委员会对被视察学校土木工程专业做出准确评估结论的重要依据。视察小组应在视察工作结束后即完成视察报告，并在15天内呈交评估委员会。视察报告正文的字数控制在3000字以内。报告一般应包括下列要点：

1）专业基本情况（不超过500字）。专业发展情况、主要支撑条件、师资和学生情况。

2）对自评报告审阅意见及问题、对复评学校上次评估所提出问题的核实情况。对问题的核查方式、核查结果逐一进行详细说明。

3）专业符合《评估标准》的达成度。按一级指标逐项说明专业符合《评估标准》要求的程度，重点说明判定为 P/C、P/W 和 F 的依据。

4）专业的办学经验与特色。归纳、提炼学校在提高教育质量方面的创新做法。

5）存在的不足和需要关注的问题。指出今后需要改进的方面，内容要具体，便于理解、落实和审查。

6）提出评估（认证）结论建议（此项以保密方式提交评估委员会）。根据 7 个一级指标标准达成度的判定结果，给出评估通过与否以及有效年限的结论建议。

7）附件。评估视察现场核查表。

（4）公布评估（认证）结论

评估委员会应将评估（认证）结论及时通知申请评估学校，并报住房和城乡建设部、教育部、全国工程教育专业认证专家机构备案。评估委员会在评估网站公布评估（认证）结论，接受社会监督，并将结论通报给相关专业注册工程师管理委员会和注册工程师考试考务管理机构，作为审查执业资格考试报名资格和注册登记条件的依据。评估委员会应向评估通过学校颁发《全国高等学校土木工程专业评估（认证）合格证书》。

4.4.1.5　2017年版评估（认证）程序与方法

为了适应土木工程评估向工程认证体系并轨，第六届评估委员会在2015～2017年间，对评估（认证）程序与方法做了进一步修订，其框架体系更符合工程认证体系。与2015年版比较，对应的2017年版评估（认证）程序与方法的内容如表4-4所示。

2017年版高等学校土木工程专业评估（认证）程序与方法的主要项目　　　　表4-4

2017年版	2015年版
1. 申请和受理 1.1 申请 1.2 审核与受理	1. 申请与审核 1.1 申请条件 1.2 申请报告 1.3 申请审核
2. 自评和自评报告提交 2.1 学校自评 2.2 自评报告	2. 自评 2.1 自评目的 2.2 自评方法 2.3 自评报告的内容和要求

续表

2017年版	2015年版
3. 自评报告审阅 3.1 自评报告审阅 3.2 自评报告审阅结论	2.4 自评报告的审阅
4. 现场考查 4.1 现场考查的基本要求 4.2 现场考查的程序 4.3 考查报告	3. 视察 3.1 视察小组 3.2 视察工作 3.3 视察报告
5. 审议与做出评估（认证）结论 5.1 征询意见 5.2 审议 5.3 做出评估（认证）结论 5.4 公布评估（认证）结论	4. 鉴定 4.1 征询意见 4.2 审议 4.3 做出评估（认证）结论 4.4 公布评估（认证）结论
6. 评估（认证）状态保持	5. 评估状态的保持 5.1 教学质量督察 5.2 重大事项报告
7. 申诉与复议	6. 申诉与复议 6.1 申诉申请 6.2 申请受理 6.3 复议决定
8. 回避、保密与其他纪律要求 8.1 回避 8.2 保密 8.3 其他纪律要求	
9. 评估（认证）程序框图及进程表 9.1 评估（认证）程序框图 9.2 评估（认证）工作进程表	7. 评估（认证）程序框图及进程表 7.1 评估（认证）程序框图 7.2 评估（认证）工作进程表

与2015年版相比，2017年版变化较大的部分有：自评报告、考查报告。

为了指导参评学校更好地撰写自评报告，土木工程专业评估委员会编写了专门的《高等学校土木工程专业评估（认证）学校工作指南》。

考查报告与工程认证体系并轨，其内容示例如下：

考查报告是评估委员会对被考查学校土木工程专业做出评估（认证）结论的重要依据。考查专家组应在考查工作结束时完成考查报告，并呈交评估委员会。报告一般应包括下列要点：

（1）专业基本情况。

（2）对自评报告的审阅意见和问题核实情况。

（3）逐项说明专业符合评估（认证）标准要求的达成度，重点说明现场考查过程中发现的主要问题和不足，上次评估（认证）建议整改情况以及需要关注并采取措施予以改进的事项。

（4）提出评估（认证）结论建议。

4.4.2 参评学校

土木工程专业评估从一开始，就在制度上规定了学校的基本申请条件。申请条件须是经国家教育部批准的高等学校；申请学校土木工程专业必须经国家教育部批准或在国家教育部备案；申请学校从申请日起往前推算必须有连续五届或五届以上的土木工程专业本科毕业生；申请学校需符合评估委员会受理评估的基本要求。

在各批申请的学校中，有些学校不具备申报条件中的一项或多项，申请未予受理。在各批受理申请的高等学校中，有些学校的自评报告存在较多问题，或不满足一项或多项评估（认证）标准，学校主动提出撤出评估，以利改进工作，为申请参加下一批评估创造条件，评估委员会同意了相关学校暂不参加评估的请示。

20多年来，评估委员会共审理了360多校（次）提出的评估（认证）申请书，接受申请进入自评报告阶段的学校290多校（次），入校考查280多校（次）。详细信息如表4-5所示。

历年参评学校信息表 表4-5

年度	申请学校数		受理申请数（进入自评报告阶段）		入校考查数	
	复评	初评	复评	初评	复评	初评
1995		12		10		10
1997		9		9		8
1999		7		7		7
2000	10		10		10	
2001		2		2		2
2002	8	3	6	3	6	2
2003	1	3	1	3	1	3
2004	7		7		7	
2005	10	3	10	3	10	3
2006	2	5	2	5	2	5

续表

年度	申请学校数		受理申请数（进入自评报告阶段）		入校考查数	
	复评	初评	复评	初评	复评	初评
2007	9	5	9	5	9	5
2008	4	3	3	3	3	3
2009	8	4	8	4	8	4
2010	4	4	4	4	4	4
2011	7	2	7	2	7	2
2012	13	8	13	8	13	8
2013	15	4	15	4	15	4
2014	7	9	7	9	7	8
2015	9	8	9	8	9	7
2016	11	5	8	5	7	5
2017	32	9	31	2	31	2
2018	22	27	21	7	17	5
2019	10	42	10	9	10	5
合计						

由表4-5可见，2017、2018两年的复评学校数量较多，其原因是3、5、8年有效期复评学校"碰车"。这也反映出自2014年以来所实施的3年有效期的周期过短。2018年起，评估委员会在总结经验的基础上，同时也是为了与工程教育认证体系一致，将"3年、6年有效期"改为"有效期6年、有效期6年有条件"。

2017年起，为了帮助申请学校更好地理解土木工程专业评估（认证），帮助各院校做好自评工作，准确理解评估（认证）文件的内涵，提高自评报告撰写质量，评估委员会启动了对申请学校土木工程专业的评估（认证）培训工作；培训时间一般安排在申请受理工作结束后；培训人员包括：已受理评估（认证）申请报告的土木工程专业点所在学院的主要领导、分管土木工程专业教学工作的负责人以及自评报告主要撰写人。培训会上，评估委员会主任委员、副主任委员亲自做辅导报告（图4-16～图4-18）。

中国建设教育协会发文

建教协〔2016〕61号

关于举办2017年度高校土木工程专业
评估认证自评工作培训班的通知

各有关高校:

2017年度高等学校土木工程专业评估认证已完成申请受理阶段的工作,为帮助各院校做好自评阶段的工作,准确理解评估认证文件的内涵,提高自评报告撰写质量。高等学校土木工程评估委员会、中国建设教育协会决定于2016年9月11日在北京举办2017年高校土木工程专业评估认证自评工作培训班,现将有关事项通知如下:

一、时间地点

时间:2016年9月11日(周日)上午8:30开始,预计下午16:00结束。(京外参训人员10日报到)。

地点:北京市银龙苑宾馆(地址:北京市西城区展览路甲5号、电话:010-68351166)。

二、培训对象

已受理评估认证申请报告的土木工程专业点所在学院的主要领导、分管土木工程专业教学工作的负责人及自评报告主要撰写人,每校限3人。

三、培训内容

(一)介绍土木工程专业评估认证相关情况及纳入我国工程教育专业认证体系的情况;

(二)讲解土木工程专业评估标准及自评报告撰写指南;

(三)研讨自评工作及自评报告撰写的相关问题。

四、其他事项

(一)培训费200元/人(含资料费)。参会人员食宿费及往返交通费由所在单位承担。

(二)培训班由中国建设教育协会与高等学校土木工程专业评估委员会共同举办,中国建设教育协会培训中心承担相关会务工作。各院校于9月2日前将参加培训人员报名表(见附件)发至中国建设教育协会培训中心。

联系人及方式:

1、中国建设教育协会培训中心
李奇 010-88082263,13501001579,传真:010-88082263
电子信箱:13501001579@139.com

2、土木工程专业评估委员会秘书处
田歌 010-58934045

附件:报名表

图4-16　关于举办2017年度高校土木工程专业评估认证自评工作培训的通知

图4-17　第六届评估委员会主任委员陈以一在培训会上作辅导报告

图4-18　第六届评估委员会副主任委员何若全在培训会上作辅导报告

4.4.3　通过评估学校

1995年，清华大学、天津大学、东南大学、同济大学、哈尔滨工业大学、重庆大学、浙江大学、湖南大学、西安建筑科技大学和华南理工大学的建筑工程专业通过了第一批评估。第一批通过评估的10所高校是我国建筑工程专业办学历史最长、人才培养质量最高的10所高校。第一批通过的学校均具有相关专业的学士学位、硕士学位和博士学位授予权。

1997年沈阳建筑工程学院、郑州大学、合肥工业大学、武汉理工大学、华中科技大学、西南交通大学、华侨大学、中南大学的建筑工程专业通过了第二批评估。第二批通过评估的8所高校也是建筑工程专业办学历史长、质量高的高校。它们所做的探索和贡献，对后续评估的顺利开展至关重要。第二批通过的学校均具有学士学位和硕士学位授予权，其中西南交通大学、中南大学等学校的建筑工程专业具有博士学位授予权。

1999年，建筑工程专业评估正式面向宽口径土木工程专业开展评估。一些以岩土工程、道桥工程、铁道工程、地下空间工程等专业方向为主的学校相继进入评估行列。1999年，北京交通大学、大连理工大学、上海交通大学、河海大学、武汉大学、兰州理工大学、三峡大学等7所高校的土木工程专业通过了评估。

2000年，主要是对第一次通过评估的10所高校进行复评，没有新通过评估的学校。

土木工程专业评估由学校自愿申请，不具有任何行政强制性，评估指标严格，评估程序严谨，但这丝毫不影响学校参加评估的积极性，2001～2018年10多年间，每年新加入通过评估行列的学校有2～8所。是否参加了土木工程专业的评估已经成为衡量高校办学水平的一个重要指标。土木工程专业评估的作用、影响力、生命力得到本专业领域的高度认可。

截至2019年，历时24年，共有102所高校通过了专业评估认证，占全国本科设置土木工程高校的16%，评估委员会对102所高校的土木工程专业进行了269校次评估。通过评估认证的高校，每隔若干年（原标准为3年、5年、8年，新标准为3~6年），再进行下一次评估认证。在102所高校中有41所高校的土木工程专业通过了第二次评估认证，18所高校的土木工程专业通过了第三次评估认证，26所高校的土木工程专业通过了第四次评估认证，4所高校的土木工程专业通过了第五次评估认证，通过土木工程专业评估的高校和有效期如表4-6所示。

土木工程专业通过专业认证的学校名单 表4-6

序号	学校名称	有效期开始时间	有效期截止时间	截至2019年复评次数	备注
1	清华大学	1995年6月	2021年5月	3（2000，2005，2013）	
2	天津大学	1995年6月	2021年5月	3（2000，2005，2013）	
3	哈尔滨工业大学	1995年6月	2021年5月	3（2000，2005，2013）	
4	同济大学	1995年6月	2021年5月	3（2000，2005，2013）	
5	东南大学	1995年6月	2021年5月	3（2000，2005，2013）	
6	浙江大学	1995年6月	2021年5月	3（2000，2005，2013）	
7	湖南大学	1995年6月	2021年5月	3（2000，2005，2013）	
8	华南理工大学	1995年6月	2024年12月（有条件）	4（2000，2005，2010，2018）	
9	重庆大学	1995年6月	2021年5月	3（2000，2005，2013）	
10	西安建筑科技大学	1995年6月	2021年5月	3（2000，2005，2013）	
11	沈阳建筑大学	1997年6月	2020年5月	3（2002，2007，2012）	
12	合肥工业大学	1997年6月	2020年5月	3（2002，2007，2012）	
13	华侨大学	1997年6月	2023年5月	4（2002，2007，2012，2017）	
14	郑州大学	1997年6月	2023年5月	4（2002，2007，2012，2017）	
15	华中科技大学	1997年6月	2021年5月	3（2003，2008，2013）	2002年6月~2003年5月不在有效期内
16	武汉理工大学	1997年6月	2020年5月	4（2002，2007，2012，2017）	

续表

序号	学校名称	有效期 开始时间	有效期 截止时间	截至2019年复评次数	备注
17	中南大学	1997年6月	2020年5月	3（2004，2009，2014）	2002年6月～ 2004年5月不 在有效期内
18	西南交通大学	1997年6月	2021年5月	3（2002，2007，2015）	
19	北京交通大学	1999年6月	2023年5月	3（2004，2009，2017）	
20	大连理工大学	1999年6月	2023年5月	3（2004，2009，2017）	
21	上海交通大学	1999年6月	2023年5月	3（2004，2009，2017）	
22	河海大学	1999年6月	2023年5月	3（2004，2009，2017）	
23	武汉大学	1999年6月	2023年5月	3（2004，2009，2017）	
24	三峡大学	1999年6月	2022年5月	3（2006，2011，2016）	2004年6月～ 2006年5月不 在有效期内
25	兰州理工大学	1999年6月	2020年5月	3（2004，2009，2014）	
26	石家庄铁道大学	2001年6月	2023年5月	3（2007，2012，2017）	2006年6月～ 2007年5月不 在有效期内
27	南京工业大学	2001年6月	2025年12月 （有条件）	3（2006，2011，2019）	
28	北京工业大学	2002年6月	2023年5月	3（2007，2012，2017）	
29	兰州交通大学	2002年6月	2020年5月	2（2007，2012）	
30	河北工业大学	2003年6月	2020年5月	2（2009，2014）	2008年6月～ 2009年5月不 在有效期内
31	福州大学	2003年6月	2024年12月 （有条件）	3（2008，2013，2018）	
32	山东建筑大学	2003年6月	2025年12月 （有条件）	3（2008，2013，2019）	2018年6月～ 2019年5月不 在有效期内
33	中国矿业大学	2005年6月	2021年5月	2（2010，2015）	
34	苏州科技大学	2005年6月	2021年5月	2（2010，2015）	
35	广州大学	2005年6月	2021年5月	2（2010，2015）	
36	吉林建筑大学	2006年5月	2023年5月	2（2011，2017）	2016年6月～ 2017年5月不 在有效期内

续表

序号	学校名称	有效期开始时间	有效期截止时间	截至2019年复评次数	备注
37	北京建筑大学	2006年6月	2022年5月	2（2011，2016）	
38	内蒙古科技大学	2006年6月	2022年5月	2（2011，2016）	
39	广西大学	2006年6月	2022年5月	2（2011，2016）	
40	长安大学	2006年6月	2022年5月	2（2011，2016）	
41	安徽建筑大学	2007年5月	2023年5月	2（2012，2017）	
42	华北水利水电大学	2007年5月	2024年12月（有条件）	2（2012，2018）	2017年6月～2018年5月不在有效期内
43	四川大学	2007年5月	2023年5月	2（2012，2017）	
44	西安交通大学	2007年5月	2020年5月	2（2012，2017）	
45	昆明理工大学	2007年5月	2023年5月	2（2012，2017）	
46	浙江工业大学	2008年5月	2024年12月（有条件）	2（2013，2018）	
47	西安理工大学	2008年5月	2025年12月（有条件）	2（2013，2019）	2018年6月～2019年5月不在有效期内
48	中国人民解放军理工大学	2008年5月	2024年12月（有条件）	2（2013，2018）	
49	天津城建大学	2009年5月	2020年5月	1（2014）	
50	河北建筑工程学院	2009年5月	2020年5月	1（2014）	
51	青岛理工大学	2009年5月	2020年5月	1（2014）	
52	长沙理工大学	2009年5月	2020年5月	1（2014）	
53	东北林业大学	2010年5月	2021年5月	1（2015）	
54	南昌大学	2010年5月	2021年5月	1（2015）	
55	重庆交通大学	2010年5月	2021年5月	1（2015）	
56	西安科技大学	2010年5月	2021年5月	1（2015）	
57	太原理工大学	2011年5月	2022年5月	1（2016）	
58	山东大学	2011年5月	2022年5月	1（2016）	
59	燕山大学	2012年5月	2023年5月	1（2017）	
60	内蒙古工业大学	2012年5月	2023年5月	1（2017）	

续表

序号	学校名称	有效期开始时间	有效期截止时间	截至2019年复评次数	备注
61	盐城工学院	2012年5月	2023年5月	1（2017）	
62	浙江科技学院	2012年5月	2024年12月（有条件）	1（2018）	2017年6月～2018年5月不在有效期内
63	安徽理工大学	2012年5月	2023年5月	1（2017）	
64	暨南大学	2012年5月	2017年5月	0	
65	桂林理工大学	2012年5月	2023年5月	1（2017）	
66	西南科技大学	2012年5月	2023年5月	1（2017）	
67	长春工程学院	2013年5月	2024年12月（有条件）	1（2018）	
68	南京林业大学	2013年5月	2024年12月（有条件）	1（2018）	
69	宁波大学	2013年5月	2025年12月（有条件）	1（2019）	2018年5月～2019年5月不在有效期内
70	湖北工业大学	2013年5月	2024年12月（有条件）	1（2018）	
71	厦门大学	2014年5月	2024年12月（有条件）	1（2018）	2017年6月～2018年5月不在有效期内
72	福建工程学院	2014年5月	2023年5月	1（2017）	
73	烟台大学	2014年5月	2023年5月	1（2017）	
74	长江大学	2014年5月	2023年5月	1（2017）	
75	中南林业科技大学	2014年5月	2023年5月	1（2017）	
76	汕头大学	2014年5月	2023年5月	1（2017）	
77	成都理工大学	2014年5月	2023年5月	1（2017）	
78	新疆大学	2014年5月	2024年12月（有条件）	1（2018）	2017年6月～2018年5月不在有效期内
79	黑龙江工程学院	2015年5月	2024年12月（有条件）	1（2018）	

续表

序号	学校名称	有效期开始时间	有效期截止时间	截至2019年复评次数	备注
80	南京航空航天大学	2015年5月	2024年12月（有条件）	1（2018）	
81	南京理工大学	2015年5月	2024年12月（有条件）	1（2018）	
82	宁波工程学院	2015年5月	2024年12月（有条件）	1（2018）	
83	华东交通大学	2015年5月	2025年12月（有条件）	1（2019）	2018年5月～2019年5月不在有效期内
84	河南工业大学	2015年5月	2024年12月（有条件）	1（2018）	
85	广东工业大学	2015年5月	2024年12月（有条件）	1（2018）	
86	北京科技大学	2016年5月	2025年12月（有条件）	1（2019）	
87	江苏大学	2016年5月	2025年12月（有条件）	1（2019）	
88	扬州大学	2016年5月	2025年12月（有条件）	1（2019）	
89	厦门理工学院	2016年5月	2025年12月（有条件）	1（2019）	
90	山东科技大学	2016年5月	2025年12月（有条件）	1（2019）	
91	安徽工业大学	2017年5月	2020年5月	0	
92	广西科技大学	2017年5月	2020年5月	0	
93	东北石油大学	2018年5月	2024年12月（有条件）	0	
94	上海应用技术大学	2018年5月	2024年12月（有条件）	0	
95	江苏科技大学	2018年5月	2014年12月（有条件）	0	
96	湖南科技大学	2018年5月	2024年12月（有条件）	0	

序号	学校名称	有效期开始时间	有效期截止时间	截至2019年复评次数	备注
97	深圳大学	2018年5月	2024年12月（有条件）	0	
98	武汉科技大学	2019年6月	2025年12月（有条件）	0	
99	河南城建学院	2019年6月	2025年12月（有条件）	0	
100	温州大学	2019年6月	2025年12月（有条件）	0	
101	福建农林大学	2019年6月	2025年12月（有条件）	0	
102	辽宁工程技术大学	2019年6月	2025年12月（有条件）	0	

注：截至2019年底，表格按首次通过评估认证时间排序。

截至2019年底，第四次学科评估获A的13所大学的土木工程专业全部通过了评估，获B的40所除一所外土木工程专业均通过了评估；但获C的41所大学中，还有14所大学的土木工程专业未进入通过评估（认证）的大学行列。

4.4.4 土木工程专业评估制度的成效

高等学校土木工程专业教育评估，其基本目的是加强国家对土木工程专业教育的宏观管理，保证和提高专业的基本教育质量，更好地贯彻教育必须为社会主义建设服务的基本方针，使我国高等学校土木工程专业毕业生符合国家规定的申请参加注册结构工程师考试的教育标准要求，为与发达国家相互承认评估结论创造条件。通过多年的评估实践可以看出，专业教育评估达到了上述目标，在促进学校加强专业建设上起到了极大的推动作用。

经过20多年的实践，我国土木工程专业教育评估收到了很好的效果。促进了学校规范办学，改善了建设类专业办学的条件，提高了专业办学质量；促进了社会和用人部门对专业教育的参与度，使学校的专业教育更接近社会和行业的需要；完善了我国执业注册师制度，促进了专业学习与未来职业之间的联系；促进了国际对专业办学水平的相互认可，提高了我国建设类专业教育在国际的影响和地位；并得到了教育部、国务院学位办、学校、学生、用人部门的认可。

2014年，由同济大学、高等教育土木工程专业评估委员会等单位完成的"20年磨一剑——与国际实质等效的中国土木工程专业评估制度的创立与实践"教改成果，获国家级教学成果一等奖（图4-19）。

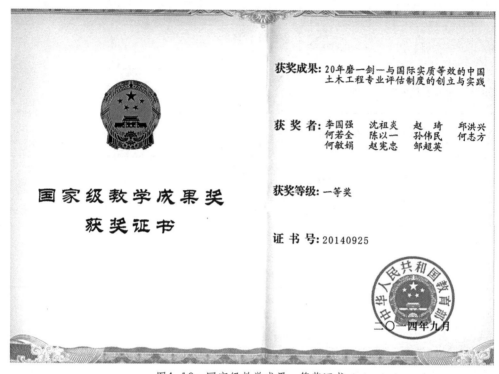

图4-19　国家级教学成果一等奖证书

土木工程专业评估制度取得了以下成效：

（1）创立工程界专家参与工程教育的新模式。20多年来有63名工程界专家在6届评估委员会中担任评估委员，占委员总数的48%，行业委员每人每年要用10天左右的时间参加评估视察及专业教学督察等活动。此外每年评估委员会还外聘10余名行业专家参加入校视察工作；凡通过评估的院校至少每两年要聘请一位行业专家和教育界专家作为教学质量督察员，入校进行评估中期督察，为学校专业建设诊断把脉。参加专业评估工作的工程界专家，累计达600多人（次）。大批行业专家全程参加土木工程专业评估标准制定、评估申请与自评报告审阅、入校视察、评估委员会全体会议、有效期内教学督察等活动，创立并形成了稳定的行业参与专业教育的新模式，使评估院校土木工程专业的改革和建设始终贴近行业用人需求和注册工程师的执业要求。评估作为社会对学校教育质量的评价，工程界专家和教育界专家共同工作，开通了社会了解学校教育情况的便捷渠道。视察工作中，来自工程界的专家直接与学校师生接触，学校也直接了解社会对学生质量的反映和对学校教学的希望。师生在与专家的接触中，了解了工程的实际情况，学习他们的实际工作经验，同时，工程界专家的一些建议，普遍被学校所认同和接受。由于来自工程界的专家参与评估工作，专业教育评估成为真正意义上的社会评价。

（2）不断改进评估标准，引导人才培养目标科学定位。20多年来，土木工程专业评估委员会多次组织评估文件的制定修订，把行业发展需求、企业用人需求及时反映到评估文件中，用以指导参评院校调整土木工程专业的培养目标。评估制度建立之初，借鉴发达国家经验，适应高校毕业生由统招统分的计划分配形式，向双向选择、自主择业的就业形式的转变，以及打破以行业、工作对象确定专业的传统，拓宽毕业生的就业面，确立了"大土木"的评估标准，从而促使教育部在1998年高校本科专业目录修订中，将建筑工程、桥梁工程、铁道工程、港航工程、矿井建设等"小土木"专业合并为"大土木"专业，扩展了人才培养目标定位。长期以来，行业专家参加了历次专业评估标准的修订，在评估标准中强化实践环节考查、量化实践条件、规范实践内容，促使参评院校调整凝练课程体系，突出实践教学，加强对企业实习和毕业设计的考查，使学生的实践能力得到提升，缩短了就业适应期，评估院校毕业生以其较好的就业能力被大型骨干施工企业和高资质等级的设计院优先录用。

（3）评估工作受到学校各级领导的高度重视。从已受理评估的102所院校的情况看，几乎所有学校对土木工程专业教育评估十分重视，学校都成立了评估领导小组，院系成立了自评工作小组，有的还成立了专家组，使评估工作在组织上得到了落实。由于领导的重视，学校在自评工作中，组织师生学习评估文件，理解评估的目的和宗旨，动员师生参与到评估中去。学校对照评估标准，肯定成绩，找出差距，做到了"以评促建、以建迎评"，使评估工作得到顺利开展，起到了促进教学改革，提高教学质量的效果。

（4）评估促进了对专业的投入。长期以来由于教育经费不足和历史欠账太多，学校在教学的投入一直比较少，学校为迎接评估，达到评估标准的要求，对专业硬件设施进行了突击性的投入，特别是在计算机、实验设备上的投入量最大，一般每校都投入六七十万元，有的学校高达几百万元，这些投入大大改善了教学实验设备、图书资料和实验实习条件，为专业教育发展创造了良好的环境和条件。

（5）专业评估促进了土木工程专业的改革与发展。20世纪90年代中期，我国的工程专业设置和教育培养计划也面临着改革。对应于国际上常见的土木工程专业，当时在我国却分设为工业与民用建筑、地下建筑、桥梁工程、铁道工程等十几个窄口径专业，分属土建类、水利类、环境类和交通类等大类，又分属好多个部、委领导。对照国际公认的土木工程专业和我国新拟订的评估标准，这显然有很大差距。借助中国土木工程专业评估制度建立的强势，在教育部的批准下，1995～1997年间，同济大学、西南交通大学等高校，牵头将几个窄口径的土建类专业重设为一个土木工程专业；将分属好几个系、分散管理的土木类本科生的教学管理归于重组的土木工程学院；将原来比较偏狭的专业培养计划改造为拥有土、水、结构"三足鼎立"的宽专业基础，并包含多个专业课群组供学生挑选的土木工程专业培养计划。

（6）评估促进了学校师资队伍的建设。师资队伍是保证教学质量的重要环节，是评估中重点考查的内容。各校普遍重视加强师资队伍的建设，做好师资队伍建设规划，有计划地选送教师学习提高学历层次；派遣教师出国进修、讲学、参加学术会议等，提高学术水平。为保证教师的授课质量，要求教师学习心理学、教育学等课程，并建立教师上岗培训制度，由系或教研室组织青年教师试讲，提高教师的教学水平。由于学校采取这些措施，改善了教师队伍老化和青黄不接的状况，为土木工程专业教育的发展打下了基础。土木工程专业评估对师资结构、教师业务水平的要求，促进了师资队伍的建设。教师中获得硕士、博士学位的比例逐步提高，吸收了海外留学人员任教，鼓励在职教师不断深造、提高自身的业务水平，在职的正、副教授越来越重视本科教学和为本科生上课。在专业评估的驱动下，学校的图书条件、实验条件也不断得到改善。多校区间图书资料集成管理、通借通还；馆藏中、外文图书资料、期刊内容不断丰富、数量不断增多；电子图书系统得到很大程度的改善；实验室按评估要求建立，通过多次参评，学校累计拨款超过千万元，不断增加实验设备，完善实验条件，充实实验内容。

（7）提高教学管理质量，建立本科教学的质量保证体系。不断建立起规范化、科学化、信息化的现代教学管理模式，保证课程、实习、实验等环节完全按培养计划进行；所有课程、实习、实验有教学大纲，能按教学大纲检查；建立教师评学、学生评教制度，并整理、分析评定结果，促进教学质量提高；规范教学档案、学生档案管理，使学生成绩、学籍变更、试卷、课程教学进度和大纲等都能统一管理，随时备查。在健全教学管理制度的基础上，建立起本科教学质量保证体系。从教学质量目标和管理职责、教学资源管理、教学过程管理、教学质量监控分析和改进等多个方面着手，使学生从入学到毕业的整个过程处于受控状态，及时监督教学过程中发现的问题，从而尽快处理和解决问题。

（8）评估院校教学质量得到社会普遍认可。经过20多年不懈努力，土木工程专业评估已成为一个响亮的品牌。许多院校都把通过专业评估视为一种质量尺度，在院系介绍、招生宣传中予以重点说明。专业评估在行业企业内也享有很高声誉，很多大型骨干企业、甲级设计院在招聘毕业生时，优先录用评估通过院校的毕业生。

（9）率先实现专业评估与注册工程师制度的挂钩。注册工程师是建设行业高端专业技术人才，评估通过院校毕业生已成为我国注册工程师的来源。根据资料，目前全国一级注册结构工程师中，通过土木工程专业评估院校的毕业生占70%以上，远高于评估通过学校数占全国土木工程专业点总数的比例。土木工程专业评估标准与注册工程师执业标准有机衔接。2013年，住房和城乡建设部委托哈尔滨工业大学开展一项课题研究，经课题组量化对比发现，注册结构工程师基础理论知识要求与土木工程专业评估标准的重合度为88.9%。土木工程专业评估还以其可靠质量得到国家主管部门、行业企业的高度认可。住房和城乡建设部发布的《全国一级注册结构工程师资格考试及有关工作的通知》，人事部、建设部、交通部、水利部发布的《注册土木工程师执业资格考试实施办法》等文件，明确规定通过土木工程专业评估的毕业生提前参加注册土木工程师执业资格专业考试，使土木工程专业成为我国最早实现专业教育评估与注册工程师执业资格制度挂钩的专业（图4-20～图4-22）。

助理设计注册工程师 ☆

建设部、人事部关于一九九七年全国一级注册结构工程师资格考试及有关工作的通知

（建设〔1997〕233号）

各省、自治区、直辖市建委（建设厅）、人事（人事劳动）厅（局），国务院有关部委建设司局、总后营房部：

按照建设部、人事部《注册结构工程师执业资格制度暂行规定》的要求，全国一级注册结构工程师资格考试定于1997年12月20日至21日举行，12月20日为基础考试，12月21日为专业考试。考试考务工作委托人事部人事考试中心和建设部执业资格注册中心具体组织。

现将一级注册结构工程师考试大纲、考核认定条件和考试报考条件的规定印发给你们，请你们认真做好今年考试的各项准备工作，保证考试工作的顺利实施，各部门在执行中有何问题，请及时与建设部设计司、人事部职称司联系。

附件：一、一级注册结构工程师资格考试大纲
二、一级注册结构工程师资格考核认定条件的规定
三、一级注册结构工程师资格报考条件的规定

一九九七年九月十五日

勘察设计行业执业资格制度文件汇编

表一：

一级注册结构工程师报考资格条件
（参加专业考试科目考试者）

类别	专业名称	学历或学位	职业实践最少时间（一）	最迟毕业年限（一）	职业实践最少时间（二）	最迟毕业年限（二）
本专业	结构工程	工学硕士或研究生毕业及以上学位	4 年	1993 年	6 年	1991 年
	建筑工程（不含岩土工程）	评估通过并在合格有效期内的工学学士学位	4 年	*	*	*
		未通过评估的工学学士学位	5 年	1992 年	8 年	1989 年
		专科毕业	6 年	1991 年	9 年	1988 年
相近专业	建筑工程（岩土工程）交通土建工程 矿井建设 水利水电建筑工程 港口航道及治河工程 海岸与海洋工程 农业建筑与环境工程 建筑学 工程力学	工学硕士或研究生毕业及以上学位	5 年	1992 年	8 年	1989 年
		工学学士或本科毕业	6 年	1991 年	9 年	1988 年
		专科毕业	7 年	1990 年	10 年	1987 年
其它工科专业		工学学士或本科毕业及以上学位	8 年	1989 年	12 年	1985 年

注：1.（一）为基础考试已经通过者，（二）为免基础考试者。

2. * 表示1995年我国首次实行的建筑工程专业教育评估毕业生，须等到1999年才能参加专业考试。

3. 专业名称以国家教委1993年和国务院学位委员会1997年颁布的本科、研究生专业目录为准。

282

图4-20 建设部、人事部关于注册工程师资格考试的有关通知

人事部、建设部、水利部关于印发《注册土木工程师（水利水电工程）制度暂行规定》、《注册土木工程师（水利水电工程）资格考试实施办法》和《注册土木工程师（水利水电工程）资格考核认定办法》的通知

（2005年7月14日 国人部发〔2005〕58号）

各省、自治区、直辖市人事厅（局）、建设厅（建委、规委）、水利（水务）厅（局）、国务院各部委、各直属机构人事部门，总政干部部、总后基建营房部，新疆生产建设兵团建设局、水利局，中央管理的企业：

根据《中华人民共和国建筑法》和《建设工程勘察设计管理条例》有关规定，我们制定了勘察设计行业《注册土木工程师（水利水电工程）制度暂行规定》、《注册土木工程师（水利水电工程）资格考试实施办法》和《注册土木工程师（水利水电工程）资格考核认定办法》，现印发给你们，请遵照执行。

附表：
1. 注册土木工程师（水利水电工程）新旧专业参照表
2. 中华人民共和国注册土木工程师（水利水电工程）资格考核认定申报表（略——编者注）

注册土木工程师（水利水电工程）制度暂行规定

第一章 总 则

第一条 为加强对水利水电工程勘察、设计人员的管理，保证工程质量，维护社会公共利益和人民生命财产安全，依据《中华人民共和国建筑法》、《建设工程勘察设计管理条例》等法律法规和国家职业资格证书制度有关规定，制定本规定。

第二条 本规定适用于从事水利水电工程（包括水利枢纽、水电站、抽水蓄能电站、引调水、灌溉排涝、城市防洪工程、围垦工程、河道治理工程、水土保持等）勘察、设计

· 342 ·

注册土木工程师（水利水电工程）资格考试实施办法

第一条 建设部、水利部、人事部共同负责注册土木工程师（水利水电工程）资格考试工作，委托人事部人事考试中心承担考务工作。

各省、自治区、直辖市的考试工作，由当地人事行政部门会同建设行政主管部门组织实施，具体职责分工由各地协商确定。

第二条 考试分为基础考试和专业考试。基础考试合格并符合本办法规定的专业考试报名条件的，可报名参加专业考试。专业考试合格后，方可获得《中华人民共和国注册土木工程师（水利水电工程）资格证书》。

第三条 基础考试分2个半天进行，各为4个小时。专业考试分专业知识和专业案例两部分内容，每部分内容均为2个半天，每个半天均为3个小时。

第四条 符合《注册土木工程师（水利水电工程）制度暂行规定》第八条要求，并具备下列条件之一的，可申请参加基础考试：

（一）取得本专业（指水利水电工程、水文与水资源工程、农业水利工程、水土保持与荒漠化治治专业，详见附表1，下同）或相近专业（指港口航道与海岸工程、土木工程、勘查技术与工程等专业，详见附表1，下同）大学本科及以上学历或学位。

（二）取得本专业或相近专业大学专科学历，累计从事水利水电工程勘察、设计工作满1年。

（三）取得其他工科专业大学本科及以上学历或学位，累计从事水利水电工程勘察、设计工作满1年。

第五条 基础考试合格，并具备下列条件之一的，可申请参加专业考试：

（一）取得本专业博士学位后，累计从事水利水电工程勘察、设计工作满2年；或取得相近专业博士学位后，累计从事水利水电工程勘察、设计工作满3年。

（二）取得本专业硕士学位后，累计从事水利水电工程勘察、设计工作满3年；或取得相近专业硕士学位后，累计从事水利水电工程勘察、设计工作满4年。

（三）取得含本专业在内的双学士学位或研究生班毕业后，累计从事水利水电工程勘察、设计工作满4年；或取得含相近专业在内的双学士学位或研究生班毕业后，累计从事水利水电工程勘察、设计工作满5年。

（四）取得通过本专业教育评估的大学本科学历或学位后，累计从事水利水电工程勘察、设计工作满4年；或取得未通过本专业教育评估的大学本科学历或学位后，累计从事水利水电工程勘察、设计工作满5年；或取得相近专业大学本科学历或学位后，累计从事水利水电工程勘察、设计工作满6年。

（五）取得本专业大学专科学历后，累计从事水利水电工程勘察、设计工作满6年；或取得相近专业大学专科学历后，累计从事水利水电工程勘察、设计工作满7年。

（六）取得其他工科专业大学本科及以上学历或学位后，累计从事水利水电工程勘察、设计工作满8年。

· 348 ·

图4-21 人事部、建设部、水利部关于注册工程师资格考试的有关通知

人　事　部
建　设　部　文件
交　通　部

国人部发〔2007〕18号

关于印发《勘察设计注册土木工程师
（道路工程）制度暂行规定》、《勘察设
注册土木工程师（道路工程）资格考试
实施办法》和《勘察设计注册土木工程师
（道路工程）资格考核认定办法》的通知

各省、自治区、直辖市人事厅（局）、建设厅（建委、规委）、
交通厅（局、委），国务院各部委、各直属机构人事部门，总政
干部部、总后基建营房部、中央管理的企业：

根据《中华人民共和国建筑法》和《建设工程勘察设计管
理条例》有关规定，现将《勘察设计注册土木工程师（道路工

— 1 —

程）制度暂行规定》、《勘察设计注册土木工程师（道路工程）
资格考试实施办法》和《勘察设计注册土木工程师（道路工程）
资格考核认定办法》印发给你们，请遵照执行。

二〇〇七年二月二日

— 2 —

勘察设计注册土木工程师（道路工程）
资格考试实施办法

第一条 建设部、交通部、人事部共同负责勘察设计注册土
木工程师（道路工程）资格考试工作，具体考务工作由人事部
人事考试中心和建设部执业资格注册中心按职责分工进行。

各省、自治区、直辖市的考试工作，由当地人事行政主管部
门会同建设行政主管部门组织实施，并协商确定具体职责分工。

第二条 资格考试分为基础考试和专业考试。基础考试合格
并符合本办法规定的专业考试报名条件的，可报名参加专业考
试。专业考试合格后，方可获得《中华人民共和国勘察设计注
册土木工程师（道路工程）资格证书》。

第三条 基础考试分2个半天进行，各为4个小时。专业考
试分专业知识和专业案例两部分内容，每部分内容均为2个半
天，每个半天均为3个小时。

第四条 符合《勘察设计注册土木工程师（道路工程）制
度暂行规定》第八条要求，并具备以下条件之一的，可申请参
加基础考试：

（一）取得本专业（指土木工程，详见附表1，下同）或相
近专业（指港口与航道工程、勘查技术与工程等专业，详见附

— 15 —

图4-22　人事部、建设部、交通部关于注册工程师资格考核认定办法的通知

4.5　国际合作交流

4.5.1　学习交流

工程教育评估国际互认是指不同国家的工程教育评估结果相互承认，表明互认国之间的工程教育质量等效。要提高我国工程人才和工程教育在国际上的地位，积极开展国际教育和工程服务贸易，必须加速与国际接轨。

20世纪80年代中期，中国的高等教育专业认证制度的研究伴随着我国高等教育评估研究的开展逐步发展起来。当时，了解介绍国外开展高等教育评估的实际经验，成为我国高等教育评估发展的重要步骤。为此，建设部和相关高校先后举办中美高等教育评估研讨会，组团赴美国、加拿大进行高等教育评估的专题考察，出版有关美国、加拿大高等教育评估的系列丛书。在工程教育的专业认证上，1988年国家教委高教二司曾编著了《高等学校工科类专业的评估》，对加拿大和美国工程教育专业认证的情况进行了较为详细的介绍和分析。

评估组织机构采取走出去、请进来的模式，加强国际沟通与交流。从1993年开始，中英双方开展了一系列的交流活动。建设部和土木工程专业评估委员会一直与英国土木工程师学会（Institution of Civil Engineers，ICE）、结构工程师学会（Institution of Structural Engineers，IStructE）以及它们的联合评估协调委员会（Joint Board of Moderators，JBM）等外国工程组织保持密切联系。

20世纪90年代初，建设部组织同济大学、东南大学等高校专家对美、英等国专业教育评估制度进行考察，考察组提出了在我国建立建筑工程专业教育评估制度的建议。

1995～1998年间，建设部和评估委员会接待了多批英国JBM专家来华访问，举行了专业教育评估研讨会，邀请他们观察我国的评估视察活动，列席评估委员会会议。评估委员会也派团访问英国，观察英国的视察活动，与英方举行会谈，对我国建筑工程专业教育水准进行了讨论。同时，建筑工程专业教育评估文件分别寄给美国、英国等工程教育评估组织，以便他们了解我国的评估情况。这些互访、会谈和资料交流，对增进相互了解起到了积极的作用。我国的专业教育质量和评估工作得到了英国专家的赞许，并对相互承认评估结论的实践和方式上做出了安排。第一批评估通过的建筑工程专业率先得到承认。

20世纪90年代，同济大学毕家驹教授作为工程教育专业认证和工程师注册制度的积极倡导者，自1995年开始发表了一系列文章介绍和分析国外工程教育专业认证的主要情况，提出我国开展工程教育专业认证制度的基本设想（①毕家驹，沈祖炎. 我国工程教育与国际接轨势在必行.《高等工程教育研究》1995年第3期；②毕家驹. 学位与专门职业资格的国际相互承认.《高等工程教育研究》1996年第4期；③毕家驹. 美国工程学位教育的质量保证.《同济教育研究》1997年第4期；④毕家驹. 美国注册工程师资格的质量定位.《同济教育研究》1998年第1期；⑤毕家驹. 中国工程学位与工程师资格通行世界的必由之路.《煤炭高等教育》1999年第3期；⑥毕家驹. 关于土木工程专业评估的评述和建议.《高等建筑教育》1999年第3期；⑦毕家驹. 关于华盛顿协议新进展的评述.《中国高等教育评估》1999年第4期；⑧毕家驹. 中国工程专业评估的过去、现状和使命———以土木工程专业为例.《高教发展与评估》2005年第1期）。

1995年、1997年两批18所高校建筑工程专业评估实践，为与发达国家同类专业的评估结论相互承认创造了条件。两批评估实践，受到了英国、美国等国家相应机构的高度关注，英国派观察员参加我国的评估活动，并就相互承认评估结论进行了卓有成效的会谈。英国观察员经过1997年对第一批建筑工程专业教育评估合格的学校抽查后，承认我们的评估结论，并对今后其他评估合格的学校承认评估结论的问题做出安排。

20多年来，土木工程专业评估始终坚持国际通行标准，加强与发达国家的交流合作。邀请国外土木工程教育评估机构如英国土木工程师学会（ICE）、英国结构工程师学会（IStructE）、英国土木工程专业联合评估协调委员会（JBM），美国工程技术专业认证委员会（ABET）、美国土木工程师学会（ASCE），加拿大土木工程学会（CSCE）等，派出观察员参加我国的评估视察活动。评估委员会多次派出人员考察或应邀视察美国、加拿大，英国及欧洲其他国家土木工程师执业资格制度和土木工程专业评估。

在这些活动的基础上，双方逐步有了全面深入的相互了解，在专业教育和专业评估的主要方面达成了共识，孕育了相互承认的基础。

4.5.2　构建国际等效的评估体系

4.5.2.1　制定国际等效的评估标准

评估标准是评估的核心内容，也是国际互认的重要内容，因此，各国在国际互认中，强调对评估内容的实质性等效。在中国，称为评估标准；在英国，称为鉴定标准。

英国《高等教育专业鉴定标准》（UK Standard for Professional Engineering Competence, Accreditation of Higher Education Programmes, Engineering Council）是以工程师注册为导向的工科专业共同遵守的鉴定标准。在此基础上，各工程学会制订了针对个别专业的鉴定标准，即从工程一般性标准具体落实到个别专业的特殊性标准。

评估委员会在制定我国土木工程专业评估标准之初，首先对中国和英国土木工程专业评估（鉴定）标准中的专业素质和能力的基本内容和要求进行了对比分析，如表4-7所示。

对比分析发现，中英关于土木工程专业的基本理论、专业知识和专业能力的要求基本相同。中国更强调知识的掌握程度，以及英语和计算机的掌握程度。但在侧重点上，英国的鉴定标准更关注学生学习的成效，强调运用知识的能力，包括工程能力和综合能力，强调作为土木工程专业的学生应具备工程分析能力、工程设计能力和解决工程问题的能力，也强调了其他通用能力，如沟通能力、合作能力、学习能力等。

中英土木工程专业教育评估（鉴定）标准中专业素质和能力对比　　表 4-7

中国	英国
基本理论： 掌握高等数学、物理的基本理论 掌握与本专业有关的化学原理 掌握与本专业有关的工程数学基本理论 掌握理论力学、材料力学、结构力学和流体力学的基本原理与分析方法 掌握工程地质、岩土力学的基本原理与实验方法 掌握工程材料的基本性能 掌握工程测量、画法几何的基本原理 掌握工程结构构件与体系的受力性能与计算方法 掌握土木工程施工、项目管理及技术经济分析的方法 专业知识： 掌握土木工程项目的勘测、规划基本知识 掌握土木工程的结构设计方法、CAD及软件应用技术 掌握土木工程基础与地下结构设计方法 掌握土木工程现代施工技术、检测与试验方法 掌握土木工程防灾与减灾基本原理与方法 了解有关法律、法规、规范 了解给水排水、暖通、建筑电气、机械的一般知识 了解土木工程与环境的基本知识 了解本专业的发展动态 实践能力： 能正确识图与制图 掌握一般土木工程试验方法，能正确使用试验设备 能综合应用所学基础理论和专业知识，独立分析解决一般土木工程技术问题 能用书面和口头的方式，清晰表达技术意图和观点	专业课程： 掌握下列3个核心课程知识：材料、结构和岩土 还应掌握以下最少2个核心课程知识：流体力学、测量学、交通工程、公共健康、建造管理、环境工程、建筑技术 掌握数学、科学和工程理论 了解经济、社会、环境等知识 学习效果——能力： 4项一般学习效果： 1）具有专业知识和理解能力 2）具有运用知识分析问题的能力 3）具有工程技能（如试验技能、设计技能、软件运用技能等） 4）具有其他通用能力（如沟通能力、合作能力、学习能力等） 5项专门学习效果： 1）掌握数学、科学和工程理论 2）具有工程分析能力 3）具有工程设计能力 4）了解经济、社会、环境等知识 5）具有解决工程问题的能力

　　土木工程专业指导委员会和土木工程专业评估委员会协同，在学习和借鉴国外先进经验和总结国内办学特点的基础上提出新版《高等学校土木工程本科指导性专业规范》，各高校的土木工程专业也在不同程度上根据自身办学条件，结合卓越工程师教育培养计划，制定相应培养方案。新的培养方案中，加强了学习效果考察和学生能力培养。在土木工程专业评估中，对学生能力的评估已成为视察重点。

　　在学习和借鉴国外先进经验和总结国内办学特点的基础上，评估委员会先后制定了与英国土木工程专业的评估标准完全等效的中国土木工程教育专业评估标准——《全国高等学校土木工程专业教育评估文件》（1996年版、2004年版），包括3个一级指标、9个二级指标及20个观察点，如表4-8所示。

土木工程专业本科生教育评估标准指标体系（2004年版）　　　　　表4-8

一级指标	二级指标	观察点
1　教学条件	1.1　师资条件	1.1.1　教师结构 1.1.2　教师工作及业务水平
	1.2　教学资料	
	1.3　教学设备	1.3.1　设备、实验室 1.3.2　计算机设施
	1.4　教学经费	
2　教学过程	2.1　思想政治工作	2.1.1　思想政治工作队伍 2.1.2　思想政治工作 2.1.3　教书育人
	2.2　教学工作	2.2.1　教学计划与教学文件 2.2.2　教学管理与质量保证体系 2.2.3　课程教学实施 2.2.4　实践环节 2.2.5　毕业设计（论文）
3　教育质量	3.1　德育教育	3.1.1　政治思想 3.1.2　学风 3.1.3　素质
	3.2　智育教育	3.2.1　基础理论 3.2.2　专业知识与技术 3.2.3　实践与技能 3.2.4　计算机 3.2.5　外国语
	3.3　体育标准	

4.5.2.2　建立国际等效的评估程序

在英国，土木工程专业教育评估程序根据《高等教育专业鉴定标准》中规定的程序执行，包括提出申请并被接受、初审书面报告、现场访问、鉴定结论———通过或者不通过。鉴定有效期一般为5年，或短于5年（特别是对新专业点）。鉴定结论根据鉴定标准得出。没有申诉和复议阶段。

在学习和借鉴国外先进经验和总结国内办学特点的基础上，同时考虑到我国高等工程教育的特点，评估文件制定了与英国等效的中国土木工程专业评估程序。

土木工程专业教育评估程序根据《全国高等学校土木工程专业教育评估文件（2004年版）》中规定的程序执行。

（1）申请与审核。各学校自愿提出申请，并提交申请报告，每年一次。

（2）自评。撰写自评报告，对办学状况、办学质量进行自我检查，对评估指标中各项内容进行鉴别并加以说明，以备审核。

（3）视察。视察小组由4~6人组成，进校作不多于4天的现场访问。视察小组需会晤教师和学生，访问图书馆、工作室等，查阅考卷，了解评分策略，审查校内质量保证体系，然后写出视察报告。

（4）审核与鉴定。根据审核与视察结果得出评估结论：通过、有条件通过或不通过，并根据不同的情况给出有效期和重新申请的期限。

（5）申诉与复议。申请学校如对评估结论持有不同意见，可在规定时间内提出申诉，上级主管部门（住房和城乡建设部）根据有关法律法规的规定作出复议决定。

与英国的评估程序不同，我国的评估程序增加了申诉与复议阶段。

4.5.3　专业评估国际互认

工程教育评估的重要目的之一是为国家和地区的工程教育走向世界、为教育的国际化提供一个可以相互比较和相互承认的平台。协议国（或地区）的工程教育质量在实质上等效，毕业生的学位在协议国（或地区）间得到认可，在申请成为协议国（或地区）注册工程师时享有同等待遇。互认是评估结果的对等。与各国开展双边、多边专业评估国际互认，加入国际评估组织，已成为提高我国高等教育国际地位和国际影响力的重要手段。

土木工程专业从评估认证初期，就立足国际标准并积极开展国际互认，与外国同行保持密切的交流和合作，积极研究国际评估经验，认真结合中国国情，予以消化吸收，形成我国的专业评估体系。专业评估标准力求与国际公认水准相当，评估程序与方法也力求符合国际标准。土木工程评估委员会首先力争建立与英国土木工程教育评估的互认，从评估组织、评估标准和评估程序这三要素研究分析，同时考虑我国工程教育的特点，构建土木工程评估机制。

1998年5月18日，中国建设部人事教育劳动司与英国土木工程师学会（ICE），中国注册结构工程师管理委员会（NABSER）与英国结构工程师学会（IStructE），分别签署了学士学位专业评估互认协议（图4-23）。在这两份协议书中，双方认为中国高等教育土木工程专业评估委员会（以下简称NBCEA）和JBM所使用的评估标准和评估程序大体一致。双方相互承认由中国NBCEA评估通过的土木工程专业学士学位和英国JBM鉴定通过的土木结构工程专业学士学位，并认为以上学位符合中国结构工程师注册资格，能达到英国ICE和IStructE正式会员资格的学术要求。根据NABSER和IStructE所签署的结构工程师执业能力考试互认协议，持有以上学位的毕业生在提出申请成为中国注册结构工程师或申请成为英国ICE和IStructE正式会员时，享有对等地位。该协议书涵盖的专业点包括已被双方各自评估通过的专业点和在今后的评估或再次评估中获得通过的专业点。

中华人民共和国注册结构工程师管理委员会
与英国结构工程师学会
学士学位专业评估互认协议

THE NATIONAL ADMINISTRATION BOARD OF
STRUCTURAL ENGINEERS REGISTRATION OF
THE PEOPLE'S REPUBLIC OF CHINA
AND
THE INSTITUTION OF STRUCTURAL ENGINEERS

MUTUAL RECOGNITION OF FIRST DEGREE COURSES
ACCREDITATION

北京 1998. 5.18
Beijing 1998.5.18

中华人民共和国建设部人事教育劳动司
与英国土木工程师学会
学士学位专业评估互认协议

THE DEPARTMENT OF PERSONNEL, EDUCATION &
LABOUR, MINISTRY OF CONSTRUCTION OF
THE PEOPLE'S REPUBLIC OF CHINA
AND
THE INSTITUTION OF CIVIL ENGINEERS

MUTUAL RECOGNITION OF FIRST DEGREE COURSES
ACCREDITATION

北京 1998. 5.18
Beijing 1998.5.18

图4-23　建设部人事教育劳动司与英国土木工程师学会（ICE），中国注册结构工程师
管理委员会与英国结构工程师学会（IStructE）签署的学士学位专业评估互认协议

上述两个协议的有效期至2003年止。

为延续中英土木工程专业教育评估互认，中英双方持续开展互访和交流。2011年5月，第五届评估委员会主任，同济大学李国强教授赴英国伦敦英国结构工程师学会总部拜访学会执行主席Martin Powell先生和学会国际及专业评估部部长Barren Byrne（图4-24）。在双方共同努力下，2011年12月2日，由评估委员会主办，同济大学承办的中英土木工程专业教育评估互认论坛在上海同济大学召开（图4-25、图4-26）。

图4-24　2011年5月，第五届评估委员会主任，同济大学李国强教授赴英国伦敦英国结构工程师
学会总部拜访学会执行主席Martin Powell和学会国际及专业评估部部长Barren Byrne

中英土木工程专业教育评估互认论坛

2011 年 12 月 2 日

中国高等教育土木工程专业教育评估委员会（简称 NBAHECE）与英国土木工程专业联合评估委员会（简称 JBM）之间的交流由来已久，他们举办的土木工程学士学位专业评估（认证）在行业内产生了积极深远的影响。中国高等教育土木工程专业教育评估委员会将与英国土木工程专业联合评估委员会于 2011 年 12 月 2 日签订中英土木工程专业教育评估互认协议，并举行中英土木工程专业教育评估论坛。欢迎国内外学者、专业人士参加，共同见证这一具有历史意义的时刻，并进行交流与探讨，以促进和提高专业教育水平。

会议议程：

议程一：土木工程学士学位专业评估互认协议签署仪式

主持人：建设部人事司代表

9:00 am - 9:05 am	同济大学领导致欢迎辞
9:05 am - 9:10 am	英国结构工程师学会首席执行官 Martin Powell 讲话
9:10 am - 9:15 am	中国高等教育土木工程专业评估委员会主任李国强讲话
9:15 am - 9:30 am	签定土木工程学士学位专业评估互认协议
9:30 am - 9:35 am	英国驻上海总领事讲话
9:35 am - 9:40 am	建设部领导讲话

议程二：颁发英国结构工程师学会资深会员证书

主持人：丁洁民

9:45 am - 9:55 am	为获得英国结构工程师学会资深会员资格的陈以一、李国强教授颁发证书

议程三：土木工程专业评估报告

主持人：中国高等教育土木工程专业教育评估委员会委员

10:00 am - 10:30 am	建设部代表介绍中国土建学科专业评估制度
10:30 am - 11:00 am	英国结构工程师学会主席 Roger Plank 介绍英国土木工程学位评估情况
11:00 am - 11:30 am	李国强介绍中国土木工程学位评估情况

地点：同济大学中法中心 401 会议室　　地址：上海市杨浦区四平路 1239 号（同济大学内）

图4-25　中英土木工程专业教育评估互认论坛通告

图4-26　2011年12月2日在上海同济大学签署中英国际互认协议

在论坛中，中国高等教育土木工程专业评估委员会与英国联合评估协调委员会的各学会授权的IStructE签署了关于学士学位专业评估互认协议（图4-27），延续中英土木工程专业高等工程教育国际互认。

图4-27　中国高等教育土木工程专业评估委员会与英国联合评估协调委员会的各学会授权的
IStructE签署的学士学位专业评估互认协议（一）

7. This agreement, duplicate in English and Chinese, will become effective from the date of signing and will operate for such time as is mutually acceptable to the respective parties.

8. The appended Notes on the Interpretation of Agreement form part of this agreement.

Agreed on behalf of:

National Board of
Civil Engineering Accreditation

Joint Board of Moderators

Professor LI Guo-Qiang
President of NBCEA

Professor Roger Plank
Authorised Representative of JBM
President, Institution of Structural Engineers

Date: 2/12/2011

Date: 1st December 2011

(1) The parent institutions of the JBM include the Institution of Structural Engineers, Institution of Civil Engineers, Chartered Institution of Highways and Transportation and the Institute of Highway Engineers.
(2) Most degree courses accredited as leading towards Chartered membership. In UK terms an accredited BEng (Hons)/MEng degree.

Mr Darren Byrne
Director, Membership and Education
Institution of Structural Engineers
11 Upper Belgrave Street.
London SW1X 8BH

5th August, 2011

Dear Darren,

I am writing to confirm the ICE's approval of the signing arrangements regarding the Agreement of Mutual Recognition between China and the UK on the accreditation of Civil Engineering Education in Shanghai. The signing arrangements are that Professor Roger Plank will sign the above-mentioned Agreement on behalf of the JBM and its parent institutions, the Institution of Civil Engineers, the Institution of Structural Engineers, the Chartered Institute of Highways and Transportation and the Institute of Highway Engineers.

Yours sincerely,

Mr Andrew Stanley
Head of Education and Learning

Registered charity number 210252
Charity registered in Scotland number SC038629
The paper is made from elemental chlorine free pulp from sustainable forests.

Mr Darren Byrne
Director, Membership and Education
Institution of Structural Engineers
11 Upper Belgrave Street.
London SW1X 8BH

5th August, 2011

Dear Darren,

I am writing to confirm the ICE's approval of the signing arrangements regarding the Agreement of Mutual Recognition between China and the UK on the accreditation of Civil Engineering Education in Shanghai. The signing arrangements are that Professor Roger Plank will sign the above-mentioned Agreement on behalf of the JBM and its parent institutions, the Institution of Civil Engineers, the Institution of Structural Engineers, the Chartered Institute of Highways and Transportation and the Institute of Highway Engineers.

Yours sincerely,

Mr Andrew Stanley
Head of Education and Learning

THE CHARTERED
INSTITUTION OF HIGHWAYS
& TRANSPORTATION

27 July 2011

Mr Darren Byrne
Director, Membership & Education
Institution of Structural Engineers
11 Upper Belgrave Street
London
SW1X 8BH

Dear Darren,

Renewing the Agreement of Mutual Recognition between China and UK on Accreditation of Civil Engineering Education

I can confirm that CIHT gives its authorisation for Professor Roger Plank, President of the Institution of Structural Engineers, to sign the Mutual Recognition Agreement with China on its behalf as a partner institution of the Joint Board of Moderators.

Yours sincerely

Sue Stevens
Director, Education & Membership

图4-27　中国高等教育土木工程专业评估委员会与英国联合评估协调委员会的各学会授权的
IStructE签署的学士学位专业评估互认协议（二）

　　中英土木工程专业教育评估互认，表明中国评估通过学校的毕业生与英国评估通过学校的毕业生的教育质量实质性等效，开启了中国工程专业教育国际互认的先河。

　　这就使通过评估的大学的土木工程专业点及其所授的工程学士学位一起获得了英国土木工程师学会和结构工程师学会的承认。这些学校的毕业生被认为与英国土木工程专业或结构工程专业的毕业生拥有相等的知识、能力和技能；在申请成为中国注册结构工程师或申请成为英国ICE或IStructE的正式会员（也就是成为英国特许工程师）时，在满足双方规定的教育要求方面，与英国毕业生享有对等的地位。中英互认协议标志着我国土木工程专业评估初步实现了国际接轨，并为我国的工程学位获得国际教育界和工程界的认可打开了通道。同时，土木工程专业评估委员会积极开展与新加坡土木工程界的交流。邀请新加坡专业工程师委员会专家观察土木工程专业评估工作。经过努力，2009年，新加坡注册工程师局向我方发出通知，认可我国土木工程专业评估结论，这成为除台港澳地区外，我国大陆（内地）唯一被新加坡许可在该国执业的工程专业学位。新加坡国家发展部颁布了经专业工程师委员会（Professional Engineers Board）鉴定的"专业工程师认可资格通告"（图4-28），该通告于2009年12月30日颁布执行。该通告给出了获得新加坡认可的工程教育专业点，其中包括中国、英国、美国、加拿大、澳大利亚、德国、瑞典、瑞士、日本、印度等十几个国家和地区的几十所高等学校的相关专业。

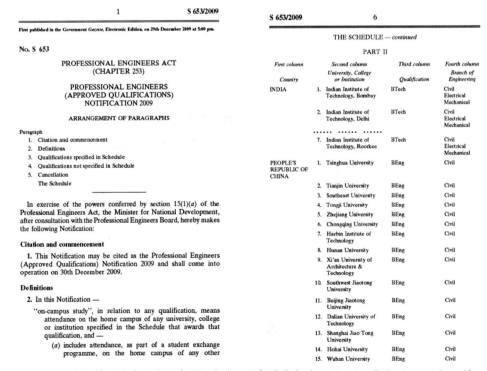

图4-28　新加坡国家发展部颁布的经专业工程师委员会（Professional Engineers Board）
鉴定的"专业工程师认可资格通告"

在此通告中，中国的同济大学、清华大学、天津大学、东南大学、浙江大学、重庆大学、哈尔滨工业大学、湖南大学、西安建筑科技大学、西南交通大学、北京交通大学、大连理工大学、上海交通大学、河海大学和武汉大学共15所大学的土木工程专业本科教育获得认可。这表明我国上述15所评估通过（有效期8年）的高校与世界上其他知名高校培养的土木工程专业毕业生，在新加坡具有同样被认可的专业教育资质。这再一次表明国内土木工程专业评估已经率先达到国际认可的标准。

4.5.4 工程教育认证体系并轨

在早期，专业评估和专业认证实质内容相同，土木工程专业评估运行了20余年。土木工程专业评估一直强调专业人才培养的国际化接轨，特别是伴随2016年我国正式加入国际工程教育互认的《华盛顿协议》，专业认证工作在此背景下更加采用国际通行理念和做法。为了更好地体现国际工程教育的新理念、进一步加强与国际教育的接轨，经住房和城乡建设部批准，土木工程专业评估委员会决定于2016年开始将原评估更名为评估（认证），采用评估认证通用标准，在程序与办法等操作上借鉴教育部的认证文件、吸收传承多年来评估工作的成熟经验。2017年，土木工程专业评估正式并轨工程教育认证体系。由此，土木工程专业的评估认证步入一个新的阶段。

加入《华盛顿协议》后，以学生发展为中心、以学生学习成果为导向和基于院校主体的持续改进的思想，是指导评估认证工作的核心思想理念。

以学生发展为中心，就是将学生作为专业办学和教学工作的出发点与归宿点，要关注全体学生，关注在校期间学生发展的各个阶段、各个环节，建立可行的机制，保障学生发展，要明确"学生中心"的理念在教学和培养中如何体现，要对教师关注全体学生发展提出具体而非抽象的要求。

以学生学习成果为导向，是以学生为中心的工程教育评估认证的根本目标，是促进或提升"教育产出"即成果（学生学到什么），而非"教育输入"（教师教了什么）；工程教育评估认证的"成果"就是面向全体合格毕业生的培养目标和毕业要求，集中体现了学校和专业究竟能使学生走向工程职业岗位时具备什么素质和能力，并且这些"期望""承诺"的素质和能力确实成为学生表现的现实（包括毕业时和毕业后一段时间），这是评估认证的出发点和考核点；评估认证标准的其他内容是否满足要求，都是以其对培养目标和毕业要求的贡献度为依据的；《华盛顿协议》所承认的，就是经过工程专业训练的学生具备了怎样的职业素养和从业能力。因此毕业要求的达成状况，就是《华盛顿协议》互认的基础。

基于院校主体的持续改进，是工程教育认证制度本身的一大重要特点。评估认证标准并不要求专业点目前必须达到一种较高的水平，但要求专业点必须满足以下4个条件：（1）对自身在标准要求的各个方面存在的问题具有明确的认识和信息获取的途径；（2）有明确可行的改进机制和措施；（3）能跟踪改进之后的效果；（4）收集信息用于下一步的继续改进。工程教育认证7条通用标准中，除了"持续改进"自身外，其他6条均贯穿了持续改进的理念：专业应具有各种机制、制度、措施，保证以学生为中心、以成果为导向的教学、教育、培养过程和结果得到跟踪、评价与改进。

土木工程专业加入《华盛顿协议》后，评估工作中的主要变化如下：

（1）逐步从以教育投入为核心转向以教育产出为核心。

2015年前的评估着重于对教育投入作种种规定，然后一一检查。这无疑是重要的。但有了好的或比较好的条件，质量未必一定就高。质量，最根本的要看教育的产出，要看学生入学以后是否逐年提高，学成以后是否达到专业原定的培养目标。至于教育投入，则各校可以各不相同，不作硬性规定。

20世纪90年代以后的评估逐渐转向以教育产出为核心。它的基本要求是：①学校根据自己的办学宗旨和专业的评估标准，制定专业培养目标，详细说明毕业生在知识、能力、素质各方面应达到的水准，并正式公布，接受监督；②学校说明教学计划和教学过程是如何设计的，以保证以上培养目标实现；③学校设有经常性的自评体系，检查并论证实现培养目标的情况和程度，并将评估结果用于改进教学。

教育产出的优劣，可以通过学生学籍档案、国家正规单科考试、校友专业成就和事业发展调查、雇主意见调查以及投考研究生情况等予以衡量。

有多年专业评估实践的国家，以教育产出为核心进行评估是水到渠成的事。而我国很多专业点的教育投入还存在不少问题。因此，评估在较长时期内，仍要侧重对教育投入提出种种要求，并逐一严格检查。但与此同时，也应考虑世界潮流，逐步地转向以教育产出为核心进行评估，或在一些优秀的专业点上先行试点，为以后的全面改革创造条件和经验。

（2）逐步增加评估（认证）准则的弹性。

社会经济的发展和人才要求的提高，促使工程教育不断革新。因此，评估准则必须逐步弹性化，留下足够的自由空间，让各专业点根据需要，及时调整教育计划和课程设置，进行教育改革和创新，形成各自的风格和特色；过分刻板的评估准则有可能成为工程教育发展的绊脚石。但是，弹性化的过程也应根据全国土木工程专业点的实际情况，逐步实现。为了增加评估准则的弹性，可以考虑以下几种方案：①在准则中只提出专业毕业生应具有的知识、能力和品质要求，而不硬性规定应开设的课程及其学时数。②在准则中只规定总学时数，以及各类课程和教学环节应占的百分数。在满足划分比例的前提下，各专业点在各类课程和教学环节中的具体内容和安排，可以各不相同。③在准则中只对少数核心课程作出规定，而放开其他课程，允许各专业点自行安排。④将以上各方案进行结合。不论采用哪一种做法，被评学校都要在自评报告中详细汇报学校自定的教学计划和课程设置，供评估考查小组审查。

（3）逐步增加评估（认证）的开放性。

学校在进行有关专业教育的重大决策，特别是在制定专业培养目标和教学计划时，应广泛听取学生、雇主、专业资格注册机构和专业团体等社会各界的意见和建议，并认真研究、采纳。专业评估可以考虑将此项内容列入自评和考查范围。在评估过程中要检查学校和专业在这方面的重视程度，有关的措施、制度和组织情况，以及对外界意见的处理和落实情况等，使专业教育更好地与社会呼吸相通，更好地为社会服务。专业评估还应要求学校定期以简明易懂的方式向社会公布有关教育质量的数据和信息，说明学校和专业有关教育质量保证的制度、组织和执行情况。

参考文献

［1］　第一届全国高等学校建筑工程专业教育评估委员会工作总结［J］. 高等建筑教育，1997（4）：20–22.

［2］　毕家驹. 美国工程学位教育的质量保证［J］. 同济教育研究. 1997，（4）.

［3］　毕家驹. 中国工程学位与工程师资格通行世界的必由之路［J］. 煤炭高等教育，1999，（3）：3–6.

［4］　Bi J J. First mutual recognition agreements in engineering between UK and China［J］. QA Newsletter-INQAAHE，1998，16.

［5］　Editorial［J］. Quality in Higher Education，1996，2（3）：177–184.

［6］　毕家驹. 学位与专门职业资格的国际互相承认［J］. 高等工程教育研究，1996，（4）.

［7］　The Engineering Council. Standards and Routes to Registration—SARTOR［M］. 3rd Edition. London，1997.

［8］　毕家驹. 世纪之交的国际高等教育评估［J］. 中国高等教育评估，1997，（3）.

［9］　Ewell P T. Quality assurance processes in US higher education：a brief review of current conditions ［C］. The Proceedings of International Conference on Quality Assurance and Evaluation in Higher Education，Beijing，1996.

［10］高延伟. 中国土建类专业评估认证与注册师制度回顾与思考［J］. 高等建筑教育，2009，18（2）：4.

［11］李国强，熊海贝. 土木工程专业教育评估国际互认的探索与实践［J］. 高等建筑教育，2013，（1）：8.

第5章 教学改革与成果

5.1 教学改革与专业发展

5.1.1 奠定基础期（1949～1965年）

中华人民共和国成立后，我国高等教育的教学模式、教学方法和教学改革主要借鉴苏联模式。这一时期，广义的教学改革与成果的内容体现在高等教育的"改造吸收"和"学习借鉴"中。即在吸收旧教育某些有用的经验与学习苏联经验并且本土化的过程中，逐步完成了对旧高等教育机构的收编与改造，为中华人民共和国成立后的高等教育发展奠定基础。

从1949年12月23～31日第一次全国教育工作会议在北京召开（会议特别提出要借助苏联教育建设的先进经验），到20世纪60年代，学习苏联教育经验，是我国教育发展史上一个重要阶段。苏联的教育模式，按照"专才"教育目标，一方面削减综合性大学，发展专门学院；另一方面，在高校内部，按照产业部门、行业甚至产品类别设立口径狭窄的学院、系科和专业。其特点是专业设置上表现为专业划分过细过多，"专才"教育造成学生知识结构单一；重视系统知识的传授，强调教师的主导作用，教学方法上则以教师单向传授知识为主。学习苏联教育经验在我国的主要表现为：翻译苏联教育的理论著作和教材，邀请苏联专家担任学校的顾问和作为教师到校讲课，按照苏联的教育模式建立新型学校，派遣留学生到苏联学习等。苏联教师的讲义不仅是学生的教科书，也是后来老师编写教材的依据。为了把苏联专家讲的课学到手，专家配备年轻的骨干教师作为助手，教研室的老师则跟班听课。苏联专家的任务是帮助培养教师，先由苏联专家给教师讲课，再由教师向学生授课；培养研究生、给研究生讲课；指导教师编写讲义和教材，1950～1957年，基本上使用苏联专家直接编写的和在苏联专家指导下编写的讲义。

中华人民共和国成立初期，高校的教学模式和教学方法同样学习和采用苏联的做法。①其中"三层楼"（课程设置分基础课、专业基础课、专业课三个层次，俗称为"三层楼"）的课程结构、毕业论文、毕业设计也是从苏联引进的教学方式，当前依然是我国工科高校培养方案的基本架构。②高等学校建立教研室也是学习苏联的做法。教研室（有些学校是教学小组）是高等学校的教学基层单位，教研室以专业为单位，所有教师都按照自己的专业被分配到相应的教研室，大家共同备课，讨论本专业的专业教学和学术问题，编写教材。这种组织，有利于发挥教师的集体作用，提高教学质量，特别是能发挥老教师指导帮助青年教师的作用。但也有一些消极的作用，即助长有些教师的依赖心理，同时有时会抑制教师的创造性。这种教学组织形式，至今还在我国一些高校中采用。③课堂教学除教师讲课外，当时还引进了习明纳尔（Seminar）的制度，又译课堂讨论。其实习明纳尔并非苏联高等学校独有的教学形式，早就在西方大学中应用，即小组讨论的方式，至今在西方大学中仍很流行，但中华人民共和国成立初期作为苏联的教学经验被引进我国高等学校。习明纳尔是一种师生互动，同学交流，共同讨论，互相启发的教学形式，欧美大学教学非常重视这种形式。可惜我国在引进这种教学方式时，未能理解它的实质和优点，未能坚持下来，不久习明纳尔的教学方式就在我国高等学校中消失了。

20世纪50年代后期，土木工程本科教育进入了较平稳阶段；而1958年以后直至"文化大革命"结束，土木工程专业教育和全国其他行业一样，进入了一个停滞发展、甚至倒退的特殊时期。

5.1.2　挫折困顿期（1966~1976年）

1966年6月，"文化大革命"开始。从1966年起，全国高校停止按计划招生达6年之久。1970年部分高校恢复招生、1972年高校普遍恢复招生，开始招收工农兵大学生。1967年后期复课"闹革命"，成立各种革命组织，实行一元化领导；招收的工农兵学员，按军事编制成立连队，建立由工人、师生代表和设计人员组成的三结合队伍，负责班级或年级在校期间全部课程的教学任务。

为适应当时的形势要求和教学安排，各高校编写了不连续的教学计划和临时性课程专题讲义。这一时期，教学改革及其成果、教育质量无从谈起。教育教学秩序混乱，教育管理规章被废除，"学术权威"被打倒，优秀师资被下放，领导机构受到冲击，高等教育事业和专业发展遭受重创。

5.1.3　恢复振兴期（1977~1998年）

1978年，国家实施改革开放并恢复高考，土木工程专业的本科教育开始走上正轨。"工业与民用建筑工程"（专业代码：工科1104）系国家教委于1993年前设置的本科专业。1993年，国家教委下发《关于印发〈普通高等学校本科专业目录〉等文件的通知》（教高〔1993〕13号），将原专业目录中的"工业与民用建筑工程"和"土建结构工程"等专业，调整归并为"建筑工程"（专业代码：080803）。当时，除建筑工程专业外，有些学校陆续又设置了城镇建设、道路桥梁和地下建筑工程等专业。

毕业生就业后也从单一的技术岗位逐渐扩展到工程建设、政府部门甚至金融机构的管理岗位。高校招生、就业制度改革和收费制度改革对土木工程专业人才培养目标和定位提出了新的要求。20世纪80年代中后期，土木工程专业在学分制改革方面取得了一些成效，使得专业口径开始变宽；同时课程体系接受美国的影响、采用先进的教学方法授课、强调重视实践性教学环节等。进入20世纪90年代，建设部和全国高校土木工程专业评估委员会积极与英国土木工程师学会交流，促成了双方高等教育评估结果的互认。

这一时期，高校土木工程教学改革围绕上述问题通过逐步进行、后期广泛开展的讨论，也形成了一批建设性、促进学校教育教学和土木工程专业发展、较规范性的成果。涉及学校、院系、教研室和教师不同层面，包括从教育教学体制机制、专业定位与培养目标、培养方案与课程体系、就业制度、学分制，到教材建设、教学法等学校教育教学的众多内容；特别是1989年全国高等学校教学工作奖励大会召开并形成以后每四年奖励一次的制度之后，高校内教学研究和教学改革形成了积极、活跃的形势。

5.1.4 快速发展期（1999年至今）

1998年，教育部下发《关于印发〈普通高等学校本科专业目录（1998年颁布）〉、〈普通高等学校本科专业设置规定（1998年颁布）〉等文件的通知》（教高〔1998〕8号），进行新一轮专业目录调整，将矿井建设、建筑工程、城镇建设（部分）、土木工程、交通土建工程、工业设备安装工程、饭店工程、涉外建筑工程八个专业调整归并为土木工程专业（代码：080703），至此，"大土木"专业教育和学生培养开始全面实施。专业指导委员会于1999年换届为第三届时更名为"高等学校土木工程专业指导委员会"，为适应专业拓宽后专业教学的需要，专业指导委员会通过对国内外相类同专业的调查，教学思想、教学改革的研究，于2002年10月编制了《高等学校土木工程专业本科教育培养目标和培养方案及课程教学大纲》。该"目标、方案及大纲"对于拓宽后的"大土木"专业内涵进行了详细的诠释，对于建设"厚基础、宽口径"的土木工程专业，尤其对于2000年后高校扩招和大量新办土木工程专业的高校，起到了重要的指导作用。2004年12月，教育部召开第二次全国普通高等学校本科教学工作会议。2005年之后，教育部接连出台了关于"高等学校本科教学质量与教学改革工程"的相关文件。为了规范土木工程专业办学，在提高规模效益的同时不断提高教育教学质量，2007年启动了《高等学校土木工程本科指导性专业规范》（简称《规范》）的研制工作。作为推动教学内容和课程体系改革的切入点，专业指导委员会先后组织委员对"土木工程专业办学状况及社会对专业人才需求"进行了详尽的调研，并对"高等教育土木工程专业不同类型专业人才培养目标"和"应用型土木工程专业标准"进行了专项研究。以上述研究工作为基础，编制研究小组总结我国土木工程专业高等教育教学改革研究和实践的成果，汲取土木工程专业高等教育教学改革和实践中存在的主要问题及对策，形成《规范》初稿。此后，通过在专业指导委员会工作会议上多次讨论、在20世纪末开始连续举办的土木工程学院院长（系主任）工作会议上广泛交流，于2011年颁布了《高等学校土木工程本科指导性专业规范》。该《规范》是土木工程专业发展中一个具有标志性和指导性的文件，体现了我国土木工程专业教学改革的丰硕成果。

这一阶段是高等教育教学改革积极发展的阶段，加入《华盛顿协议》后专业评估与工程认证制度的完善、卓越工程师教育培养计划的实施、加快建设发展新工科（实施卓越工程师教育培养计划2.0）、大学生创新创业教育计划等一系列高等教育重大决策，极大地促进了教学改革和教育教学成果的形成，高等教育教学改革呈现了前所未有的发展势头。

5.2 卓越工程师教育培养计划

5.2.1 卓越工程师教育培养计划实施的缘起与政策

"卓越工程师教育培养计划"是在全面落实走中国特色新型工业化道路、建设创新型国家、建设人力资源强国等战略部署条件下，贯彻落实《国家中长期教育改革和发展规划纲要（2010–2020年）》而提出的高等教育重大改革计划；是全面落实加快转变经济发展方式，推动产业结构优化升级和优化教育结构，提高高等教育质量的战略举措。

2010年6月23日，教育部在天津大学召开"卓越工程师教育培养计划"启动会，开始实施"卓越工程师教育培养计划"。2011年1月8日，《教育部关于实施卓越工程师教育培养计划的若干意见》（教高〔2011〕1号）文件颁布。该文件分别从卓越工程师教育培养计划的指导思想、主要目标、基本原则和实施领域，加强卓越工程师教育培养计划的组织管理，高校卓越工程师教育培养计划的组织实施，企业卓越工程师教育培养计划的组织实施，卓越工程师教育培养计划教育部的支持政策5个方面提出了29条实施意见。

"卓越工程师教育培养计划"实施的指导思想是贯彻落实《国家中长期教育改革和发展规划纲要（2010–2020年）》的精神，树立全面发展和多样化的人才观念，树立主动服务国家战略要求、主动服务行业企业需求的观念。改革和创新工程教育人才培养模式，创立高校与行业企业联合培养人才的新机制，着力提高学生服务国家和人民的社会责任感、勇于探索的创新精神和善于解决问题的实践能力。

实施"卓越工程师教育培养计划"的主要目标是面向工业界、面向世界、面向未来，培养造就一大批创新能力强、适应经济社会发展需要的高质量各类型工程技术人才，为建设创新型国家、实现工业化和现代化奠定坚实的人力资源基础，增强我国的核心竞争力和综合国力。以实施卓越计划为突破口，促进工程教育改革和创新，全面提高我国工程教育人才培养质量，努力建设具有世界先进水平、中国特色的社会主义现代高等工程教育体系，促进我国从工程教育大国走向工程教育强国。

实施"卓越工程师教育培养计划"的基本原则是遵循"行业指导、校企合作、分类实施、形式多样"的原则。联合有关部门和单位制定相关的配套支持政策，提出行业领域人才培养需求，指导高校和企业在本行业领域实施卓越计划。支持不同类型的高校参与卓越计划，高校在工程型人才培养类型上各有侧重。参与卓越计划的高校和企业通过校企合作途径联合培养人才，要充分考虑行业的多样性和对工程型人才需求的多样性，采取多种方式培养工程师后备人才。

"卓越工程师教育培养计划"实施的专业包括传统产业和战略性新兴产业的相关专业。重视国家产业结构调整和发展战略性新兴产业的人才需求，适度超前培养人才。卓越计划实施的层次包括工科的本科生、硕士研究生、博士研究生三个层次，培养现场工程师、设计开发工程师和研究型工程师等多种类型的工程师后备人才。

"卓越工程师教育培养计划"实施的期限为2010～2020年，参与卓越计划的全日制工科本科生要达到10%的比例，全日制工科研究生要达到50%的比例。

通过"卓越工程师教育培养计划"的实施，高校可提高工程技术人才的核心竞争力。该计划对高等教育以社会需求为导向培养人才、调整人才培养的层次结构、提高人才培养质量、推动高等教育的教育教学改革、增强高校毕业生的就业能力具有十分重要的示范和引导意义。

5.2.2　卓越工程师教育培养计划实施的组织管理

教育部联合30多个国务院有关部委和行业协（学）会，成立卓越工程师教育培养计划委员会，主要负责卓越计划重要政策措施的协调、制定和决策，重要问题的协商解决，领导卓越计划的组织实施工作。委员会办公室设在教育部高等教育司，承担委员会的日常工作，负责卓越计划工作方案的拟定，协调行业企业和相关专家组织参与卓越计划，具体组织卓越计划实施工作。

教育部联合中国工程院成立卓越工程师教育培养计划专家委员会，总体指导卓越计划的规划和实施工作，负责卓越计划方案的论证。教育部成立卓越工程师教育培养计划专家工作组，负责卓越计划实施工作的研究、规划、指导、评价，负责参与高校工作方案和专业培养方案的论证。教育部联合行业部门成立行业卓越工程师教育培养计划工作组、专家组，负责行业内卓越计划实施工作的研究、规划、指导、评价，制定本行业内具体专业的行业专业标准，负责参与高校专业培养方案的论证。

制订卓越计划培养标准。为满足工业界对工程人员执业资格要求，遵循工程型人才培养规律，制订卓越计划人才培养标准。培养标准分为通用标准和行业专业标准。其中，通用标准规定各类工程型人才培养都应达到的基本要求；行业专业标准依据通用标准的要求制订，规定行业领域内具体专业的工程型人才培养应达到的基本要求。培养标准要有利于促进学生的全面发展，促进创新精神和实践能力的培养，促进工程型人才人文素质的养成。

建立工程实践教育中心。鼓励参与卓越计划的企业建立工程实践教育中心，承担学生到企业学习阶段的培养任务。教育部联合有关部门和单位对参与企业建立的工程实践教育中心，择优认定为国家级工程实践教育中心，鼓励省级人民政府择优认定一批省级工程实践教育中心，给予企业一定的支持。

开展卓越计划质量评价。卓越计划高校的培养标准和培养方案要主动向社会公开，面向社会提供信息服务并接受社会监督。教育部联合行业部门或行业协（学）会，对卓越计划高校的培养方案和实施过程进行指导和检查。建立卓越计划质量评价体系，参照国际通行做法，按照国际标准对参与专业进行质量评价。评价不合格的专业要退出卓越计划。

　　为顺利实施"卓越工程师教育培养计划"，基于行业归口，住房和城乡建设部与教育部联合实施建设领域的"卓越工程师教育培养计划"，对实施工作进行研究、规划、指导、评价。2010年10月教育部办公厅、住房和城乡建设部办公厅联合发文（教高厅函〔2010〕52号），成立了住房和城乡建设部、教育部建设领域"卓越工程师教育培养计划"工作组（表5-1），负责领导建设领域的卓越计划的实施工作，协调相关政策措施，工作组由两部相关司局的司级、处级领导组成；成立了建设领域土建类土木工程专业"卓越工程师教育培养计划"专家组（表5-2），根据试点专业，主要依托土木工程专业教学指导委员会、专业评估委员会的专家及企业专家组成专家工作组，负责研究本专业领域"卓越计划"具体实施工作，提出建设领域土木工程专业卓越工程师教育专业标准和实施方案，论证高校专业培养方案等。

住房和城乡建设部、教育部建设领域"卓越工程师教育培养计划"工作组名单　　表5-1

职务	姓名	单位
组长	赵　琦	住房和城乡建设部人事司
副组长	刘　桔	教育部高等教育司
成员	陈　波	住房和城乡建设部建筑市场监管司
	何志方	住房和城乡建设部人事司
	李茂国	教育部高等教育司
	任增林	教育部学位管理与研究生教育司

建设领域土建类土木工程专业"卓越工程师教育培养计划"专家组名单　　表5-2

职务	姓名	工作单位
组长	李国强	同济大学
副组长	何若全	苏州科技学院
	赵基达	中国建筑科学研究院
成员	邱洪兴	东南大学
	白国良	西安建筑科技大学
	张永兴	重庆大学
	邹超英	哈尔滨工业大学

续表

职务	姓名	工作单位
成员	叶列平	清华大学
	王　湛	华南理工大学
	徐礼华	武汉大学
	孙伟民	南京工业大学
	余志武	中南大学
	徐　岳	长安大学
	贾定祎	中铁三局建筑安装工程公司
	王玉岭	中国建筑第八工程局
	肖绪文	中国建筑工程总公司
	曾凡生	中国建筑西北设计研究院
	霍文营	中国建筑设计研究院
	包琦玮	北京市市政工程设计研究总院

5.2.3　实施卓越工程师教育培养计划的本科标准体系

"卓越计划"标准体系包括通用标准、行业标准和学校标准3个不同层次的标准。通用标准是实施"卓越计划"的国家性标准，具有很强的宏观性，是制定行业标准和学校标准的指导性标准；行业标准则需要在通用标准的基础上进一步具体化，要体现行业特点与需求，从标准的要求看行业标准要高于通用标准；学校标准则是在通用标准的框架下，以行业标准为基础，依据学校办学特色与人才培养目标定位制定的能够满足社会需要、体现办学特色、符合行业人才培养要求的培养标准，故学校标准是3个标准中要求最高的。

5.2.3.1　卓越工程师教育培养计划通用标准（本科）

2010年6月"卓越工程师教育培养计划"启动会后，教育部和中国工程院组织各相关专业指导委员会、各相关行业协会、部分高校及其有关专家，在广泛调研、讨论研究的基础上，形成包括本科、硕士和博士三个层次的《卓越工程师教育培养计划通用标准》，经卓越计划专家委员会审定，2013年11月28日，教育部、中国工程院向各省、自治区、直辖市教育厅（教委）和有关部门（单位）教育司（局）及教育部直属各高等学校下发了《关于印发〈卓越工程师教育培养计划通用标准〉的通知》（教高函〔2013〕15号）。通知中要求卓越计划参与的高校参照本通用标准，结合各校特色和人才培养定位，优化试点专业人才培养方案，推进人才培养模式改革，不断提升工程技术人才培养水平。《卓越工程师教育培养计划通用标准》中还明确规定，通用标准卓越计划各类工程型人才培养应达到的基本要求，是制订各相关行业标准和各学校标准的宏观指导性标准。本科层次的通用标准如附件5-1所示。

附件5-1　卓越工程师教育培养计划通用标准（本科）

1. 具有良好的工程职业道德、追求卓越的态度、爱国敬业和艰苦奋斗精神、较强的社会责任感和较好的人文素养；

2. 具有从事工程工作所需的相关数学、自然科学知识以及一定的经济管理等人文社会科学知识；

3. 具有良好的质量、安全、效益、环境、职业健康和服务意识；

4. 掌握扎实的工程基础知识和本专业的基本理论知识，了解生产工艺、设备与制造系统，了解本专业的发展现状和趋势；

5. 具有分析、提出方案并解决工程实际问题的能力，能够参与生产及运作系统的设计，并具有运行和维护能力；

6. 具有较强的创新意识和进行产品开发和设计、技术改造与创新的初步能力；

7. 具有信息获取和职业发展学习能力；

8. 了解本专业领域技术标准，相关行业的政策、法律和法规；

9. 具有较好的组织管理能力、较强的交流沟通、环境适应和团队合作的能力；

10. 应对危机与突发事件的初步能力；

11. 具有一定的国际视野和跨文化环境下的交流、竞争与合作的初步能力。

5.2.3.2　卓越工程师教育培养计划行业标准（本科）

2012年2月，根据教育部、住房和城乡建设部联合实施"卓越工程师教育培养计划"工作方案，建设领域土建类土木工程专业"卓越工程师教育培养计划"专家组联合土木工程专业指导委员会、企业界相关专家制定出《土木工程卓越工程师教育培养计划专业标准（本科）（试行）》，即行业标准。该试行标准在出台时间上早于2013年11月教育部、中国工程院颁发的《卓越工程师教育培养计划通用标准》（教高函〔2013〕15号），但在制定依据、原则上按照通用标准的精神和要求，在内容方面参考、吸纳了处于制订中的通用标准的内容和要求。经过2011年21所、2012年13所获批的土木工程专业卓越工程师教育培养计划试点高校的实践，结合2013年11月颁发的《卓越工程师教育培养计划通用标准》内容，经过完善，最后形成了《土木工程卓越工程师教育培养计划专业标准》。《土木工程卓越工程师教育培养计划专业标准》，规定了行业领域内土木工程专业工程型人才培养应达到的基本要求，包含土木工程行业内若干专业方向的专业标准，既是对通用标准的具体化，又体现专业特点和行业要求。它规定了培养目标、课程体系、师资队伍和专业条件等方面的标准，其中特别提出了实践教学体系及企业学习的要求。具体如附件5-2所示。

附件5-2　土木工程卓越工程师教育培养计划专业标准

参加"土木工程专业卓越工程师培养计划"的本科生应在知识、能力、素质三方面达到以下基本要求。

1. 在自然科学、人文科学、工具、专业和相关领域等方面获得下列知识：

经过本科阶段的培养，学生对土木工程学科的基本理论和基本知识，应达到以下水平，包括自然科学知识、人文社会科学知识、工具知识、专业知识及相关领域的知识。

1.1　自然科学知识

（1）掌握作为工程基础的高等数学和工程数学知识；

（2）熟悉大学物理、化学、信息科学和环境科学的基本知识；

（3）了解自然环境的可持续发展知识；了解当代科学技术发展的基本情况。

1.2　人文社会科学知识

（1）熟悉哲学、历史、社会学、经济学等社会科学基本知识；

（2）熟悉政治学、法学、管理学等方面的公共政策和管理基本知识；

（3）了解心理学、文学、艺术等方面的基本知识。

1.3　工具知识

（1）熟练掌握一门外语；

（2）掌握计算机基本原理和高级编程语言的相关知识。

1.4　专业知识

（1）掌握理论力学、材料力学、结构力学、土力学、流体力学等力学原理；

（2）掌握工程地质、土木工程测量、制图、试验的基本原理，掌握土木工程材料的基本性能，了解新型材料的应用和发展前景；

（3）熟悉工程经济与项目管理、建设工程法规和工程概预算等方面的基本理论；

（4）掌握工程荷载和结构可靠度的基本原理，掌握工程结构和基础工程的基本原理；

（5）掌握土木工程施工的基本原理，了解土木工程的现代施工技术；

（6）熟悉工程软件的基本原理；

（7）熟悉土木工程防灾减灾的基本要求。

1.5　相关领域科学知识

（1）了解建筑、规划、环境、交通、机械、设备、电气等相关专业的基本知识；

（2）了解工程安全、节能减排的基本知识。

2. 具有应用工程科学和工程技术基础的能力

经过本科阶段的培养，学生应具有应用工程科学的能力，包括数学、物理、化学等；应具有应用土木工程技术基础的能力，包括力学方法、专业技术相关基础、工程项目经济与管理、计算机应用技术等。

2.1 工程科学的应用能力

（1）能运用数学手段解决土木工程的技术问题，包括问题的识别、建立方程和求解等；

（2）能应用物理学和化学的基本原理分析工程问题，具有物理、化学实验的基本技能。

2.2 土木工程技术基础的应用能力

（1）对土木工程的力学问题有明确的基本概念，具有较熟练的计算、分析和实验能力；

（2）能针对具体工程合理选用土木工程材料；

（3）能应用测量学基本原理、较熟练使用测量仪器进行一般工程的测绘和施工放样；能应用投影的基本理论和作图方法绘制工程图；

（4）能根据工程问题的需要编制简单的计算机程序，具有常用工程软件的初步应用能力；

（5）具备对工程项目进行技术经济分析的基本技能，并提出合理的质量控制方法。

3. 具备解决土木工程实际问题的能力

通过本科阶段的培养，学生应具备较强的解决土木工程实际问题的能力，包括实验、分析能力，工程设计与建造能力等。

3.1 实验和计算分析能力

（1）具有制定土木工程技术基础实验方案、独立完成实验的能力；能对实验数据进行整理、统计和分析；

（2）能够对实际工程做出合理的计算假定，确定结构计算简图，并对计算结果做出正确判断。

3.2 工程选址、道路选线、建筑设计能力

（1）熟悉工程建设中经常遇到的工程地质问题，具备合理选择工程地址的初步能力；

（2）能根据交通规划要求和地形条件，进行常规道路的工程选线设计；

（3）能初步判断规划的合理性；能进行简单的建筑设计。

3.3 土木工程设计能力

（1）能根据项目工程要求，选择合理的结构体系、结构形式和计算方法，正确设计土木工程基本构件；

（2）能根据工程特点和建设场地的地质情况进行一般土木工程基础选型和设计；

（3）能够根据规划、使用功能、地质条件等对房屋、路桥、铁路、地下工程中的一种土木工程结构进行选型、分析和设计，并能正确表达设计成果；

（4）能进行简单工程结构的抗震设计。

3.4 土木工程建造能力

（1）能合理制定一般工程项目的施工方案，具有编制施工组织设计、组织单位工程项目实施的初步能力；能够分析影响施工进度的因素，并提出动态调整的初步方案；

（2）具有评价工程质量的能力，对建造过程中出现的质量缺陷能提出初步解决方案；

（3）能编制工程概预算，具有项目成本控制的初步能力；

（4）能够正确分析建造过程中的各种安全隐患，提出有效防范措施。

3.5 项目运行维护能力

能够根据已建项目在运行时出现的问题，提出有效的工程维护与整改方案。

4. 具有信息收集、沟通和表达能力，有应对危机与突发事件的能力

通过本科阶段的培养，学生应具备较强的外语应用能力、信息收集能力、沟通表达能力、人际交往能力和应对危机与突发事件的能力等。

（1）能够了解本领域最新技术发展趋势，具备文献检索、选择国内外相关技术信息的能力；

（2）具有较强的专业外语阅读能力、一定的书面和口头表达能力；

（3）能够正确使用图、表等技术语言，在跨文化环境下进行表达与沟通；

（4）能正确理解土木工程与相关专业之间的关系，具有与相关专业人员良好的沟通与合作能力；

（5）具备较强的人际交往能力，善于倾听、了解业主和客户的需求；

（6）有预防和处理与土木工程相关的突发事件的初步能力。

5. 具有人文、科学与工程的综合素质

经过本科阶段的学习，学生应具有良好的人文素质、科学素质和工程素质。

5.1 人文素质

（1）有科学的世界观和正确的人生观，愿为国家富强、民族振兴服务；

（2）为人诚实、正直，具有高尚的道德品质；

（3）能体现人文和艺术方面的良好素养。

5.2 科学素质

（1）具有严谨求实的科学态度和开拓进取精神；

（2）具有科学思维和辩证思维能力；

（3）具有创新意识和一定的创新能力。

5.3 工程素质

（1）具备良好的职业道德和敬业精神，坚持原则，勇于承担技术责任；

（2）具有不断学习、获取新知识和寻找解决问题的方法的愿望，具有推广新技术的进取精神；

（3）具有良好的心理素质，能乐观面对挑战和挫折；

（4）具有良好的市场、质量和安全意识；注重土木工程对社会和环境的影响，并能在工程实践中自觉维护生态文明和社会和谐，具有追求卓越的精神。

【附录】实践教学体系及企业学习的要求

1. 实践体系

实践体系包括《高等学校土木工程本科指导性专业规范》规定的基本实践和本专业标准推荐的拓展实践两部分，均由实践领域、实践环节、技能与知识点三个层次组成。其中的基本实践包括：实验、实习和设计三个环节。

1.1 实验

包括基础实验、专业基础实验和专业实验三种。进入卓越计划的本科生在不同阶段的实验中学习知识并获得基本技能训练。

1.2 实习

包括社会实习、生产实习和毕业实习等。学生通过不同阶段的实习，熟悉土木工程设计、建造的基本方法，提高其综合运用知识的能力；了解工程实际需要，培养职业精神、分析能力、沟通交流能力、团结协作能力、管理能力、表达能力等工程综合能力，培养和提高工程素质。

1.3 设计

设计领域包括课程设计和毕业设计两大部分。学生通过课程设计和毕业设计应掌握：

（1）土木工程各阶段的设计方法与具体要求；

（2）不同规范的理解与应用；

（3）不同知识的综合运用；

（4）土木工程项目的计算与分析；

（5）施工图的设计和计算书的撰写；

（6）项目或单体的优化或经济分析等。

1.4 拓展实践环节

进入卓越计划学生的实践环节除按照《高等学校土木工程本科指导性专业规范》的要求外，还应安排部分拓展实践环节。

本标准推荐的拓展实践环节有：

（1）专业基础实验：计算机编程和应用能力的训练、实验技术改进与开发的创新训练。

（2）专业实验：结构力学实验、跨课群方向实验、大学生创新训练项目实验、与企业联合的科研项目实验、其他研究性试验。

（3）基础实习：金工实习、社会实习。

（4）专业基础实习：企业调研、企业文化调研与总结。

（5）专业实习：课程实习、专业拓展实习。

（6）课程设计：深度课程设计、跨专业方向课程设计、综合课程设计、其他专项设计。

（7）毕业设计：跨专业联合毕业设计。

1.5　实践技能与知识点

实践技能与知识点由各校根据培养方案提出具体要求。

2.　企业学习

2.1　企业学习的目的

（1）学习企业的先进技术和先进企业文化；

（2）深入开展土木工程的实践活动；

（3）参与企业技术创新和工程开发；

（4）培养学生的职业精神和职业道德。

2.2　企业学习的时间要求

（1）本科阶段企业学习的总时间要求是一年，一般应分散安排在四年的整个培养过程中。

（2）企业学习与实践环节的关系是，土木工程专业实践体系总时间为40周以上，其中大部分时间为企业实践学习。非企业实践学习为军训、公益劳动、基础实验等。

2.3　企业学习的内容和形式

企业学习包括课程学习和实践学习两部分。

2.3.1　企业课程学习应安排适量的专业课程，从企业聘请具有丰富工程实践经验的工程技术人员和管理人员担任兼职教师，承担教学任务。企业课程学习可以在企业进行，也可以把兼职教师请进到学校授课。学习的形式可以是讲座、课程的一部分或者全部。企业学习阶段要特别重视基于问题、基于项目、基于案例的研究型学习方法，加强创新能力训练。

2.3.2　企业实践学习应根据培养方案的总体要求设置实践环节，指导教师以企业有丰富工程实践经验的工程技术人员和管理人员为主，学校教师为辅。企业实践学习应与企业合作并尽量安排在企业完成。企业实践学习的形式可以是：

（1）课程实验和工程实验；

（2）课程实习、项目实习和毕业实习；

（3）企业管理和企业文化的调研和学习；

（4）学校和企业之间的产学合作和技术服务；

（5）企业的技术改造和技术创新；

（6）企业的工程开发；

（7）课程设计和毕业设计；

（8）校企联合培养的其他内容。

应把企业学习阶段和校内学习阶段有机融合，以强化工程实践能力、工程设计能力与工程创新能力为核心，加强跨专业、跨学科的复合型人才培养。

2.4　企业学习管理的重点

土木工程专业的企业学习是卓越计划的核心环节之一。根据"校企合作共同制订培养目标、共同建设课程体系和教学内容、共同实施培养过程、共同评价培养质量"的原则要求，应特别注意：

（1）企业学习在课程体系安排中的科学合理性；

（2）企业兼职教师在企业学习阶段的角色和作用；

（3）企业学习阶段教学组织和管理；

（4）企业学习阶段学生学习效果的考核；

（5）企业学习阶段的质量监控体系的建立与执行。

5.2.3.3　卓越工程师教育培养计划学校标准（本科）

加入"卓越工程师教育培养计划"的高校，在通用标准的指导下，按照行业专业标准的基本要求，结合本校特色和人才培养定位，制定本校的卓越工程师教育培养计划标准。学校标准应高于行业标准和通用标准。学校标准是实施"卓越计划"的纲领性文件，也是制定卓越工程师人才培养方案的基础，更是卓越工程师培养过程中的培养指南和质量评价标准。学校标准应涵盖通用标准和行业标准的全部内容并高于这两个标准，注重体现学校专业的办学定位、服务面向、行业背景、优势与特色。

截至2013年底，实施土木工程专业卓越工程师教育培养计划的试点高校共有41所，各实施高校以通用标准和行业标准为基础，密切结合本专业认证要求和所在行业对本领域专业技术人才的要求，邀请所在行业的企业专家共同参加，制定了各自的卓越工程师教育培养计划学校标准（本科）。各高校的标准基本以培养计划的形式制定，主要包含了培养目标、培养标准（内含知识体系标准、能力体系标准、人格体系标准等）、标准实现、教学条件、培养方案、企业培养方案等。各校根据自己的办学定位、专业优势、行业特色和渊源，重构了专业实践体系和企业培养方案，建立了培养标准的实现方式和标准实现矩阵。

5.2.4　实施卓越工程师教育培养计划的试点高校

（1）土木工程专业第一批"卓越工程师教育培养计划"高校名单

2010年6月13日，教育部发布《关于批准第一批"卓越工程师教育培养计划"高校的通知》（教高函〔2010〕7号），经学校自愿申请，专家组论证，第一批审核后批准61所高校的相关本科专业为第一批实施卓越计划的专业，其中开设有土木工程专业（080703）的高校21所（表5-3）。

土木工程专业第一批"卓越工程师教育培养计划"高校名单　　　　表5-3

清华大学	北京交通大学	天津大学	大连理工大学
哈尔滨工业大学	同济大学	上海交通大学	东南大学
南京工业大学	浙江大学	合肥工业大学	福州大学
南昌大学	郑州大学	华中科技大学	湖南大学
中南大学	华南理工大学	西南交通大学	西安建筑科技大学
武汉理工大学※			

※：武汉理工大学加入时间为2011年。

（2）土木工程专业第二批"卓越工程师教育培养计划"高校名单

2011年9月29日，教育部发布《关于批准第二批"卓越工程师教育培养计划"高校的通知》（教高函〔2011〕17号），经学校自愿申请，专家组论证，第二批审核后批准133所高校的相关本科专业加入卓越计划，其中开设有土木工程专业（080703）的高校13所（表5-4）。

土木工程专业第二批"卓越工程师教育培养计划"高校名单　　　　表5-4

北京建筑工程学院	河北工业大学	石家庄铁道大学	沈阳建筑大学
东北林业大学	苏州科技学院	安徽建筑工业学院	青岛理工大学
山东建筑大学	武汉大学	长沙理工大学	重庆交通大学
兰州交通大学			

（3）土木工程专业第三批"卓越工程师教育培养计划"高校名单

2013年10月10日，教育部办公厅发布《关于公布卓越工程师教育培养计划第三批学科专业名单的通知》（教高厅函〔2013〕38号）。经学校自愿申请，专家组论证，第三批审核后批准150所高校433个本科专业加入卓越计划，其中开设有土木工程专业（080703）的高校7所（表5-5）。

土木工程专业第三批"卓越工程师教育培养计划"高校名单　　　　表5-5

河海大学	盐城工学院	中国矿业大学	三峡大学
重庆大学	西南科技大学	西安科技大学	

5.3 高等教育新工科建设

5.3.1 新工科建设的内涵与建设路线

"新工科"概念的提出始于2016年。2016年9月30日，教育部与中国工程院共同召开"新工科"建设专家研讨会，邀请中国科学院大学、北京大学、清华大学、北京航空航天学校、浙江大学、华中科技大学等高校有关专家参会；2016年11月30日，教育部召开有关行业部门和高校教务处长"新工科"建设专题研讨会，邀请住房和城乡建设部、机械工程学会、清华大学、北京理工大学等单位参会；2016年11月，教育部组织部分高校围绕"新工科的概念、发展现状和趋势"开展研究，20多所高校提供了研究报告。

"新工科"（Emerging Engineering Education：3E）是基于国家战略发展新需求、国际竞争新形势、立德树人新要求而提出的我国工程教育改革方向。"新工科"的内涵是以立德树人为引领，以应对变化、塑造未来为建设理念，以继承与创新、交叉与融合、协调与共享为主要途径，培养未来多元化、创新型卓越工程人才，具有战略型、创新性、系统化、开放式的特征。"新工科"建设分阶段推进，重点把握学与教、实践与创新创业、本土化与国际化三个任务，关键在于实现立法保障、扩大办学自主权、改革教育评价体系三个突破。"新工科"建设行动路线着眼于国家"两个一百年"奋斗目标，提出了"三个阶段、三个任务、三个突破"的行动方案（图5-1）。新工科建设是实施"卓越工程师教育培养计划2.0"行动；也是2016年我国加入《华盛顿协议》后工程教育国际互认背景下，健全高等工程教育专业认证制度的要求。

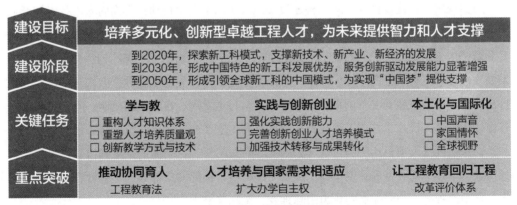

图5-1 新工科建设路线图

5.3.2 新工科建设的"复旦共识"

2017年2月，教育部在复旦大学召开了"高等工程教育发展战略研讨会"，与会的30所高校对新时期工程人才培养进行讨论，共同探讨了新工科的内涵特征、新工科建设与发展的路径选择，并达成了十个重要共识（所谓"复旦共识"）。即：①我国高等工程教育改革发展已经站在新的历史起点；②世界高等工程教育面临新机遇、新挑战；③我国高校要加快建设和发展新工科；④工科优势高校要对工程科技创新和产业创新发挥主体作用；⑤综合性高校要对催生新技术和孕育新产业发挥引领作用；⑥地方高校要对区域经济发展和产业转型升级发挥支撑作用；⑦新工科建设需要政府部门大力支持；⑧新工科建设需要社会力量积极参与；⑨新工科建设需要借鉴国际经验、加强国际合作；⑩新工科建设需要加强研究和实践。

5.3.3 新工科建设的"天大行动"

2017年4月，由教育部高等教育司指导、天津大学主办的"工科优势高校新工科建设研讨会"在天津召开。来自60余所高校和单位的200余名代表围绕"新工科建设：愿景与行动"主题，就工程教育改革的挑战、机遇与路径进行深入研讨，在新工科建设共识的基础上，形成《新工科建设行动路线》（所谓"天大行动"）。

《新工科建设行动路线》提出了新工科建设三个目标：①到2020年，探索形成新工科建设模式，主动适应新技术、新产业、新经济发展；②到2030年，形成中国特色、世界一流工程教育体系，有力支撑国家创新发展；③到2050年，形成领跑全球工程教育的中国模式，建成工程教育强国，成为世界工程创新中心和人才高地，为实现中华民族伟大复兴的中国梦奠定坚实基础。

为实现新工科建设目标，新工科建设要致力于以下七个行动：①面向未来技术和产业发展的新趋势和新要求，探索建立工科发展新范式；②根据产业需求建立专业，构建工科专业新结构（到2020年直接面向新经济的新兴工科专业比例达到50%以上）；③根据技术发展改内容，更新工程人才知识体系；④以学生为中心，创新工程教育方式与手段；⑤发挥高校办学自主权和基层首创精神，探索新工科自主发展、自我激励机制；⑥优化和创新校内外协同育人模式，打造工程教育开放融合新生态（到2020年，争取每年由企业资助的产学合作协同育人项目达到3万项，参与师生超过10万人）；⑦面向未来和以领跑世界为目标追求，增强工程教育国际竞争力（完善中国特色、国际实质等效的工程教育专业认证制度，将中国理念、中国标准转化为国际理念、国际标准）。

5.3.4 新工科建设的"北京指南"

2017年2月《教育部高等教育司关于开展新工科研究与实践的通知》（教高司函〔2017〕

6号）指出，为深化工程教育改革，推进新工科的建设与发展，决定开展新工科研究和实践。文件中提出新工科研究和实践围绕工程教育改革的新理念、新结构、新模式、新质量、新体系五个方面开展。主要内容为：①结合工程教育发展的历史与现实、国内外工程教育改革的经验和教训，分析研究新工科的内涵、特征、规律和发展趋势等，提出工程教育改革创新的理念和思路；②面向新经济发展需要、面向未来、面向世界，开展新兴工科专业的研究与探索，对传统工科专业进行更新升级等；③在总结卓越工程师教育培养计划、CDIO等工程教育人才培养模式改革经验的基础上，开展深化产教融合、校企合作的体制机制和人才培养模式改革研究和实践；④在完善中国特色、国际实质等效的工程教育专业认证制度的基础上，研究制订新兴工科专业教学质量标准，开展多维度的教育教学质量评价等；⑤分析研究高校分类发展、工程人才分类培养的体系结构，提出推进工程教育办出特色和水平的宏观政策、组织体系和运行机制等。

2017年6月9日，教育部在北京召开"新工科研究与实践专家组成立暨第一次工作会议"，全面启动、系统部署新工科建设。30余位来自高校、企业和研究机构的专家深入研讨新工业革命带来的时代新机遇、聚焦国家新需求、谋划工程教育新发展，审议通过《新工科研究与实践项目指南》（所谓"北京指南"）。该指南从七个方面提出了新工科建设的指导意见，即：明确目标要求、更加注重理念引领、更加注重结构优化、更加注重模式创新、更加注重质量保障、更加注重分类发展、形成一批示范成果（建设一批新型高水平理工科大学，建设一批多主体共建共管的产业化学院，建设一批产业急需的新兴工科专业，建设一批体现产业和技术最新发展的新课程，建设一批集教育、培训、研发于一体的实践平台，培养一批工程实践能力强的高水平专业教师，建设一批跨学科的新技术研发平台，建设一批直接面向当地产业的技术创新服务平台，形成一批可推广的新工科建设改革成果）。《新工科研究与实践项目指南》分为新理念、新结构、新模式、新质量、新体系五部分24个选题方向。

自此，"复旦共识""天大行动"和"北京指南"，构成了新工科建设的"三部曲"，开始深入系统地开展新工科研究和实践，从理论上创新、从政策上完善、在实践中推进和落实。

5.3.5　实施新工科研究与实践的项目

2017年6月，《教育部办公厅关于推荐新工科研究与实践项目的通知》（教高厅函〔2017〕33号）下发，《新工科研究与实践项目指南》以附件形式随该文件下发，鼓励高校、企业、专业类教学指导委员会和行业协（学）会以不同形式联合开展新工科研究与实践。新工科研究和实践以课题项目形式进行，高校根据新工科建设和发展需要，自主设立研究课题；经专家论证后，在教育部高教司正式立项。为便于课题组织和交流，分三组开展研究和试点：

①工科优势高校组。由传统的工科特色和行业特色高校共同参与，发挥自身与行业产业紧密联系的优势，面向当前和未来产业发展急需，推动现有工科的交叉复合、工科与其他学科的交叉融合，开展工科优势高校新工科研究和实践。由浙江大学牵头联系。

②综合性高校组。由综合性大学参加，发挥学科综合优势，面向未来新技术和新产业发展，推动学科交叉融合和跨界整合，推动应用理科向工科延伸，开展综合性高校新工科研究和实践。由复旦大学牵头联系。

③地方高校组。由地方高校参加，发挥自身优势，充分利用地方资源，对接地方经济社会发展需要和企业技术创新要求，深化产教融合、校企合作、协同育人，推动传统工科专业改造升级，开展地方高校新工科研究和实践。由上海工程技术大学、汕头大学共同牵头联系。

按照《通知》精神和《指南》要求，各省（自治区、市）教育厅（教委）、部属各高等学校、理工专业类教学指导委员会和相关行业协（学）会积极组织，有关高校进行新工科研讨，根据自己办学定位和优势特色，主动谋划，深入开展多样化探索实践，按照相关选题要求，择优推荐了新工科研究与实践项目。经通讯评议、专家组评议及公示，教育部首批认定612个项目为"新工科"研究与实践项目（表5-6、表5-7），于2018年3月以《教育部办公厅关于公布首批"新工科"研究与实践项目的通知》（教高厅函〔2018〕17号）形式予以公告。通知中还提出了推进项目实施的四项要求，即以"新工科"理念为先导凝聚更多共识，以需求为牵引开展多样化探索，以项目群为平台加强交流合作，以统筹内外资源为途径加大项目支持。

新工科综合改革类项目（202项）   表5-6

项目类别	项目名称	项目数量
（一）工科优势高校新工科综合改革类项目（50项）	1. 学科交叉融合类项目群	11
	2. 工科专业更新改造项目群	12
	3. 创新创业教育改革项目群	7
	4. 高层次人才培养模式探索项目群	9
	5. 协同育人与实践教育改革项目群	11
（二）综合性高校新工科综合改革类项目（17项）	1. 新兴工科探索项目群	8
	2. 个性化培养模式改革项目群	9
（三）地方高校新工科综合改革类项目（113项）	1. 地方高校一组项目群	54
	2. 地方高校二组项目群	59
（四）新工科理论研究及国际化项目		14
（五）新工科建设进展与效果研究类项目		8

新工科专业改革类项目（410个）　　　　　表5-7

序号	项目名称	项目数量
1	人工智能类项目群	16
2	大数据类项目群	20
3	智能制造类项目群	22
4	计算机和软件工程类项目群	40
5	电子信息、仪器类项目群	45
6	机械类项目群	38
7	自动化类项目群	15
8	航空航天、交通运输类项目群	20
9	矿业、地质、测绘类项目群	26
10	材料、化工与制药类项目群	29
11	土木、建筑、水利、海洋类项目群	35
12	能源、电气、核工程类项目群	22
13	食品、农林类项目群	19
14	环境、纺织、轻工类项目群	18
15	生物、医药类项目群	11
16	数学、物理、化学、力学类项目群	8
17	安全、公安、兵器类项目群	6
18	医工结合类项目群	15
19	工科与人文社科交叉项目群	5

　　2020年2月27日，教育部下发《关于推荐第二批新工科研究与实践项目的通知》（教高厅函〔2020〕2号），同时发布了《第二批新工科研究与实践项目指南》。

　　2020年2月27日，《教育部高等教育司关于组织开展首批新工科研究与实践项目结题验收工作的通知》（教高司函〔2020〕2号）发布，首批新工科研究与实践项目结题验收工作开始，验收通过线上评审和会议评审方式进行，结题审核结论分为优秀、通过、不通过。结论为"不通过"的项目，教育部将撤销项目立项。

5.4 高等教育国家级教学成果奖

5.4.1 高等教育国家级教学成果奖的设立与沿革

高等教育国家级教学成果奖是国家在教学研究和实践领域中颁授的最高奖项，每四年评审一次，获奖项目需在高等教育教学理论及实践中取得重大突破。前6次分别在1989年、1993年、1997年、2001年、2005年、2009年评选。2013年扩展为国家级教学成果奖，包含基础教育（含幼儿教育与特殊教育）、职业教育（含高等职业教育）、高等教育（含成人高等教育）。奖励等级分为特等奖、一等奖、二等奖3个等级，授予相应的证书和奖金，一等奖和二等奖由教育部批准，特等奖由国务院批准。高等教育国家级教学成果奖于2018年首次接受来自我国香港的教育项目申报。

设立国家级教学成果奖，是国家实施科教兴国战略的重要举措，体现了国家对高等学校教育教学工作的高度重视，也是对各级各类学校人才培养工作和教育教学改革成果的检阅和展示。国家级教学成果奖，其成果充分展现了重视教学建设、重视教学改革、重视人才培养工作所取得的成绩，代表了我国教育教学工作的最高水平。国家级教学成果奖已被视为与国家级科技成果奖励并列的国家级奖励。

1988年，国家教委发布《关于加强普通高等学校本科教育工作的意见》，意见提出了加强普通高等学校本科教学工作的10条措施，明确1989年召开全国高等学校教学工作奖励大会，以后每四年进行一次。自此，国家教委确立了每四年一次的普通高等学校国家级教学成果奖励制度。1989年，时任党和国家领导人江泽民、李鹏出席了全国普通高等学校优秀教学成果奖励大会并向获奖代表颁奖。

1993年国家教委第二次奖励了普通高等学校国家级优秀教学成果。1994年，国务院发布《教学成果奖励条例》。在高等学校中，形成了由国家法规所确定的，与国家科技成果奖励并行的国家级教学成果奖励制度。1987年开始，国家教委每四年进行一次高等学校国家级教材奖励，原定于1996年进行的第三次高等学校国家级教材奖评审与普通高等学校国家级教学成果奖评审"并轨"，1997年高等学校国家级教学成果奖中有438项教材参加了评审，117项教材获得了国家级教学成果奖。从第四届国家级教学成果奖开始，国家提高了高等教育国家级教学成果奖的奖励额度，对特等奖、一等奖、二等奖分别给予8万元、5万元和2万元的奖励，各学校在国家奖励的基础上也适当地给予获奖项目（成果）一定程度的配套奖励。

5.4.2 历届土木工程专业相关高等教育国家级教学成果奖获奖名单

获奖名单如表5-8所示。

土木工程专业相关高等教育国家级教学成果奖获奖名单（1989~2018年）　表5-8

获奖年份	获奖项目名称	获奖等级	获奖单位	获奖者（主要成员）
1989	材料力学实验教学改革	特等奖	南京航空学院	材料力学教研室、陶宝祺、汪炼、陈棣忠
	材料力学优质课程建设	优秀奖	北京航空航天大学	材料力学教研室、单辉祖、潘孝禄、方汝璎
	材料力学课程改革与创新	优秀奖	清华大学	材料力学教研室、蒋智翔、范钦珊、张小凡
	力学与结构课教学与教材体系的改革	优秀奖	天津大学	慎铁刚
	通过科研生产，提高教学质量	优秀奖	太原工业大学	地基教研室、范维坦、史美筠、周绍彬
	对港口及航道工程专业的专业课程改革	优秀奖	大连理工大学	洪承礼
	流体力学课程建设的研究与实践	优秀奖	哈尔滨建筑工程学院	刘鹤年
	钢结构系列课程建设	优秀奖	同济大学	沈祖炎、王肇民、沈德洪
	新建院校教学管理与改革	优秀奖	上海城市建设学院	金成棣
	理论力学教学改革	优秀奖	镇江船舶学院	王充德
	加强实践性教学环节，建立校实习基地	优秀奖	福建建筑工程专科学校	卢循、魏祖铭、蔡雪峰
	建设教学基地，提高教学质量	优秀奖	武汉水利电力学院	教学基地领导小组、刘肇祎、陆述远、李良民
	工科结构力学教学研究与教材建设	优秀奖	湖南大学	结构力学教研室、杨莆康、李家宝、罗汉泉
	发扬老唐山交大重视力学教学传统，培养有竞争能力的工程技术人才	优秀奖	西南交通大学	工程力学系、奚绍中、江晓嵛
	材料力学教学改革和课程建设	优秀奖	西安交通大学	材料力学教研室、张镇生、闵行、蔡怀崇
	材料力学教学与教材建设	优秀奖	兰州铁道学院	罗亚

续表

获奖年份	获奖项目名称	获奖等级	获奖单位	获奖者（主要成员）
1993	固体力学重点学科建设与高水平博士生规模培养	特等奖	清华大学	黄克智、张维、杜庆华、戴福隆、郑兆昌
	企业合作招收培养工程硕士的研究与探讨	一等奖	东北大学	王长民、左斌、刘泰强、朱启超、陈智
	水力学课程建设与改革	一等奖	河海大学	薛朝阳、刘润生、陈玉璞
	《水力学》与《工程流体力学》教学实验综合改革	一等奖	浙江大学	毛根海、吴寿荣、甘栽芷
	以师资队伍建设为核心创建一流的《岩石学》课程	一等奖	中国地质大学	游振东、叶德隆、王方正、钟增球、朱勤文
	《岩体力学》课程（学科）建设	二等奖	长春地质学院	肖树芳、刘超臣、齐伟、佴磊、王生
	《建筑力学》课程建设与教学内容体系的改革	二等奖	长春建筑高等专科学校	卢存恕、薛光瑾、吴富英、周周、范国庆
	深化教学改革坚持搞好课程建设全面提高教学质量	二等奖	哈尔滨建筑工程学院	张云学、张树仁、赵洪宾、屠大燕、邓林翰
	工科《结构力学》试题库建设	二等奖	哈尔滨建筑工程学院、清华大学、河海大学、湖南大学、长沙铁道学院、西南交通大学、西安冶金建筑学院	王焕定、龙驭球、赵光恒
	《沉积岩石学》教学研究与课程建设	二等奖	南京大学	方邺森、黄志诚、朱嗣昭、孔庆友
	《工程流体力学》教学的新模式	二等奖	东南大学	王文琪、蔡体菁、于荣宪
	公路与城市道路的专业建设	二等奖	东南大学	邓学钧、陈荣生、叶见曙
	《结构力学》课程整体改革	二等奖	河海大学	胡维俊、杨仲侯、吴世伟、吕泰仁、孙文俊
	建立激励机制加强能力培养——混凝土结构学课程改革重点	二等奖	东南大学	蒋永生、邱洪兴、曹双寅、蓝宗建、徐文平
	《理论力学》课程建设	二等奖	武汉水利水电大学	李廷孝、汪厚礼、毛益麟、孙习方、边翠英
	适应现代化建设需要开创《高层建筑防火》新课程	二等奖	重庆建筑工程学院	章孝思
	开创《理论力学》形象演示教学系统	二等奖	重庆大学	敖尔真

续表

获奖年份	获奖项目名称	获奖等级	获奖单位	获奖者（主要成员）
1997	流体力学提高教学水平的改革	一等奖	天津大学	舒玮、王振东、周兴华、周建和、罗纪生
	《材料力学》（教材）	一等奖	浙江大学	刘鸿文、林建兴、曹曼玲
	流体力学（教材）	二等奖	北京大学、复旦大学	周光坰、严宗毅、许世雄、章克本
	粘性流体动力学基础（教材）	二等奖	北京航空航天大学	陈矛章
	跨世纪的高层次力学人才培养的探索与实践	二等奖	大连理工大学	钟万勰等
	专科房屋建筑工程专业人才培养模式改革	二等奖	长春建筑高等专科学校	陈希天、章也平、侯治国、王爱民、张利
	结构设计原理课程计算机辅助教学课件研究与实践	二等奖	哈尔滨建筑大学	王永平、王宗林、陈少峰、陈彦江、黄桥
	结构力学课程建设的研究与实践	二等奖	哈尔滨建筑大学	王焕定、景瑞、朱本全、张永山、王伟
	钢结构（教材）	二等奖	同济大学	欧阳可庆、沈祖炎、王肇民、潘士劢、宗昕聪
	建筑工程专业课程中的计算机辅助教学	二等奖	同济大学	顾祥林、朱慈勉、谢步瀛、顾蕙若、王生印
	国际合作、产学合作教育培养工程型硕士的探索与实践	二等奖	同济大学	黄锡朋、张洪欣、尤建新、高卫民
	岩石力学（教材）	二等奖	河海大学	徐志英、卢盛松、吕庆安
	建筑构造技术系列课程的教学改革与实践	二等奖	重庆建筑大学	李必瑜、周铁军、刘建荣、黄冠文、魏宏扬
	理论力学课程的教学改革与实践	二等奖	西安交通大学	周纪卿、任宝生、张克猛、张义忠、韩省亮
	材料力学课程体系、内容和方法改革	二等奖	西安交通大学	蔡怀崇、赵挺、武广号、侯得门、孔昭月
2001	土建类专业人才培养方案及教学内容和课程体系改革的研究与实践	一等奖	西南交通大学	强士中、吕和林、孙国瑛、李远富、赵人达

获奖年份	获奖项目名称	获奖等级	获奖单位	获奖者（主要成员）
2001	紧密结合重大水利水电工程建设、培养具有创新能力的高层次人才	一等奖	清华大学	张光斗、张楚汉、王兴奎、才君眉、陈永灿
	结构力学课程新体系的建设与实践	一等奖	清华大学	袁驷、龙驭球、辛克贵、钟宏志、须寅
	面向国家重大需求，产学研与火灾安全交叉学科建设相结合，培养高层次创新人才	一等奖	中国科学技术大学	范维澄、王清安、张和平、袁宏永、胡源等
	理论力学课程教学改革	二等奖	浙江大学	陈乃立、张方洪、费学博、庄表中
	土建类专业人才培养方案及教学内容体系改革的研究与实践	二等奖	同济大学、东南大学、湖南大学、西南交通大学、哈尔滨工业大学	沈祖炎、蒋永生、沈蒲生、陈以一、王伯伟、强士中、何若全
	土木工程、水利工程学科研究生教育体系改革、课程建设与素质培养	二等奖	大连理工大学	周晶、栾茂田、康海贵、陈廷国、孙昭晨
	土木工程类课程教学改革的研究与实践	二等奖	上海大学	叶志明、汪德江、徐旭、宋少沪、张凌
	水力学课程建设与改革实践	二等奖	河海大学	赵振兴、王惠民、何建京、李煜、仇磊
	土木工程（岩土）专业人才产学研合作培养方案研究与实践	二等奖	中国地质大学	唐辉明、林彤、李云安、程祖依
	工科基础力学系列课程创新体系改革与建设	二等奖	天津大学	赵志岗、贾启芳、王燕群、刘习军
	《理论力学》	二等奖	哈尔滨工业大学	王铎、赵经文、王宏钰、程靳
	面向21世纪工科基础力学系列课程教学内容、课程体系与教学方法改革的研究与实践	二等奖	北京航空航天大学	单辉祖、王琪、蒋持平、王士墩、谢传锋
	农业工程类工程力学课程建设与改革	二等奖	内蒙古农业大学	申向东、李平、韩克平、王耀强、金淑青
	土木工程（岩土）专业人才产学研合作培养方案研究与实践	二等奖	中国地质大学	唐辉明、林彤、李云安、程祖依
	深化城建类高工专教学改革构建技术应用型人才培养新模式	二等奖	湖南城建高等专科学校	何孟义、张协奎、廖代广、汤放华、谭德先

续表

获奖年份	获奖项目名称	获奖等级	获奖单位	获奖者（主要成员）
2005	新形势下复合型人才因材施教培养模式研究与实践	一等奖	石家庄铁道学院	杜彦良、王锡朝、金龙、林雅青、杜立杰
	土建类专业工程素质和实践能力培养的研究与实践	一等奖	东南大学、同济大学	蒋永生、邱洪兴、陈以一、郭正兴、黄晓明、单建、何敏娟
	依托重点实验室建立本科生科研和工程实践体系，培养学生实践和创新能力	一等奖	西南交通大学	周仲荣、蒋葛夫、朱旻昊、张文桂、刘启跃
	改革基础力学、建设一流国家工科力学教学基地	一等奖	西北工业大学	矫桂琼、支希哲、苟文选、张大成、刘小洋
	建设结构设计大赛平台、培养大学生综合能力和素质	二等奖	清华大学	石永久、袁驷、过镇海、王志浩、江见鲸
	工程力学课程教学改革与实践	二等奖	北京理工大学	梅凤翔、周际平、水小平、韩斌、刘海燕
	基础力学（理论力学、材料力学）探究型教学模式的研究与实践	二等奖	北京航空航天大学	王琪、蒋持平、王士敏、胡伟平、姜开厚
	岩石力学与工程（教材）	二等奖	北京科技大学、中国岩石力学与工程学会教育委员会	蔡美峰、何满潮、刘东燕
	物理、力学课群立体化教学和双语教学的研究与实践	二等奖	辽宁工程技术大学、青岛科技大学、东北大学	王永岩、谢里阳、潘一山、郭源君、王皓
	一般工科院校本科人才培养研究与实践	二等奖	沈阳建筑大学	吴玉厚、王素君、罗玲玲、阎石、朱玲等
	工程流体力学课程建设及成果辐射	二等奖	浙江大学	毛根海、张土乔、邵卫云、包志仁、张燕
	力学类专业课程结构和基础课教学内容体系改革	二等奖	中国科学技术大学	王秀喜、何世平、尹协振、胡秀章
	土木工程结构类系列课程多媒体辅助教学研究与应用	二等奖	青岛理工大学	王燕、刘文锋、张伟星、刁延松、姜福香
	水力学流体力学实验教学改革与实践	二等奖	武汉大学	杨小亭、赵明登、槐文信、詹才华、李大美

续表

获奖年份	获奖项目名称	获奖等级	获奖单位	获奖者（主要成员）
2005	一般本科院校建设具有比较优势和特色的土木工程专业的研究与实践	二等奖	长沙理工大学	郑健龙、袁剑波、赵建三、韦成龙、陈若玲
	土木工程专业工程结构系列课程教学方案构建与实践	二等奖	长安大学	王毅红、颜卫亨、郑宏、周绪红、刘伯权
2009	坚持改革创新，创建高水平国家基础课程力学教学基地	一等奖	清华大学	范钦珊、李俊峰、庄茁、殷雅俊、陆秋海
	工程创新人才培养体系的研究与实践	一等奖	天津大学	余建星、徐斌、王海龙、孙克俐、郭强、单小麟、马德刚、王海、王越、于倩、赵伟、于泓
	土木工程本科学生创新型、国际化人才培养体系与实践	一等奖	同济大学	何敏娟、顾祥林、熊海贝、赵宪忠、林峰、丁文其、吴迅
	地方工科院校"四维一体"教学质量保障体系的构建与实践	二等奖	北京工业大学	薛素铎、曹万林、李庆丰、李振泉、安琳
	地方工科院校应用型创新人才培养的研究与实践	二等奖	北京工业大学	蒋毅坚、薛素铎、张红光、赵一夫、周竞学
	建筑工程技术专业以"施工全过程为导向"的课程体系研究与实践	二等奖	北京工业职业技术学院	张亚英、王强、甄进平、韩宇峰、赵春荣
	国家"十五"规划教材《水工建筑物》（教材）	二等奖	天津大学、大连理工大学、西安理工大学	林继镛、张社荣、林皋、练继建、苗隆德、彭新民、杨敏、迟世春
	毕业设计（论文）环节的教学改革与实践	二等奖	石家庄铁道学院	杜彦良、王满增、李利军、杜立杰、王克丽
	钢结构学科创新型人才培养教学体系建设	二等奖	同济大学	沈祖炎、李国强、陈以一、何敏娟、童乐为、张其林、李元齐
	工科学生创新能力培养体系的建立与实践	二等奖	同济大学	李国强、胡展飞、廖宗廷、于航、潘玉芳、邱伯骏
	加强理论基础，突出能力培养，全方位建设一流工科力学基础课程新体系	二等奖	上海交通大学	洪嘉振、丁祖荣、孙国钧、朱本华、陈巨兵、赵社戌、余征跃、薛雷平

续表

获奖年份	获奖项目名称	获奖等级	获奖单位	获奖者（主要成员）
2009	土木工程优质教学资源体系创新建设与实践	二等奖	东南大学	邱洪兴、李爱群、冯健、童小东、吴京、曹双寅、肖士者、李启明、郭正兴
	高职土建类专业"校企合作、工学交替、双证融通"人才培养模式的创新与实践	二等奖	徐州建筑职业技术学院	季翔、陈年和、孙亚峰、郭起剑、蒋志良、陶红林、王作兴、杜蜀宾、沈士德、刘海波
	地方特色型院校学科专业结构优化及构建多样化人才培养模式的研究与实践	二等奖	安徽建筑工业学院	程桦、方潜生、孙道胜、吴约、丁克伟、沈小璞、姜长征、汤利华、段宗志、刘瑾、赵彦强、储金龙
	主动适应交通建设需要的土木工程专业结构设计类课程群建设的改革与实践	二等奖	长沙理工大学	张建仁、刘小燕、刘朝晖、张克波、杨美良、李传习、李宇峙、袁剑波、刘扬、杨伟军
	土木工程专业人才培养方案优化和课程体系重构的研究与实践	二等奖	西安建筑科技大学	白国良、梁兴文、姚继涛、史庆轩、薛建阳、郝际平、苏明周、王社良、韩晓雷、胡长明
	隧道施工课程教学内容和方法改革的研究与实践	二等奖	长安大学	陈建勋、徐岳、衡平堂、马天山、吕康成、于书翰
	依托专业教育评估 改革地方高校土建类专业人才培养模式	二等奖	广州大学	禹奇才、罗三桂、张俊平、董黎、庞永师
	全方位构建培养高素质人才的工科力学教学平台	二等奖	西南交通大学	杨翊仁、沈火明、富海鹰、康国政、龚晖、高芳清、戴振羽、江晓禹、禹华谦、罗永坤
	高职建筑工程技术专业以工作过程为导向的人才培养模式研究与实践	二等奖	杨凌职业技术学院	张朝晖、张迪、刘永亮、刘洁、张小林、申永康、张春娟
2014	20年磨一剑——与国际实质等效的中国土木工程专业评估制度的创立与实践	一等奖	同济大学、高等教育土木工程专业评估委员会、东南大学、苏州科技学院、南京工业大学、哈尔滨工业大学	李国强、沈祖炎、赵琦、邱洪兴、何若全、陈以一、孙伟民、何志方、何敏娟、赵宪忠、邹超英

获奖年份	获奖项目名称	获奖等级	获奖单位	获奖者（主要成员）
2014	"技术＋管理"型土木工程创新人才培养的改革与创新	二等奖	清华大学	石永久、冯鹏、郑思齐、刘洪玉、袁驷
	融合重点学科资源，建设土木水利类专业高水平实验教学示范中心	二等奖	大连理工大学	陈廷国、王宝民、宋向群、李昕、张哲、郭莹、王晶华、刘亚坤、陈静云、袁永博、任冰、张日向、殷福新、舒海文、姜韶华、张建涛
	现代道路交通类人才专业知识构建和核心能力提升的改革与实践	二等奖	东南大学	王炜、黄晓明、陈峻、程建川、陈怡、陈学武、胡伍生、陆建、黄侨、高英、张航
	土木工程专业校企深度合作人才培养模式创新与实践	二等奖	福建工程学院	蔡雪峰、张建勋、周继忠、许利惟、毕贤顺、吴鹏程、聂小龙、郑莲琼、庄金平
	土木工程专业复合型创新人才培养体系的构建与实践	二等奖	武汉大学	徐礼华、杜新喜、傅旭东、彭华、邓勇、傅少君、邹勇、槐文信、安旭文、张玉峰
	推动国际化培养体系建设，促进高水平创新人才成长	二等奖	清华大学	袁驷、贺克斌、张毅、顾佩、郑力
	工学人才培养模式创新实验区——面向艰苦行业的创新人才培养体系探索与实践	二等奖	石家庄铁道大学	杜彦良、王克丽、王甲成、高晓峰、宋恩强
	全方位监控、多阶段跟踪、持续性改进、本研全覆盖的质量保证体系建设与实践	二等奖	同济大学	沈祖炎、胡展飞、雷星晖、陈以一、陈峥、何敏娟、邓慧萍、黄宏伟、黄道凤、廖振良、李国强、毕家驹、邱伯驹、王佐民、郭大津
	基于协同育人理念的地方大学创业教育系统构建与实践	二等奖	深圳大学	邢锋、徐晨、姚凯、陈智民、孙忠梅、王晖
2018	依托优势学科 构建与实践工程力学专业创新人才培养新体系	一等奖	南京航空航天大学	高存法、邓宗白、唐静静、沈星、史治宇、陈建平、张丽、严刚、金栋平、刘先斌、史志伟、蒋彦龙、顾蕴松、孔垂谦、王中叶
	激发学术志趣 培养领跑人才："学堂计划"拔尖创新人才培养模式探索与实践	一等奖	清华大学	袁驷、丘成桐、朱邦芬、张希、施一公、姚期智、郑泉水、张文雪、苏芃

续表

获奖年份	获奖项目名称	获奖等级	获奖单位	获奖者（主要成员）
2018	集一流队伍、建一流基地、创一流环境，培养一流力学人才	二等奖	西安交通大学	王铁军、李跃明、吴莹、殷民、张亚红、申胜平、胡淑玲、陈玲莉、陈振茂、徐志敏、刘书静、侯德门、田征
	建"三优一高"教学资源、创"三位一体"培养模式、造就工程力学创新人才	二等奖	河海大学	杨海霞、武清玺、雷冬、殷德顺、邵国建、陈文、李煜、赵引、王向东、张淑君、邓爱民
	中科大本科力学拔尖人才培养传承创新与实践	二等奖	中国科学技术大学	吴恒安、伍小平、朱雨建、倪向贵、赵凯、何陵辉、何世平、尹协振、李永池、陈海波、杨基明、陆夕云
	国际化引领建筑与环境领域"二三二"人才培养模式构建和实践	二等奖	重庆大学	周绪红、李百战、刘猛、蒲清平、姚润明、李正良、刘红、张智、喻伟、高微、Andrew Baldwin、Alan Short、Stuart Green、陈金华、丁勇、李楠、赵楠
	"一轴·双驱·三联动"——德才兼备型土木工程创新人才培养的探索与实践	二等奖	东南大学	童小东、吴刚、邱洪兴、陆金钰、李启明、周臻、张培伟、尹凌峰、王燕华、缪志伟、陈韵、舒赣平、傅大放、刘静、王景全
	"大土木"教育理念下土木工程卓越人才"贯通融合"培养体系创建与实践	二等奖	浙江大学	龚晓南、陈云敏、董石麟、罗尧治、王奎华、胡安峰、詹良通、吕朝锋、林伟岸、杨仲轩、姜秀英、应宏伟、唐晓武、朱斌、余世策、丁元新、邹道勤、谢新宇、谢康和
	面向国家战略与行业需求的公路交通类本科拔尖创新人才培养的探索与实践	二等奖	长安大学	沙爱民、申爱琴、蒋玮、张洪亮、张驰、陈红、马骉、胡力群、马峰、陈华鑫、秦雯
	职业性与学术性高度统一的专业学位硕士研究生培养模式创新与实践	二等奖	同济大学	陈以一、赵宪忠、张伟平、黄宏伟、杨坪、陈素文、陈清军、阮欣、钱建固、单伽锃、武贵

续表

获奖年份	获奖项目名称	获奖等级	获奖单位	获奖者（主要成员）
2018	高峰建岭，打造铁道工程国际科技人才培养基地，服务高铁"走出去"战略	二等奖	西南交通大学	易思蓉、杜彦良、王平、刘国祥、高明、赵人达、罗霄、华宝玉、陈嵘、吴刚、周先礼、杨荣山、张铎、张久文、曾勇
	双轮驱动，齿轮咬合——地方综合性大学"全程互动"人才培养模式改革与实践	二等奖	广西大学	赵艳林、吴志强、曾冬梅、苏一丹、梁微、贾历程、丁宇、耿葵花、陈碧云、周立亚、蒋超、方晓丽、陈正、熊莺、吕小艳、黄丹琳、黄书楼
	面向执业需求的地方高校工程人才培养改革实践	二等奖	吉林建筑大学	戴昕、王丽霞、雷国光、刘焕君、李伟东、王岩松、李明柱

在过去8次奖励中，土木工程及其具有土木工程专业背景的高等教育国家级教学成果奖约120项。其成果类型包括：人才培养模式和培养目标的变革，培养方案与课程体系的构建，知识内容整合与教材体系建设，实践教学体系与实践能力培养，教学法和教育技术及其手段的更新，教学基地建设，教育制度与教育管理的创新，师资队伍建设，素质教育与德育，高校内部质量保障体系建设与完善等，授奖主体包括学校各个层面。国家级教学成果奖的政策导向作用积极，所获奖项目的示范作用明显。

5.5 大学生结构设计竞赛

5.5.1 全国大学生结构设计竞赛

全国大学生结构设计竞赛是由教育部、财政部首次联合批准发文（教高函〔2007〕30号）（图5-2）的全国性9大学科竞赛资助项目之一，目的是为构建高校工程教育实践平台，进一步培养大学生创新意识、团队协同和工程实践能力，切实提高创新人才培养质量。该竞赛由中国高等教育学会工程教育专业委员会、高等学校土木工程学科专业指导委员会、中国土木工程学会教育工作委员会和教育部科学技术委员会环境与土木水利学部共同主办，各高校轮流承办和社会企业资助协办。

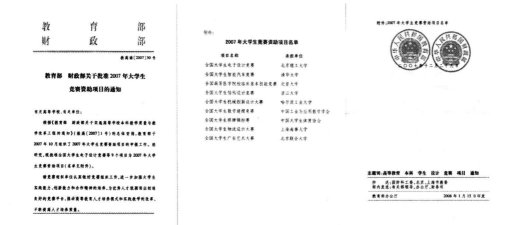

图5-2　教育部、财政部关于举办全国大学生结构设计竞赛的批文

全国大学生结构设计竞赛最初由浙江大学倡导，并联合同济大学、清华大学、东南大学和哈尔滨工业大学等9所国内高校共同发起，2004年4月在浙江大学召开筹备会，成立第一届全国大学生结构设计竞赛委员会和专家委员会，秘书处设在浙江大学。2005年由浙江大学组织承办第一届全国大学生结构设计竞赛，之后由高校轮流承办至今。2017年构建和开启了各省（市、自治区）分区赛与全国竞赛相结合的新管理模式。全国大学生结构设计竞赛从2005年6月第一届举办至2019年10月第十三届，已连续举办13届。

全国大学生结构设计竞赛以创造（Creativity）、协作（Cooperation）、实践（Construction）"3C"为宗旨，以"公平、公正、公开"为原则，以践行"展示才华、提升能力、培养协作、享受过程、快乐竞赛"为理念，以求进一步深入推进高校实践教育教学改革，为培养大学生"创意、创新、创业、创造"精神和团队协作以及工程创新设计能力，实现"以赛促学、以赛促教、以赛促研、以赛促建、以赛促改、以赛促用"，提升高校创新人才培养质量。

全国大学生结构设计竞赛经过长期的探索与实践，构建了校、省、全国三级大学生结构设计竞赛体系和"政府主导，学会主办、高校承办，学生主体，教师指导，企业资助"的竞赛组织运行模式。以校赛为基础，省赛为选拔，国赛为决赛的创新体系，做到校赛普及扩面，省赛做大做强，国赛做精创牌。2017年全国实行新赛制后，每年激发百所高校，千支队伍和万名学生踊跃参赛的热情，进一步扩大了参赛高校和学生受益面，使结构设计竞赛从无到有，从有到优，从优到品牌。大赛创建了《全国大学生结构设计竞赛创新成果展》《全国大学生结构设计竞赛作品集锦》和《全国大学生结构设计竞赛通讯》等；大学生结构设计竞赛确立和贯彻"创新、协调、绿色、开放、共享"五位一体的办赛指导思想，竞赛组织健全，管理有效，参赛高校、参赛队伍和参赛人数多，赛事水平高，是具有较大影响的全国性竞赛。

5.5.2 历届全国大学生结构设计竞赛与获奖名单

5.5.2.1 第一届全国大学生结构设计竞赛与获奖名单

承办高校：浙江大学

举办地点：杭州

举办时间：2005年6月2日～6月6日

参赛高校：26所

参赛队伍：49支

竞赛题目：高层建筑结构模型设计与制作

赛题简介：赛题要求用组委会指定材料，模型应包括上部结构部分和基础部分。上部结构高度为1000±10mm，层数不得少于7层，模型的上部结构及基础形式不限，但需考虑通风、采光和承受竖向、侧向荷载以及固定模型等要求。

奖项设置：特等奖1名，一等奖5名，二等奖10名，三等奖15名，最佳创意奖1名，最佳制作奖1名，优秀组织奖6名（表5-9，由于篇幅限制，仅列部分名单，完整名单请扫描右侧二维码）。

第一届全国大学生结构设计竞赛获奖名单（部分）　　　表5-9

学校名称	模型名称	参赛学生姓名	指导教师姓名	奖项
浙江大学	一米阳光	张琳、应瑛、范理扬	陈鸣	特等奖
东南大学	云梯	缪亮、高瑞平、雷文斌	叶继红、尹凌峰	一等奖
东南大学	白月光	马骏骧、吕军、黄凯	叶继红、尹凌峰	一等奖
同济大学	云梯	江枣、林楠、梁骁	施卫星	一等奖
上海交通大学	潋滟	陈欣尧、陈思佳、梅莓	宋晓冰、殷月俊	一等奖
同济大学	五月竹阁	赵明宇、张尧、兰成	施卫星	一等奖
沈阳建筑大学	百合塔	郑婷予、张雯、纪艳芬	刘明	最佳创意奖
天津大学	露溥阁	王宁宁、汪明、杨会杰	毕继红	最佳制作奖
优秀组织奖	浙江大学、清华大学、华南理工大学、重庆大学、兰州交通大学、长安大学			

第一届获奖
完整名单

5.5.2.2 第二届全国大学生结构设计竞赛与获奖名单

承办高校：大连理工大学

举办地点：大连

举办时间：2008年10月22日～10月25日

参赛高校：46所

参赛队伍：47支

竞赛题目：两跨两车道桥梁模型的制作和移动荷载作用的加载试验

赛题简介：各参赛队须用统一发放的材料制作一个桥梁模型，竞赛中模型重量越轻、成功承受在其上进行平移运动物体越重，则胜出。

奖项设置：一等奖6名，二等奖12名，三等奖14名，最佳创意奖1名，最佳制作奖1名，优秀组织奖10名（表5-10，由于篇幅限制，仅列部分名单，完整名单请扫描右侧二维码）。

第二届全国大学生结构设计竞赛获奖名单（部分）　　　表5-10

第二届获奖
完整名单

学校名称	作品名称	参赛学生姓名	指导教师姓名	奖项
浙江师范大学	跨越零八	张建波、阮维亮、蒋叶青	章明卓	一等奖
上海交通大学	光之翼	陈涛、陆悦、张艾	宋晓冰	一等奖
浙江大学	长桥卧波	温瑞明、李丽仪、金一	张治诚	一等奖
大连理工大学	简桥	张鹏、韩知伯、王治爻	邱文亮	一等奖
武汉大学	七弦	杨迤、邓亚龙、王然	杜新喜	一等奖
华南理工大学	岁月如歌	林勤鹏、周伟星、王伟	吴勇明、陈庆军	一等奖
哈尔滨工业大学	1920	李安、王赟、孟良	范峰	三等奖、最佳创意奖
清华大学	松竹	胡红松、徐嘉、陈必光		最佳制作奖
优秀组织奖	浙江师范大学、上海交通大学、浙江大学、大连理工大学、武汉大学、华南理工大学、同济大学、东南大学、华侨大学、澳门大学			

5.5.2.3　第三届全国大学生结构设计竞赛与获奖名单

承办高校：同济大学

举办地点：上海

举办时间：2009年11月24日～11月28日

参赛高校：58所

参赛队伍：59支

竞赛题目：定向木结构风力发电塔

赛题简介：赛题要求学生采用木材制作发电机塔架及风机叶片，通过评判结构重量、
刚度、发电功率等多方面得分来确定名次。

奖项设置：特等奖2名，一等奖6名，二等奖12名，三等奖18名，最佳创意奖1名，最
佳制作奖1名，优秀组织奖10名（表5-11，由于篇幅限制，仅列部分名单，
完整名单请扫描右侧二维码）。

第三届全国大学生结构设计竞赛获奖名单（部分）　　　表5-11

第三届获奖
完整名单

学校名称	模型名称	参赛学生姓名	指导教师姓名	奖项
西南交通大学	西风狂	吕伟、唐锐、牛立	李力	特等奖
湖南大学	风火轮	罗肖、刘洋希、刘安兴	张阳	特等奖
浙江大学	风之树	宋翔、杨丁亮、肖瑶	余世策	一等奖
上海交通大学	风之谷	李宝龙、冷予冰、赖华辉	陈思佳	一等奖
石家庄铁道学院	绿源之光	窦艳军、龙金、张朋飞	孟丽军	一等奖
大连理工大学	海风之韵	李柯燃、王功文、吴凯	张日向	一等奖
清华大学	清华华章	陈浩文、李烨、邓开来	潘鹏	一等奖
内蒙古科技大学	草原鸿雁	秦银廷、刘国伙、田大智	曹芙波	一等奖
西藏农牧学院	（杊鹄）	群培顿珠、颜毅、孙超	李保德	二等奖、最佳创意奖
西安建筑科技大学	风语者	马米粒、王兴伟、杨洋	薛建阳	最佳制作奖
优秀组织奖	同济大学、西藏农牧学院、海南大学、香港中文大学、哈尔滨工业大学、浙江大学、湖南大学、东南大学、大连理工大学、西南交通大学			

5.5.2.4 第四届全国大学生结构设计竞赛与获奖名单

承办高校：哈尔滨工业大学

举办地点：哈尔滨

举办时间：2010年11月12日～11月15日

参赛高校：71所

参赛队伍：72支

竞赛题目：**体育场看台上部悬挑屋盖结构**

赛题简介：赛题要求学生采用桐木条或者桐木板制作体育场看台上部悬挑屋盖结构模型，通过在悬挑屋盖上加竖向静载和风荷载的方式考核各队模型的刚度和承载力，再综合计算书、结构选型与制作质量、现场表现等多方面得分来确定名次。赛题要求权衡重量和刚度的平衡，通过结构形式创新得到一个理想的平衡点。

奖项设置：特等奖1名，一等奖9名，二等奖16名，三等奖22名，最佳创意奖1名，最佳制作奖1名，优秀组织奖15名（表5-12，由于篇幅限制，仅列部分名单，完整名单请扫描右侧二维码）。

第四届全国大学生结构设计竞赛获奖名单（部分）　　表5-12

第四届获奖
完整名单

学校名称	模型名称	参赛学生姓名	指导教师姓名	奖项
哈尔滨工业大学1队	龙之脊	易佳斌、李伟文、林敬木	曹正罡	特等奖、最佳创意奖
东南大学	毓秀东南	鲁聪、吴宜峰、张逢	周臻	一等奖
厦门理工学院	新星	沈福松、林跃明、范春煜	周光伟、陈昌萍	一等奖、最佳制作奖
华侨大学	期归	闫少华、吴克凡、庄少阳	杨恒	一等奖
上海交通大学	素裹银装	滕培斌、韩强、张峰	宋晓冰	一等奖
重庆大学	渝跃	姚松武、朱捷健、吕秋晨	周淑蓉、熊刚	一等奖
浙江大学宁波理工学院	海之燕	施云翔、王仁盛、杨蓉	查支祥	一等奖
北京交通大学	磐石	李凡、张同越、钟智峰	余自若	一等奖
大连理工大学	双宇	李柯然、吴凯、王功文	邱文亮	一等奖
武汉大学	振翅的雄鹰	湛梦玉、左春阳、陈振宏	杜新喜	一等奖
优秀组织奖	长安大学、清华大学、长沙理工大学、沈阳建筑大学、重庆大学、天津大学、东南大学、同济大学、哈尔滨工业大学、武汉大学、中国人民解放军理工大学、西藏农牧学院、昆明理工大学、香港理工大学、浙江大学			

5.5.2.5 第五届全国大学生结构设计竞赛与获奖名单

承办高校：东南大学

举办地点：南京

举办时间：2011年10月20日～10月23日

参赛高校：73所

参赛队伍：74支

竞赛题目：带屋顶水箱的竹质多层房屋结构

赛题简介：竞赛模型为多层房屋结构模型，采用竹质材料制作，具体结构形式不限。
　　　　　模型包括小振动台系统、上部多层结构模型和屋顶水箱三个部分，模型的
　　　　　各层楼面系统承受的荷载由附加铁块实现，小振动台系统和屋顶水箱由承
　　　　　办方提供，水箱通过热熔胶固定于屋顶，多层结构模型由参赛选手制作，
　　　　　并通过螺栓和竹质底板固定于振动台上。

奖项设置：特等奖1名，一等奖8名，二等奖16名，三等奖22名，最佳创意奖1名，最
　　　　　佳制作奖1名，特邀高校杰出奖4名，优秀组织奖16名（表5-13，由于篇幅
　　　　　限制，仅列部分名单，完整名单请扫描右侧二维码）。

第五届全国大学生结构设计竞赛获奖名单（部分）　　　　表5-13

学校名称	模型名称	参赛队员姓名	指导教师姓名	奖项
西南交通大学	竹	安哲立、黄祖慰、孟祥磊	李力、潘毅	特等奖
上海交通大学	舞动奇迹	王海霖、彭冬、郭繁世	宋晓冰	一等奖
武汉大学	拔云塔	谭寰、高武、陈冬	杜新喜、胡晓斌	一等奖
东南大学2队	摇篮	董晓鹏、陈子斌、刘晶晶	缪志伟	一等奖、最佳创意奖
东南大学1队	天空之城	高诚、陆帅、李雪蕾	陆金钰	一等奖
兰州交通大学	三角之巅	袁道云、呆晓龙、蔡魏巍	张家玮、林梦凯	一等奖
华侨大学	永恒之塔	刘艳刚、陈潇、高迪	彭兴黔、陈荣淋、曾志兴	一等奖
华南理工大学	倚天	潘浩然、郭俊杰、黄日楚	韦峰、陈庆军	一等奖

第五届获奖
完整名单

续表

学校名称	模型名称	参赛队员姓名	指导教师姓名	奖项
北京交通大学	擎天柱	杨朔、江鹏、刘培玲	江辉	一等奖
长沙理工大学	云影	陈权盛、于泉有、宋炼	许红胜	最佳制作奖
田纳西大学	THE TWISTER	Joseph Rungee II、Ann Beaver、John Scobey	Z. John Ma	特邀高校杰出奖
名城大学	MEIJO in Japan	羽田新辉、佐藤大地、萩野勝哉	岩下、健太郎	特邀高校杰出奖
台湾大学	马力夯	柯俊宇、蔡孟桓、林宥任	吕良正	特邀高校杰出奖
澳门大学	濠镜之巅	蒋闯隆、卓明辉、李家豪	鄂国康	特邀高校杰出奖
优秀组织奖	东南大学、重庆大学、西南交通大学、海南大学、浙江大学、合肥工业大学、新疆大学、河北工业大学、宁夏大学、湖南大学、哈尔滨工业大学、澳门大学、昆明理工大学、清华大学、上海交通大学、华南理工大学			

5.5.2.6 第六届全国大学生结构设计竞赛与获奖名单

承办高校：重庆大学

举办地点：重庆

举办时间：2012年10月23日～10月26日

参赛高校：85所

参赛队伍：86支

竞赛题目：吊脚楼

赛题简介：竞赛主题为"吊脚楼建筑抵抗泥石流、滑坡等地质灾害"，针对西南地区山地特色建筑结构吊脚楼，考虑泥石流、滑坡对建筑结构造成的危害，进行建筑结构的抗冲击模拟。结构采用竹皮作为基本制作材料，要求制作一座1m高的结构模型承受冲击荷载，模型最终分数由模型质量、承载重量、结构加速度3个因素决定。

奖项设置：特等奖1名，一等奖9名，二等奖17名，三等奖26名，最佳创意奖1名，最佳制作奖1名，特邀高校杰出奖1名，优秀组织奖15名（表5-14，由于篇幅限制，仅列部分名单，完整名单请扫描右侧二维码）。

第六届全国大学生结构设计竞赛获奖名单（部分）　　　表5-14

第六届获奖
完整名单

学校名称	模型名称	参赛学生姓名	指导教师姓名	奖项
重庆大学组A	刚&柔	郭宏印、李林、李锐	贾传果、周淑容	特等奖
内蒙古科技大学	胡杨	马明、位亚光、刘业涛	曹芙波、李娟	一等奖
厦门理工学院	永恒	蔡聪烜、沈华杰、陈宗毅	周先齐、米旭峰	一等奖
重庆大学组B	特能撞一3000型	秦阳、张渝嘉、兰天晴	金声、熊刚	一等奖
宁波大学	三锤定音	王振、杨光、张莹	李俊华、布占宇	一等奖
华南理工大学	鱼	王洋波、叶杜斌、黎伟湛	陈庆军、韦锋	一等奖
西南交通大学（峨眉校区）	细水长流	周中华、刘中军、阳亚	刘东民、康锐	一等奖
武汉大学	竺阁	李晓锋、徐贞珍、蒋磊	杜新喜、胡晓斌	一等奖
长安大学	金汤长安	汪利、李蕾、韩庚阳	王步、李亮、白亮	一等奖
上海交通大学	一撞功成	潘群、张帆、曾凡云	宋晓冰	一等奖
大连理工大学	凌云阁	徐轶凡、王旭、陆淼嘉	曲激婷、张日向	三等奖、最佳制作奖
华北水利水电学院	升	尹晓飞、张宏光、朱武旗	程远兵	三等奖、最佳创意奖
澳门大学	濠锋吊脚楼	李家豪、马锦标、李嘉龙	鄂国康	特邀高校杰出奖
优秀组织奖	重庆大学、东南大学、湖南大学、新疆大学、内蒙古科技大学、厦门理工学院、宁波大学、华南理工大学、武汉大学、东北林业大学、中国人民解放军理工大学、西安建筑科技大学、同济大学、西南交通大学、北京建筑工程学院			

5.5.2.7　第七届全国大学生结构设计竞赛与获奖名单

承办高校：湖南大学

举办地点：长沙

举办时间：2013年11月27日～11月30日

参赛高校：96所

参赛队伍：97支

竞赛题目：设计并制作一双竹结构高跷模型，并进行加载测试

赛题简介：竞赛主题为"竹高跷结构绕标竞速比赛"，要求参赛队用竹片薄板制作净高265mm的高跷结构，既能承受运动员的体重静载，又要能承受运动员在20m赛道上来回绕标竞赛时受到的拉压弯剪扭的复杂受力组合状态。测试分静、动态两个环节，静态测试为参赛选手穿上该队制作的竹高跷模型，双脚静止站立于地磅称重台上，计算选手总重除以模型重量；动态测试要求参赛选手穿着竹高跷按规定路线绕标跑或走，计算到达终点的时间。

奖项设置：特等奖1名，一等奖10名，二等奖19名，三等奖29名，最佳创意奖1名，最佳制作奖1名，特邀高校杰出奖2名，优秀组织奖15名（表5-15，由于篇幅限制，仅列部分名单，完整名单请扫描右侧二维码）。

第七届全国大学生结构设计竞赛获奖名单（部分）　　表5-15

第七届获奖
完整名单

学校名称	参赛学生姓名	指导老师姓名	奖项
武汉大学	叶阳、罗健晖、丁世伟	杜新喜	特等奖
西南交通大学	缪嘉荣、王康康、黄海斌	苏启旺、栗怀广	一等奖
浙江工业大学	杨美慧、王华、葛云晖	王建东、田兴长	一等奖
湖南大学A	刘乐招、刘硕、阳东翱	黎之奇	一等奖
西南交通大学（峨眉校区）	瞿蔚添、张新、丁晨昊	康锐、贾宏宇	一等奖
上海交通大学	范凡、陈牧、吴族平	宋晓冰	一等奖
华南理工大学	张昱博、邹立远、江思睿	何文辉、刘慕广	一等奖
山东交通学院	梁茂景、张玉奇、夏祥	赵鹍鹏、王行耐	一等奖
兰州理工大学	黄磊、马韬、智建昌	史艳莉、宋彧	一等奖
同济大学	张文津、裴伟江、邱爽	郭小农	一等奖
天津城建大学	滕鹏祥、张木晓、贺鸿发	罗兆辉、崔金涛	一等奖
重庆交通大学	杨洋、郝建平、王媛媛	陈思甜、董莉莉	二等奖、最佳制作奖
美国南加州大学	Nathan、Trevor、宦亚鹏		特邀高校杰出奖

续表

学校名称	参赛学生姓名	指导老师姓名	奖项
澳门大学	李家豪、黄嘉莉、胡敏儿	鄂国康	特邀高校 杰出奖
哈尔滨工业大学	苏岩、王正凯、吴鹏程	邵永松	最佳 创意奖、 优秀奖
优秀组织奖	湖南大学、哈尔滨工业大学、重庆大学、长安大学、澳门大学、武汉大学、浙江大学、大连理工大学、西南交通大学、中国人民解放军理工大学、同济大学、天津城建大学、华南理工大学、清华大学、宁夏大学		

5.5.2.8 第八届全国大学生结构设计竞赛与获奖名单

承办高校：长安大学

举办地点：西安

举办时间：2014年9月17日～9月20日

参赛高校：101所

参赛队伍：102支

竞赛题目：三重檐攒尖顶仿古楼阁结构模型制作与抗震测试

赛题简介：赛题结合西安十三朝古都的历史文化背景，要求参赛队利用新型竹制材料制作三层楼阁仿古建筑。竞赛模型采用竹质材料制作，包括一、二、三层构架及一、二层屋檐，模型柱脚用热熔胶固定于底板之上，底板用螺栓固定于振动台上。模型制作材料、小振动台系统和模型配重由承办方提供，各代表队围绕赛题进行模型的制作、加载，同时比赛引入模拟地震作用作为模型的测试条件。

奖项设置：特等奖1名，一等奖10名，二等奖20名，三等奖32名，最佳创意奖1名，最佳制作奖1名，优秀组织奖20名（表5-16，由于篇幅限制，仅列部分名单，完整名单请扫描右侧二维码）。

第八届全国大学生结构设计竞赛获奖名单（部分）　　　　表5-16

学校名称	参赛学生姓名	指导老师姓名	奖项
长安大学二队	乔辉东、刘金成、唐书凯	王步、廖芳芳	特等奖
吉首大学	江泽普、彭亚雄、吴泽	王子国	一等奖
长沙理工大学	张宗耀、李鸿斌、赵鹏	付果、胡蓉	一等奖

第八届获奖
完整名单

学校名称	参赛学生姓名	指导老师姓名	奖项
上海交通大学	高路、李林家、秦宇	宋晓冰、滕培宾	一等奖
苏州科技学院	聂建、袁超、胡帅	陆承铎、王大鹏	一等奖
华侨大学	吴桐、周林蕊、张禄松	陈荣淋、李海锋	一等奖
湖州职业技术学院	周作文、李波、叶浪浪	黄昆、肖先波	一等奖、最佳创意奖
浙江工业大学	沈莉丽、王新镇、钱康	周欣竹、范兴郎	一等奖
西南交通大学	肖邦、周羽哲、刘昱含	黄云德、卢立恒	一等奖
安徽建筑大学	毛赫男、樊攀、李秉坤	郝英奇、崔建华	一等奖
云南大学	王庆丰、陆中英、杨泽	翁振江、刘杨	一等奖
长安大学一队	陈雪峰、赖俊、吴金欢	孔德泉、李悦	二等奖、最佳制作奖
优秀组织奖	长安大学、湖南大学、昆明理工大学、浙江大学、天津大学、新疆大学、西安建筑科技大学、兰州理工大学、云南大学、重庆大学、西南交通大学、哈尔滨工业大学、内蒙古工业大学、北京建筑大学、天津城建大学、武汉大学、中国人民解放军理工大学、郑州大学、吉首大学、华南理工大学		

5.5.2.9　第九届全国大学生结构设计竞赛与获奖名单

承办高校：昆明理工大学

举办地点：昆明

举办时间：2015年10月14日～10月18日

参赛高校：109所

参赛队伍：110支

竞赛题目：传承——山地桥梁结构设计及手工与3D打印装配制作

赛题简介：赛题以纪念抗战胜利70周年，选定对中国在抗日战争期间有着非凡意义的生命线——滇缅公路作为赛题背景。要求参赛队伍将山地桥梁结构设计、工程实际情况、手工与3D打印装配等理论技术相结合，将自己设计制作的两段桥梁模型与给定的山体模型紧密搭接起来，在总重量为150～400g的两段桥面上加载2kg、4kg的模型小车为比赛内容。

奖项设置：特等奖1名，一等奖10名，二等奖23名，三等奖34名，最佳创意奖1名，最佳制作奖1名，特邀杰出奖1名，优秀组织奖20名（表5-17，由于篇幅限制，仅列部分名单，完整名单请扫描右侧二维码）。

第九届全国大学生结构设计竞赛获奖名单（部分）　　表5-17

第九届获奖
完整名单

学校名称	参赛学生姓名	指导老师姓名	奖项
河海大学	罗力中、毛华、孙达明	喻君、胡锦林	特等奖
昆明理工大学2队	孙本尧、海维深、文锦诚	叶苏荣、万夫雄	一等奖
华侨大学	常海林、廖原、向未林	陈荣淋、陈捷	一等奖、最佳创意奖
上海交通大学	丁凯、沈涧、颜沅步	宋晓冰、陈思佳	一等奖
长沙理工大学	贺文涛、胡伟业、范景	杨金花、付果	一等奖
湖北工业大学	张泉笙、郑晓毛、范孝天	苏骏、余佳力	一等奖
华南理工大学	李森瑞、王颖阳、郑俊泓	何文辉、陈庆军	一等奖
华中科技大学	李秋明、周红、陈志丹	苏原	一等奖
西南交通大学	董佳慧、罗浩原、肖柯利	卢立恒、栗怀广	一等奖
安徽理工大学	董艳宾、贾假、耿涛	杨明飞、宗翔	一等奖、最佳制作奖
重庆交通大学	邓星、宋玉娟、彭庆	蒋彦涛、陈思甜	一等奖
香港城市大学	DAI Peng、LI Yang、LI Yunzhu	朱名恬	参赛奖、特邀杰出奖
优秀组织奖	昆明理工大学、浙江大学、天津大学、长安大学、武汉大学、大连理工大学、天津城建大学、上海交通大学、东南大学、广东工业大学、华南理工大学、长沙理工大学、郑州大学、西南交通大学、重庆交通大学、西安建筑科技大学、新疆大学、哈尔滨工业大学、清华大学、河海大学		

5.5.2.10　第十届全国大学生结构设计竞赛与获奖名单

承办高校：天津大学

举办地点：天津

举办时间：2016年10月13日～10月17日

参赛高校：124所

参赛队伍：125支

竞赛题目：大跨度屋盖结构

赛题简介：赛题以改革开放以来，大跨度空间结构的社会需求和工程应用逐年增加，
　　　　　空间结构在各种大型体育场馆、剧院、会议展览中心、机场候机楼、铁路

旅客站及各类工业厂房等建筑中得到了广泛应用为背景，要求参赛选手设计并制作出在一定的挠度要求范围内，顶层承受空间均布荷载的大型屋盖结构。

奖项设置：特等奖1名，一等奖14名，二等奖26名，三等奖39名，最佳创意奖1名，最佳制作奖1名，优秀组织奖25名（表5-18，由于篇幅限制，仅列部分名单，完整名单请扫描右侧二维码）。

第十届全国大学生结构设计竞赛获奖名单（部分）　　表5-18

第十届获奖完整名单

学校名称	作品名称	参赛学生姓名	指导教师姓名	奖项
长沙理工大学	鲁班体育馆	李谋、王磊、吴仕荣	付果	特等奖
湖州职业技术学院	未完待续	黄彦凯、王玲、屠聖禹	黄昆、肖先波	一等奖
吉首大学	云顶天穹	黄雨水、肖顺、黎泽群	王子国、唐安烨	一等奖
哈尔滨工业大学	福斯	徐立峰、黄曦、吴进峰	邵永松、张清文	一等奖
宁波工程学院	鼎筑	项昌军、陈佳袁、寿柳嫣	李俊、黄宝涛、应丹君	一等奖
中国矿业大学	四叶草	孙宝睿、王密田、张站群	杜健民	一等奖
西南交通大学（峨眉校区）	广厦	赵硕硕、诸洲、梁乔森	黄群艺、张明、康锐	一等奖
华南理工大学	同心馆	郑凯翔、王逊达、卢健东	何文辉、韦锋	一等奖
西南交通大学	太极	张金龙、王凯、王皓正	卢立恒、栗怀广	一等奖
西南林业大学	双鱼	甘利涛、李文锦、李春刚	刘德稳、廖文远、孙微微	一等奖
阳光学院	广厦	罗康耀、傅强、林鑫宇	陈建飞、林珍伟	一等奖
厦门理工学院	腾飞	刘睿智、许延平、杨奕泓	任峪销、王晨飞、王淮峰	一等奖
中国人民解放军理工大学	化蝶	宋旭东、乔乐、王魁	杨绪普、马林建	一等奖

续表

学校名称	作品名称	参赛学生姓名	指导教师姓名	奖项
浙江大学	不忘初心	蔡元、周炳、高渊	邓华	一等奖
东南大学	福蝶	郑逸川、杨秀辉、胡羽辰	朱明亮、贺志启、孙泽阳	一等奖
天津城建大学	变形金刚	张帅、陈亚飞、范军飞	罗兆辉、何颖	三等奖、最佳创意奖
武汉大学	樱顶	吴杨威、梁旭宇、杨信美	杜新喜、余敏	参赛奖、最佳制作奖
优秀组织奖	浙江大学、大连理工大学、同济大学、哈尔滨工业大学、东南大学、重庆大学、湖南大学、长安大学、天津大学、华南理工大学、清华大学、昆明理工大学、武汉大学、沈阳建筑大学、长春建筑学院、天津城建大学、北京建筑大学、华东交通大学、厦门大学、宁波大学、长沙理工大学、广州大学、西南林业大学、西藏大学、内蒙古工业大学			

5.5.2.11 第十一届全国大学生结构设计竞赛与获奖名单

承办高校：武汉大学

举办地点：武汉

举办时间：2017年10月18日～10月22日

参赛高校：107所

参赛队伍：108支

竞赛题目：渡槽支承系统结构设计与制作

赛题简介：赛题结合现实水资源国情，以渡槽支承系统结构为背景，通过制作渡槽支承系统结构模型并进行输水加载试验，共同探讨输水时渡槽支承系统结构的受力特点、设计优化和施工技术等问题。

奖项设置：一等奖11名，二等奖22名，三等奖32名，最佳创意奖1名，最佳制作奖1名，特邀高校杰出奖1名，优秀组织奖23名（表5-19，由于篇幅限制，仅列部分名单，完整名单请扫描右侧二维码）。

从第十一届开始，首次实行全国大学生结构设计竞赛与各省（市）分区赛两个阶段，经全国大学生结构设计竞赛秘书处统计，各省（市）大学生结构设计竞赛秘书处组织分区赛共计506所高校、1182支参赛队。

第十一届全国大学生结构设计竞赛获奖名单（部分）　　表5-19

第十一届获奖
完整名单

序号	学校名称	参赛学生姓名	指导教师姓名（或指导组）	奖项
1	长沙理工大学城南学院	韩洪诚、张林、牛兆杰	肖勇刚、付果	一等奖
2	长沙理工大学	冯展勇、焦立人、左辉	付果、李传习	一等奖
3	上海交通大学	吴晓昂、闫斌、蒙婧玺	宋晓冰、陈思佳	一等奖
4	哈尔滨工业大学	吴进峰、李欣烨、陆昊	邵永松、汪鸿山	一等奖
5	昆明理工大学	郭嘉祥、奎海瑞、王家峰	李晓章、胡兴国	一等奖
6	浙江大学	陈张鹏、张晓笛、王强	吴金鑫、邹道勤	一等奖、最佳制作奖
7	深圳大学	陈华旭、钱耀辉、梁流香	熊琛、陈贤川	一等奖
8	华中科技大学	谢飞宇、覃伯豪、梅铁	苏原、廖绍怀	一等奖
9	东北林业大学	袁修文、杜彩霞、李钊	贾杰、郝向炜	一等奖
10	西南交通大学（峨眉校区）	刁相杰、唐军、侯积英	谢明志、李兰平	一等奖
11	湖北工业大学	邵文琦、孙玉川、全文杰	余佳力、张晋	一等奖
12	武汉大学一队	石福江、李孟熠、李帆	杜新喜、胡晓斌	最佳创意奖
优秀组织奖	武汉大学、天津大学、华南理工大学、浙江大学、西安建筑科技大学、广东工业大学、西藏农牧学院、西京学院、河南城建学院、湖北工业大学、哈尔滨工业大学、新疆大学、西南交通大学（峨眉校区）、深圳大学、华中科技大学、华东交通大学、青海民族大学、长沙理工大学城南学院、昆明理工大学、东北林业大学、重庆大学、同济大学、北京建筑大学			

5.5.2.12　第十二届全国大学生结构设计竞赛与获奖名单

承办高校：华南理工大学

举办地点：广州

举办时间：2018年11月7日～11月11日

参赛高校：107所

参赛队伍：108支

竞赛题目：承受多荷载工况的大跨度空间结构模型设计与制作

赛题简介：赛题要求学生针对静载、随机选位荷载及移动荷载等多种荷载工况下的空间结构进行受力分析、模型制作及试验。此三种荷载工况分别对应实际结构设计中的恒荷载、活荷载和变化方向的水平荷载，根据模型试验特点进行简化。

奖项设置：特等奖1名，一等奖11名，二等奖21名，三等奖33名，最佳创意奖1名，最佳制作奖1名，特邀高校杰出奖2名，高校优秀组织奖27名，全国和各省（市）秘书处优秀组织奖10名，突出贡献奖4名（表5-20，由于篇幅限制，仅列部分名单，完整名单请扫描右侧二维码）。

经全国大学生结构设计竞赛秘书处统计，各省（市）大学生结构设计竞赛秘书处组织分区赛共计542所高校、1236支参赛队。

第十二届全国大学生结构设计竞赛获奖名单（部分）　　表5-20

第十二届获奖
完整名单

序号	学校名称	参赛学生姓名	指导教师姓名（或指导组）	领队姓名	奖项
1	重庆大学	郭曌坤、邓儒杰、张辉	指导组	舒泽民	特等奖
2	上海交通大学	闫勇升、朱天怡、汤淼	宋晓冰、陈思佳	宋晓冰（兼）	一等奖
3	吉首大学	何钰、王谦、李海峰	王子国、江泽普	程淑珍	一等奖
4	长沙理工大学	骆兰迎、陈若楠、胡健	付果、李传习	付果（兼）	一等奖、最佳创意奖
5	东北林业大学	王鹤然、张成、谭淞元	贾杰、徐嫚	郝向炜	一等奖
6	湖北文理学院	齐立宇、闫慧才、邓博	范建辉、王莉	徐福卫	一等奖
7	浙江工业职业技术学院	周许栋、陈倩莹、汪伟涛	罗烨钶、单豪良	钟振宇	一等奖
8	长沙理工大学城南学院	邹鹏辉、徐钰钧、姜晓峰	肖勇刚、袁剑波	郑忠辉	一等奖
9	华南理工大学一队	潘昊瑾、杨益钦、林杨胜	陈庆军、刘慕广	王燕林	一等奖
10	浙江树人大学	徐铁、邵银熙、赵佳皓	沈骅、楼旦丰	姚谦	一等奖

续表

序号	学校名称	参赛学生姓名	指导教师姓名（或指导组）	领队姓名	奖项
11	西南交通大学	叶高宏、郑浩宇、周豪	指导组（建工系）	王若羽	一等奖
12	哈尔滨工业大学	符洋钰、袁昊祯、彭鑫帅	邵永松、赵亚丁	白雨佳	一等奖
13	长安大学	邹云鹤、于振鑫、奚宇博	王步、李悦	王步（兼）	二等奖、最佳制作奖
14	香港大学	朱海昊、江百川、卢学丰	罗君皓	陈何永恩	特邀高校杰出奖
15	香港科技大学	任睿彤、叶睿豪、谢耀荣	陈俊文	陈俊文（兼）	特邀高校杰出奖
突出贡献奖	浙江大学		董石麟		
	中国矿业大学		叶继红		
	长安大学		周天华		
	上海交通大学		宋晓冰		
秘书处优秀组织奖	西南交通大学秘书处		武汉大学秘书处		
	浙江大学秘书处		华东交通大学秘书处		
	重庆大学秘书处		山东大学秘书处		
	华南理工大学秘书处		西安建筑科技大学秘书处		
	内蒙古工业大学秘书处		太原理工大学秘书处		
高校优秀组织奖	佛山科学技术学院、长江师范学院、安徽理工大学、武汉理工大学、海南大学、中国农业大学、重庆科技学院、浙江树人大学、吉首大学、兰州大学、江苏大学、湖北文理学院、西安交通大学、燕山大学、南京航空航天大学、河南科技大学、上海交通大学、淮阴工学院、厦门理工学院、信阳学院、长沙理工大学、吉林建筑大学城建学院、南宁职业技术学院、河北工程大学、哈尔滨学院、井冈山大学、东北林业大学				

5.5.2.13 第十三届全国大学生结构设计竞赛与获奖名单

承办高校：西安建筑科技大学

举办地点：西安

举办时间：2019年10月16日～10月20日

参赛高校：110所

参赛队伍：111支

竞赛题目：山地输电塔模型设计与制作

赛题简介：赛题要求用竹材设计并制作一个山地输电塔模型，模型上设置有低挂点和高挂点，用于悬挂导线和施加侧向水平荷载，模型柱脚用自攻螺钉固定于竹制底板上。荷载施加分三级，一、二级加载为挂线荷载，三级加载为施加侧向水平荷载。竞赛分阶段采用两轮抽签的方式进行，并首次引入了材料和时间利用效率得分（表5-21，由于篇幅限制，仅列部分名单，完整名单请扫描右侧二维码）。

奖项设置：特等奖1名，一等奖17名，二等奖33名，三等奖45名，最佳创意奖1名，最佳制作奖1名，特邀奖1名，高校优秀组织奖34名，全国和各省（市）秘书处优秀组织奖8名，突出贡献奖4名。

第十三届获奖完整名单

第十三届全国大学生结构设计竞赛获奖名单（部分）　　表5-21

序号	学校名称	参赛学生姓名	指导教师姓名（或指导组）	领队姓名	奖项
1	浙江工业大学	戴伟、吴炯、张哲成	王建东、许四法	王建东	特等奖
2	浙江大学	邵江涛、朱佩云、陈星	徐海巍、邹道勤	邹道勤	一等奖
3	浙江工业职业技术学院	何文浩、洪进锋、费少龙	罗烨钿、罗晓峰	李小敏	一等奖
4	上海交通大学	余辉、丁烨、马文迪	宋晓冰	赵恺	一等奖
5	西安建筑科技大学	史川川、贾硕、张伟桐	吴耀鹏、谢启芳	钟炜辉	一等奖
6	浙江树人大学	李政烨、何洋、陆锦浩	楼旦丰、沈骅	姚谏	一等奖
7	西安建筑科技大学	袁海森、王兆波、殷晓虎	惠宽堂、张锡成	门进杰	一等奖
8	潍坊科技学院	张信浩、蒋德华、王汝金	刘昱辰、刘静	刘昱辰	一等奖
9	武夷学院	陈旭兵、聂建聪、林骋	钟瑜隆、周建辉	雷能忠	一等奖
10	长沙理工大学城南学院	王宇星、艾雨鹏、贺嘉伟	付果、郑忠辉	黄自力	一等奖
11	东南大学	郑继海、李梦媚、邢泽	孙泽阳、戚家南	陆金钰	一等奖

续表

序号	学校名称	参赛学生姓名	指导教师姓名（或指导组）	领队姓名	奖项
12	佛山科学技术学院	何建华、马镇航、刘维彬	饶德军、王英涛	陈玉骥	一等奖
13	武汉交通职业学院	曹卓、杜晋英、辛攀	王文利、陈蕾	陈宏伟	一等奖
14	湖北工业大学	饶奥、冯文奇、杨硕	余佳力、张晋	苏骏	一等奖
15	哈尔滨工业大学	马金骥、唐宁、梁益邦	邵永松、卢姗姗	卢姗姗	一等奖
16	义乌工商职业技术学院	封天洪、叶李政、鲁程浩	周剑萍、黄向明	吴华君	一等奖
17	东华理工大学	左炙坪、田永亮、张莉莉	程丽红、胡艳香	王俭宝	一等奖
18	海口经济学院	钟孝寿、陈爽爽、何富马	杜鹏、唐能	张仰福	一等奖
19	澳门大学	任伟楠、容颖姿、林国勋	林智超	高冠鹏	特邀奖
单项奖		河北农业大学		最佳制作奖	
		昆明理工大学		最佳创意奖	
突出贡献奖		金伟良、李国强、李宏男、陈庆军			
秘书处优秀组织奖		陕西省西安建筑科技大学秘书处	上海市上海交通大学秘书处		
		广东省华南理工大学秘书处	浙江省浙江大学秘书处		
		湖北省武汉大学秘书处	重庆市重庆大学秘书处		
		甘肃省兰州交通大学秘书处	宁夏回族自治区宁夏大学秘书处		
参赛高校优秀组织奖		皖西学院、北京建筑大学、重庆交通大学、厦门大学、兰州理工大学、深圳大学、桂林电子科技大学、海南大学、河北建筑工程学院、东北林业大学、长江大学、湖南科技大学、江南大学、东华理工大学、北华大学、沈阳建筑大学、内蒙古农业大学、宁夏大学新华学院、青海大学、长安大学、潍坊科技学院、上海大学、山西大学、四川大学、天津城建大学、石河子大学、西藏民族大学、昆明学院、义乌工商职业技术学院、浙江工业大学、武夷学院、海口经济学院、西南交通大学、河南城建学院			

5.5.3 地区性、省（自治区、直辖市）高校结构设计竞赛

21世纪之初，高等学校人才培养过程中越来越重视大学生实践能力和创新精神培养，各高校陆续开始举办各类专业创新活动及竞赛，作为实践性较强、知识运用综合性较高、有益于训练学生创新意识、提高其创新能力的高校大学生结构设计竞（邀请）赛受到设置土木工程专业的高校重视并在全国各个高校逐步开展起来。之后又由一些所在省（自治区、直辖市）土木工程办学历史较长、专业影响较大的高校牵头，开展了由所在省（自治区、直辖市）教育厅（委员会）正式批文确立、当地教育厅（委员会）和土木工程学会组织、各高校轮流举办的各省（自治区、直辖市）级大学生结构设计竞赛；在华东（图5-3）、中南（图5-4）、西北等开设土木工程专业高校较多的地区，还开展有"华东地区高校结构设计邀请赛""中南地区高校结构设计邀请赛"和"西北地区高校结构设计邀请赛"。2010年后，全国设置土木工程专业的全日制普通高校，基本都形成了每年举行一次校级结构设计竞赛的模式。目前，大学生结构设计竞赛活动已在全国设置土木工程专业的高校广泛开展，全国31个省、自治区、直辖市，除全国大学生结构设计竞赛委员会在西藏自治区设分区赛外，其他省、自治区、直辖市都定期开展各自的大学生结构设计竞赛活动，每年举办一次（图5-5～图5-7）。全国设有土木工程专业的全日制普通高校除每年举行校级结构设计竞赛外，也参加所在省（自治区、直辖市）级和地区组织的大学生结构设计竞赛。大部分设有土木工程专业的独立学院和民办高校也举办校级结构设计竞赛、参加所在省（自治区、直辖市）级和地区组织的大学生结构设计竞赛。土木工程专业形成了校、省（自治区、直辖市）、全国三级大学生结构设计竞赛体系，得到了国家、省（自治区、直辖市）教育部门及相关高校的重视和支持。

图5-3 第十五届华东地区高校结构设计
邀请赛大会现场

图5-4 中南地区第四届大学生结构设计
竞赛开幕式

图5-5 浙江省第十七届大学生结构设计竞赛现场

图5-6 第三届陕西省大学生结构设计
大赛合影

图5-7 第四届江西省大学生结构设计
竞赛专家合影

华东地区高校结构设计邀请赛从2003年第一届开始，至2018年共举办了15届。同济大学在举办三届校内结构设计竞赛的基础上，于2003年发起举办华东地区高校结构设计邀请赛，旨在激发土木工程学生的创新意识，培养学生分析问题以及实际动手的能力，提高大学生的综合素质，并加强华东地区高校学生之间的交流与合作。第一届华东地区高校结构设计邀请赛于2003年10月在同济大学举办，来自浙江大学、上海交通大学、河海大学、东南大学、南京工业大学、青岛建筑工程学院、合肥工业大学及同济大学共8所高校的15支队伍参加了竞赛活动。华东地区高校结构设计邀请赛先后共有华东地区二十余所高校参加，也曾邀请来自美国、韩国的高校参加，同济大学、河海大学、青岛理工大学、南京工业大学、上海交通大学、合肥工业大学、上海大学、南昌大学、山东大学、华侨大学和华东交通大学共11所高校先后承办过该赛事。参赛队伍由最初15支到2015年（第十二届）达19所高校共计38支队伍的最高峰。竞赛题目涵盖大跨屋盖、桥梁、风力发电塔、高层建筑、塔式起重机等诸多结构，要求能够承受静力、动力、冲击等荷载，并以经济合理为重要评价指标；赛事初期曾用金属、卡纸为主要材料，中后期基于方便加工而以木片为主。起初每届竞赛设一、二、三等奖，分别有1、2、3支队伍获奖，随着参赛队伍增加，奖项设置也逐渐增加，自第十届起设特等奖，获奖队伍达10支以上。竞赛委员会为赛事组织机构，得到高等学校土木工程学科专业指导委员会的支持与指导，由各参赛高校派代表组成。华东地区高校结构设计邀请赛是我国开展最早的、跨省（自治区、直辖市）区域性高校大学生结构设计竞赛活动。

浙江大学于2000年举办第一届大学生结构设计竞赛，2019年举办第二十届大学生结构设计竞赛，是我国开展大学生结构设计竞赛最早的高校之一。浙江省大学生结构设计竞赛源于浙江大学校内大学生结构设计竞赛活动，2002年开始举办第一届，至2019年共举办了18届，是浙江省教育厅批准的32大类学科竞赛项目之一，是以培养当代大学生创新思维和实践动手能力、培养团队意识，增强大学生工程结构设计与实践能力为宗旨的高水平学科竞赛。浙江省大学生结构设计竞赛活动为浙江省土木工程专业高校间开展创新教育、实践教学改革，提高大学生创新能力搭建了交流合作的平台。浙江省大学生结构设计竞赛委员会设有常年秘书处，组织规范、办赛历史长。浙江省大学生结构设计竞赛（图5-5）是我国开展最早的省级大学生结构设计竞赛活动。

华南理工大学于2018年5月和2019年5月，分别举办了第一届和第二届中学生土木结构设计邀请赛（图5-8）。邀请赛激发中学生学习兴趣和创新能力，培养团队精神，加强大学与中学在人才培养理念上的衔接，针对性明确，具有特色。邀请赛为贯彻落实教育部建设高水平本科教育顶层设计的"新时代高教40条"，建设一流本科教育培养卓越拔尖人才的施工方案"六卓越一拔尖"计划2.0，做好工程教育改革试点工作，提高学生的科学素养和工程素养具有特殊的意义。

图5-8 华南理工大学第二届中学生土木结构设计邀请赛

5.5.4 国际竞赛

5.5.4.1 美国土木工程大学生竞赛

美国土木工程师学会（The American Society of Civil Engineers）成立于1852年，是美国

历史最悠久的国家专业工程师协会。美国土木工程大学生竞赛是由美国土木工程师学会创办的一项历史悠久的赛事，该赛事是全美最高等级的土木工程大学生竞赛，每年举行分区赛，在分区赛中取得优异成绩的队伍参加全美总决赛，竞赛吸引全球高水平大学的学生参加。竞赛项目包括：Concrete Canoe（混凝土轻舟比赛）、Steel Bridge（钢桥比赛）、Geo Wall（挡土墙比赛）、Fiber Reinforced Beam（纤维增强梁比赛）、Professional Paper（专业论文比赛）、T-shirt（T恤设计比赛）等10余项大小赛事。每个比赛项目包含Display（展示）、Construction Speed（建造速度）、Lightness（重量）、Stiffness（刚度）、Construction Economy（建造经济性）、Structural Efficiency（结构效率）、Overall Performance（整体表现）等评奖项目，分别通过不同的指标进行评分。

我国同济大学、浙江大学、西南交通大学、河海大学、东南大学、大连理工大学等国内高校曾先后组队参加这一赛事。参赛学生通过方案选型、设计优化、建模分析、图纸绘制、加工制作、拼装加载等环节，综合运用所学知识，使其在竞赛中得到自身能力的提高。同济大学土木工程学院自2007年开始参加美国土木工程大学生竞赛，在国内高校中参赛历史最长。在十余年的参赛历史中参赛面逐步拓展，参加7个赛事项目；成绩持续提升，不仅项目上多次夺冠，单项奖上也屡获第一，还以分区赛冠军资格角逐全美总决赛。浙江大学从2015年开始参加该竞赛，一直参加挡土墙组（Geo Wall Competition）和钢桥组（Steel Bridge Competition）两个比赛项目。在2016年美国土木工程大学生竞赛太平洋赛区的挡土墙竞赛中，浙江大学建筑工程学院团队获得第一名。2016年西南交通大学、河海大学开始参加美国土木工程大学生竞赛，东南大学2017年首次派队参加美国土木工程大学生竞赛，大连理工大学2019年首次派队参加该赛事。图5-9~图5-11为部分参赛合影。

图5-9　2017年西南交通大学参赛队员颁奖留念

图5-10　2018年东南大学参赛队员合影

图5-11　2019年河海大学参赛队员合影

5.5.4.2 国际大学生土木工程邀请赛

国际大学生土木工程邀请赛（IUICE）最初是由清华大学、香港大学和澳门大学在2000年发起的每两年一次的比赛，每次比赛设有大赛主题，截至2018年共举办了十届。这项赛事作为一个平台，通过参与设计、制作、加载一个结构模型来提高土木工程专业学生的创造力和技能，同时建立起与世界上其他大学土木工程专业的国际联系，增强学校土木工程学科的影响力。第一届由清华大学在2000年举办，第二届由香港大学在2002年举办，第三届由澳门大学在2004年举办，第四～第九届分别由韩国汉阳大学、同济大学、新加坡国立大学、马来西亚吉隆坡建设大学、澳大利亚莫纳什大学、上海交通大学举办，2018年第十届国际大学生土木工程邀请赛再次在澳门大学举办，共有澳大利亚莫纳什大学、新加坡国立大学、马来西亚吉隆坡建设大学、韩国汉阳大学、香港大学、香港科技大学、澳门大学、清华大学、同济大学、哈尔滨工业大学、天津大学、东南大学、上海交通大学、北京理工大学、大连理工大学、中南大学、湖南大学、西南交通大学等高校的学生参加比赛。图5-12和图5-13为部分参赛合影。

图5-12　中南大学参加第九届国际大学生土木　　　　图5-13　西南交通大学参加第十届国际大学生土
工程邀请赛获奖人员合影（上海）　　　　　　　　　木工程邀请赛人员合影（澳门）

5.6　中国土木工程学会高校优秀毕业生奖评选

5.6.1　中国土木工程学会高校优秀毕业生奖的设立

中国土木工程学会高校优秀毕业生奖由中国土木工程学会于1989年设立，其宗旨是表彰奖励在高校期间主修土木工程专业且品学兼优的优秀毕业生，是面向全国高等学校土木工程专业应届毕业生的全国性奖项。优秀毕业生奖每年评选一次（届），从1989年设立至2019年已举办30届（1993年因故停止评审一年），已有700多名优秀毕业生获得表彰。优秀毕业生奖评选按照《中国土木工程学会高校优秀毕业生奖评选办法》进行，具体由中国土木工程学会教育工作委员会（设在清华大学）组织开展，经毕业生所在学校（相关院、系）推荐，优秀毕业生评审委员会评审，学会秘书处审核，最后决定授予。下文为2018年12月修订的优秀毕业生评选办法。

中国土木工程学会高校优秀毕业生奖评选办法（2018年12月重新修订发布）

为奖励土木工程类高校优秀毕业生，中国土木工程学会（以下简称学会）特设立"中国土木工程学会高校优秀毕业生奖"。按照学会章程之规定，特制定本办法。

第一条　本奖项评选范围限于国内土木工程类及工程管理类专业的高校应届毕业生，每年评选一次，每次评选优秀毕业生50名左右。

第二条　评选条件：

一、道德高尚、品行优良，热心于土木工程科学技术；

二、成绩优秀，历年累计综合成绩在本校同年级学生中位列前三名；

三、毕业设计或科技制作有创造性成果；

四、学会学生会员优先。

第三条　评选程序：

一、由中国土木工程学会教育工作委员会发出评选通知；

二、由学生所在学校系主任（或系主任委托的教师）提出推荐名单，并填报"推荐申报表"；

三、由教育工作委员会组织的评审委员会进行评审，必要时可安排复审；

四、由评审委员会提出获奖候选人建议名单，经教育工作委员会审定，最后报中国土木工程学会批准。

第四条　奖励方式

一、获奖毕业生由中国土木工程学会发给奖状，由北京詹天佑土木工程科学技术发展基金会提供每人1000元的奖金奖励；

二、在学会刊物及网站公布获奖名单，并通知获奖者所在学校。

第五条　本办法经学会十届一次理事会审议通过，自颁布之日起施行。解释权属中国土木工程学会。

5.6.2　中国土木工程学会高校优秀毕业生奖历届获奖学校与毕业生名单

截至2019年，共开展30届优秀毕业生评选。获奖名单如表5-22～表5-51所示。

1989年中国土木工程学会土木工程专业优秀毕业生（8名）　　　　表5-22

姓名	学校	姓名	学校
易荣	同济大学	叶宏	

续表

姓名	学校	姓名	学校
李斌	东南大学	刘咏梅	
李大忠		杨旺	
李恺平		王印海	清华大学

1990年中国土木工程学会土木工程专业优秀毕业生（13名）　　　　表5-23

姓名	学校	姓名	学校
张营周		许辉	
王军	东南大学	张帆	浙江大学
周广如	东南大学	刘德韬	
甘俊文		卫琳	
张之日		郁海军	同济大学
曾小强		张晖	
刘彤程			

1991年中国土木工程学会土木工程专业优秀毕业生（7名）　　　　表5-24

姓名	学校	姓名	学校
张晓峰	东南大学	荆宜洪	同济大学
张海卿	烟台大学	杨修茂	
王焱		王进	
孙代红			

1992年中国土木工程学会土木工程专业优秀毕业生（10名）　　　　表5-25

姓名	学校	姓名	学校
王伟		华楠	
林雪梅		王培力	
周东升		张辉	东南大学
巨玉文	太原工业大学	俞冬青	
丁翔		杨晓晴	同济大学

1994年中国土木工程学会土木工程专业优秀毕业生（5名）　　　表5-26

姓名	学校	姓名	学校
吕彦东	重庆建筑大学	于晓冬	哈尔滨建筑大学
温云巩	武汉工业大学	张英	清华大学
毛华	华北电力学院		

1995年中国土木工程学会土木工程专业优秀毕业生（5名）　　　表5-27

姓名	学校	姓名	学校
李欣然	长沙铁道学院	张海荣	同济大学
史焕祥	东北电力学院	王建琳	清华大学
任彧	天津大学		

1996年中国土木工程学会土木工程专业优秀毕业生（10名）　　　表5-28

姓名	学校	姓名	学校
黄敏	哈尔滨建筑大学	傅余萍	湖南大学
袁志仁	重庆建筑大学	王建林	天津大学
高勇	浙江大学	陈智勇	华南理工大学
罗文斌	西安建筑科技大学	张宇峰	东南大学
胡宇婴	同济大学	张春生	清华大学

1997年中国土木工程学会土木工程专业优秀毕业生（15名）　　　表5-29

姓名	学校	姓名	学校
张冬梅	同济大学	王景	重庆建筑大学
靳新华	西南交通大学	徐强	哈尔滨建筑大学
徐文源	重庆交通学院	黄国辉	北方交通大学
陈可	西安公路交通大学	杨慧	浙江大学
满晓麟	同济大学	范圣刚	甘肃工业大学
朱鸣	东南大学	杨杨	四川联合大学
李立君	长沙铁道学院	廖顺雨	清华大学
刘霞	湖南大学		

1998年中国土木工程学会土木工程专业优秀毕业生（14名）　　　　表5-30

姓名	学校	姓名	学校
王昕洋	天津大学	王宇	华南理工大学
宫海	同济大学	朱虹	东南大学
姜欣	合肥工业大学	邹坚	河海大学
屠晟	大连理工大学	高银鹰	西安建筑科技大学
刘洪波	西南交通大学	王斌	浙江大学
林荫	上海铁道大学	邹新军	湖南大学
杨飏	哈尔滨建筑大学	姚俊淦	清华大学

1999年中国土木工程学会土木工程专业优秀毕业生（20名）　　　　表5-31

姓名	学校	姓名	学校
向华	清华大学	高艳灵	上海铁道大学
韦芳芳	东南大学	刘涛	西安交通大学
曹立岭	浙江大学	徐湘桃	河海大学
肖锋	四川大学	毛学明	西南交通大学
张春巍	哈尔滨建筑大学	徐欣	沈阳建筑工程学院
邵光信	西北建筑工程学院	陈全	石家庄铁道学院
陈之毅	同济大学	钟华	湖南大学
顾浩声	同济大学	吴勇	重庆建筑大学
李斌	华中理工大学	刘伟亮	河北工业大学
金文兵	昆明理工大学	吴兵	深圳大学

2000年中国土木工程学会土木工程专业优秀毕业生（20名）　　　　表5-32

姓名	学校	姓名	学校
郑睿祺	清华大学	韦珊珊	广西大学
汤昱川	清华大学	丁志坤	山东科技大学
陈衡治	浙江大学	杨永波	北方交通大学
袁芳	东南大学	贺喜霞	西安建筑科技大学
曲冰	同济大学	闫治国	西南交通大学
朱波	同济大学	刘展科	华中科技大学
张海燕	湖南大学	张红艳	石家庄铁道学院

续表

姓名	学校	姓名	学校
张凯	郑州工业大学	毋建平	太原理工大学
石光磊	沈阳建筑工程学院	周斌	上海交通大学
黄尚荣	沈阳建筑工程学院	王冬	天津大学

2001年中国土木工程学会土木工程专业优秀毕业生（20名）　　表5-33

姓名	学校	姓名	学校
谢岳来	清华大学	刘永清	昆明理工大学
钮忠华	重庆大学	周勇	甘肃工业大学
孙征	郑州工业大学	丁幼亮	东南大学
张育智	西南交通大学	杨晶	同济大学
杨随新	湖南大学	刘剑锋	同济大学
郭云	天津大学	吕进	河海大学
徐科英	中南大学	叶晓帆	香港理工大学
温进芳	石家庄铁道学院	梁灼华	香港大学
王秀存	河北工业大学	郝晓丽	西安建筑科技大学
刘力英	华南理工大学	许志平	西安交通大学

2002年中国土木工程学会土木工程专业优秀毕业生（20名）　　表5-34

姓名	学校	姓名	学校
纪晓东	清华大学	黎少松	华南理工大学
刘捷	同济大学	卢少文	华侨大学
杨素哲	同济大学	刘英贤	昆明理工大学
史杰	天津大学	武立波	宁夏大学
董宁	北方工业大学	吴昊	山东科技大学
刘叶锋	北方交通大学	沈扬	浙江大学
徐伟炜	东南大学	张翀	郑州大学
王陆军	河海大学	许新林	香港大学
左晓明	合肥工业大学	曹淑娴	香港理工大学
章静敏	河北工业大学	万伟强	香港科技大学

2003年中国土木工程学会土木工程专业优秀毕业生（17名）　　　表5-35

姓名	学校	姓名	学校
张银屏	同济大学	朱占友	重庆大学
于晓野	哈尔滨工业大学	牛军贤	兰州理工大学
刘毅	东南大学	郑莲琼	福州大学
陆金钰	浙江大学	林述涛	山东建筑工程学院
郭鹏	西安建筑科技大学	张庆	昆明理工大学
何伟球	华南理工大学	苗凤	湖南大学
王长玉	沈阳建筑工程学院	陈焰周	武汉大学
张永超	河北工业大学	王松涛	清华大学
孙应桃	郑州大学		

2004年中国土木工程学会土木工程专业优秀毕业生（19名）　　　表5-36

姓名	学校	姓名	学校
钟方杰	南京航空航天大学	孙凌志	山东科技大学
张兆强	长安大学	张峥	同济大学
黄远	湖南大学	郭文	西南科技大学
张雪东	北京交通大学	卜丹	大连理工大学
黄小雁	华侨大学	廖芳芳	西安建筑科技大学
王永海	浙江大学	王岩	河海大学
马伯涛	哈尔滨工业大学	胡涛	东南大学
栗怀广	西南交通大学	蔡燕燕	中国矿业大学
徐芳	新疆大学	陈宇	清华大学
刘兰花	重庆大学		

2005年中国土木工程学会土木工程专业优秀毕业生（20名）　　　表5-37

姓名	学校	姓名	学校
延永东	武汉大学	王琦	山东科技大学
江枣	天津大学	杜耀峰	华侨大学
汪文涛	兰州理工大学	刘金杰	河北工业大学
李健	哈尔滨工业大学	鲍春晓	天津大学
赵旭阳	郑州大学	廖翌棋	北京航空航天大学

续表

姓名	学校	姓名	学校
邓露	华中科技大学	张振宇	长安大学
王俊伟	昆明理工大学	刘涛	中国矿业大学
蔡建国	东南大学	刘丽娟	北京建筑工程学院
苗苗	大连理工大学	杨帆	清华大学
杨林虎	内蒙古科技大学	许宗伟	沈阳建筑大学

2006年中国土木工程学会土木工程专业优秀毕业生（25名）　　　表5-38

姓名	学校	姓名	学校
仇文岗	河海大学	刘建强	新疆大学
张倩	西南科技大学	周杰	中国矿业大学
黎雷	武汉理工大学	郑建波	烟台大学
李荣帅	南京工业大学	刘志磊	重庆大学
李法雄	湖南大学	罗国庆	西南交通大学
赵丹	哈尔滨工业大学	李明雨	郑州大学
韩兴腾	安徽理工大学	王昊	山东建筑大学
周懿慧	昆明理工大学	马晓博	北京建筑工程学院
傅嘉	宁波大学	刘姗姗	天津大学
朱忠男	武汉大学	肖宗仁	同济大学
王亚琴	同济大学	江媛	苏州科技学院
徐书楠	清华大学	任爽	西安建筑科技大学
郭海波	河南科技大学		

2007年中国土木工程学会土木工程专业优秀毕业生（28名）　　　表5-39

姓名	学校	姓名	学校
刘京	北京建筑工程学院	郑来娟	北京航空航天大学
黄鹭娜	河海大学	高源	沈阳建筑大学
刘朝峰	河北工业大学	张振炫	郑州大学
周亚乐	长安大学	李则林	广西大学
唐沛	南京林业大学	都伟杰	南京林业大学
张晓光	清华大学	吴文兵	中国矿业大学

续表

姓名	学校	姓名	学校
祖义祯	浙江大学	刘哲	同济大学
袁苗苗	烟台大学	刘卫	湖南城市学院
黄锐	西华大学	刘文婷	武汉大学
汪正华	同济大学	李海丽	天津大学
陈华春	重庆大学	蒋依娴	福州大学
金华建	宁波大学	王腊银	西安建筑科技大学
孟凡兵	华侨大学	王青	清华大学
刘荣	昆明理工大学	薛冠豪	西南科技大学

2008年中国土木工程学会土木工程专业优秀毕业生（25名）   表5-40

姓名	学校	姓名	学校
肖俞	北京交通大学	杨晓燕	中国矿业大学
周毅	同济大学	孟令宇	沈阳建筑大学
孔铭钟	宁波大学	严世涛	广西大学
刘庆志	华南理工大学	卢啸	湖南大学
陆俊虎	郑州大学	胡嫄	新疆大学
刘庆振	南京工业大学	王宇航	清华大学
朱磊	南京航空航天大学	赖世超	北京建筑工程学院
冷旷代	西南交通大学	聂建明	天津大学
吴见丰	华侨大学	朱玉兵	同济大学
竺明星	兰州理工大学	郭晓旸	清华大学
刘伟	厦门大学	王继春	西南科技大学
张燕北	河海大学	宋海秋	昆明理工大学
王建峰	浙江大学		

2009年中国土木工程学会土木工程专业优秀毕业生（31名）   表5-41

姓名	学校	姓名	学校
朱晶晶	武汉大学	罗增杰	长沙理工大学
及伟煜	哈尔滨工业大学	刘凌涛	北京建筑工程学院
张宁	天津大学	王仲宾	沈阳建筑大学
孟慧	华中科技大学	朱煜茜	淮海工学院

续表

姓名	学校	姓名	学校
张贤尧	武汉理工大学	王伟	华南理工大学
李修然	湖北大学	郑经纬	河海大学
杨帆	清华大学	秦如	重庆大学
王豪	重庆大学	王海	清华大学
王海涛	郑州大学	梁倚	广西大学
陈露	东南大学	槐建柱	北京航空航天大学
韩娟	西南科技大学	翁祥颖	西南交通大学
刘云忠	苏州科技学院	曹茜茜	宁波大学
周志浩	华中科技大学	宋潮英	安徽理工大学
于振华	同济大学	张佳	烟台大学
肖杰	长安大学	郭志卓	北京交通大学
陈金光	山东科技大学		

2010年中国土木工程学会土木工程专业优秀毕业生（30名）　　表5-42

姓名	学校	姓名	学校
储晓黎	宁波大学	唐锐	西南交通大学
姚遥	哈尔滨工业大学	安文强	沈阳建筑大学
张汉杰	厦门大学	范恺	华侨大学
曹悠悠	北京建筑工程学院	史晓娜	烟台大学
孙浩	河海大学	汪婉宁	同济大学
周琼	南京林业大学	谢小东	华南理工大学
张海龙	南京航空航天大学	季文颖	东南大学
杜一鸣	天津大学	许菲	天津城市建设学院
尚坤	北京航空航天大学	王子鸣	苏州科技学院
马米粒	西安建筑科技大学	任振	重庆大学
蒙朝楼	广西大学	郑弦	武汉理工大学
安妮	昆明理工大学	许娜	辽宁石油化工大学
时晓贝	兰州交通大学	杨益晟	华北电力大学
安钰丰	清华大学	邹尧	西南科技大学
徐自然	华中科技大学	汪清凉	福州大学

2011年中国土木工程学会土木工程专业优秀毕业生（31名）　　　表5-43

姓名	学校	姓名	学校
姚国友	河海大学	王燕丽	昆明理工大学
徐悟	清华大学	赵妍	山东科技大学
张素清	兰州理工大学	王斌	北京建筑工程学院
徐蓉蓉	广西大学	王勇	南京林业大学
唐进鹏	苏州科技学院	来少平	中国矿业大学
高伟	广州大学	吴春林	天津大学
罗峥	西安建筑科技大学	毛舒芳	湖南大学
熊琛	西安交通大学	汪军	重庆大学
宋翔	浙江大学	刘帅帅	安徽理工大学
曾盛	华侨大学	王萌萌	西安建筑科技大学
袭杰	北京航空航天大学	申东力	辽宁石油化工大学
梅启培	华中科技大学	张颖	山东科技大学
梅攀	西南科技大学	赵丽清	东南大学
纪未龙	郑州大学	刘力溶	华北电力大学
左春阳	武汉大学	张文丹	福州大学
申志福	同济大学		

2012年中国土木工程学会土木工程专业优秀毕业生（26名）　　　表5-44

姓名	学校	姓名	学校
袁栋	天津城市建设学院	薛荣军	河海大学
邹超	厦门大学	徐智敏	华侨大学
徐涛智	华南理工大学	韩建红	新疆大学
杜绍帅	西安建筑科技大学	刘宁	山东建筑大学
孟春媛	兰州理工大学	李一昕	清华大学
李大林	同济大学	宋宇	北京建筑工程学院
张德爽	沈阳建筑大学	李运攀	三峡大学
李洪明	南京航空航天大学	高敏	华北电力大学
王萌	山东大学	蔡超	辽宁石油化工大学
郭宏伟	宁波大学	胡文瑛	同济大学

续表

姓名	学校	姓名	学校
海乐天	郑州大学	宋晓朦	清华大学
余靖	浙江大学	聂珂	重庆大学
李涛	中国矿业大学	胡萍	扬州大学

2013年中国土木工程学会土木工程专业优秀毕业生（33名） 表5-45

姓名	学校	姓名	学校
柳晓晨	重庆大学	董庆一	大连海洋大学
陈彬彬	华南理工大学	李路	西南科技大学
刘佳琪	中南大学	陈旭东	新疆大学
窦元佳	天津城市建设学院	崔梦迪	北京建筑大学
陈斯聪	广州大学	林友强	厦门大学
李晓峰	武汉大学	王丽亚	昆明理工大学
杨硕	沈阳建筑大学	王磊	中国矿业大学
潘晶晶	河海大学	张琳爽	华侨大学
孙秀松	山东建筑大学	杨安琪	同济大学
谢思洋	清华大学	徐宵枭	南京林业大学
翟昆	长安大学	孙蕴琳	西安建筑科技大学
王霄翔	天津大学	王小婷	宁波大学
宁纪源	广西大学	李溪楠	天津理工大学
卢俊凡	西安建筑科技大学	薛晋	西南交通大学
孙文隽	南京工业大学	樊颖	东南大学
考秀倩	烟台大学	杭晓亚	山东科技大学
武沛松	哈尔滨工业大学		

2014年中国土木工程学会土木工程专业优秀毕业生（45名） 表5-46

姓名	学校	姓名	学校
李培军	河海大学	张维熙	郑州大学
刘世龙	北京交通大学	杜恭榜	沈阳工业大学
王中兴	大连理工大学	曹纪兴	兰州理工大学
马利超	北京科技大学	范凡	上海交通大学

续表

姓名	学校	姓名	学校
任喆	昆明理工大学	梁洪超	浙江大学
黄志云	苏州科技学院	柳苏琴	华侨大学
雷灏轩	华南理工大学	李保磊	东北林业大学
吕圆圆	石家庄铁道大学	何愉舟	同济大学
陈柳灼	新疆大学	刘安琪	大连理工大学
何雅雯	东南大学	陶亚楠	大连大学
姚文康	南京工业大学	刘锐	天津大学
简世军	大连海洋大学	纵翔宇	华北电力大学
石越峰	北京建筑大学	洪政	安徽工业大学
张雪辉	长安大学	徐光慧	昆明理工大学
汪树华	西南交通大学	甘雨平	西南科技大学
钟扬	中南林业科技大学	刘婵娟	湖南大学
赵懿	沈阳建筑大学	蔡永蓉	桂林理工大学
徐莱	后勤工程学院	汪炼念	重庆大学
胡成宝	宁波大学	张方雄	华中科技大学
仇杰	西安建筑科技大学	曹璐琳	南京林业大学
吕慧宝	中南大学	曾振浩	内蒙古科技大学
景宪航	南京航空航天大学	潘利梅	山东科技大学
聂艳侠	中国矿业大学		

2015年中国土木工程学会土木工程专业优秀毕业生（45名）　　　表5-47

姓名	学校	姓名	学校
郑勤飞	江西理工大学	李思宇	重庆大学
周洲	兰州理工大学	王月明	广西大学
葛鹏	厦门大学	李林家	上海交通大学
王晓楠	大连海事大学	尹鑫	天津大学
张兵	兰州交通大学	李宝元	新疆大学
李树斌	广州大学	赵美扬	长安大学
周思昂	北京建筑大学	苏岩	哈尔滨工业大学
孙杰	河海大学	袁蕾	苏州科技学院

续表

姓名	学校	姓名	学校
王兴	南京工业大学	刘明明	山东科技大学
李伯维	华中科技大学	邢磊	华北科技学院
向需文	武汉理工大学	何祎林	大连理工大学
韩治宇	西安交通大学	徐红燕	东南大学
林亨	宁波大学	胡勇	华北电力大学
黄兆祺	同济大学	陈子晏	清华大学
许华	内蒙古科技大学	金承泽	南京林业大学
桂富城	昆明理工大学	孔艳娇	宁波工程学院
吕颖	清华大学	戴世玮	安徽理工大学
姚杰	浙江大学	黄四宝	海南大学
杨意志	郑州大学	巴晨晨	华北理工大学
韦慧心	南昌大学	吉韵芝	北京交通大学
杨琳	长沙学院	邓蓉欣	华侨大学
邱天琦	中南大学	周新	云南大学
战营	华南理工大学		

2016年中国土木工程学会土木工程专业优秀毕业生（24名）　　表5-48

姓名	学校	姓名	学校
杨梦	华侨大学	李思童	北京建筑大学
郑勇	浙江大学城市学院	郝博超	广西大学
谢明雷	北京科技大学	邵羽	河海大学
王志超	山东科技大学	方黄城	北京交通大学
赵振梁	南京林业大学	蒋亚军	武汉理工大学
郭兴森	郑州大学	郭靖	安徽理工大学
王宇超	南昌大学	吴焯雅	华南理工大学
庄亮东	清华大学	卫立啸	中国矿业大学（北京）
张凡	内蒙古科技大学	梁启刚	新疆大学
孙意斌	南京工业大学	王文章	东北林业大学
王少鹏	石家庄铁道大学	姚晶晶	中南林业科技大学
马超智	兰州交通大学	胡志	昆明理工大学

2017年中国土木工程学会土木工程专业优秀毕业生（30名）　　表5-49

姓名	学校	姓名	学校
毕振宇	南京林业大学	孙达明	河海大学
丁权福	徐州工程学院	孙宪夫	北京交通大学
范志鹏	中国矿业大学	田学帅	燕山大学
郭凯	青海大学	王林杰	河北建筑工程学院
海维深	昆明理工大学	吴佳琪	江苏大学
韩亚伟	合肥学院	鲜晴羽	西南石油大学
贾英琦	大连理工大学	谢聪聪	北京建筑大学
李向阳	新疆大学	殷玉琪	山东建筑大学
李志远	同济大学	张宽	兰州理工大学
刘栋	重庆大学	张涛	扬州大学
刘文倩	东北石油大学	张通	东北大学
吕晚晴	清华大学	张霄	浙江大学城市学院
孟畅	东南大学	甄海锋	华南理工大学
潘力臻	中国人民解放军理工大学	周赟文	南昌大学
孙歌	黑龙江工程学院	庄柏舟	东北林业大学

2018年中国土木工程学会土木工程专业优秀毕业生（30名）　　表5-50

姓名	学校	姓名	学校
陈希	北京交通大学	沈远航	兰州理工大学
陈春华	新疆大学	石涛	中南林业科技大学
陈振宇	南京林业大学	王坤	安徽理工大学
董雪杨	中南大学	徐凯	西南石油大学
耿玮	吉林建筑大学	徐真	兰州交通大学
何梦杰	东北林业大学	于俊楠	北京建筑大学
胡佳丽	石家庄铁道大学	俞涛	东南大学
黄文	浙江大学城市学院	张超众	武汉理工大学
康祺祯	浙江大学	张文博	华南理工大学

续表

姓名	学校	姓名	学校
孔思宇	清华大学	张亚军	中国矿业大学
李嘉俊	河海大学	张子豪	重庆大学
林天翔	南昌大学	周磊	上海交通大学
吕泽楷	青海大学	周浩然	宁夏大学
任邦克	同济大学	周默苇	华侨大学
沈亦农	哈尔滨工程大学	朱蕾	江苏大学

2019年中国土木工程学会土木工程专业优秀毕业生（36名）　　表5-51

姓名	学校	姓名	学校
蔡诗淇	浙江大学城市学院	刘入瑞	清华大学
陈伟	同济大学	刘逸坤	四川大学
陈乙轩	广州大学	马新腾	东北林业大学
陈雨唐	河海大学	石林泽	宁波大学
程贤军	兰州理工大学	汤喆	黑龙江工程学院
初晓雷	西南交通大学	王萌	中南大学
董春敏	长沙理工大学	王晨博	哈尔滨工业大学
高健峰	福州大学	王富玉	石家庄铁道大学
黄鹏飞	武汉大学	王肖骏	东南大学
黄旭东	华东交通大学	谢晨曦	新疆大学
黄宜良	郑州大学	熊悦辰	南昌大学
黎昊天	深圳大学	徐英俊	中国矿业大学
李朋原	广西大学	闫勇升	上海交通大学
刘谦	西安建筑科技大学	张晨宇	兰州交通大学
刘莹	内蒙古科技大学	张天宇	华南理工大学
刘佳辰	北京航空航天大学	赵阿虎	安徽理工大学
刘金樟	山东科技大学	赵容舟	绍兴文理学院
刘凌霄	青海大学	郑思思	北京建筑大学

5.7 土木工程专业学生参加的相关全国大学生竞赛

5.7.1 全国周培源大学生力学竞赛

"全国周培源大学生力学竞赛"是以我国著名流体力学家、理论物理学家、教育家和社会活动家、中国科学院院士周培源先生命名的一项力学竞赛。该赛事由教育部高等学校力学教学指导委员会力学基础课程教学指导分委员会、中国力学学会和周培源基金会共同主办，中国力学学会教育、科普工作委员会，各省、自治区、直辖市力学学会与高校协办，并委托《力学与实践》编委会承办，协办高校每届轮换。"全国周培源大学生力学竞赛"是教育部批准的全国性大学生学科竞赛活动。从1988年第一届开始举行到2019年第十二届，共举行了12届。20世纪80年代，我国百废初兴，科技的发展却面临科技队伍的断层和人才匮乏的瓶颈制约。振兴教育，培养新一代高素质的创新人才是时代的呼唤，全国大学生力学竞赛在这样的背景下开始酝酿。1986年8月在呼和浩特市召开的《力学与实践》编委会会议上筹办开展力学竞赛，1988年举行第一届（当时称为"全国青年力学竞赛"）大学生力学竞赛。1992年、1996年、2000年和2004年分别举办了第二~第五届，从1996年第三届起改名为"全国周培源大学生力学竞赛"，前5届全国周培源大学生力学竞赛四年一届。2004年9月第五届力学竞赛初赛在全国35个主要城市设立的211个考场同时举行，竞赛报名人数达7617人，人数超过了前4届报名人数之和。从2007年第六届开始，力学竞赛每两年定期举行一次，并在中国力学学会学术大会开幕式上颁奖，对倡导大学生从本科阶段就开始接触高水平乃至前沿科学与工程研究，接受高水平的导师指导，具有重要促进作用。从第一届全国仅有62人、12个单位参赛，到2019年第十二届共有来自30个省、自治区、直辖市的300余所高校的26700余人报名参赛，表明全国周培源大学生力学竞赛在全国具有广泛的代表性，在高校有着重要的影响。从东海之滨到西部新疆，从东北地区到特别行政区香港，竞赛得到了高校领导、老师和学生的积极响应。

全国周培源大学生力学竞赛旨在培养人才、服务教学、促进高等学校力学基础课的改革与建设，增进青年学生学习力学的兴趣，培养分析、解决实际问题的能力，发现力学创新人才，为青年学子提供一个展示基础、知识和思维能力的舞台。力学竞赛的基础知识覆盖理论力学与材料力学两门课程的理论和实验，着重考核灵活运用基础知识、分析和解决问题的能力。范围为理论力学和材料力学的教学大纲（基础题部分B类；提高题部分A类）。竞赛包括个人赛和团体赛，个人赛采用闭卷笔试方式，理论力学和材料力学综合为一套试卷。团体赛分为"理论设计与操作"和"基础力学实验"两部分，采取团体课题研究（实验测试）的方式。个人赛由分组织委员会就近安排考场、全国同时进行考试，团体赛集中于一地进行；全国周培源大学生力学竞赛在全国各省、自治区、直辖市还设有分赛区。

　　理论力学和材料力学始终是土木工程专业的两门主要基础课，基于专业的深厚力学基础要求、课程与专业的紧密性、开办土木工程专业学院（系）与力学专业（有些学校的土木工程专业就是在力学专业的基础上衍生、扩展建立的）或力学竞赛的渊源关系等原因，20世纪举办的全国周培源大学生力学竞赛中，就有土木工程专业背景（当时为工民建、建筑工程、桥梁工程、地下建筑工程、海洋工程等专业）的学生参加该竞赛。进入21世纪以来由于强调力学基础的重要性、该赛事的影响逐年扩大和学校（学院）的重视，参赛（含分赛区参赛）的学校大部分是开办有土木工程专业的高校，参加该赛事的土木工程专业学生更多，许多学生在竞赛中取得了优异的成绩（获得第九届力学竞赛个人赛第一名的同济大学祝卫亮，2014年被推荐为同济大学土木工程学院的直博生、获得中国力学学会全国徐芝纶力学优秀学生一等奖），力学竞赛对土木工程人才的成长起到了促进作用，许多获奖者后来成为学科的创新领军人才。全国周培源大学生力学竞赛在设有土木工程专业的高校和学生中具有较大影响。图5-14～图5-16为部分竞赛合影。

图5-14　2004年12月第五届全国周培源大学生力学竞赛颁奖合影（北京）

图5-15　2009年第七届全国周培源大学生力学竞赛颁奖大会（郑州）

图5-16　2017年全国周培源大学生力学竞赛（合肥赛区）

5.7.2　全国大学生混凝土材料设计大赛

全国大学生混凝土材料设计大赛是面向全国高校无机非金属材料、土木、交通工程相关专业大学生的一项科技竞赛活动，从2010年起，每两年举办一次，至2018年共举办五届。参加学生人数中约有50%~60%的土木工程专业学生参加该赛事。第一、第二届全国大学生混凝土材料设计大赛由中国混凝土与水泥制品协会、中国建筑材料联合会联合主办。从第三届起，全国大学生混凝土材料设计大赛由教育部无机非金属材料工程专业教学指导委员会与原主办方联合主办。

第一届全国大学生混凝土材料设计大赛于2010年8月在大连理工大学举行，来自全国35所高校的46支参赛队伍、180名本科生在各自指导教师的带领下参加了此次大赛，大赛由大连理工大学承办。大赛的主题是"自主·创新·协作"，目的在于将课堂理论与工程实践相结合，激发学生学习专业知识的积极性，提高对所学知识的综合运用能力，培养学生的创新精神及团队意识，考察学生的专业知识与技能等综合素质。本届混凝土设计大赛的设计题目是"预期强度的混凝土配合比设计"。整个比赛分为四个环节，即理论设计、现场比赛、数据整理和陈述答辩。

第二届全国大学生混凝土材料设计大赛于2012年5月在东南大学举行，由56所高校的材料、土木和交通领域的288名学生、89名参赛指导教师组成的96支参赛队伍参加了此次大赛。此次大赛由东南大学、江苏省建筑科学研究院有限公司、"高性能土木工程材料国家重点实验室"共同承办。本届大赛的主题是"实践、创新、合作与交流"，旨在将课堂理论知识与试验实践相结合，激发学生学习专业知识的积极性，提高对所学知识的综合运用能力，培养学生的创造精神及团队意识。设计主题为C40自密实混凝土，实践操作包含C40自密实混凝土配合比的方案设计、现场实践操作（分为制备和结果测试）两个环节。

第三届全国大学生混凝土材料设计大赛于2014年4月在重庆大学举行，大赛主题为"轻质与高强：基于强度和密度的混凝土配合比设计"，由全国61所高校无机非金属材料与土木工程等相关专业的在校大学生组成的109支队伍参加了本届大赛。此次大赛由重庆大学、江苏省建筑科学研究院有限公司"高性能土木工程材料国家重点实验室"联合承办。此次大赛的设计主题是C50自密实混凝土，由理论笔试和实践操作两部分组成，大赛的宗旨是"理论联系实际，合作交流创新"。

第四届全国大学生混凝土材料设计大赛于2016年7月在北京建筑大学举行，来自全国73所高校材料、土木和交通领域的500余名学生及参赛指导教师组成的125支参赛队伍参加了此次大赛。本次大赛设计主题是"C30大流态混凝土"，大赛内容由理论知识和实际操作两部分组成。

第五届全国大学生混凝土材料设计大赛于2018年7月在哈尔滨工业大学举行，来自全国76所高校组成的135支队伍参加了此次大赛。本次大赛设计主题是：C35大流态混凝土，采用机制砂，以有利于混凝土耐久性为原则，并考虑工程应用环境和经济性。大赛组委会还对收到的来自22所高校提交的28件水泥基复合材料创意作品进行现场展示和评选。图5-17和图5-18为部分参赛合影。

图5-17　第四届全国大学生混凝土材料设计大赛
开幕式（北京）

图5-18　第五届全国大学生混凝土材料设
计大赛现场（哈尔滨）

参考文献

［1］ 高等教育部. 关于实施高等学校课程改革的决定［Z］//高等教育部. 高等教育文献法令汇编（1949~1952年）. 北京：高等教育部办公厅，1958.

［2］ 赵安东. 对五十年代学习苏联高教经验进行教学改革的初步看法［J］. 上海高教研究，1981，1：64-75.

［3］ 董节英. 建国初期高等学校的课程改革［J］. 教育史研究，2008，1：1-4，8.

［4］ 赵京. 对新中国成立初期高校教学改革中学习苏联问题的认识［J］. 当代中国史研究，2012，2：63-66，126.

［5］ 哈尔滨工业大学校史编写室. 哈尔滨工业大学简史（1920-1985）［M］. 哈尔滨：哈尔滨工业大学出版社，1985.

［6］ 顾明远. 论苏联教育理论对中国教育的影响［J］. 北京师范大学学报（社会科学版），2004，1：5-13.

［7］ 刘西拉. 21世纪的中国土木工程教育［J］. 清华大学教育研究，1998，1：6.

［8］ 沈祖炎. 挑战与突破：面向21世纪土建类专业人才培养方案及教学内容体系改革的研究［M］. 上海：同济大学出版社，2000.

［9］ 同济大学土木工程学院建筑工程系简志（1914—2006）编写组. 同济大学土木工程学院建筑工程系简志（1914-2006）［M］. 上海：同济大学出版社，2007.

［10］ 高等学校土木工程专业指导委员会. 高等学校土木工程专业本科教育培养目标和培养方案及课程教学大纲［M］. 北京：中国建筑工业出版社，2002.

［11］高等学校土木工程学科专业指导委员会．高等学校土木工程本科指导性专业规范［M］．北京：中国建筑工业出版社，2011.

［12］朱高峰．关于中国工程教育发展前景问题［J］．高等工程教育研究，2016，3：1-4.

［13］钟登华．新工科建设的内涵与行动［J］．高等工程教育研究，2017，3：1-6.

［14］吴爱华，侯永峰，杨秋波，郝杰．加快发展和建设新工科　主动适应和引领新经济［J］．高等工程教育研究，2017，1：1-9.

［15］中国土木工程学会．优秀毕业生奖［EB/OL］．（2018-12-12～2019-08-28）［2020-03-15］.http://123.57.212.98/html/tm/29/40/40.html.

［16］浙江省大学生科技竞赛委员会.浙江省大学生结构设计大赛［EB/OL］．（2015-05-14）［2020-03-06］. http：//tushuo.jk51.com/tushuo/8253734.html.

［17］湖北省大学生结构设计竞赛组委会．大赛进程［EB/OL］．（2013-09-30～2019-07-18）［2020-03-15］. http：//structure.whu.edu.cn.

［18］江西省大学生科技创新与职业技能竞赛秘书处．关于2018年江西省大学生结构设计大赛获奖名单的公示［EB/OL］．（2018-06-19）［2020-03-05］. http://www.jxedu.gov.cn/info/2492/122500.htm.

［19］西安建筑科技大学土木工程学院."宝冶杯"第十三届全国大学生结构设计竞赛在西安建筑科技大学举办［EB/OL］．（2019-10-18）［2020-03-20］. http：//civil.xauat.edu.cn/info/1051/2001.htm.

［20］CCTV-1晚间新闻．结构有形创意无限　大学生结构设计竞赛闭幕［EB/OL］．（2019-10-22）［2020-03-20］. http：//tv.cctv.com/2019/10/21/VIDEYs5LbuVwC4pjQv5VR8Au191021.shtml.

［21］CCTV-4中国新闻．陕西西安 第十三届全国大学生结构设计竞赛闭幕［EB/OL］.（2019-10-22）［2020-03-20］. http：//app.cctv.com/special/cbox/detail/index.html?guid=acafd6c992b0477da5373a5bf942ea75&mid=（null）&vsid=C10336&from=groupmessage&isappinstalled=0#0.

［22］中国力学学会．全国周培源大学生力学竞赛［EB/OL］．（2006-9-28～2018-12-19）［2020-03-10］. http：//zpy.cstam.org.cn/templates/jiaoyu_001/index.aspx?nodeid=54&tohtml=false.

［23］中国混凝土与水泥制品协会．全国混凝土设计大赛［EB/OL］．（2010-8-03～2018-07-24）［2020-03-10］. http：//www.ccpa.com.cn/contest/detail/0.html.

第6章　支撑专业发展的学科状况

6.1 国家重点学科评选[1]

国家重点学科是国家根据发展战略与重大需求，择优确定并重点建设的培养创新人才、开展科学研究的重要基地，在高等教育学科体系中居于骨干和引领地位。重点学科建设对于带动我国高等教育整体水平全面提高，提升人才培养质量、科技创新水平和社会服务能力，满足经济建设和社会发展对高层次创新人才的需求，提供高层次人才和智力支撑，提高国家创新能力，建设创新型国家具有重要的意义。截至2019年底，我国共组织了三次重点学科的评选工作。

第一次评选工作是在1986～1987年，共评选出416个重点学科点，其中文科78个，理科86个，工科163个，农科36个，医科53个，涉及108所高等学校。其中，同济大学的结构工程、岩土工程，清华大学的结构工程、环境工程、水工结构工程，河海大学的岩土工程、工程水文及水资源，哈尔滨建筑工程学院的市政工程，成都科学技术大学的水力学及河流动力学，大连理工大学的海岸工程学，武汉水利电力学院的农田水利工程等11个学科入选土建、水利类重点学科。

第二次评选工作是在2001～2002年，共评选出964个高等学校重点学科。同济大学、中国矿业大学、河海大学、浙江大学的岩土工程，清华大学、哈尔滨工业大学、同济大学、东南大学、湖南大学、广西大学、西安建筑科技大学的结构工程，哈尔滨工业大学的市政工程，同济大学、中南大学、西南交通大学的桥梁与隧道工程，河海大学、武汉大学、西安理工大学的水文学及水资源，清华大学、四川大学的水力学及河流动力学，清华大学、大连理工大学、河海大学的水工结构工程，武汉大学、华中科技大学的水利水电工程，天津大学、大连理工大学的港口、海岸及近海工程等入选。

第三次评选工作是在2006年，在"服务国家目标，提高建设效益，完善制度机制，建设一流学科"的指导思想下，在按二级学科设置的基础上，增设一级学科国家重点学科；评选出286个一级学科，677个二级学科，217个国家重点（培育）学科。清华大学、哈尔滨工业大学、同济大学、浙江大学、湖南大学、中南大学的土木工程入选一级学科国家重点学科；中国矿业大学、河海大学、四川大学、重庆大学、西南交通大学（培育）的岩土工程，北京工业大学、天津大学、大连理工大学、东南大学、广西大学、西安建筑科技大学、福州大学（培育）的结构工程，中国人民解放军理工大学的防灾减灾工程及防护工程，北京交通大学、西南交通大学、中国人民解放军理工大学（培育）的桥梁与隧道工程入选二级学科国家重点学科。

6.2　学科评估[2]

学科评估是教育部学位与研究生教育发展中心（简称学位中心）按照国务院学位委员会和教育部颁布的《学位授予和人才培养学科目录》（简称学科目录），对具有博士、硕士学位授予权的一级学科进行整体水平的评估。学科评估是学位中心以第三方方式开展的非行政性、服务性评估项目，2002年首次开展，截至2019年底已完成四轮。

第一轮学科评估于2002~2004年分3次进行（每次评估部分学科），共有229个单位的1366个学科申请参评。土木工程学科学术队伍、科学研究、人才培养、学术声誉及整体水平的评估结果详见表6-1。

土木工程学科第一轮评估结果　　　　　　表6-1

学位授予单位名称	整体水平		分项指标							
			学术队伍		科学研究		人才培养		学术声誉	
	排名	得分	排名	得分	排名	得分	排名	得分	排名	得分
同济大学	1	88.96	1	88.60	1	84.41	1	87.72	2	99.39
清华大学	2	83.96	2	85.80	2	76.05	2	81.31	1	100
哈尔滨工业大学	3	78.80	3	82.13	4	75.70	4	68.45	3	94.44
浙江大学	4	77.70	6	78.97	5	75.55	5	67.88	4	93.18
大连理工大学	5	75.83	4	82.05	6	72.69	7	65.66	7	88.12
东南大学	6	73.78	5	79.01	11	66.61	10	65.02	5	92.74
河海大学	7	73.25	14	71.59	3	75.77	11	64.51	12	81.95
西南交通大学	8	73.20	7	77.89	7	69.12	6	67.29	9	83.33
湖南大学	9	71.08	13	72.44	10	68.31	13	64.31	8	83.60
天津大学	10	70.49	12	72.88	17	64.41	17	63.23	6	88.61
中南大学	11	70.38	11	73.33	9	68.49	9	65.27	16	77.33
北京交通大学（原北方交通大学）	12	69.62	10	73.65	19	63.87	11	64.51	11	82.50
重庆大学	13	69.34	16	68.76	14	65.08	8	65.63	10	82.72
西安建筑科技大学	14	69.28	9	73.85	13	65.41	16	63.35	14	79.15

续表

学位授予单位名称	整体水平		分项指标							
			学术队伍		科学研究		人才培养		学术声誉	
	排名	得分	排名	得分	排名	得分	排名	得分	排名	得分
华南理工大学	15	67.78	15	70.74	16	64.43	18	62.27	15	77.94
华中科技大学	16	67.75	20	65.71	15	64.86	14	63.93	13	80.36
武汉理工大学	17	67.55	17	68.51	12	66.44	15	63.56	18	73.76
冶金部建筑研究总院	18	67.47	8	74.51	8	68.53	26	60.09	21	67.43
福州大学	19	65.69	18	68.33	18	63.96	19	61.71	19	71.17
广州大学	20	65.11	24	63.75	20	63.15	3	69.53	23	64.40
东北大学	21	64.98	21	65.69	23	62.28	21	61.31	17	73.98
广西大学	22	63.17	22	64.24	21	62.47	22	61.30	22	65.72
哈尔滨工程大学	23	62.82	23	63.80	25	60.74	23	61.18	20	67.70
河北工程学院（原河北建筑科技学院）	24	62.72	19	68.06	24	61.38	24	61.12	25	61.38
贵州工业大学	25	61.69	25	63.15	22	62.42	25	60.72	26	60.00
北京市市政工程研究院	26	61.25	26	60.00	26	60.60	20	61.35	24	63.69

第二轮学科评估于2006～2008年分2次进行，共有331个单位的2369个学科申请参评。其中，土木工程学科在全国高校中具有"博士一级"授权的单位共24个，本次参评22个；具有"博士点"授权的单位共27个，本次参评11个。还有1个具有"硕士一级"授权和8个具有"硕士点"授权的单位也参加了本次评估。参评高校共42所，评估结果详见表6-2。

土木工程学科第二轮评估结果　　　　　　　　　　　　　　　表6-2

排名	学校代码及名称	整体水平得分
1	10247　同济大学	91
2	10003　清华大学	86
3	10213　哈尔滨工业大学	85
4	10335　浙江大学	79
5	10286　东南大学	78

续表

排名	学校代码及名称		整体水平得分
6	10141	大连理工大学	76
7	10056	天津大学	75
	10532	湖南大学	
9	10533	中南大学	74
	10611	重庆大学	
11	10294	河海大学	73
12	10004	北京交通大学	72
	10005	北京工业大学	
14	10008	北京科技大学	71
	10613	西南交通大学	
	90006	中国人民解放军理工大学	
17	10487	华中科技大学	70
18	10290	中国矿业大学	69
19	10248	上海交通大学	68
	10703	西安建筑科技大学	
	10710	长安大学	
22	10491	中国地质大学	67
	10497	武汉理工大学	
	10561	华南理工大学	
25	10429	青岛理工大学	66
	11078	广州大学	
27	10153	沈阳建筑大学	65
	10486	武汉大学	
	10610	四川大学	
30	10593	广西大学	64
	11414	中国石油大学	
32	10252	上海理工大学	63
	10536	长沙理工大学	
	10731	兰州理工大学	

续表

排名	学校代码及名称		整体水平得分
35	10078	华北水利水电学院	62
	10359	合肥工业大学	
	10657	贵州大学	
	10699	西北工业大学	
	10730	兰州大学	
40	10112	太原理工大学	61
	11066	烟台大学	
42	10289	江苏科技大学	60

第三轮学科评估在95个一级学科中进行（不含军事学门类），共有391个单位的4235个学科申请参评，比第二轮增长79%。学科评估采用"客观评价与主观评价相结合、以客观评价为主"的指标体系，包括"师资队伍与资源""科学研究水平""人才培养质量"和"学科声誉"四个一级指标。土木工程学科中，全国具有"博士一级"授权的高校共44所，本次有35所参评；还有部分具有"博士二级"授权和"硕士授权"的高校参加了评估。参评高校共计69所，评估结果详见表6-3。

土木工程第三轮学科评估结果 表6-3

学校代码及名称		学科整体水平得分
10247	同济大学	95
10213	哈尔滨工业大学	88
10003	清华大学	86
10286	东南大学	
10335	浙江大学	84
10532	湖南大学	82
10533	中南大学	80
10005	北京工业大学	77
10056	天津大学	
10141	大连理工大学	
10294	河海大学	
10611	重庆大学	

续表

学校代码及名称	学科整体水平得分
10613 西南交通大学	77
90006 中国人民解放军理工大学	
10004 北京交通大学	76
10290 中国矿业大学	
10487 华中科技大学	75
10703 西安建筑科技大学	
10248 上海交通大学	73
10422 山东大学	
10486 武汉大学	
10497 武汉理工大学	
10561 华南理工大学	
10359 合肥工业大学	71
10386 福州大学	
10429 青岛理工大学	
10536 长沙理工大学	
10710 长安大学	
10732 兰州交通大学	
11078 广州大学	
10016 北京建筑工程学院	70
10153 沈阳建筑大学	
10291 南京工业大学	
10491 中国地质大学	
10610 四川大学	
10618 重庆交通大学	
10280 上海大学	69
10430 山东建筑大学	
10459 郑州大学	
10731 兰州理工大学	

学校代码及名称	学科整体水平得分
10112　太原理工大学	
10147　辽宁工程技术大学	
10255　东华大学	67
10337　浙江工业大学	
11075　三峡大学	
10009　北方工业大学	
10183　吉林大学	
10216　燕山大学	
10252　上海理工大学	
10332　苏州科技学院	
10500　湖北工业大学	
10596　桂林理工大学	65
10674　昆明理工大学	
10698　西安交通大学	
10699　西北工业大学	
10730　兰州大学	
10792　天津城市建设学院	
11535　湖南工业大学	
10079　华北电力大学	
10127　内蒙古科技大学	
10154　辽宁工业大学	
10475　河南大学	
10489　长江大学	
10490　武汉工程大学	63
10496　武汉工业学院	
10702　西安工业大学	
11035　沈阳大学	
11117　扬州大学	
11258　大连大学	

　　第四轮学科评估于2016年4月启动，于2017年12月28日公布评估结果，在95个一级学科范围内开展（不含军事学门类等16个学科），共有513个单位的7449个学科参评（比第三轮增长76%）；全国高校具有博士学位授予权的学科有94%申请参评。评估体系在前三轮的基础上进行诸多创新；评估数据以"公共数据和单位填报相结合"的方式获取；评估结果按"分档"方式呈现，具体方法是按"学科整体水平得分"的位次百分位，将前70%的学科分9档公布：前2%（或前2名）为A+，2%~5%为A（不含2%，下同），5%~10%为A−，10%~20%为B+，20%~30%为B，30%~40%为B−，40%~50%为C+，50%~60%为C，60%~70%为C−。土木工程学科中，全国具有"博士授权"的高校共56所，本次参评54所；部分具有"硕士授权"的高校也参加了评估。参评高校共计134所，其评估结果详见表6-4。

土木工程第四轮学科评估结果　　　　　　　　　　　　表6-4

评估结果	学校代码及名称	
A+	10247	同济大学
	10286	东南大学
A	10003	清华大学
	10005	北京工业大学
	10213	哈尔滨工业大学
	10335	浙江大学
A−	10056	天津大学
	10141	大连理工大学
	10294	河海大学
	10532	湖南大学
	10533	中南大学
	10613	西南交通大学
	91004	中国人民解放军陆军工程大学（原中国人民解放军理工大学）
B+	10004	北京交通大学
	10107	石家庄铁道大学
	10153	沈阳建筑大学
	10248	上海交通大学
	10290	中国矿业大学
	10422	山东大学

续表

评估结果	学校代码及名称	
B+	10486	武汉大学
	10487	华中科技大学
	10536	长沙理工大学
	10561	华南理工大学
	10611	重庆大学
	10703	西安建筑科技大学
	11078	广州大学
B	10008	北京科技大学
	10016	北京建筑大学
	10291	南京工业大学
	10359	合肥工业大学
	10386	福州大学
	10429	青岛理工大学
	10459	郑州大学
	10491	中国地质大学
	10497	武汉理工大学
	10610	四川大学
	10618	重庆交通大学
	10710	长安大学
	10731	兰州理工大学
	10732	兰州交通大学
B-	10112	太原理工大学
	10145	东北大学
	10280	上海大学
	10332	苏州科技大学
	10361	安徽理工大学
	10385	华侨大学
	10424	山东科技大学
	10430	山东建筑大学

续表

评估结果	学校代码及名称	
B-	10593	广西大学
	10616	成都理工大学
	10700	西安理工大学
	10704	西安科技大学
	11075	三峡大学
C+	10006	北京航空航天大学
	10080	河北工业大学
	10147	辽宁工程技术大学
	10255	东华大学
	10337	浙江工业大学
	10404	华东交通大学
	10500	湖北工业大学
	10534	湖南科技大学
	10590	深圳大学
	10674	昆明理工大学
	10698	西安交通大学
	10792	天津城建大学
	10878	安徽建筑大学
	11845	广东工业大学
C	10009	北方工业大学
	10078	华北水利水电大学
	10183	吉林大学
	10191	吉林建筑大学
	10217	哈尔滨工程大学
	10252	上海理工大学
	10287	南京航空航天大学
	10298	南京林业大学
	10384	厦门大学
	10538	中南林业科技大学

续表

评估结果	学校代码及名称
C	10560　汕头大学
	10596　桂林理工大学
	10657　贵州大学
	11646　宁波大学
C-	10019　中国农业大学
	10128　内蒙古工业大学
	10188　东北电力大学
	10216　燕山大学
	10288　南京理工大学
	10423　中国海洋大学
	10427　济南大学
	10460　河南理工大学
	10488　武汉科技大学
	10555　南华大学
	10699　西北工业大学
	11066　烟台大学
	11117　扬州大学

6.3　重大学科建设计划

6.3.1　985工程[3]

"985工程"是指中国共产党和中华人民共和国国务院在世纪之交为建设具有世界先进水平的一流大学而做出的重大决策。1998年5月4日，时任国家主席江泽民在庆祝北京大学建校100周年大会上指出："为了实现现代化，我国要有若干所具有世界先进水平的一流大学。"1999年，国务院批转教育部《面向21世纪教育振兴行动计划》，"985工程"正式启动建设。

"985工程"建设的总体思路是：以建设若干所世界一流大学和一批国际知名的高水平

研究型大学为目标，建立高等学校新的管理体制和运行机制，牢牢抓住21世纪头20年的重要战略机遇期，集中资源，突出重点，体现特色，发挥优势，坚持跨越式发展，走有中国特色的建设世界—流大学之路。

北京大学、清华大学、中国科学技术大学、南京大学、复旦大学、上海交通大学、西安交通大学、浙江大学、哈尔滨工业大学、北京理工大学、南开大学、天津大学、东南大学、武汉大学、华中科技大学、吉林大学、厦门大学、山东大学、中国海洋大学、湖南大学、中南大学、大连理工大学、北京航空航天大学、重庆大学、四川大学、电子科技大学、中山大学、华南理工大学、兰州大学、西北工业大学、东北大学、同济大学、北京师范大学、中国人民大学、中国农业大学、国防科技大学、中央民族大学、华东师范大学、西北农林科技大学等入选"985工程"高校。

6.3.2 211工程[4]

"211工程"是指面向21世纪、重点建设100所左右的高等学校和一批重点学科的建设工程。1995年11月，经国务院批准，原国家计委、原国家教委和财政部联合下发了《"211工程"总体建设规划》，"211工程"正式启动。

"211工程"是中华人民共和国成立以来由国家立项在高等教育领域进行的规模最大、层次最高的重点建设工作，是中国政府实施"科教兴国"战略的重大举措、中华民族面对世纪之交的中国国内外形势而作出的发展高等教育的重大决策。

"211工程"建设的主要内容包括学校整体条件、重点学科和高等教育公共服务体系建设三大部分；建设项目均实行项目法人责任制、招标投标制和工程监理制；各"211工程"学校成立项目法人组织和落实项目法人代表，有关省（自治区、直辖市）主管部门成立"211工程"建设领导小组，形成中央、省（自治区、直辖市）和学校三级管理体制。

1995年12月，第一批入选"211工程"的大学共15所：北京大学、清华大学、北京理工大学、北京航空航天大学、中国农业大学、复旦大学、上海交通大学、西安交通大学、哈尔滨工业大学、中国科学技术大学、南开大学、天津大学、南京大学、浙江大学、西北工业大学。

1996年12月，首批又增加12所高校，总数变为27所，增加的高校为：中国人民大学、北京师范大学、大连理工大学、吉林大学、哈尔滨工程大学、同济大学、东南大学、武汉大学、华中科技大学、中南大学、国防科技大学、中山大学。

1997年12月，第二批新增68所：中国石油大学、北京中医药大学、北京邮电大学、北京林业大学、北京科技大学、北京交通大学、北京化工大学、北京外国语大学、对外经济贸易大学、中央音乐学院、北京工业大学、中央民族大学、天津医科大学、河北工业大学、太原理工大学、内蒙古大学、东北大学、辽宁大学、大连海事大学、东北师范大学、延边大学、东北农业大学、华东师范大学、华东理工大学、东华大学、上海财经大学、上海外国语大学、上海大学、上海医科大学、中国人民解放军海军军医大学、中国矿业大学、中国药科大学、南京农业大学、江南大学、河海大学、南京航空航天大学、南京理工大学、南京师范大学、苏州大学、南昌大学、安徽大学、厦门大学、福州大学、山东大学、中国海洋大学、郑州大学、中国地质大学、武汉理工大学、湖南大学、湖南师范大学、华南理工大学、暨南大学、华南师范大学、广西大学、重庆大学、四川大学、电子科技大学、西南交通大学、西南财经大学、四川农业大学、云南大学、兰州大学、西安电子科技大学、长安大学、西北大学、第四军医大学、新疆大学、中国传媒大学。

2005年，第三批新增12所：西南大学、中国政法大学、中央财经大学、华北电力大学、东北林业大学、合肥工业大学、华中农业大学、华中师范大学、中南财经政法大学、贵州大学、西北农林科技大学、北京体育大学。2005年末，第四批新增1所：陕西师范大学。2008年，第五批新增5所：宁夏大学、海南大学、青海大学、石河子大学、西藏大学。

6.3.3　2011计划[5]

高等学校创新能力提升计划也称"2011计划"，是继"211工程""985工程"之后，中国高等教育系统又一项体现国家意志的重大战略举措。该项目是针对新时期中国高等学校已进入内涵式发展的新形势的一项从国家层面实施的重大战略举措。实施该项目，对于大力提升高等学校的创新能力，全面提高高等教育质量，深入实施科教兴国、人才强国战略，都具有十分重要的意义。

项目以人才、学科、科研三位一体创新能力提升为核心任务，通过构建面向科学前沿、文化传承创新、行业产业以及区域发展重大需求的四类协同创新模式，深化高校的机制体制改革，转变高校创新方式，建立起能冲击世界一流的新优势。

项目由教育部和财政部共同研究制定并联合实施。该名称源自2011年4月24日时任国家主席胡锦涛在清华大学百年校庆上的讲话，至2012年5月7日正式启动。

2013年4月，教育部公布"2011计划"的首批入选名单，全国4大类共计14个高端研究领域获得认定建设，相关单位成为首批工程建设体。

6.3.4　世界一流大学和一流学科建设

世界一流大学和一流学科建设，简称"双一流"。建设世界一流大学和一流学科，是中共中央、国务院作出的重大战略决策，也是中国高等教育领域继"211工程""985工程"之后的又一国家战略，有利于提升中国高等教育综合实力和国际竞争力，为实现"两个一百年"奋斗目标和中华民族伟大复兴的中国梦提供有力支撑。

2015年8月18日，中央全面深化改革领导小组会议审议通过《统筹推进世界一流大学和一流学科建设总体方案》，对新时期高等教育重点建设做出新部署，将"211工程""985

工程"及"优势学科创新平台"等重点建设项目，统一纳入世界一流大学和一流学科建设，并于同年11月由国务院印发，决定统筹推进建设世界一流大学和一流学科。2017年1月，经国务院同意，教育部、财政部、国家发展和改革委员会印发《统筹推进世界一流大学和一流学科建设实施办法（暂行）》。

2017年9月21日，教育部、财政部、国家发展和改革委员会联合发布《关于公布世界一流大学和一流学科建设高校及建设学科名单的通知》，正式确认公布世界一流大学和一流学科建设高校及建设学科名单，首批"双一流"建设高校共计140所，其中世界一流大学建设高校42所（A类36所，B类6所），世界一流学科建设高校98所；"双一流"建设学科共计465个（其中自定学科44个）。"双一流"土木工程学科建设高校有清华大学、北京工业大学、哈尔滨工业大学、同济大学、上海交通大学、东南大学、广西大学、重庆大学等。

6.4　国际专业排名

6.4.1　QS世界一流学科排名[6]

QS世界大学排名（QS World University Rankings）是由英国一家国际教育市场咨询公司Quacquarelli Symonds（简称QS，中文名夸夸雷利·西蒙兹公司）所发表的年度世界大学排名。QS公司最初与泰晤士高等教育（简称THE）合作，共同推出《泰晤士高等教育-QS世界大学排名》，首次发布于2004年，是相对较早的全球大学排名；2010年起，QS和泰晤士高等教育终止合作，两者开始发表各自的世界大学排名。QS全球教育集团一般每年夏季会进行排名更新。

QS世界大学排名2010年得到了大学排名国际专家组（IREG）建立的"IREG—学术排名与卓越国际协会"承认，是参与机构最多、世界影响范围最广的排名之一，与泰晤士高等教育世界大学排名、US News世界大学排名和世界大学学术排名被公认为四大较为权威的世界大学排名。QS世界大学排名将学术声誉、雇主声誉、师生比例、研究引用率、国际化作为评分标准，因其问卷调查形式的公开透明而获评为世界上最受瞩目的大学排行榜之一，但也因具有过多主观指标和商业化指标而受到批评；很多高校的分项数据缺失，总分出现大幅偏差。

在2019年QS世界一流学科（土木工程）最新排名中，除台港澳地区外，我国大陆（内地）共有3所高校进入了世界前50名，分别是清华大学（9）、上海交通大学（27）、同济大学（40）。2019年QS世界大学学科排名土木工程学科榜单TOP50排名如表6-5所示。

2019年土木工程学科QS排名 表6-5

排名	学校	整体水平	学术声誉	单篇引用	H指数	雇主声誉
1	Massachusetts Institute of Technology（MIT，麻省理工学院）	96.1	100	90.7	86	98.5
2	National University of Singapore（NUS，新加坡国立大学）	93.6	90.3	94	89.1	100
3	University of California, Berkeley（UCB，加州大学伯克利分校）	93	99	91.1	86.8	88.9
4	Delft University of Technology（代尔夫特理工大学）	92.8	99.8	83.2	91.3	88.9
5	University of Cambridge（剑桥大学）	92.7	94.3	89.9	82.6	96.9
6	Imperial College London（帝国理工学院）	92.4	95.4	90.5	90.6	90.1
7	Politecnico di Milano（米兰理工大学）	92.1	88.8	88.4	92.7	97.9
8	ETH Zurich（Swiss Federal Institute of Technology，苏黎世联邦理工学院）	91.6	94.3	89.9	88.4	90.6
9	Tsinghua University（清华大学）	90.7	89.2	89.3	100	88.9
10	Nanyang Technological University（NTU，南洋理工大学）	89.8	85.7	93.8	90.6	92.9
11	Ecole Polytechnique Fédérale de Lausanne（EPFL，瑞士洛桑联邦理工学院）	89.4	89.5	90.8	90.6	88
12	The University of New South Wales（UNSW，新南威尔士大学）	88.2	85.1	84.2	86	95.4
13	Stanford University（斯坦福大学）	88	94.9	82	64.3	93.5
14	Georgia Institute of Technology（Georgia Tech，佐治亚理工学院）	87.8	89	86.6	91.3	85
15	The Hong Kong Polytechnic University（香港理工大学）	85.7	86.1	95	100	73.2
16	University of Oxford（牛津大学）	85.4	84.4	80	71.1	96.5
17=	The Hong Kong University of Science and Technology（HKUST，香港科技大学）	84.9	85.4	89.7	75.7	86.5
17=	University of Hong Kong（HKU，香港大学）	84.9	84.3	87.7	85.2	84.1
19	The University of Tokyo（东京大学）	84.6	92	72.4	68.5	89
20	The University of Sydney（悉尼大学）	84.5	83.3	89.4	80.7	85.6
21	University of Illinois at Urbana-Champaign（伊利诺伊大学香槟分校）	84.2	95.2	87.3	88.4	65.9

续表

排名	学校	整体水平	学术声誉	单篇引用	H指数	雇主声誉
22	The University of Melbourne（墨尔本大学）	83.8	82.4	86.3	76.8	87.8
23	Universitat Politècnica de Catalunya（加泰罗民亚理工大学）	83.1	84.3	85.6	86	78.9
24=	Kyoto University（京都大学）	83	86.4	72.1	74.6	88.1
24=	Politecnico di Torino（都灵理工大学）	83	77.1	88.9	86	86.5
26	The University of Texas at Austin（德克萨斯大学奥斯汀分校）	82.9	93.5	83.7	73.4	73
27	Shanghai Jiao Tong University（上海交通大学）	82.5	76.9	90.6	87.6	83.3
28	KAIST－Korea Advanced Institute of Science and Technology（韩国科学技术院）	82.4	82.4	90.7	80.7	79.2
29	Purdue University（普渡大学）	82.2	87.2	83.8	80.7	75.6
30=	Monash University（莫纳什大学）	82	74.4	88.4	76.8	91.4
30=	Seoul National University（SNU，国立首尔大学）	82	83	83.2	78.8	81.7
30=	University of British Columbia（不列颠哥伦比亚大学）	82	84.6	88.1	78.8	77.1
33	The University of Western Australia（UWA，西澳大学）	81.8	77.1	85.6	83.5	85.2
34	University of Michigan（密歇根大学）	81.3	85.4	90.3	81.7	71.1
35	University of Toronto（多伦多大学）	81.1	84.4	85.5	76.8	76.7
36	The University of Queensland（UQ，昆士兰大学）	80.7	75.2	88.1	81.7	83.7
37=	Taiwan University（台湾大学）	80.4	81.4	85.3	81.7	76.1
37=	Pontificia Universidad Católica de Chile（智利天主教大学）	80.4	78.4	72.1	68.5	93.3
37=	The University of Auckland（奥克兰大学）	80.4	77.4	83.5	77.8	84.2
40	Tongji University（同济大学）	80.2	89.7	75.5	92.7	63.6
41=	The University of Manchester（曼彻斯特大学）	79.9	76.7	89.1	81.7	78.5
41=	Tokyo Institute of Technology（东京工业大学）	79.9	80.4	71.3	71.1	88
43	KTH, Royal Institute of Technology（瑞典皇家理工学院）	79.8	76.9	93.7	88.4	72.3
44	The University of Sheffield（谢菲尔德大学）	79.2	75.7	93.3	91.3	70.6

续表

排名	学校	整体水平	学术声誉	单篇引用	H指数	雇主声誉
45=	Universidad Politécnica de Madrid（马德里理工大学）	79	76.2	78.1	75.7	84.9
45=	Universidade de São Paulo（USP，圣保罗大学）	79	74	78.9	73.4	88.6
47	Texas A&M University（德州农工大学）	78.9	83.1	82.6	89.9	66
48=	Hanyang University（汉阳大学）	78.5	73.4	90.1	83.5	77.1
48=	National Technical University of Athens（雅典国家技术大学）	78.5	77.1	89.2	86.8	70.9
50	Technical University of Denmark（丹麦技术大学）	78.4	79.1	93.4	87.6	65.4

6.4.2　US News世界一流学科排名 [7]

美国有多个机构对大学进行排名，如《美国新闻与世界报道》（US News & World Report）、《普林斯顿评论》（The Princeton Review）、《商业周刊》（Business Week）、《华尔街日报》（Wall Street Journal）等，其中最有影响力的就是由《美国新闻和世界报道》发布的美国大学排名，也就是常说的每年的US News排名。随着高等教育的全球化，US News于2014年10月正式推出US News世界大学排名。

US News世界大学排名主要参考指标为：全球研究声誉12.5%，地区性研究声誉12.5%，发表论文10%，出版书籍2.5%，学术会议2.5%，标准化引用影响10%，总被引用次数7.5%，高频被引文献数量（在引用最多文献的前10%）12.5%，高频被引文献百分比（在引用最多文献的前10%）10%，国际合作10%，高频被引文献数量（在各自领域被引次数最多的前1%）5%和高频被引文献百分比（在各自领域被引次数最多的前1%）5%。2019年US News世界大学土木工程专业排名如表6-6所示。

2019年土木工程专业US News排名　　　　　　表6-6

排名	学校	得分
1	Tsinghua University（清华大学）	100
2	Tongji University（同济大学）	92.8
3	National University of Singapore（新加坡国立大学）	85.3
4	Beijing Jiaotong University（北京交通大学）	85.0
5	University of California, Berkeley（加州大学伯克利分校）	84.2
6	The Hong Kong Polytechnic University（香港理工大学）	84.1

续表

排名	学校	得分
7	Delft University of Technology（代尔夫特理工大学）	80.7
8	Eindhoven University of Technology（埃因霍温理工大学）	78.5
9	Catholic University of Leuven（鲁汶天主教大学）	78.0
10	Shanghai Jiao Tong University（上海交通大学）	77.0
11	University of Tehran（德黑兰大学）	74.3
12	University of Lisbon（里斯本大学）	71.8
13	The Hong Kong University of Science and Technology（香港科技大学）	71.6
14	University of New South Wales（新南威尔士大学）	70.4
15	Southeast University（东南大学）	69.9
16	Wuhan University（武汉大学）	69.7
17	Hohai University（河南大学）	69.2
18	École Polytechnique Fédérale of Lausanne（瑞士洛桑联邦理工学院）	69.1
19	Dalian University of Technology（大连理工大学）	68.5
20	Politecnico di Milano（米兰理工大学）	68.4
21	University of Adelaide（阿德莱德大学）	67.8
22	Nanyang Technological University（南洋理工大学）	67.5
23	Massachusetts Institute of Technology（麻省理工学院）	66.4
24	Harbin Institute of Technology（哈尔滨工业大学）	65.6
25	Monash University（莫纳什大学）	65.3
26	Huazhong University of Science and Technology（华中科技大学）	65.1
27	ETH Zurich（Swiss Federal Institute of Technology，苏黎世联邦理工学院）	62.5
28	Central South University（中南大学）	62.1
28	Georgia Institute of Technology（佐治亚理工学院）	62.1
28	University of Hong Kong（香港大学）	62.1
31	University of California, Davis（加州大学戴维斯分校）	61.2
32	Technical University of Denmark（丹麦技术大学）	61.1
32	Texas A&M University（德州农工大学）	61.1

续表

排名	学校	得分
34	University of Western Sydney（西悉尼大学）	59.5
35	Islamic Azad University（伊斯兰阿扎德大学）	59
36	Tianjin University（天津大学）	58.2
37	Curtin University of Technology（科廷大学）	58
38	Hunan University（湖南大学）	57.7
38	University of Naples Federico II（那不勒斯菲里德里克第二大学）	57.7
40	University of Bologna（博洛尼亚大学）	57.3
41	University of Malaya（巴来亚大学）	57.2
42	Polytechnic University of Catalonia（加泰罗尼亚理工大学）	56.9
42	Swinburne University of Technology（斯威本科技大学）	56.9
44	Imperial College London（帝国理工学院）	56.5
45	Purdue University（普渡大学）	56
46	Norwegian University of Science and Technology（挪威科技大学）	55.7
46	Zhejiang University（浙江大学）	55.7
48	University of Sydney（悉尼大学）	55.1
49	Ghent University（根特大学）	54
50	Sapienza University of Rome（罗马第一大学）	53.5

6.4.3　THE世界一流学科排名[8]

泰晤士高等教育世界大学排名（Times Higher Education World University Ranking），又译THE世界大学排名，是由英国《泰晤士高等教育》（Times Higher Education，简称THE）发布的世界大学排名。该排名以教学（学习环境）占30%、研究（论文发表数量、收入和声誉）占30%、论文引用（研究影响）占30%、国际化程度（工作人员、学生和研究）占7.5%、产业收入（知识转移）占2.5%等5个范畴共计13个指标，为全世界最好的1000余所大学（涉及近90个国家和地区）排列名次。为保证排名的公正和透明，由普华永道（PwC）进行独立审计。表6-7为泰晤士高等教育（Times Higher Education）于2019年10月16日发布的全球土木工程专业大学排名前50名。

2019年土木工程专业THE排名　　　　表6-7

排名	学校	总分	教学	科研	论文引用	产业收入	国际化
1	University of Oxford（牛津大学）	96	91.8	99.5	99.1	67	96.3
2	Stanford University（斯坦福大学）	94.7	93.6	96.8	99.9	64.6	79.3
3	Massachusetts Institute of Technology（麻省理工学院）	94.2	91.9	92.7	99.9	87.6	89
4	California Institute of Technology（加州理工学院）	94.1	94.5	97.2	99.2	88.2	62.3
5	Harvard University（哈佛大学）	93.6	90.1	98.4	99.6	48.7	79.7
6	Princeton University（普林斯顿大学）	92.3	89.9	93.6	99.4	57.3	80.1
7	Yale University（耶鲁大学）	91.3	91.6	93.5	97.8	51.5	68.3
8	Imperial College London（帝国理工学院）	90.3	85.8	87.7	97.8	67.3	97.1
9	ETH Zurich（Swiss Federal Institute of Technology，苏黎世联邦理工学院）	89.3	83.3	91.4	93.8	56.1	98.2
10	Johns Hopkins University（约翰霍普金斯大学）	89	81.9	90.5	98.5	95.5	71.9
11	University College London（UCL，伦敦大学学院）	87.8	79.1	90.1	95.9	42.4	95.8
12	University of California, Berkeley（加州大学伯克利分校）	87.7	78.7	92.3	99.7	49.3	69.8
13	Columbia University（哥伦比亚大学）	87.2	85.4	83.1	98.8	44.8	79
14	University of California, Los Angeles（加州大学洛杉矶分校）	86.4	82.6	87.9	97.8	49.4	62.1
15	Duke University（杜克大学）	85.4	84.1	78.8	98.2	100	61
16	Cornell University（康奈尔大学）	85.1	79.7	85.4	97.4	36.9	71.8
17	University of Michigan, Ann Arbor（密歇根大学安娜堡分校）	84.1	80	85.9	96	45.9	58
18	University of Toronto（多伦多大学）	84	75.8	86.3	92.8	50.3	82.8
19	Tsinghua University（清华大学）	82.9	87.7	94.1	74.8	99.8	45.8
20	National University of Singapore（新加坡国立大学）	82.4	77.3	88.8	78.9	67.6	95.5

续表

排名	学校	总分	教学	科研	论文引用	产业收入	国际化
21	Carnegie Mellon University（卡耐基梅隆大学）	82	69	81.2	99.3	48.1	79.4
22	Northwestern University（西北大学）	81.7	69	83.6	97.8	75.8	63
23	New York University（纽约大学）	81	77.7	76.1	96.6	38.9	65
24	University of Washington（华盛顿大学）	80.4	70.7	79.7	98.9	47.6	59.3
25	University of Edinburgh（爱丁堡大学）	79.8	69.2	73.7	96.8	38.2	93.3
26	University of Melbourne（墨尔本大学）	78.3	68	73.4	90.3	74	93.1
27	Georgia Institute of Technology（佐治亚理工学院）	77.5	62.5	76.1	95.1	62.2	77.1
28	École Polytechnique Fédérale de Lausanne（瑞士洛桑联邦理工学院）	76.9	66.5	66.5	92.8	69.1	98.7
29	University of Hong Kong（香港大学）	76.3	72.6	78.4	73.7	56.5	99.7
30	University of British Columbia（不列颠哥伦比亚大学）	76	60.8	72.6	92.8	42.9	93.9
31	The University of Texas at Austin（德克萨斯大学奥斯汀分校）	75.4	68.8	74.2	94.8	48.7	38
32	The Hong Kong University of Science and Technology（香港科技大学）	74.5	56.8	67.6	93.9	65.8	98
33	Paris Sciences et Lettres - PSL Research University Paris（巴黎文理研究大学）	74.4	74.3	67.8	82.2	49.8	78.3
34	The University of Tokyo（东京大学）	74.1	84	87.2	61.3	67.2	35.9
35	University of Wisconsin，Madison（威斯康星大学麦迪逊分校）	73.9	70.3	71	89.9	46.8	45.6
36	McGill University（麦吉尔大学）	73.7	64.1	69.4	86.3	42.3	89.4
37	Technical University of Munich（慕尼黑工业大学）	73.7	62.9	68.6	88.3	100	70.5
38	KU Leuven（鲁汶大学）	72.6	56.9	70.4	88.9	99.9	70.1
39	Australian National University（澳大利亚国立大学）	72.4	55.5	70.6	87.3	49.1	95

续表

排名	学校	总分	教学	科研	论文引用	产业收入	国际化
40	University of Illinois at Urbana-Champaign（伊利诺伊大学香槟分校）	72.3	63.2	73.5	86.7	49.4	53.5
41	Nanyang Technological University（南洋理工大学）	72.2	55.4	65.8	88.6	83.1	95.4
42	University of Manchester（曼彻斯特大学）	69.9	57.7	62	87.2	45	90.1
43	Delft University of Technology（代尔夫特理工大学）	69.2	58.1	71.4	70	99.6	91.6
44	University of California, Davis（加州大学戴维斯分校）	68.5	59.3	63.6	85.6	52.7	61.2
45	University of Sydney（悉尼大学）	68.5	50.2	61.4	89.1	68.1	87.8
46	Seoul National University（国立首尔大学）	67.5	74.6	71.1	64.2	77.2	35.1
47	Purdue University（普渡大学）	67.4	61.6	68.6	71.1	64.6	71.8
48	Kyoto University（京都大学）	67.3	75.9	77.5	55	95.6	31.1
49	University of Southern California（南加州大学）	67	53.2	56.6	93.8	39.2	66.3
50	The University of Queensland（昆士兰大学）	66	47.3	57.4	86.5	70.3	91.7

6.4.4 软科世界一流学科排名[9]

软科世界大学学术排名（Shanghai Ranking's Academic Ranking of World Universities，简称ARWU）于2003年由上海交通大学高等教育研究院世界一流大学研究中心首次发布，评价依据全部来自国际可比的客观指标和第三方数据。2009年开始，ARWU改由上海软科教育信息咨询有限公司发布并保留所有权利。ARWU根据被InCites数据库相应学科收录的Article类型的论文数（论文总数，简称PUB），被InCites数据库相应学科收录的Article类型的论文的被引次数与同出版年、同学科、同文献类型论文篇均被引次数比值的平均值（论文标准化影响力，简称CNCI），被InCites数据库相应学科收录的Article类型的论文中有国外机构地址的论文比例（国际合作论文比例，简称IC），在相应学科顶尖期刊或会议上发表论文的数量（顶尖期刊论文数，简称TOP），获得本学科最权威的国际奖项的折合数（教师获权威奖项数，简称Award）等5个指标对世界大学的学科进行综合排名。2019年软科世界一流学科土木工程学科一共有300所院校上榜，同济大学夺冠，前50名完整名单详见表6-8。

2019年土木工程学科ARWU排名

表6-8

排名	学校名称	总分	PUB	CNCI	IC	TOP	Award
1	Tongji University（同济大学）	354.1	100.0	67.9	65.7	88.6	84.5
2	ETH Zurich（Swiss Federal Institute of Technology，苏黎世联邦理工学院）	273.8	53.5	72.6	73.1	48.5	84.5
3	Tsinghua University（清华大学）	256.5	82.0	79.6	66.2	81.6	0
4	Lehigh University（里海大学）	255.1	33.4	69.4	57.5	75.4	65.5
5	The University of Texas at Austin（德克萨斯大学奥斯汀分校）	247.5	52.9	64.2	71	62.6	53.5
6	Polytechnic University of Madrid（马德里理工大学）	246.4	52.6	59.1	51.9	24.3	100
7	National Technical University of Athens（雅典国家技术大学）	237.1	47.7	68.2	56.8	34.3	75.6
8	University of Canterbury（埃特博雷大学）	232.9	31.8	64	78.1	56	65.5
9	The University of New South Wales（新南威尔士大学）	227.5	59.8	72.4	74.5	80.4	0
10	University of Illinois at Urbana-Champaign（伊利诺伊大学香槟分校）	222.4	58.3	67	65.6	84	0
11	University at Buffalo, the State University of New York（纽约州立大学水牛城分校）	219.6	36.9	68.6	70.7	100	0
12	Nanyang Technological University（南洋理工大学）	218.4	55.5	77.9	82	68.6	0
13	Western University（韦士敦大学）	215.4	35.5	70.1	71.9	42	53.5
14	University of California, Berkeley（加州大学伯克利分校）	214.3	58.3	83	75.8	57.7	0
15	Southeast University（东南大学）	213.1	73.8	66.7	65.9	59.4	0
16	University of California, San Diego（加州大学圣地亚哥分校）	210.6	34.2	73.6	71.2	88.6	0
17	Purdue University（普渡大学）	202.4	57.0	68.4	64.4	64.2	0
17	The University of Adelaide（阿德莱德大学）	202.4	38.3	98	68.4	52.4	0
19	Colorado State University（科罗拉多州立大学）	202.3	37.6	66.5	53.9	87.4	0
20	Hunan University（湖南大学）	199.4	50.6	79.3	67.4	56	0
21	The Hong Kong Polytechnic University（香港理工大学）	198.6	69.1	80.2	61.3	37	0

排名	学校名称	总分	PUB	CNCI	IC	TOP	Award
22	ETH Zurich（Swiss Federal Institute of Technology，苏黎世联邦理工学院）	198.3	45.2	86.4	81	50.5	0
23	University of California, Davis （加州大学戴维斯分校）	194.8	46.2	72.3	76.4	61	0
24	University of Sydney（悉尼大学）	194.2	43.2	77.5	78.6	57.7	0
25	The University of Hong Kong（香港大学）	194.1	47.8	78.6	67.1	54.2	0
26	Dalian University of Technology （大连理工大学）	192.9	69.7	67.6	56.5	44.3	0
27	University of British Columbia （不列颠哥伦比亚大学）	192.3	47.1	69.6	73.1	61	0
28	Beijing Jiaotong University （北京交通大学）	191.2	51.8	78.3	72.7	46.4	0
29	McMaster University（麦克马斯特大学）	191.0	32.3	66.3	66.1	79.2	0
30	University of Stuttgart（斯图加特大学）	190.7	31.2	56.1	68.4	24.3	65.5
31	The University of Tokyo（东京大学）	190.6	39.8	59.1	71.3	39.6	37.8
32	The University of Auckland（奥克兰大学）	190.3	44.3	70.3	81.4	59.4	0
33	University of Michigan, Ann Arbor （密歇根大学安娜堡分校）	187.6	43.0	76.9	67.5	54.2	0
34	Politecnico di Milano（米兰理工大学）	186.4	53.2	78.5	63.2	42	0
35	Delft University of Technology （代尔夫特理工大学）	186.0	68.8	69.7	81.1	31.3	0
36	Harbin Institute of Technology （哈尔滨工业大学）	185.6	65.4	68	62.9	39.6	0
36	Imperial College London（帝国理工学院）	185.6	45.3	78.1	79.3	46.4	0
38	University of Toronto（多伦多大学）	185.5	45.1	65.9	67.2	61	0
39	Shanghai Jiao Tong University （上海交通大学）	185.3	62.3	75.9	64.2	34.3	0
40	University of California, Los Angeles （加州大学洛杉矶分校）	184.5	32.1	83.3	74	54.2	0
41	University of Washington（华盛顿大学）	184.1	38.1	65.6	73.9	65.7	0
42	Zhejiang University（浙江大学）	183.3	61.8	69.3	63	39.6	0
43	Virginia Polytechnic Institute and State University（弗吉尼亚理工大学）	182.4	51.4	63.2	58.7	56	0

续表

排名	学校名称	总分	PUB	CNCI	IC	TOP	Award
44	Kyoto University（京都大学）	181.7	41.3	58.3	75	67.2	0
45	Georgia Institute of Technology（佐治亚理工学院）	180.8	48.7	73.4	72	44.3	0
46	Stanford University（斯坦福大学）	180.6	32.6	81	72.9	52.4	0
47	Seoul National University（国立首尔大学）	180.2	49.1	57	57.3	62.6	0
48	University of Lisbon（里斯本大学）	179.9	64.1	75.7	60.7	28	0
49	University of Naples Federico II（那不勒斯菲里德里克第二大学）	179.0	46.1	83.1	51.1	39.6	0
50	Monash University（莫纳什大学）	178.4	48.2	79.2	83.4	34.3	0

参考文献

［1］ 中国学位与研究生教育信息网. 国家重点学科评选［EB/OL］.［2020-04-30］. http://www. cdgdc.edu.cn/xwyyjsjyxx/zlpj/zdxkps/zdxk/.

［2］ 中国学位与研究生教育信息网. 全国第四轮学科评估结果公布（CUSR）［EB/OL］.（2017-12-28）［2020-04-30］. http://www.cdgdc.edu.cn/xwyyjsjyxx/xkpgjg/.

［3］ 中华人民共和国教育部. 面向21世纪教育振兴行动计划［EB/OL］.［2020-04-30］. http://www. moe.gov.cn/s78/A22/xwb_left/moe_843/201112/t20111230_128828.html.

［4］ 中国学位与研究生教育信息网. 211工程［EB/OL］.［2020-04-30］. http://www.cdgdc.edu.cn/ xwyyjsjyxx/xwbl/zdjs/211gc/.

［5］ 中华人民共和国教育部. 实施"2011计划"提升高校创新能力［EB/OL］.（2013-03-11）［2020-04-30］. http://www.moe.gov.cn/jyb_xwfb/moe_2082/s7081/s7244/201303/t20130311_148418.html.

［6］ QS TOP UNIVERSITIES.University Rankings［EB/OL］.［2020-04-30］. https://www.topuniversities. com/university-rankings.

［7］ U. S. NEWS. Education Rankings［EB/OL］.［2020-04-30］. https://www.usnews.com/education/ rankings?int=top_nav_Rankings.

［8］ THE World University Rankings. World University Rankings［EB/OL］.［2020-04-30］. https://www. timeshighereducation.com/world-university-rankings.

［9］ Shanghai Rankings. Global Ranking of Academic Subjects-2019［EB/OL］.［2020-04-30］. http://www. shanghairanking.com/rankings/gras/2019/RS0211.

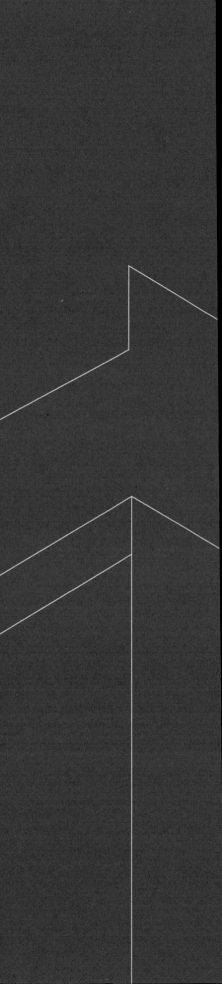